表面活性剂原理与应用

杨继生 编著

东南大学出版社

·南 京·

内容提要

　　本书详细论述了表面活性剂的基本理论,包括表面活性剂在表(界)面的吸附、乳化、润湿、起泡、增溶作用;在溶液中的自组装;表面活性剂结构与性质的关系。介绍了一些具有特殊结构和性能的新型表面活性剂,探讨了如何正确选择和合理应用表面活性剂,并系统地阐述了表面活性剂在工业、医药和生物技术、现代农业、新材料及环境保护等领域中的应用,反映表面活性剂研究和应用方面的最新成果,体现理工交融的特色。本书可作为化学、化工、材料及相关专业的教材使用,对相关科研和技术人员也有参考价值。

图书在版编目(CIP)数据

　　表面活性剂原理与应用 / 杨继生编著. —南京:
东南大学出版社,2012.12
　　ISBN　978 - 7 - 5641 - 4154 - 7

　　Ⅰ. ①表…　Ⅱ. ①杨…　Ⅲ. ①表面活性剂—研究
Ⅳ. ①TQ423

　　中国版本图书馆 CIP 数据核字(2012)第 061770 号

东南大学出版社出版发行
(南京四牌楼 2 号　邮编 210096)
出版人:江建中
江苏省新华书店经销　　常州市武进第三印刷有限公司印刷
开本:787mm×1092mm　1/16　印张:19　字数:486 千字
2012 年 12 月第 1 版　2012 年 12 月第 1 次印刷
ISBN 978 - 7 - 5641 - 4154 - 7
印数:1～3000 册　　定价:42.00 元

前　言

当今,表面活性剂已成为物理、化学、生物三大基础学科和诸多技术部门共同关心的领域。传统和新型表面活性剂在国民经济各领域得到了普遍应用,特别是在高新科技运用中解决了诸多重大疑难问题,促进了它们快速发展。对其基本理论、作用原理和特殊功能的系统阐述,是非常必要的。

全书详细论述了表面活性剂的基本理论,它是认识表面活性剂本质和作用的基础,其包括表面活性剂在表(界)面的吸附、乳化、润湿、起泡、增溶作用;表面活性剂在溶液中的自组装;表面活性剂结构与性质的关系。针对表面活性剂科学的最新发展,本书着重阐述了一些具有特殊结构和性能的新型表面活性剂,探讨了如何正确选择和合理应用表面活性剂,并系统地阐述了各类表面活性剂在工业、医药和生物技术、现代农业、新材料及环境保护等领域中的应用和发展趋势。

本书秉承科学水准高、内容新、实用性强的宗旨。为此,笔者搜集了国内外有关书刊、文献和资料,结合自身多年来科研项目的研究成果,从中遴选出可需材料,归纳整理后编撰成书。力求反映表面活性剂研究和应用方面的最新成果,体现理工交融的特色。本书可作为化学、化工、材料及相关专业的教材使用,对相关科研人员和工程技术人员也有参考价值。

本书的出版得到了江苏省高校优势学科建设工程资助项目及扬州大学出版基金的资助。在编写过程中,查阅和引用了大量文献资料,在此谨向这些原作者表示真诚的谢意,引用不当之处请见谅。由于本书涉及学科多,专业、技术面广,限于作者水平有限,疏漏和错误在所难免,敬请广大读者批评指正。

编者

2012 年 12 月

目　录

第一章　表面活性剂概论

1.1　表面活性剂科学

　　表面活性剂(surfactant)一词来自英文,是短语"表面"(surface)、"活性"(active)和"药剂"(agent)的缩合词,它是一类重要的精细化学品。当今,表面活性剂已成为我们生活生产中不可缺少的重要部分,它们的性质极具特色,应用极为灵活、广泛,有很大的实用价值和理论意义。哪些物质是表面活性剂呢? 我们将一些溶质溶于水中,则水溶液的表面张力随浓度的变化可分为三类,如图 1-1 所示。第一类物质是无机盐,例如氯化钠、硝酸钾等,溶液表面张力随浓度增加而缓慢升高,大致成直线关系,进一步研究发现:这类物质在溶液表面区的浓度比本体相的低,一般称为表面负吸附物质;第二类物质是小分子的极性有机物,例如乙醇、丙酸、丁胺等,溶液表面张力随浓度增加而逐步降低,而且,其溶液表面区的浓度比本体相的高,又称为表面正吸附物质;而第三类物质则常常是一些长度大于 8 个碳原子的碳链和足够强大的亲水基团构成的长碳链的极性有机物,例如油酸钠、十二醇硫酸钠、十二烷基苯磺酸钠等,与前两类物质不同的是:加入少量该类物质,溶液的表面张力会急剧下降,当浓度增加时,溶液表面区的浓度迅速趋于饱和,表面张力达到极小;此后随浓度的增加,溶液表面张力趋于定值,在本体相中,该类物质分子会相互缔合形成自组装结构(胶束、囊泡等)。显然,第三类物质具有极端的表面正吸附性质,我们把该类物质称为表面活性剂,而把具有表面正吸附性质的物质(即第二、三类)称为表面活性物质。

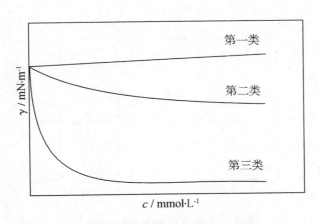

图 1-1　溶液表面张力与浓度的关系曲线

　　表面活性剂远在人类认识它之前就已客观存在,如原生动物的细胞双分子膜中存在的蛋白质、核酸和脂质。肥皂是最早被人类认识和利用的表面活性剂,而十二烷基苯磺酸钠的开发,使其在洗涤剂领域替代肥皂,并成为近几十年中产量最大的合成洗涤剂。随着生产和生活水平的提高,以及多种科学和技术的进步,人类对表面活性剂的品种和性能提出越来越高的要求,促使表面活性剂科学不断发展,迄今方兴未艾。表面活性剂正朝着更深刻的理论研究、更广泛的应用领域扩展。

　　表面活性剂科学涉及两个重要部分:表面活性剂合成化学和表面活性剂物理化学。前者主要研究各种表面活性剂的结构设计、合成路线、合成方法和生产技术。后者主要研究各类表面活性剂的性能、作用规律和原理。表面活性剂体系结构和相行为的多样性被广泛应用于诸多领域。表面活性剂种类繁多,且不同表面活性剂混合使用时能产生独特的协同作用,因此,表面活性剂的基础和实际应用始终是研究的热点。

1.2　表面活性的产生

1.2.1　表面张力及测量方法

　　物质的相与相间的分界面称为界面。我们知道,物质有气、液、固三态,也就会形成气-液、液-液、气-固、液-固及固-固界面。一般把有气相组成的界面称为表面,如气-液及气-固表面。液体与气体相接触时,表面分子受到收缩力的作用,即表面分子都有一种被拉向本体相中(使其表面积尽量缩小)的趋势,这种作用力就是表面张力。水滴、汞珠之所以成为圆球形,就是因为表面张力的作用,使液体表面自动收缩成同体积时表面积最小的圆球体。下面的有趣实验可展示表面张力的存在。设有一金属框架如图1-2所示,其中一边是宽度为L、可自由移动且无摩擦力存在的滑丝,将此框架从肥皂水中拉出,即可在框架中形成一层肥皂液膜。撤掉相反外力时,该液膜会自动收缩,使滑丝向膜面积缩小的方向移动。为保持表面平衡(不收缩),就必须施一大小相等、方向相反的外力f于宽度为L的液膜上,这个外力f就抗衡了液体的表面张力。

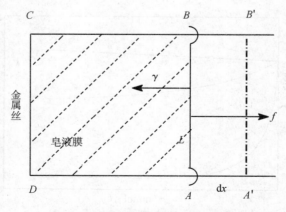

图1-2　肥皂液膜伸缩实验示意图

金属丝框架中的液膜有两个表面,所以表面张力在总长度为 $2L$ 的边界上作用,此处拉动金属滑丝的外力 f 与表面张力 γ 之间的关系为:

$$f = 2L\gamma \tag{1-1}$$

将式(1-1)变换得:

$$\gamma = \frac{f}{2L} \tag{1-2}$$

γ 的单位为 $N \cdot m^{-1}$ 或 $mN \cdot m^{-1}$,故从力学的角度来说,表面张力为平行于表面而垂直作用于边缘单位长度上的收缩表面的力。表面张力存在于液体表面的任何部分,是液体的基本物理性质之一。

液体表面自动收缩的现象也可以从能量的角度来认识。分析液膜在面积变化过程中的能量变化,设图 1-2 中的肥皂液膜处于平衡态,若增加一无限小的力于滑丝上,使其从 AB 移动 dx 距离到 $A'B'$,液膜增加的面积 dA 等于 $2Ldx$,此过程中环境对体系所做功为:

$$dW = f \cdot dx \tag{1-3}$$

将式(1-1)代入式(1-3)得

$$dW = \gamma \cdot 2L \cdot dx = \gamma \cdot dA \tag{1-4}$$

dW 为可逆功,应等于体系自由能的增量 $(dG)_{T,p}$,将式(1-4)变换得

$$\gamma = \frac{dW}{dA} = \left(\frac{dG}{dA}\right)_{T,p} \tag{1-5}$$

故从能量的角度看,γ 为每增加单位表面液体时所需做的可逆功。从热力学角度看,γ 为一定温度、压力下每增加单位表面积时该体系自由能的增量,又称比表面自由能,简称为表面自由能,其单位为 $mJ \cdot m^{-2}$。表面张力和表面自由能虽具有不同的物理意义,但具有相同的量纲。γ 既可表示表面张力也可表示表面自由能,当采用适宜单位时两者同值。一些液体的表面张力数据列于表 1-1。

表 1-1　一些液体的表面张力

液体	接触气体	温度(℃)	表面张力($mN \cdot m^{-1}$)
水银	空气	20	475.00
水	空气	20	72.75
水	空气	25	71.96
乙醇	空气	20	22.32
乙醇	氮气	20	22.55
苯	空气	20	28.90
橄榄油	空气	18	33.10

　　总之,表面张力的本质是分子间相互作用的结果,是表面分子间吸引力强弱的一种量度,所以引起分子间吸引力变化的因素都会引起表面张力的变化。物质表面张力的大小主要取决于物质自身和与其接触的另一物质,一般而言,无机液体的表面张力较有机液体的表面张力高;表面张力还和温度有关,温度上升,液体的表面张力下降。

　　表面张力的测量方法多种多样,有的适用于研究工作,有的则以其简便而适用于生产测定,现将测定方法概述如下:

　　1. 毛细管法

　　这是测定表面张力的经典方法,是根据 Laplace 方程曲率半径与表面张力的关系求得。测量装置如图 1-3 所示。设毛细管的半径为 R,液体在管内因表面张力而呈弯曲面的半径为 r,管内上升液面高度为 h,接触角为 θ,曲面内外压力差为 Δp,则有如下关系:

$$\rho g h = \Delta p = \frac{2\gamma}{r} \qquad (1-6)$$

$$R = r\cos\theta \qquad (1-7)$$

　　合并式(1-6)与式(1-7)并整理得:

$$\gamma = \frac{\rho g h R}{2\cos\theta} \qquad (1-8)$$

　　如果毛细管很细,则可假设 $\dfrac{R}{r} = 1$,于是 $\cos\theta = 1$。

此时接触角为零,即液体完全润湿管壁。这样,如液体密度、毛细管半径为已知并测得液体在毛细管中的上升高度,就可求出液-气间的表面张力。

　　应用此法可以精确测定液体表面张力。但必须使管壁完全被润湿,即毛细管非常清洁以使接触角接近于零。如果 $\theta \neq 0$,则应加校正系数。此外,毛细管的管径必须上下均匀,截面积均匀一致为圆形。测定时必须垂直于液面,其高度 h 应用水平望远镜精密测量,否则就不易获得精确的结果。

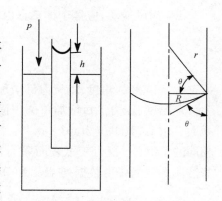

图 1-3　毛细管测定法示意图

　　2. 滴体积(或滴重)法

　　本法是利用液体在毛细管口表面张力与液滴质量成比例的原理建立的。设备简单,如无专门的测定管,则可利用实验室用 1 mL 移液管,将其头部加以改进即可应用,管口必须平整均匀,如图 1-4 所示。

　　液滴从管口下落时其重力恰与沿管头周面与周边垂直的表面张力相当,即:

$$W = V\rho g = 2\pi R\gamma \qquad (1-9)$$

　　式(1-9)中,W 为液滴质量,R 为滴头半径,V 为液滴体积,ρ 为液体密度。但液滴下落时会有少许留在管头,影响到液滴的体积,而这又与 R 有关,使实测值低于计算值。因此,需

加一校正系数 $f\left(\dfrac{R}{a}\right)$ 或 $f\left(\dfrac{R}{V^{1/3}}\right)$，其中 a 为毛细管常数。校正因子 $F =$
$\dfrac{r}{2\pi f}$，则表面张力可从下式求得：

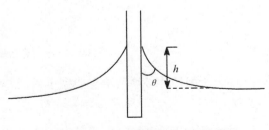

$$\gamma = \frac{V\rho g F}{R} \qquad (1-10)$$

作 f-$R/V^{1/3}$ 曲线，并列出相应 $R/V^{1/3}$ 与 f 数值表，即可求出经校正后的液体表面张力值。

如果已知一液体的表面张力，则可在同一条件下方便地求得另一液体的表面张力。

因为

$$W_1 = m_1 g = 2\pi R\gamma_1 \qquad (1-11)$$

$$W_2 = m_2 g = 2\pi R\gamma_2 \qquad (1-12)$$

图 1-4 滴体积法
示意图

故

$$\frac{\gamma_1}{\gamma_2} = \frac{m_1}{m_2} \qquad (1-13)$$

应用同样原理可求出液-液两相的界面张力，公式如下：

$$\gamma_{1,2} = \frac{V(\rho_2 - \rho_1)g}{R}F \qquad (1-14)$$

滴体积法使用简单方便，不需考虑接触角，但管头截面必须完全被润湿时，其 R 方为管外径。新表面不断变换，难于达到平衡，亦即有一时间效应。因此，液滴的下落力求缓慢。此外液滴下落时，仍有 10% 左右的液体留在管头，计算校正因子也较复杂，但仍不失为一较简捷的测定方法。

3. 吊片法

此法是 Wilhelmy 在 1863 年首先使用，常称为 Wilhelmy 法，该方法以其测得的数值比较准确而广泛应用于实验室或工厂，为国际标准所采用。薄片材料有铂片、玻璃、云母片等多种，常用一定规格的打毛玻璃片，通过扭力天平测定吊片从液面下拉出液面的力，如图 1-5 所示。

图 1-5 吊片法测定表面张力示意图

拉起力为：

$$P = 2(x + y)\gamma\cos\theta \qquad (1-15)$$

式(1-15)中，P 为扭力天平拉起力，x、y 分别为薄片的宽度与厚度，θ 为液体与薄片间接触角，如薄片很薄，则 y 值可不计。完全润湿时 $\theta \to 0$，则式(1-15)变换为：

$$\gamma = \frac{P}{2x} \tag{1-16}$$

这一方法的优点是操作简单,不需校正因子,也不需知道液体密度,有利于进行时间效应的研究。但接触角必须为零,亦即液体必须完全润湿薄片表面。通常将薄片打毛以促进其润湿,放置薄片应垂直液面,无水滴遗留。本法亦可测液-液界面张力,但有±10%的误差。

4. 环法

该法是基于将水平接触液面的圆环拉离液面过程所施最大力来推算液体表面张力。测力的方法有多种,最常用的是 Du Noüy 首先使用的扭力天平,故又称 Du Noüy 法。此法是工业上常用方法之一,亦为国际标准所采用。不同于上述吊片法的是,与液面接触的不是薄片而是由铂金属丝制成的水平圆环。同样,金属丝环拉起力与环-液体间表面张力构成平衡,如图 1-6 所示。

拉起力为:

$$P = mg = 2\pi R'\gamma + 2\pi(2r + R')\gamma = 4\pi R\gamma \tag{1-17}$$

由式(1-17)结合校正因子整理得:

$$\gamma = \frac{P}{4\pi R} \cdot F \tag{1-18}$$

式(1-17)和式(1-18)中,R 为金属丝中心至圆环中心的距离,R' 为金属丝内壁至圆环中心的距离。F 为由金属丝本身及圆环形状导致的校正因子,$F \propto R^3/V$ 或 R/r。

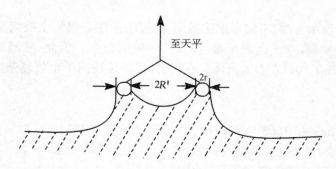

图 1-6　环法测定表面张力示意图

环法所用铂环必须清洁至能完全被液体润湿,而拉起环时环上不能留有液体。为防止器壁效应,本法测定时所需液体量较多。温度不易控制,液-液界面张力亦不易测定,精确度不高。

5. 最大气泡压力法

图 1-7 展示该法所用装置及原理,根据 Laplace 方程原理,气泡内外压力差与曲面的曲率半径有关,而气泡从浸入液体中的毛细管口逸出时所需最大压力又与液体表面张力相关联,因此可获得如下关系式:

$$P_m = \Delta P = \frac{2\gamma}{R} \tag{1-19}$$

$$\gamma = hdR/2 \tag{1-20}$$

式(1-19)和式(1-20)中,P_m 为最大气泡压力,R 为毛细孔半径,h 为压力计液面差,d 为压力计液体密度,压力计液体密度及毛细管半径为定值,即 $\frac{dR}{2} = K$,K 为毛细管常数,则

$$\gamma = Kh \tag{1-21}$$

本测定与接触角无关,也无需知道被测液体的密度,操作简单,测定速度较快,但测值不太精确。

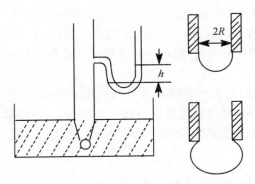

图 1-7　最大气泡压力法示意图

为避免毛细管口半径测量误差,也可采用测量已知表面张力的液体(如水)来求取毛细管常数 K 值。然后便可根据另一液体上升高度,计算该液体的表面张力。

6. 躺滴法

液滴躺在固体表面时具有一定的几何形状,见图 1-8。液滴外形可摄像放大,并测量其尺寸。不同形状的液滴外形,可用 Bashforth-Adams 表上的 β 值表征之,实验外形直径与理论外形直径内插一致,以确定描述实验表面的 β 值后,就可求出最大曲率半径 b 值,由此按下式求取 γ 值:

$$\gamma = \frac{\Delta \rho g b^2}{\beta} \tag{1-22}$$

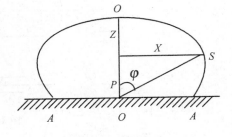

图 1-8　躺滴外形

式(1-22)中,$\Delta\rho$ 为密度差,g 为重力加速度,b 为最大曲率半径(计算方法详见 Padday,Surface and Colloid Science Vol. 1. Wiley-Interscience, New York , 1969)。这个方法的准确度为 0.1%,可以获得较满意的结果,也可用来测定表面张力的时间效应,但手续繁而费时,大多用于科学研究中。

7. 悬滴法

该法通过测定悬挂着的液滴的外形参数,应用 Bashforth-Adams 方程推算出液体的表面张力,也常用于液-液界面张力的测定。例如,石油与表面活性剂溶液间界面张力的测定,测定时的悬滴外形示于图 1-9。液滴逸出状态用显微镜观察摄像,然后,从图上量出液滴外形尺寸,按下式计算界面张力。

$$\gamma = \frac{\Delta \rho g d_e^2}{H} \qquad\qquad (1-23)$$

$$1/H = f(d_s/d_e) \qquad\qquad (1-24)$$

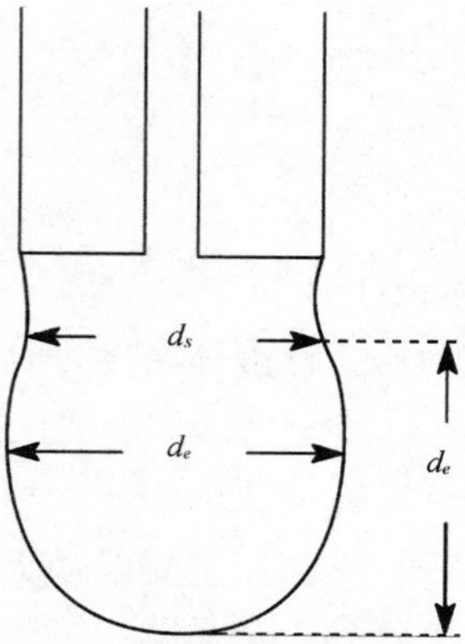

式(1-23)与式(1-24)中,$\Delta \rho$ 为两相密度差,d_e 为赤道直径,d_s 为截面直径。形状因子(由实验测定)$S = d_s / d_e$,不同 S 值有不同的 $1/H$ 值,H 值可从 Bashforth-Adams 参数表($1/H-S$)中查得,代入式(1-23)即可求得 γ 值。悬滴法所用测定样品量可以很少,免除了对接触角的要求,误差小于 15%。

图 1-9　悬滴外形

8. 旋转滴法

此方法主要用于超低界面张力的测定,在一圆柱管中充满高密度相液体,再加入少量低密度相液体或气体,液-液或液-气体系经高速旋转产生离心力,重相移向周边,此离心力与界面张力相对抗,中间构成狭细的圆柱体,如图 1-10 所示。利用 Vonnegut 方程可求得 γ 值。

$$\gamma = \omega^2 \Delta \rho r_0^3 / 4 \qquad\qquad (1-25)$$

式(1-25)中,ω 为旋转速度,$\Delta \rho$ 为密度差,r_0 为中间圆柱体半径。

旋转滴法界面张力仪可测定低至 $10^{-5} \sim 10^{-6}$ mN·m^{-1} 的油/水界面张力,并有保温装置,常用于三次采油超低界面张力的测定。

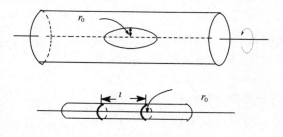

图 1-10　旋转滴法示意图

在上述所有测定表面张力的方法中,滴体积法与吊片及环法都需液体脱离支承物而形成新表面。此表面可能无法满足所有的平衡要求,对于纯液体不会产生问题,但对于溶液,表面上的浓度效应将对平衡问题产生影响。测定表面张力必须要求实验室及使用装置十分清洁,并防止气流波动,这是由于表面张力对于杂质异常灵敏。例如,手指尖碰一下 100 cm^2 的水表面,就可使水的 γ 值出现 10% 的误差。

1.2.2　表面活性

从前面的介绍我们可知,表面活性物质能降低溶剂的表面张力。那么表面活性如何表达?甲醇、乙酸等短碳链的脂肪醇和脂肪酸既能溶于水又能溶于油溶剂,是因为它们的分子中既有疏水的碳氢链,又具亲水的极性基,如—OH 和—COOH,这些极性基对水表现出很强的亲和力,足以把一短的非极性烃链一同拉入水溶液中。这些分子若位于空气-水表面或油-水界面处,会定向吸附,即亲水基会定位在水相中,而疏水基则指向气相或油相,形成定向单分子层,导致表(界)面张力的下降。需注意的是,表面活性是一种动力学过程,表面或界面的最终状态表示了表面活性分子热运动趋向于本体相的混合与疏水作用趋向表(界)面吸附的动态平衡。

表面活性分子在界面上的吸附导致界面张力下降。设 π 为界面张力降低值(也称表面压),则

$$\pi = \gamma_0 - \gamma \tag{1-26}$$

式(1-26)中, γ_0 为水或溶剂的表面张力, γ 为加入表面活性物质分子后溶液的表(界)面张力。

Traube 发现,在稀水溶液中可用 π/c 来衡量溶质降低表面张力的能力。例如,在 15℃时,乙酸、丙酸、丁酸和异戊酸的负斜率 π/c 分别为 250、730、2 150 和 6 000,即同系物中此值随溶质分子的碳链长度增加而变大,每增加一个 CH_2 约增大 3 倍,这就是著名的 Traube 规则。表面活性剂主要是由长度大于 8 个碳原子的碳链和足够强的亲水基构成的极性有机化合物,Traube 规则对该类体系一般也适用。

1.3　表面活性剂的结构特征

表面活性剂的分子结构包括非极性长链亲油基团和带电的离子或不带电的极性亲水性基团两个部分。由于其分子中既有亲油基又有亲水基,所以又称其为双亲化合物。由于水是应用最广、价格最低的溶剂,通常表面活性剂都是在水中使用,故常把非极性的亲油基团称为疏(憎)水基。表面活性剂分子的结构如图 1-11 所示。

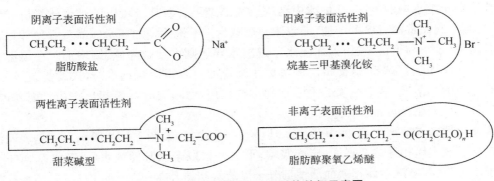

图 1-11　表面活性剂分子结构特征示意图

亲水基(hydrophilic group)种类包括离子型(阴离子、阳离子、两性离子)和非离子型两大类。离子型表面活性剂的亲水基在水中因电离而带电荷;非离子型表面活性剂的亲水基具有极性和水溶性,但不能在水中解离。常见的亲水基有羧基、硫酸基、磺酸基、磷酸基、膦基、氨基、季铵基、吡啶基、酰氨基、亚砜基、聚氧乙烯基、糖基等。

疏水基(hydrophobic group)的结构有多种,如直链、支链、环状等,常见的碳氢链可以是烷烃、烯烃、环烷烃、芳香烃,碳原子数大都在 8~20 范围内。其他疏水基还有脂肪醇、烷基酚、含氟或硅以及其他元素的原子基团等。

具有表面活性的物质并不一定都是表面活性剂。例如,甲酸、乙酸、丙酸、丁酸虽具有两亲结构,但并不是表面活性剂,而只是具有表面活性而已,只有分子中疏水基足够大的两亲分子才显示表面活性剂的特性。对于烃基来说,碳链长度须在 8 个碳原子以上。如果疏水基过大,则溶解度太小,水溶液中应用受到限制,但两亲分子不溶物可用于 LB 膜的制备。

1.4　表面活性剂的疏水效应

表面活性剂的结构特征展示了其分子中具有一头亲水一头疏水的不对称结构。当表面活性剂分子进入水中时,构成亲水部分的极性基可以与水分子发生强烈的电性吸引作用或形成氢键而显示很强的亲和力,宏观上就表现为表面活性剂的水溶性。而构成表面活性剂分子疏水部分的非极性基团与水分子之间只有 van der Waals 引力,这种作用力比水分子之间的相互作用弱得多,因而不能有效地取代与水分子以氢键相互作用的另一水分子的位置而形成疏水基与水分子的结合。这种分子相互作用的特性在宏观上就表现为非极性化合物的水不溶性。所以分子中亲水基和疏水基的相对强弱程度直接影响表面活性剂的溶解性。

处于溶解状态的表面活性剂分子的疏水基存在于水环境中,它必然隔断了周围水分子原有的氢键结构。氢键破坏导致体系能量上升,在恒压条件下表现为体系焓增加。由于体系能量的降低是自发过程,疏水基周围水分子可以通过从原来在纯水中的随机取向改为有利于形成氢键的取向而形成尽可能多的氢键以降低体系的能量。于是在水溶液中的疏水基周围形成氢键网,这种水分子组合结构与冰的结构有相似之处,常称为冰山结构。此种结构并不是固定不变的,而是活动的。其中氢键的强度并不比纯水中的强,而且由于键长键角的变化往往弱于纯水中的氢键,这种冰山结构形成的结果有时甚至可以不减少体系形成氢键的量。但是,它使水的有序度增加,导致体系熵减少。不论焓增加还是熵减少都使体系自由能上升,显然这不利于自发进行,而疏水基逃离水环境则可使焓降低、熵增加。在恒温恒压下体系自由焓因此而降低,这使疏水基逃离水环境的过程得以自动进行,这就是疏水效应。对于室温下的水溶液,其中熵项的贡献常起主要作用,焓项有时甚至起反作用。因此,常把此类过程叫做熵驱动过程。

表面活性剂水溶液中,疏水基逃离水环境有两个途径,如图 1-12 所示。一是表面活性剂分子从溶液本体相迁移至表面,定向吸附,形成一层以亲水基插入水中,疏水基朝向气相的分子层;二是在溶液本体相表面活性剂分子以疏水基结合在一起形成内核,以亲水基朝向外层的胶束缔合体或囊泡等有序组合体。这就是说,形成胶束等多种类型的两亲分子有序组合体同样可以达到疏水基逃离水环境的目的。进一步的研究表明,冰山结构解体和熵增加过程并非表面活性剂形成有序组合体的必要条件。如在温度升高破坏了水中的氢键的情况下,表面活性剂缔合结构仍然可以自发形成,此时的缔合过程并不一定是熵驱动过程,由于水-水、疏水基-疏水基间相互作用强于水-疏水基间相互作用而引起的焓的降低可成为缔合过程的主要推动力。

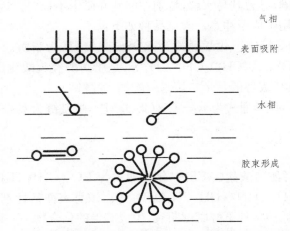

气相

表面吸附

水相

胶束形成

图 1 - 12　表面活性剂溶液表面吸附及胶束化作用示意图

1.5　表面活性剂的类型

1.5.1　阴离子型表面活性剂

阴离子表面活性剂是表面活性剂工业中开发最早、产量最大、工业化技术最成熟的一类产品。阴离子表面活性剂在水中电离成具有表面活性的阴离子片段,其疏水基一般为$C_{10} \sim C_{20}$的长烃链,亲水基结构常有羧酸盐、磺酸盐、硫酸酯盐和磷酸酯盐等。

1. 羧酸盐型

羧酸盐型阴离子表面活性剂的亲水基为羧基($-COO^-$),按亲油基与亲水基的连接方式可分为两种类型:一类是直接连接的高级脂肪酸盐类,即皂类;另一类是亲油基通过中间键如酰胺键、酯键、醚键等与羧基连接,即改性皂类。

① 皂类　其化学通式为 $RCOO^- M^+$,M^+ 为 Na^+、K^+、NH_4^+、Ca^{2+}、Mg^{2+}、$HN^+(CH_2CH_2OH)_3$、$(CH_3)_2CHN^+H_2$等。肥皂是高级脂肪酸钠或钾盐,是数千年来广为应用的阴离子表面活性剂,古老的制备工艺以天然的动植物油脂为原料,现代工艺发展为以脂肪酸或脂肪酸甲酯与碱进行皂化或中和的方法制皂。由于肥皂不耐硬水,不耐酸,使用受到限制。此外,C_{10}以下的脂肪酸皂在水中的溶解度过大,表面活性差,而 C_{20} 以上的脂肪酸皂在水中的溶解度太低,故亲油基通常为 $C_{11} \sim C_{17}$ 的直链烃基。

② 改性皂类　分子结构为在亲油基与羧基间插入中间键连接,如酰胺键连接的 N - 酰基氨基酸盐(N - 酰基谷氨酸盐、N - 酰基肌氨酸盐、N - 酰基多缩氨基酸盐等)、醚键连接的脂肪醇聚氧乙烯醚羧酸盐[$R(OCH_2CH_2)_nOCH_2COOM$]、烷基酚聚氧乙烯醚羧酸盐及烷醇酰

胺醚羧酸盐等。

2. 硫酸酯盐型

硫酸酯盐型阴离子表面活性剂其制备方法主要由脂肪醇、脂肪醇及烷基酚的乙氧基化物或脂肪酸衍生物等与硫酸化试剂发生硫酸化反应,再经中和而得。由于该类表面活性剂分子中存在 C—O—S 键,导致其易水解,特别在酸性介质中不稳定。因此,其应用范围受到某些限制,在合成及使用中应予注意。常见品种如下:

① 脂肪醇硫酸盐(FAS)　化学通式为 $ROSO_3^- M^+$,R 为脂肪烃基,M^+ 为 Na^+、K^+、NH_4^+、$HN^+(CH_2CH_2OH)_3$、$(CH_3)_2CHN^+H_2$ 等,是脂肪醇经硫酸化反应再经中和所得产物。该类化合物中最具代表性的是十二烷基硫酸钠、油醇钠。

② 仲烷基硫酸盐　化学通式为 R_1—$\underset{\underset{R_2}{|}}{CH}OSO_3^- M^+$,烷基链为 $C_{10} \sim C_{18}$,是由 α-烯烃经硫酸化作用所得产物。

③ 脂肪醇聚氧乙烯醚硫酸盐(AES)　化学通式为 $RO(CH_2CH_2O)_n SO_3^- M^+$,$n$ 一般为 $2 \sim 4$;M^+ 为 Na^+、NH_4^+、$HN^+(CH_2CH_2OH)_3$ 等。该类表面活性剂在合成过程中,由于分子中存在醇醚键,在酸性条件下醇醚键断裂,生成有毒的化合物——1,4-二噁烷。合成中应加以控制。

④ 烷基酚聚氧乙烯醚硫酸酯盐(APES)　化学通式为 R—⟨◯⟩—$O(CH_2CH_2O)_n SO_3^- M^+$,R 常为 $C_8 \sim C_{10}$ 的烷基。

⑤ 脂肪酸衍生物的硫酸酯盐　化学通式为 $RC\overset{\overset{O}{\|}}{X}R'OSO_3^- M^+$,其中 X 为 O(属酯类)、NH 或烷基取代的 N(酰胺);R′ 为烷基或亚烷基、羟烷基或烷氧基。这类品种中代表性化合物有脂肪酸甘油单酯硫酸钠($RCOOCH_2 CHOHCH_2 OSO_3 Na$)、烷醇酰胺硫酸钠($RCONHCH_2 CH_2 OSO_3 Na$)、土耳其红油(蓖麻油经硫酸化、中和得到的产物),结构如下:

$$CH_3(CH_2)_5 \underset{\underset{OH}{|}}{CH}CH_2 CH{=}CH(CH_2)_7 COOCH_2$$

$$CH_3(CH_2)_5 \underset{\underset{OH}{|}}{CH}CH_2 CH{=}CH(CH_2)_7 COOCH$$

$$CH_3(CH_2)_5 \underset{\underset{OSO_3 Na}{|}}{CH}CH_2 CH{=}CH(CH_2)_7 COOCH_2$$

3. 磺酸盐型

磺酸盐型阴离子表面活性剂其制备方法主要由烷烃、烯烃、芳烃等与磺化试剂发生磺化反应,再经中和而得。该类表面活性剂分子中存在 $-C-SO_3^- M^+$ 结构。常见品种如下:

① 烷基磺酸盐　化学通式为 $RSO_3^- M^+_{(1/n)}$。M^+ 为碱金属或碱土金属离子;n 为离子的价数;R 常为 $C_{12} \sim C_{20}$ 的烷基。该类化合物中最具代表的是十六烷基磺酸盐。

② 烷基苯磺酸盐　化学通式为 $RC_6 H_4 SO_3^- M^+$。M^+ 主要为 Na^+;R 为 $C_8 \sim C_{18}$ 的烷基,

其中链长 C_{12} 时最适合用于合成洗涤剂。早期产品为四聚丙烯苯磺酸钠（ABS），因支链烷基苯磺酸钠生物降解性差，后来被直链烷基苯磺酸钠（LAS）所取代。

③ α-烯烃磺酸盐（AOS）　该产品为 α-烯烃经磺化反应，然后中和、水解得到的一类阴离子表面活性剂混合物。主要成分为 55%～65% 的烯基磺酸盐、25%～35% 的羟烷基磺酸盐和 5%～15% 的二磺酸盐。

$$R—CH=CH—(CH_2)_p SO_3 Na$$

$$R—CH—(CH_2)_q SO_3 Na$$
$$\quad\ |$$
$$\quad OH$$

$$R'—CH=CH—CH—(CH_2)_x SO_3 Na$$
$$\qquad\qquad\quad |$$
$$\qquad\qquad\quad SO_3 Na$$

$$R'—CH—(CH_2)_x CH(CH_2)_y SO_3 Na$$
$$\quad\ |\qquad\qquad\ |$$
$$\quad OH\qquad\qquad SO_3 Na$$

$p=0$ 或 $1～(n-3)$ 的正整数，n 为 α-烯烃的碳数；
$q=2$ 或 3；
x,y 为 0 或正整数；
R,R' 为正构烷基

④ 琥珀酸酯磺酸盐　该产品为琥珀酸酯中的双键经加成反应，引入磺酸基的产物。按其结构可分为琥珀酸单酯磺酸盐和双酯磺酸盐两类。

单酯　　　　　　双酯

单酯的代表产品有脂肪醇琥珀酸单酯磺酸钠（ASS）、脂肪醇聚氧乙烯醚琥珀酸单酯磺酸钠（AESS）、十一烯酸酰胺基乙基琥珀酸单酯磺酸钠（OASS）；双酯的代表产品为琥珀酸 2,2-乙基己醇酯钠盐（AOT）。

⑤ 脂肪酰胺磺酸盐　化学通式为 $RCONHSO_3Na$。代表产品如 N-油酰基-N-烷基牛磺酸钠（Igepon T），其结构为 $C_{17}H_{33}CONCH_2CH_2SO_3Na$。
$$\qquad\qquad\quad |$$
$$\qquad\qquad CH_3$$

⑥ 脂肪酸甲酯 α-磺酸钠盐（MES）　该产品由脂肪酸甲酯经磺化反应制得，其结构为
$$R—CH—C—OCH_3。$$
$$\quad\ |\quad\ \|$$
$$\ SO_3Na\ O$$

⑦ 石油磺酸盐　该产品是将沸点大于 260℃ 的石油馏分，与三氧化硫或发烟硫酸进行磺化反应、中和而得的产物。它是一种不同分子的复杂混合物。主要活性物是高相对分子质量的磺酸盐，磺酸基大部分接在芳环上，石油馏分中存在的少量脂肪族烃也被磺化成磺化物。

⑧ 木质素磺酸盐　该类化合物是从木材或纸浆废液中提取的表面活性剂。典型产品有木质素磺酸钙和木质素磺酸钠。木质素磺酸盐结构复杂，一般含有愈创木基（4-羟基-3-

甲氧基苯基)的多聚物的磺酸盐。最普通的木质素磺酸盐平均相对分子质量约为 4 000,最多可含有 8 个磺酸基和 16 个甲氧基。

4. 磷酸酯盐型

磷酸酯盐阴离子表面活性剂包括磷酸单、双酯盐,该类化合物由脂肪醇、脂肪醇聚氧乙烯醚或烷基酚聚氧乙烯醚与磷酸化试剂(五氧化二磷、焦磷酸、三氯化磷、三氯氧磷等)反应,生成磷酸单酯和磷酸双酯,再用碱中和而制得。它们的结构如下:

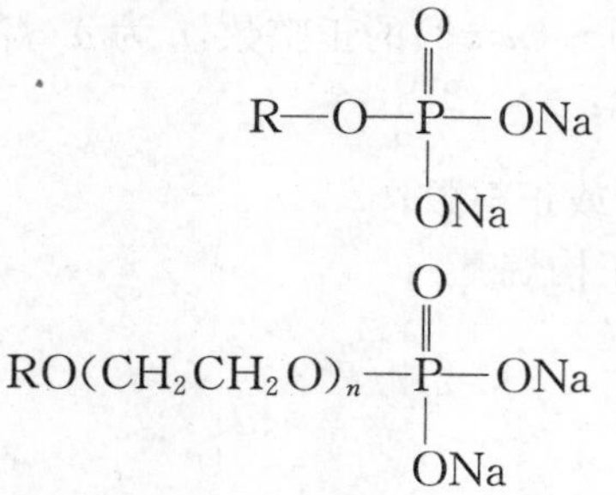

$$
\begin{array}{l}
R-O-P(=O)(ONa)_2 \\[4pt]
RO(CH_2CH_2O)_n-P(=O)(ONa)_2
\end{array}
$$

磷酸单酯盐

$$
\begin{array}{l}
(R-O)_2 P(=O)(ONa) \\[4pt]
[RO(CH_2CH_2O)_n]_2 P(=O)(ONa)
\end{array}
$$

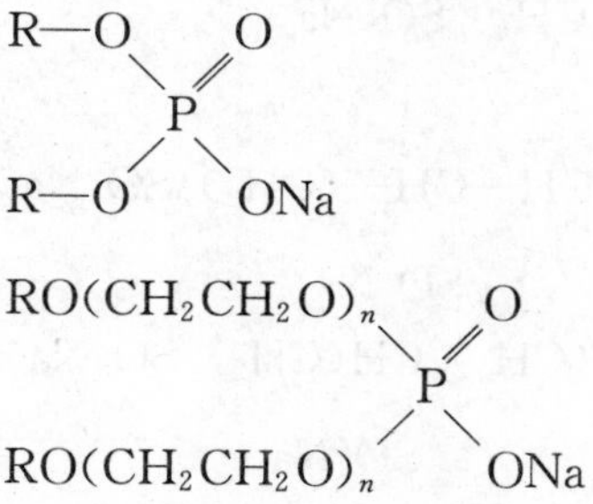

磷酸双酯盐

1.5.2　阳离子型表面活性剂

阳离子表面活性剂在水中电离成具有表面活性的阳离子片段,其中疏水基与阴离子表面活性剂中的相似,亲水基主要为含氮的阳离子基。疏水基与亲水基可直接连接,也可通过酯、醚和酰胺键相连。根据氮原子在分子中的位置,可分为直链的胺盐、季铵盐和环状的吡啶型、咪唑啉型。亲水基也可以是含磷、硫、碘的阳离子基,构成䥽盐阳离子表面活性剂。

1. 胺盐

胺盐为伯胺、仲胺或叔胺与酸的反应产物。常见的胺盐主要有脂肪胺盐 $RR_1R_2N^+HX^-$(其中 R_1 和 R_2 可为 H 或低碳数烃;X 为 Cl、Br、I、CH_3COO、NO_3 等,下同),乙醇胺盐 $[RNH_2CH_2CH_2OH]^+X^-$,聚乙烯多胺盐 $[RNH(CH_2CH_2NH)_nCH_2CH_2NHR_1R_2]^+X^-$ 等。由于胺盐是弱碱性盐,在碱性条件下,胺游离出来而失去表面活性,故使用时应予注意。

2. 季铵盐

季铵盐从形式上看是铵离子(NH_4^+)的 4 个氢原子被有机基团取代后的形式。由于季铵盐是强碱,无论在酸性或碱性溶液中均能溶解,并离解出带正电荷的季铵离子,因此,季铵盐型阳离子表面活性剂应用更加广泛。常见品种如下:

① 烷基季铵盐　化学通式为 $[RNR_1R_2R_3]^+X^-$,R 为 $C_{10}\sim C_{18}$;R_1、R_2、R_3 为甲基或乙基,其中一个也可以是苄基;X 为 Cl、Br、I、CH_3SO_4 等。代表性的产品有十二烷基三甲基溴(氯)化铵(1231)、十六烷基三甲基溴(氯)化铵(1631)、十八烷基三甲基溴(氯)化铵(1831)、十二烷基二甲基苄基溴(氯)化铵(1227)。

② 双烷基季铵盐　化学通式为 $[RR'NR_1R_2]^+X^-$,R 和 R′ 为 $C_8\sim C_{18}$ 的烷基。代表性的产品有双辛基二甲基氯化铵、双十八烷基二甲基氯化铵及油溶性的表面活性剂 N,N-二(烷基苯甲基)-二甲基氯化铵等。

③ 间接连接型铵盐　　亲水基和疏水基通过酰胺、酯、醚等基团来连接的铵盐,如 $[RCONH(CH_2)_nNR_1R_2R_3]^+X^-$、$[RO(CH_2)_nNR_1R_2R_3]^+X^-$ 和 $[RCOO(CH_2)_nNR_1R_2R_3]^+X^-$ 等。

3. 杂环类

杂环类阳离子表面活性剂为表面活性剂中除含有碳原子外,还具有其他原子且呈环状结构的化合物。与碳环成环规律一样,最稳定与最常见的杂环也是五元环或六元环。杂环可含有一个或多个及多种杂原子。具有代表性的杂环类阳离子的表面活性剂品种如下:

① 咪唑啉型　　咪唑啉为含有两个氮原子的五元杂环单环化合物,根据咪唑啉环上所连基团的不同,可得到多种胺盐型或季铵盐型表面活性剂。化学通式为

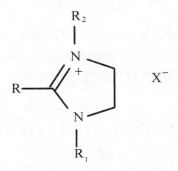

其中 R 常为 $C_{12} \sim C_{18}$ 的烷基;R_1 和 R_2 可为 H、甲基、羟乙基、氨基乙基;X 为 Cl、Br、I、CH_3COO、CH_3SO_4 等。

代表性产品有高碳烷基咪唑啉、羟乙基咪唑啉、氨基乙基咪唑啉等经酸化或季铵化的产物。

② 吗啉型　　吗啉型阳离子表面活性剂是六元环中含有氮、氧两种杂原子的化合物。根据吗啉环上所连基团的不同,可得到多种胺盐型或季铵盐型表面活性剂。化学通式为

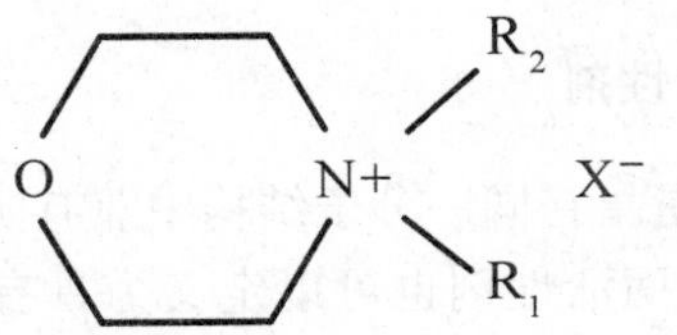

其中 R_1 常为 $C_{12} \sim C_{18}$ 的烷基;R_2 可为 H 或低碳数烷基等;X 为 Cl、Br、I、CH_3COO、CH_3SO_4 等。

③ 吡啶盐　　吡啶季铵盐常用吡啶或烷基吡啶与季铵化试剂卤代烷反应而制得。化学通式为

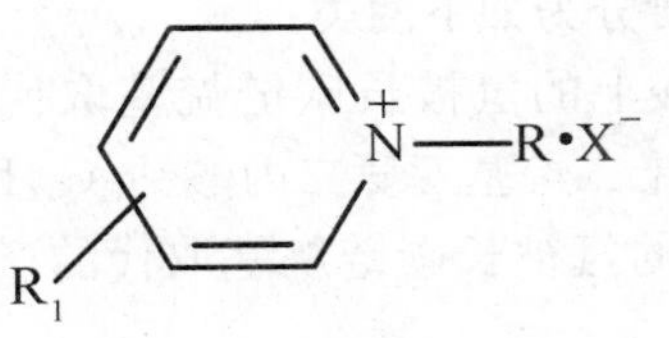

其中 R 常为 C_{12}～C_{18} 的烷基；R_1 可为 H 或低碳数烷基等；X 为 Cl、Br、I 等。

4. 鎓盐

鎓盐是指在水溶液中能解离成为有机阳离子的含氧、氮、硫或磷等有机物。常见鎓盐阳离子表面活性剂品种如下：

① 鏻化合物　可由三烃基膦与卤代烷反应而制得。化学通式为

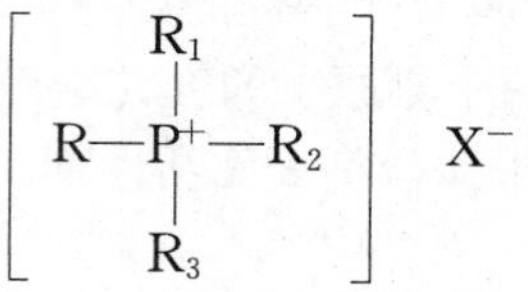

$$\left[\begin{array}{c} R_1 \\ | \\ R-P^+-R_2 \\ | \\ R_3 \end{array} \right] X^-$$

其中 R 常为 C_{12}～C_{18} 的烷基。如三乙基十二烷基鏻溴化物。

② 锍化合物　可由具有一个或两个长碳链烷基的亚砜经烷基化反应而制得。如十二烷基甲基亚砜与硫酸二甲酯反应所得锍化合物，分子结构为

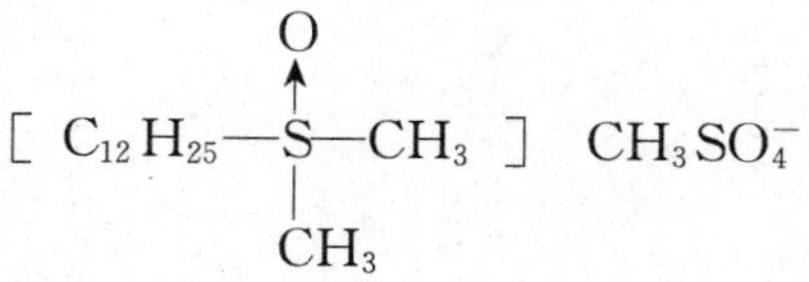

$$\left[\begin{array}{c} O \\ \| \\ C_{12}H_{25}-S-CH_3 \\ | \\ CH_3 \end{array} \right] \ CH_3SO_4^-$$

③ 碘鎓化合物　碘鎓盐可用过醋酸将邻碘联苯氧化成亚碘酰联苯，再用硫酸将其环化成联苯碘鎓硫酸盐。

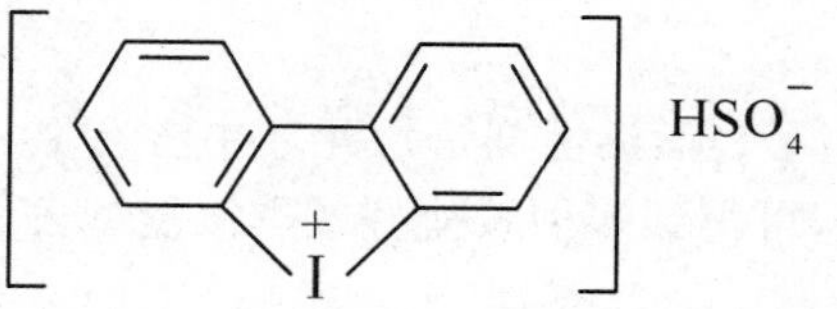

1.5.3　两性离子型表面活性剂

两性离子表面活性剂通常是指在同一分子结构中兼有阴离子性和阳离子性亲水基的表面活性剂。换言之，两性离子表面活性剂也可以定义为具有表面活性的分子残基中同时包含彼此不可被电离的正、负电荷中心（或偶极中心）的表面活性剂。尽管两性离子表面活性剂分子中不带静电荷，但在其正、负偶极间存在强电场。这种表面活性剂在酸性溶液中呈阳离子性，在碱溶液中呈阴离子性，而在中性溶液中有类似非离子表面活性剂的性质。

1. 氨基酸型

氨基酸型两性离子表面活性剂是在一个分子中具有胺盐的阳离子部分和羧酸基的阴离子部分的两性表面活性剂。主要分为如下两类：

① 丙氨酸型　由 β-丙氨酸上的氢被长碳链烷基取代而得。如十二烷基氨基丙酸钠（$C_{12}H_{25}NHCH_2CH_2COONa$）、十二烷基亚氨二丙酸钠［$C_{12}H_{25}N(CH_2CH_2COONa)_2$］等。

② 甘氨酸型　指甘氨酸上的氢被长碳链烷基取代的产物。如十二烷基二（氨乙基）甘

氨酸（$C_{12}H_{25}NHCH_2CH_2NHCH_2CH_2NHCH_2COOH$）、双（辛氨基乙基）甘氨酸

（$C_8H_{17}NHCH_2CH_2NCH_2CH_2NHC_8H_{17}$）。

$$\overset{\displaystyle CH_2COOH}{\underset{\displaystyle |}{}}$$

2. 甜菜碱型

甜菜碱型表面活性剂是在分子内以季铵盐作为阳离子部分，以羧基等为阴离子部分的化合物，按其阴离子种类可分为以下几种类型：

① 羧基甜菜碱　化学通式为 $RN^+(CH_3)_2(CH_2)_mCOO^-$，$m$ 一般为 1～3，以 $m=1$ 最为常见，如十二烷基甜菜碱 $C_{12}H_{25}N^+(CH_3)_2CH_2COO^-$。除此以外，有酰胺丙基甜菜碱 [$RCONHCH_2CH_2CH_2N^+(CH_3)_2COO^-$]。

② 磺基甜菜碱　化学通式为 $RN^+(CH_3)_2(CH_2)_mSO_3^-$，$m$ 一般为 1～3，以 $m=2$ 最为常见。此外还有酰胺丙基磺基甜菜碱[$RCONHCH_2CH_2CH_2N^+(CH_3)_2CH_2CH(OH)CH_2SO_3^-$]。

③ 其他　有硫酸基和亚硫酸基甜菜碱、磷酸基和亚磷酸基甜菜碱、膦酸基和亚膦酸基甜菜碱等。

3. 咪唑啉型

咪唑啉型两性表面活性剂的制备是使脂肪酸和羟乙基乙二胺进行反应生成咪唑啉型中间体，然后再与一氯乙酸钠在强碱溶液中进行反应。分子结构如下：

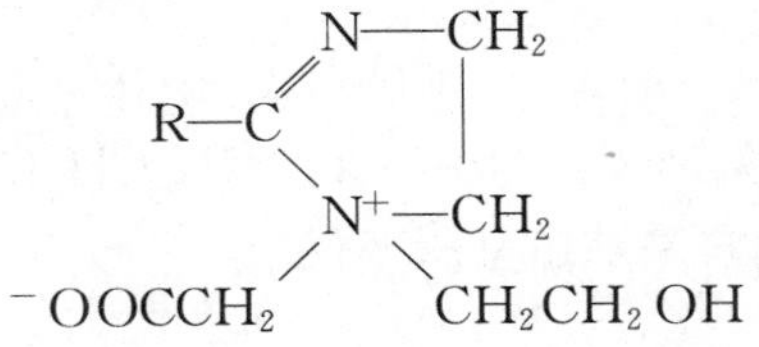

$$R-C \begin{array}{c} N-CH_2 \\ \\ N^+-CH_2 \end{array}$$
$${}^-OOCCH_2 \quad CH_2CH_2OH$$

4. 氧化胺

氧化胺是一四面体，其氮原子以配位键与氧原子相连，呈半极性，有些书中将它归入阳离子型或非离子型，因其化学性质与两性离子型相似，它既能与阴离子或阳离子表面活性剂相容，也能和非离子表面活性剂相容。它在中性和碱性溶液中显示出非离子特性，在酸性介质中显示弱阳离子特性。分子结构通式如下：

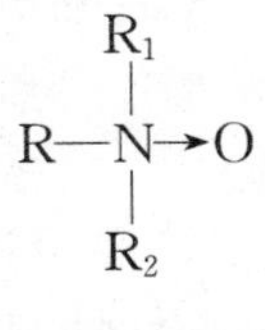

$$R-\underset{\displaystyle R_2}{\overset{\displaystyle R_1}{N}}\to O$$

其中 R 常为 C_{10}～C_{18} 的烷基；R_1、R_2 可为 CH_3 或 CH_2CH_2OH 等。

1.5.4　非离子表面活性剂

非离子表面活性剂溶于水时不会离解成带电的阴离子或阳离子，其分子中疏水基团和离子型表面活性剂的大致相同，而亲水基团主要是由含能与水形成氢键的醚基、自由羟基的化合物如环氧乙烷、多元醇、乙醇胺等提供的。非离子表面活性剂按亲水基种类分为以下几类：

1. 聚氧乙烯型

聚氧乙烯型非离子表面活性剂是用具有活泼氢原子的疏水性原料与环氧乙烷或聚乙二醇进行反应制得的。所谓活泼氢原子,是指—OH、—COOH、—NH$_2$、—CONH$_2$ 等基团中的氢原子。主要品种如下:

① 脂肪醇聚氧乙烯醚(AEO)　通式为 $RO(CH_2CH_2O)_nH$,式中 R 为 C$_8$~C$_{18}$ 的烷基,n 一般为 2~30。

② 烷基酚聚氧乙烯醚　通式为

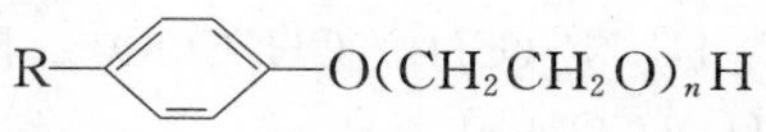

$$R \diagdown\!\!\!\!\!\bigcirc\!\!\!\!\!\diagup O(CH_2CH_2O)_nH$$

式中 R 为 C$_8$~C$_{18}$ 烷基,常用的酚有辛基酚和壬基酚等。辛基酚聚氧乙烯醚商品名称为 OP 系列,壬基酚聚氧乙烯醚商品名称为 NP 或 TX 系列。

③ 脂肪酸聚氧乙烯酯　通式为单酯 $RCOO(CH_2CH_2O)_nH$、双酯 $RCOO(CH_2CH_2O)_nOCR$。

④ 烷基胺聚氧乙烯醚　通式为

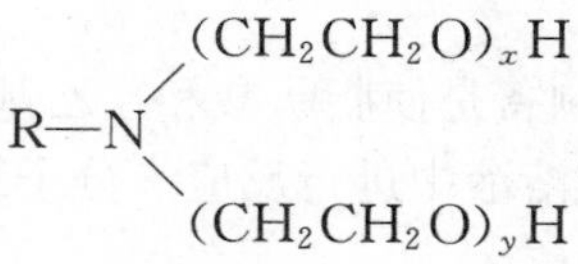

$$R{-}N\begin{array}{c}(CH_2CH_2O)_xH\\ \\(CH_2CH_2O)_yH\end{array}$$

⑤ 烷基醇酰胺聚氧乙烯醚　通式为 $RCONHCH_2CH_2O(OCH_2CH_2)_nH$。

⑥ 脂肪酸甲酯乙氧基化物　通式为 $RCOO(CH_2CH_2O)_nCH_3$,与脂肪酸聚氧乙烯酯相比,组成单一,分子中的端基羟基被甲基所替代。

2. 多元醇型

多元醇型非离子表面活性剂是由含多个羟基的多元醇与脂肪酸进行酯化反应生成的酯类及其环氧乙烷加成物,此外,还包括氨基醇及糖类与脂肪酸或酯进行反应制得的非离子表面活性剂。多元醇型非离子表面活性剂(不包括与环氧乙烷加成产物)的亲水性来自多元醇的羟基,所以其亲水性小,亲油性大,多数具有自乳化性。而与环氧乙烷加成后,增加了亲水性,多数具有良好的亲水溶性,其亲水性由聚氧乙烯链的长短来确定。

多元醇型非离子表面活性剂按多元醇的种类可分为甘油脂肪酸酯、季戊四醇脂肪酸酯、失水山梨醇脂肪酸酯、聚氧乙烯失水山梨醇脂肪酸酯、蔗糖脂肪酸酯和烷基醇酰胺等。

① 甘油脂肪酸酯和季戊四醇酯　该类产品可通过多元醇与脂肪酸进行酯化反应或油脂与甘油进行酯交换反应而制得。作为表面活性剂的主要是单酯,分子结构如下:

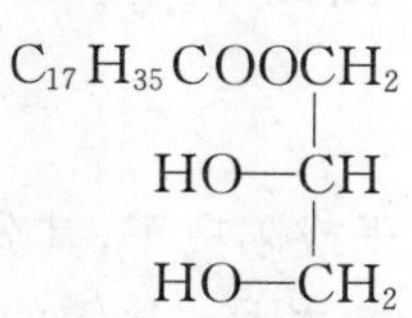

$$\begin{array}{l}C_{17}H_{35}COOCH_2\\ HO{-}CH\\ HO{-}CH_2\end{array} \qquad C_{15}H_{31}COOCH_2{-}\overset{\displaystyle CH_2OH}{\underset{\displaystyle CH_2OH}{C}}{-}CH_2OH$$

硬脂酸单甘油酯 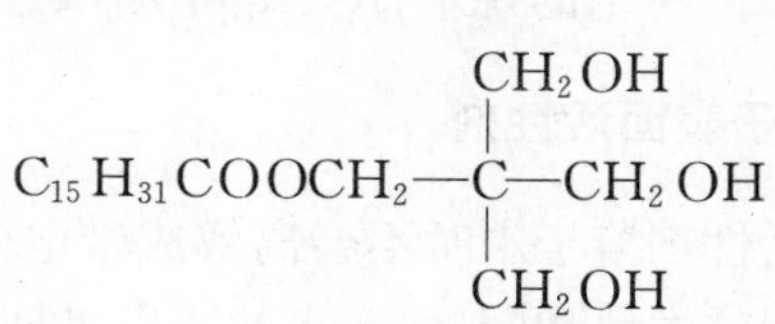　　　　　　　　　　棕榈酸单季戊四醇酯

② 失水山梨醇脂肪酸酯及其聚氧乙烯加成物　通常把失水山梨醇与不同脂肪酸反应

得到的产物统称为失水山梨醇脂肪酸酯,商品名称为 Span(司盘),它是单酯、双酯和三酯的混合物。脂肪酸可采用月桂酸、棕榈酸、硬脂酸和油酸等,其相应单酯的商品代号为 Span20、Span40、Span60 和 Span80。硬脂酸和油酸的三酯代号为 Span65 和 Span85。Span 类产品同环氧乙烷进行加成反应生成聚氧乙烯失水山梨醇脂肪酸酯,商品代号为 Tween(吐温)。Tween 是在相应 Span 的基础上,通过加成一定数目的环氧乙烷而制得。如 Tween20 的环氧乙烷数为 $21\sim22$;Tween40、60 的环氧乙烷数为 $18\sim22$;Tween80 的环氧乙烷数为 $21\sim26$;Tween 85 的环氧乙烷数为 22 等。典型产物结构如下:

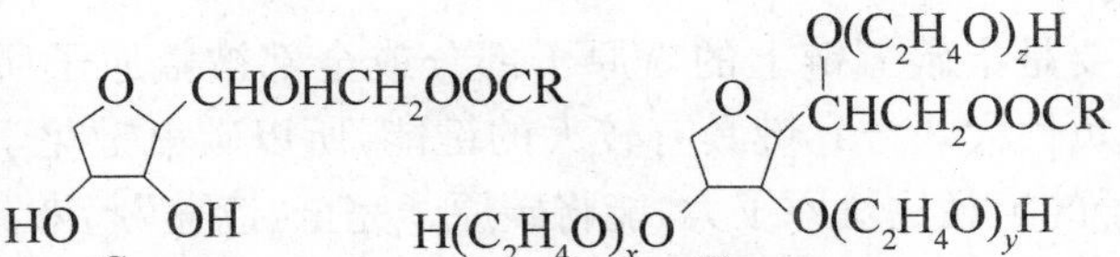

③ 蔗糖脂肪酸酯　是由蔗糖与脂肪酸甲酯反应制得。蔗糖有八个羟基,所以同羟基结合的脂肪酸数可为 $1\sim8$ 个,即产物为单酯到八酯的混合物。但由于蔗糖只有三个伯羟基,在温和条件下,主要得到单酯、二酯和三酯的混合物。典型产物结构如下:

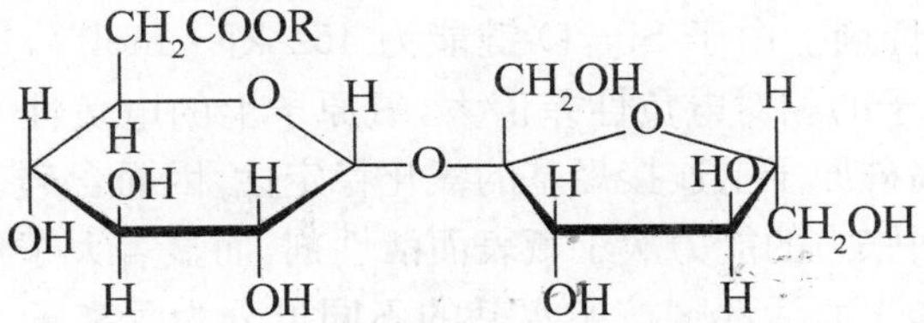

④ 烷基醇酰胺　是由脂肪酸与烷基醇经脱水缩合而得,该类表面活性剂具有较强的稳泡、增稠作用。如月桂酰二乙醇胺,为 1 mol 月桂酸与 2 mol 二乙醇胺反应所得产物,其商品名称为 Ninol(尼纳尔)或 6501。分子结构如下:

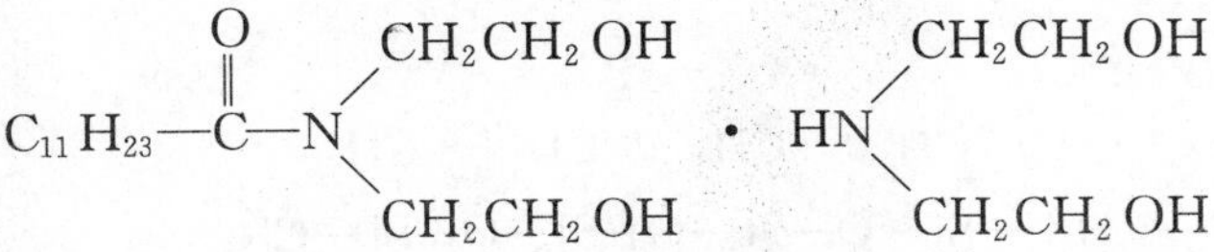

⑤ 烷基苷(APG)　是糖类化合物与脂肪醇的反应产物。APG 的刺激性低于两性表面活性剂,毒性低,生物降解性好,还具有杀菌、提高酶活力的性能,是一种具有良好发展前景的绿色表面活性剂。其化学结构式可表示如下:

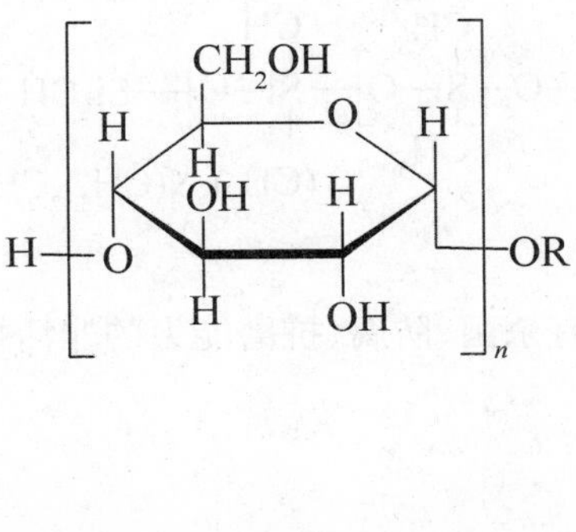

其中 R 常为 $C_8 \sim C_{18}$ 的烷基;糖苷的平均聚合度 n 一般为 $1.1 \sim 3$。

1.5.5　特种及功能性表面活性剂

一般表面活性剂的疏水基是碳氢烃基,如果疏水基中含有 F、Si、P、B、Se、Te 等元素,则称为特种表面活性剂或元素表面活性剂。特种表面活性剂主要有氟表面活性剂、硅表面活性剂及含硼表面活性剂等。此外,对传统表面活性剂进行结构修饰,使其具有某些特殊功能,从而制备出一系列功能表面活性剂。

1. 氟表面活性剂

氟表面活性剂主要是指碳氢链上的氢原子部分或全部被氟原子所取代了的表面活性剂。由于氟原子的电负性大,C—F 键具有较大的键能,所以碳氟键化学稳定性和热稳定性都较高。此外,氟原子的半径比氢原子大,能将碳原子完全"遮盖"起来,且范德华力小,即分子间力小。这些因素使得氟表面活性剂性能特殊,具有憎水、憎油双重性质,降低溶液表面张力的能力极为显著,热稳定性和耐试剂性能好,摩擦系数小,绝缘性能高等。代表性产物有 $C_8 F_{17} SO_3 H$、$C_8 F_{17} COONa$、$(CF_3)_2 CHO(CH_2)_6 OSO_3 Na$、$CF_3 (CF_2)_2 CH_2 O(C_2 H_4 O)_n H$。

2. 硅表面活性剂

以硅氧烷链等为疏水基,聚氧乙烯链、羟基、酮基或其他极性基团为亲水基构成的表面活性剂称为含硅表面活性剂。由于 Si—O 键能为 452 kJ·mol^{-1},比 C—C 键能 348 kJ·mol^{-1}大,硅原子和氧原子的相对电负性差值大,氧原子上的电负性对硅原子上连接的烃基有偶极感应影响,可提高硅原子上连接烃基的氧化稳定性,因而含硅表面活性剂具有较高的耐热稳定性,其降低表面张力的能力次于氟表面活性剂,而显著大于烃系表面活性剂。与烃系表面活性剂相似,含硅表面活性剂按亲水基的不同可分为阴离子、阳离子、非离子和两性离子四种主要类型。品种举例如下:

阴离子型　　　$[(CH_3)_3 SiO]_2 Si(CH_3)(CH_2)_3 OSO_3 Na$

阳离子型　　　$[(CH_3)_3 SiO]_2 Si(CH_3)(CH_2)_3 N(CH_3)_2 C_8 H_{17} Br$

非离子型

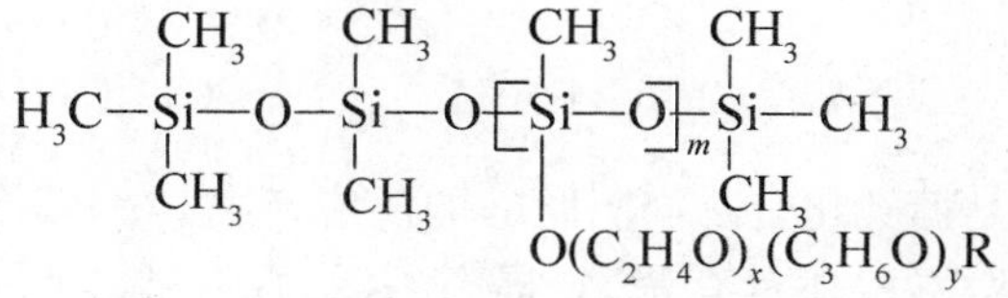

两性离子型

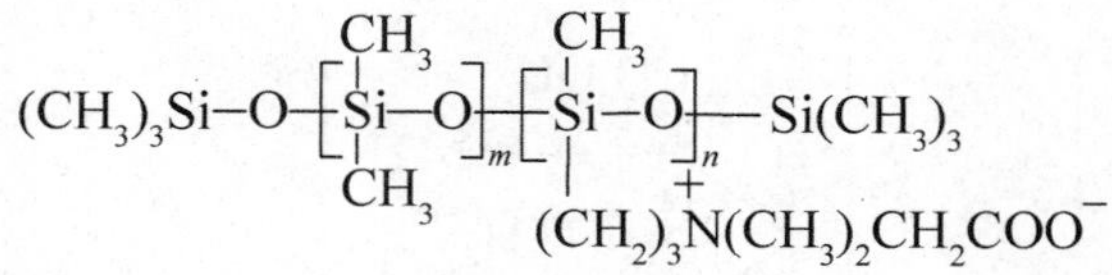

3. 含硼表面活性剂

硼是一种无毒,无公害,具有杀菌、防腐、抗磨能力的非活性元素。含硼表面活性剂分子中含有 B—O 键,是一种半极性化合物,沸点较高,不挥发,高温下稳定,但能水解。这类表面活性剂有水溶性的也有油溶性的。典型的分子结构如下:

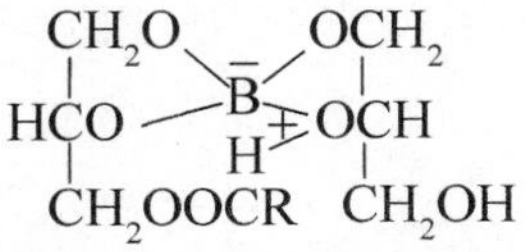

硼酸双甘酯单脂肪酸酯　　　　硼酸双甘酯单脂肪酸酯聚氧乙烯醚
（油溶性）　　　　　　　　　　　（水溶性）

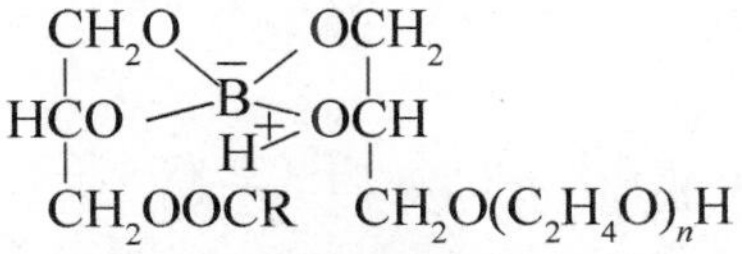

4. 冠醚型表面活性剂

冠醚型表面活性剂是在环状聚氧乙烯 POE(cyclic polyoxyethylene,即冠醚)的环上引入疏水基得到的一类具有选择性配合阳离子且具有表面活性及能形成胶束等复合性能的两亲化合物。一般表面活性冠醚的分子结构如下:

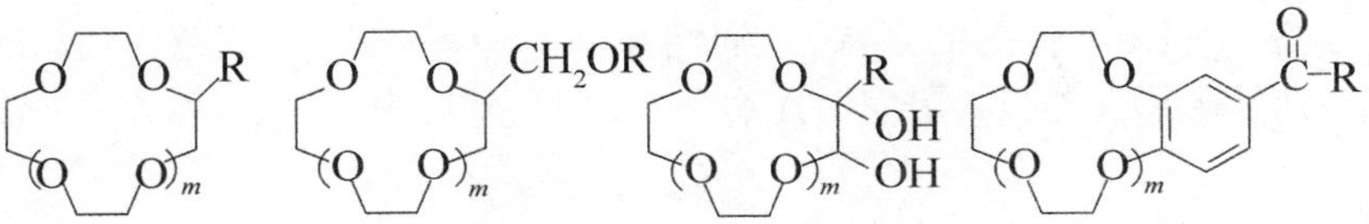

5. 反应型表面活性剂

反应型表面活性剂是指带有反应基团的表面活性剂,它能与所吸附的基体发生化学反应而永久地键合到基体表面,从而对基体发挥表面活性作用,同时也成了基体的一部分。根据反应基团类型及应用范围的不同,可将反应型表面活性剂分为可聚合乳化剂、表面活性引发剂、表面活性链转移剂、表面活性交联剂和表面活性修饰剂。可聚合乳化剂分子结构中含有可发生聚合反应的双键;表面活性引发剂分子中既含表面活性基团,又存在能产生自由基的结构单元;表面活性链转移剂是表面活性剂分子上带有一个链转移的巯基基团;表面活性交联剂通过自氧化或其他物质引发进行交联聚合提高涂料的机械性能;表面活性修饰剂通过吸附在固体表面聚合以达到表面修饰的目的。

反应型表面活性剂可以克服许多传统表面活性剂的不足,广泛应用于乳液聚合、溶液聚合、分散聚合、无皂聚合、功能性高分子以及纳米材料的制备等方面。当然,反应型表面活性剂也有一些缺陷,如乳液聚合中固含量超过 50% 时,体系不稳定;其分子结构复杂,影响因素多,缺乏规律性等。

6. 螯合型表面活性剂

螯合型表面活性剂是由有机螯合剂如 EDTA、柠檬酸等衍生的具有螯合功能的表面活性剂,其分子中含有一个长碳链烷基和几个相邻氨羧结构的离子型亲水基。它除了具有一般表面活性剂的性质外,还能够与多价金属离子发生螯合作用。

目前,已工业化的产品有 N-酰基-乙二胺三乙酸(ED3A)。该类产品是以 EDTA 为母体进行合成的,分子结构如下:

$$^-OOCCH_3 \quad\quad\quad\quad\quad\quad\quad CH_3COO^-$$

$$\begin{array}{c} N-CH_2-CH_2-N \\ \end{array}$$

$$C_{11}H_{23}C=O \quad\quad\quad\quad\quad CH_3COO^-$$

1.6 表面活性剂物性常数

1.6.1 亲水-亲油平衡值

亲水-亲油平衡就是指表面活性剂的亲水基和亲油基之间在大小和力量上的平衡关系。美国阿特拉斯公司的 Griffin 最早提出了反映这种平衡程度量的概念,被称为亲水-亲油平衡值(hydrophilic lipophilic balance),简称 HLB 值。

1. HLB 值的规定

HLB 值是表示表面活性剂的亲水、亲油性强弱的指标。HLB 值越大,其亲水性越强;HLB 值越小,则其亲油性越强。表面活性剂分子的 HLB 可用下式表示:

$$\text{HLB} = \frac{\text{亲水基的亲水性}}{\text{亲油基的亲油性}} \tag{1-27}$$

由式(1-27)可以看出,对于相同的亲油基,若亲水基不同,则亲水性也不同;另一方面,当表面活性剂的亲水基相同,亲油基越长,则亲水性就越差。

一般以石蜡的 HLB 值为 0、油酸的 HLB 值为 1、油酸钾的 HLB 值为 20、聚乙二醇的 HLB 值为 20、十二烷基硫酸钠的 HLB 值为 40 作为标准,由此可以得到阴离子型、阳离子型表面活性剂的 HLB 值范围在 1～40,非离子型表面活性剂的 HLB 值范围在 1～20。

2. HLB 值的确定

表面活性剂的 HLB 值一般可根据计算法和测量法来确定。

① 计算法 主要有建立在结构-性能关系实验基础上的经验或半经验关系式及理论基础上的基本理论关系式。

非离子表面活性剂 HLB 值的计算式如下:

$$\text{HLB} = \frac{H}{H+L} \times \frac{100}{5} = \frac{\text{亲水基质量}}{\text{表面活性剂质量}} \times 20 \tag{1-28}$$

式(1-28)中,H 为亲水基的相对分子质量;L 为亲油基的相对分子质量。该式适用于计算脂肪醇、烷基酚 EO 加成物的 HLB 值。

对多元醇脂肪酸酯及氧乙烯基(EO)加成物的非离子表面活性剂,如 Span、Tween 等,其 HLB 值可采用下式计算。

$$\text{HLB} = 20\left(1 - \frac{S}{A}\right) \tag{1-29}$$

式(1-29)中,S 为脂肪酸酯的皂化价;A 为脂肪酸的酸值。

对于皂化价不易测定的非离子表面活性剂,如松节油和松香、蜂蜡、羊毛脂等 EO 加成物,其 HLB 值可采用下式计算。

$$HLB = \frac{E + P}{5} \qquad (1-30)$$

式(1-30)中,E 为氧乙烯基的质量分数;P 为多元醇的质量分数。

离子型表面活性剂,由于其亲水基种类繁多,亲水性大小不同,其 HLB 值的计算比非离子型表面活性剂复杂。

Davies 提出把表面活性剂的结构分解为一些基团,每个基团对 HLB 值均有各自的贡献,通过实验先测得各基团对 HLB 值的贡献,称作基团值,然后将分子中各亲水、亲油基的基团值代入式(1-31),可以计算出 HLB 值:

$$HLB = 7 + \sum 亲水基团值 - \sum 亲油基团值 \qquad (1-31)$$

一些基团的 HLB 值见表 1-2。

表 1-2　一些基团的 HLB 值

亲水基团	HLB 值	亲油基团	HLB 值
—SO₄Na	38.7	＞CH—	0.475
—COOK	21.1	—CH₂—	0.475
—COONa	19.1	CH₃—	0.475
—SO₃Na	11.0	=CH—	0.475
—N(叔胺)	9.4	—CF₂—	0.87
酯(失水山梨醇)	6.8	CF₃—	0.87
酯(自由)	2.4	—CH₂CH₂CH₂O—	0.15
—COOH	2.1	—CH₂CHCH₃O—	0.15
—OH(自由)	1.9		
—O—	1.3		
—OH(失水山梨醇环)	0.5		
—CH₂CH₂O—	0.33		

② 测量法　测量 HLB 值的方法很多,但都有其局限性。测定可采用铺展系数法、极谱法、核磁共振谱法、介电常数、溶解参数法、临界胶束浓度法、水数及浊点法、PIT 法、色谱法等多种方法。最简单的是目测法,即在常温下将表面活性剂加入水中,依据其在水中的溶解性能和分散状态来估计其大致的 HLB 范围。水溶目测法虽只能得出大致的 HLB 结果,但操作简便、快捷,适用仅需大致的 HLB 范围的确定。具体关系如表 1-3 所示。

表 1-3　HLB 值范围与水溶性关系

HLB 值	水中状态	HLB 值	水中状态
1～3	不分散	8～10	稳定的乳白色分散体
3～6	分散不好	10～13	半透明至透明分散体
6～8	振荡后成乳白色分散体	＞13	透明溶液

3. 混合表面活性剂的 HLB 值

一般认为，HLB 值具有加和性，因而可预测一种混合乳化剂的 HLB 值。计算方法如下：

$$HLB = \frac{W_A \times HLB_A + W_B \times HLB_B + \cdots}{W_A + W_B + \cdots} \qquad (1-32)$$

式(1-32)中，W_i、HLB_i 分别为混合表面活性剂中 i 组分的质量和 HLB 值。

例如：Span80（HLB=4.3)2.7 g 与 Tween80(HLB=15)7.3 g 混合后的 HLB 值为：

$$HLB = \frac{2.7 \times 4.3 + 7.3 \times 15}{2.7 + 7.3} = 12.1$$

欲配制稳定乳化体，除了选择好表面活性剂之外，还必须知道被乳化油的 HLB 值，使之与表面活性剂的 HLB 值相匹配。油相的 HLB 可用计算法或实验得到，通常利用 Span 与 Tween 配成不同的 HLB 体系，对油相进行乳化，选择最佳状态即为油相乳化所需的 HLB 值。

4. HLB 值的应用

表面活性剂的 HLB 值直接影响到它的性质和应用。在应用时，应根据不同的应用领域、应用对象选择具有不同 HLB 值的表面活性剂。表 1-4 列出了具有不同 HLB 值表面活性剂的应用场合。

表 1-4　表面活性剂的 HLB 值与应用关系

HLB 值	应用场合	HLB 值	应用场合
1.5～3.0	消泡	8.0～18	水包油型乳化剂
3.0～6.0	油包水型乳化剂	13～15	洗涤
7.0～9.0	润湿、渗透	15～18	增溶

不同类型的表面活性剂，HLB 值可能不同，根据应用的需要，可通过改变表面活性剂的分子结构得到不同 HLB 值的产品。对于离子型表面活性剂，可通过增减亲油基碳数或改变亲水基的类型来调节 HLB 值；对于非离子表面活性剂，则可以采用在一定亲油基上连接的乙氧基链长或羟基数目的增减来调节其 HLB 值。表 1-5 列出了常用的表面活性剂的 HLB 值。

表 1-5　一些表面活性剂的 HLB 值

表面活性剂	商品名称	类型	HLB
油酸			1
油酸钠	钠皂	A	18
油酸钾	钾皂	A	20
十二烷基硫酸钠	AS	A	40
十四烷基苯磺酸盐	ABS	A	11.7
烷基芳基磺酸盐	Atlas G-3300	A	11.7
三乙醇胺磺酸盐	FM	A	12
十二烷基三甲基氯化铵	DTC	C	15
N-十六烷基-N-乙基吗啉基乙基硫酸盐	Atlas G-263	C	25～30
失水山梨醇单月桂酸酯	Span 20 或 Arlacel 20	N	8.6
失水山梨醇单棕榈酸酯	Span 40 或 Arlacel 40	N	6.7
失水山梨醇单硬脂酸酯	Span 60 或 Arlacel 60	N	4.7
失水山梨醇三硬脂酸酯	Span 65 或 Arlacel 65	N	2.1
失水山梨醇单油酸酯	Span 80 或 Arlacel 80	N	4.3
失水山梨醇三油酸酯	Span 85	N	1.8
聚氧乙烯失水山梨醇单月桂酸酯	Tween 20	N	16.7
聚氧乙烯失水山梨醇单月桂酸酯	Tween 21	N	13.3
聚氧乙烯失水山梨醇单棕榈酸酯	Tween 40	N	15.6
聚氧乙烯失水山梨醇单硬脂酸酯	Tween 60	N	14.9
聚氧乙烯失水山梨醇单硬脂酸酯	Tween 61	N	9.6
聚氧乙烯失水山梨醇三硬脂酸酯	Tween 65	N	10.5
聚氧乙烯失水山梨醇单油酸酯	Tween 80	N	15
聚氧乙烯失水山梨醇单油酸酯	Tween 81	N	10.0
聚氧乙烯失水山梨醇三油酸酯	Tween 85	N	11
失水山梨醇倍半油酸酯	Arlacel 83	N	1.8
失水山梨醇倍半油酸酯	Arlacel 85	N	3.7
失水山梨醇三油酸酯	Arlacel C	N	3.7
聚氧乙烯山梨醇蜂蜡衍生物	AtlasC-1706	N	2
聚氧乙烯山梨醇蜂蜡衍生物	AtlasC-1704	N	2.6
聚氧乙烯山梨醇六硬脂酸酯	AtlasC-1050	N	2.6
丙二醇单硬脂酸酯	AtlasC-922	N	3.4

续　表

表面活性剂	商品名称	类型	HLB
丙二醇单硬脂酸酯	AtlasC - 2158	N	3.4
聚氧乙烯山梨醇 4.5 油酸酯	AtlasC - 2859	N	3.7
聚氧乙烯山梨醇蜂蜡衍生物	AtlasC - 2859	N	4
丙二醇单月桂酸酯	AtlasC - 917	N	4.5
丙二醇单月桂酸酯	AtlasC - 3851	N	4.5
二乙二醇单油酸酯	AtlasC - 2139	N	4.7
二乙二醇单硬脂酸酯	AtlasC - 2145	N	4.7
聚氧乙烯山梨醇蜂蜡衍生物	AtlasC - 1702	N	5
聚氧乙烯山梨醇蜂蜡衍生物	AtlasC - 1725	N	6
二乙二醇单月桂酸酯	AtlasC - 2124	N	6.1
聚氧乙烯二油酸酯	AtlasC - 2242	N	7.5
四乙二醇单硬脂酸酯	AtlasC - 2147	N	7.7
四乙二醇单油酸酯	AtlasC - 2120	N	7.7
聚氧乙烯甘露醇二油酸酯	AtlasC - 2800	N	8
聚氧乙烯山梨醇羊毛脂油酸衍生物	AtlasC - 1493	N	8
聚氧乙烯山梨醇羊毛脂衍生物	AtlasC - 1425	N	8
聚氧丙烯硬脂酸酯	AtlasC - 3608	N	8
聚氧乙烯山梨醇蜂蜡衍生物	AtlasC - 1734	N	9
聚氧乙烯氧丙烯油酸酯	AtlasC - 2111	N	9
四乙二醇单月桂酸酯	AtlasC - 2125	N	9.4
六乙二醇单硬脂酸酯	AtlasC - 2154	N	9.6
混合脂肪酸和树脂酸的聚氧乙烯酯类	AtlasC - 1218	N	10.2
聚氧乙烯十六烷基醚	AtlasC - 3806	N	10.3
聚氧乙烯月桂基醚	AtlasC - 3705	N	10.8
聚氧乙烯氧丙烯油酸酯	AtlasC - 2116	N	11
聚氧乙烯羊毛酯衍生物	AtlasC - 1790	N	11
聚氧乙烯单油酸酯	AtlasC - 2142	N	11.1
聚氧乙烯单棕榈酸酯	AtlasC - 2086	N	11.6
聚氧乙烯单月桂酸酯	AtlasC - 2127	N	12.8
聚氧乙烯山梨醇羊毛脂衍生物	AtlasC - 1431	N	13

表面活性剂	商品名称	类型	HLB
聚氧乙烯月桂基醚	AtlasC - 2133	N	13.1
聚氧乙烯蓖麻油	AtlasC - 1794	N	13.3
聚氧乙烯单油酸酯	AtlasC - 2144	N	15.1
聚氧乙烯油基醚	AtlasC - 3915	N	15.3
聚氧乙烯十八醇	AtlasC - 3720	N	15.3
聚氧乙烯油醇	AtlasC - 3920	N	15.4
乙二醇脂肪酸酯	Emcol EO - 50	N	2.7
丙二醇单硬脂酸酯	Emcol PO - 50	N	3.4
二乙二醇脂肪酸酯	Emcol DP - 50	N	5.1
丙二醇脂肪酸酯	Emcol PS - 50	N	3.4
丙二醇脂肪酸酯	Emcol PP - 50	N	3.7
聚氧乙烯脂肪酸酯	Emulphor VN - 430	N	9
聚氧乙烯单油酸酯	PEG 400 单油酸酯	N	11.4
聚氧乙烯单月桂酸酯	PEG 400 单月桂酸酯	N	13.1
烷基酚聚氧乙烯醚	Igepal CA - 630	N	12.8
聚醚 L31	Pluronic L31	N	3.5
聚醚 L35	Pluronic L35	N	18.5
聚醚 L42	Pluronic L42	N	8
聚醚 L61	Pluronic L61	N	3
聚醚 L62	Pluronic L62	N	7
聚醚 L63	Pluronic L63	N	11
聚醚 L64	Pluronic L64	N	15
聚醚 L68	Pluronic L68	N	29

注：A—阴离子型表面活性剂；C—阳离子型表面活性剂；N—非离子型表面活性剂。

1.6.2　临界胶束浓度

临界胶束浓度(critical micelle concentration)是表面活性剂形成胶束的最低浓度,常用 cmc 表示。它是表面活性剂的重要特性参数,可作为表面活性强弱的一种度量。

由于表面活性剂分子结构的双亲性质,在低浓度时以单分子状或离子状处于分散状态,表现出表面吸附、表面张力降低等界面现象。但当表面活性剂达到 cmc,表面上吸附的表面活性剂已趋于饱和,多余的表面活性剂除了一部分仍分散于体相外,随着浓度的增加,不少表面活性剂分子或离子为降低其在环境中的表面能,通过分子间引力而相互聚集,开始只是几个分子相聚集,然后逐渐增大,成为类似球状的聚集体,这种缔合体称为胶束(micelle)。胶束在溶液中与单体分子形成平衡,因此,其溶液既有分子态显示的表面性质,亦有胶态显示的胶体性质。前者如表面张力的降低、表面吸附、表面单分子层及润湿等;后者如溶液的黏度、不溶物的增溶、分散、去污等。表面性质随着表面活性剂的体相浓度而变化,直到cmc,而在cmc以上变化就不明显。实际上这是表面活性剂的稀溶液性质。另一方面,表面活性剂的胶体性质只有在cmc及大于cmc时才有意义,这亦可称之为表面活性剂的浓溶液。

表面活性剂溶液在cmc出现胶束时,不少物理化学性质发生突变。诸性质随浓度而变化的曲线如图1-13所示。利用上述一些物理化学性质在cmc处的突变,可用来测定表面活性剂的cmc值。

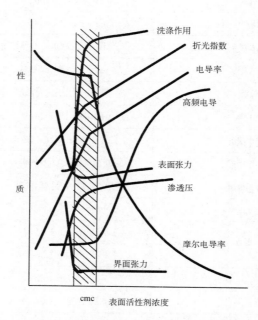

图 1-13 表面活性剂溶液的物化性质与浓度的关系

离子型表面活性剂的cmc一般在$10^{-4} \sim 10^{-2}\,mol \cdot L^{-1}$之间,非离子型表面活性剂的cmc比离子型表面活性剂的要低1~2个数量级。表1-6列出了一些表面活性剂的cmc值。

表 1-6 一些表面活性剂的临界胶束浓度(水溶液)

表面活性剂	cmc (mol·L^{-1})	表面活性剂	cmc (mol·L^{-1})
$C_7H_{15}COONa$	3.4×10^{-1}(25℃)	$C_8H_{17}OSO_3Na$	1.4×10^{-1}(40℃)
$C_9H_{19}COONa$	9.5×10^{-2}(25℃)	$C_{10}H_{21}OSO_3Na$	3.3×10^{-2}(40℃)
$C_{11}H_{23}COONa$	2.6×10^{-2}(25℃)	$C_{12}H_{25}OSO_3Na$	8.7×10^{-3}(40℃)
$C_{17}H_{35}COONa$	9.8×10^{-4}(25℃)	$C_{14}H_{29}OSO_3Na$	2.4×10^{-3}(40℃)
$C_{12}H_{25}COONa$	1.25×10^{-2}(25℃)	$C_{16}H_{33}OSO_3Na$	5.8×10^{-4}(40℃)
$C_8H_{17}SO_3Na$	1.6×10^{-1}(40℃)	$C_8H_{17}N(CH_3)_3Br$	2.6×10^{-1}(25℃)

续　表

表面活性剂	cmc（mol·L⁻¹）	表面活性剂	cmc（mol·L⁻¹）
$C_{10}H_{21}SO_3Na$	$4.1×10^{-2}(40℃)$	$C_{10}H_{21}N(CH_3)_3Br$	$6.8×10^{-2}(25℃)$
$C_{12}H_{25}SO_3Na$	$9.7×10^{-3}(40℃)$	$C_{12}H_{25}N(CH_3)_3Br$	$1.6×10^{-2}(25℃)$
$C_{14}H_{29}SO_3Na$	$2.5×10^{-3}(40℃)$	$C_{14}H_{29}N(CH_3)_3Br$	$2.1×10^{-3}(30℃)$
$C_{16}H_{33}SO_3Na$	$7.0×10^{-4}(40℃)$	$C_{16}H_{33}N(CH_3)_3Br$	$7.0×10^{-4}(25℃)$
$C_8H_{17}CH(COO^-)N^+(CH_3)_3$	$9.7×10^{-2}(27℃)$	$C_{12}H_{25}NH_2HCl$	$1.4×10^{-2}(30℃)$
$C_{10}H_{21}CH(COO^-)N^+(CH_3)_3$	$1.3×10^{-2}(27℃)$	$C_{16}H_{33}NH_2HCl$	$8.5×10^{-4}(55℃)$
$C_{12}H_{25}CH(COO^-)N^+(CH_3)_3$	$1.3×10^{-2}(27℃)$	$C_{18}H_{37}NH_2HCl$	$5.5×10^{-4}(60℃)$
$C_6H_{13}O(C_2H_4O)_6H$	$7.4×10^{-2}(20℃)$	$C_6H_{13}C_6H_4SO_3Na$	$3.7×10^{-2}(75℃)$
$C_8H_{17}O(C_2H_4O)_6H$	$9.9×10^{-3}$	$C_8H_{17}C_6H_4SO_3Na$	$1.5×10^{-2}(75℃)$
$C_{10}H_{21}O(C_2H_4O)_6H$	$9.0×10^{-4}$	$C_{10}H_{21}C_6H_4SO_3Na$	$3.1×10^{-3}(50℃)$
$C_{12}H_{25}O(C_2H_4O)_6H$	$8.7×10^{-5}$	$C_{12}H_{25}C_6H_4SO_3Na$	$1.2×10^{-3}(60℃)$
$C_{14}H_{29}O(C_2H_4O)_6H$	$1.0×10^{-5}$	$C_{14}H_{29}C_6H_4SO_3Na$	$6.6×10^{-4}(75℃)$

1.6.3　临界溶解温度

在表面活性剂实际应用中，由于其分子是由亲水基和亲油基构成，与普通有机物在水中的溶解度不同，临界溶解温度是表征离子型表面活性剂溶解性能的特征指标。

离子型表面活性剂在水中的溶解度随着温度的上升而逐渐增加，当达到某一特定温度时，溶解度急剧陡升，该温度称为临界溶解温度（Krafft point），以 T_k 表示。此点亦即是离子型表面活性剂在该温度下胶束形成之时。由于胶束小于光的波长，溶液呈透明状，更确切地说，T_k 是表面活性剂的溶解度/温度曲线与临界胶束浓度（cmc）/温度曲线的交叉点，胶束只存在于该点以上的温度区域。因此可以说在 T_k 时，该表面活性剂的溶解度即等于其临界胶束浓度。

Krafft point 是离子型表面活性剂单体、胶束与水合结晶固体共存的三相点。图 1-14 为十二醇硫酸钠离子表面活性剂/水体系在 Krafft point 附近的相图。BAC 为溶解度曲线，AD 为临界胶束浓度曲线，两线交点的对应温度为 T_k。在温度高于 T_k 时，表面活性剂浓度增加，促使胶束形成，而水合结晶固体则相应大大减少，并迅即消失。BAD 曲线下面部分为分子态的单体溶液相，CAD 曲线右侧为胶束溶

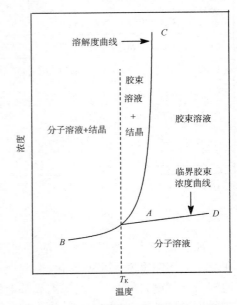

图 1-14　十二醇硫酸钠/水体系部分相图

液相，CAB 左侧温度低于 T_k 的部分为单体与水合结晶固体的混合溶液。这些水合结晶固体是过量表面活性剂在较低温度下因溶解度降低而析出的，在较高温度下水合结晶固体则与胶束共存。值得注意的是，在 T_k 以下，增加表面活性剂量，只会析出水合固体而不会形成胶束。

离子型表面活性剂 Krafft point 的出现是由于干燥的表面活性剂投入水中时，水进入表面活性剂的亲水层，使表面活性剂分子间的距离增大，温度低时，此水合结晶固体析出，并与单分散表面活性剂的饱和溶液相平衡；而高温下，由于热运动使水合结晶固体分裂为有一定聚集数的胶束溶液，溶解度增加。

表面活性剂分子结构的变化或在其溶液中加入其他物质，可改变 T_k。同系物表面活性剂的 T_k 因亲油基链长的增加而上升，但奇数碳与偶数碳同系物的 T_k 变化有所不同，这是由于二者结晶的构造不同所致。烃链支化或不饱和化能降低表面活性剂的熔点，同样亦能降低 T_k。甲基或乙基等小支链愈接近长烃链中央其 T_k 愈小。同系烷基硫酸钠中，邻近两个组分混合时犹如最低共熔点一样可使 T_k 产生一个极小值，但是如果两个组分链长相距太大，则 T_k 反而更大。反离子种类能显著地影响 T_k。不同亲水基的 T_k 亦有差异。例如十二醇硫酸钠的 T_k 要比相应的钾盐小。而其羧酸钠则正好相反，其 T_k 要比羧酸钾的大。钙、锶、钡盐的 T_k 则顺次比钠盐大。阴离子表面活性剂分子中引入乙氧基可显著地降低 T_k，加入电解质则提高 T_k，添加醇及导致结构变化的物质如 N-甲基乙酰胺等亦可降低 T_k。

大多数乙氧基化非离子型表面活性剂的"假设 T_k"在 0 ℃ 以下，一般来说，离子型表面活性剂应在 T_k 以上使用。一些表面活性剂的 T_k 列于表 1-7 中。

表 1-7　离子表面活性剂的 T_k

表面活性剂	$T_k/℃$	表面活性剂	$T_k/℃$
$C_{12}H_{25}SO_3^- Na^+$	38	$n\text{-}C_7F_{15}SO_3^- Na^+$	56.5
$C_{14}H_{29}SO_3^- Na^+$	48	$n\text{-}C_8F_{15}SO_3^- Li^+$	<0
$C_{18}H_{37}SO_3^- Na^+$	70	$C_{10}H_{21}CH(CH_3)C_6H_4SO_3^- Na^+$	31.5
$C_{10}H_{21}SO_4^- Na^+$	8	$C_{14}H_{29}CH(CH_3)C_6H_4SO_3^- Na^+$	54.2
$C_8H_{17}COO(CH_2)_2SO_3^- Na^+$	0	$C_{14}H_{29}[OCH_2CH(CH_3)]_2SO_4^- Na^+$	<0
$C_{10}H_{21}COO(CH_2)_2SO_3^- Na^+$	8.1	$[C_{16}H_{33}N(CH_3)_3]^+ Br^-$	25
$C_{14}H_{29}COO(CH_2)_2SO_3^- Na^+$	36.2	$[C_{18}H_{37}NH_3]^+ Cl^-$	27

1.6.4　浊点

浊点是表征非离子型表面活性剂溶解性能的特征指标。乙氧基化非离子型表面活性剂在水中的溶解度随温度而变化，但完全不同于离子型表面活性剂，乙氧基化非离子型表面活性剂借助氢键，使水分子能与乙氧基上的醚氧呈松弛的结合（结合能为 $29.3\ \text{kJ·mol}^{-1}$），从而使表面活性剂溶解于水中，成为氧䥽化合物（图 1-15）。但当将溶液加热时，分子运动加剧，氢键结合力减弱直至消失。当超过某一温度时，非离子表面活性剂不再水合，溶液出现浑浊,分离为富胶束及贫胶束两个液相,这个温度被称为该表面活性剂的浊点(cloud point)。当温度低于浊点,混合物再变为均相。

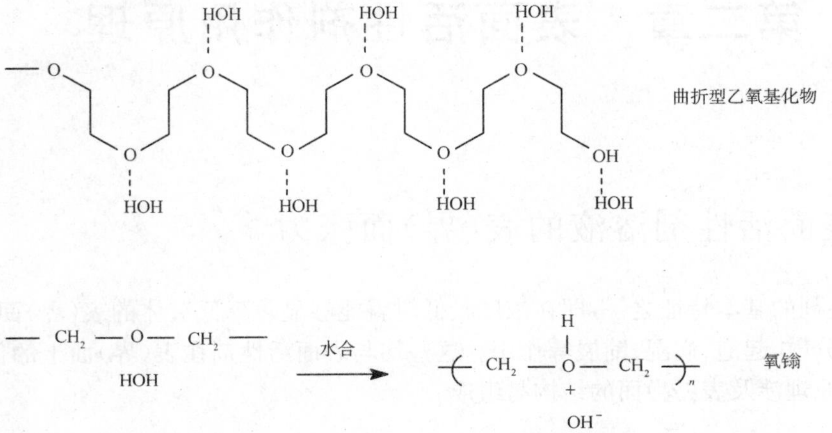

图 1 - 15　乙氧基化非离子型表面活性剂与水分子结合示意图

　　乙氧基化非离子型表面活性剂水溶液之所以出现相分离是由于乙氧基团因温度上升失去水合而导致胶束聚集数增加的结果。一般来说,在表面活性剂水溶液中,表面活性剂与水的性质差距越大,则表面活性剂胶束的聚集数亦越大。因此提高温度,乙氧基化非离子型表面活性剂的胶束逐渐变大,溶液变浑浊,随着富胶束和贫胶束相密度的不同而出现相分离。

　　浊点的大小取决于乙氧基化非离子型表面活性剂的结构。对一特定亲油基来说,乙氧基在表面活性剂分子中所占比重越大,则浊点越高。在浊点以上的温度,非离子表面活性剂的应用受到限制,浊点越高的非离子表面活性剂使用温度范围越宽。非离子表面活性剂应在浊点以下使用。

第二章　表面活性剂作用原理

2.1　表面活性剂溶液的表(界)面张力

表面活性剂的基本特征之一,即在浓度较低时就能够显著降低液体的表(界)面张力,从而起到乳化、分散、起泡、润湿、铺展等作用。这些均与表面活性剂在表(界)面上的作用规律有关,其作用原理涉及表(界)面的结构与组成。

2.1.1　表面张力曲线

为充分描述溶液表面张力随表面活性剂浓度变化的情况,通常采用表面张力-浓度对数曲线,即 $\gamma - \lg c$ 曲线,如图 2-1 所示。此种表面张力曲线可用希斯科夫斯基(Szyszkowski)公式表示:

$$\gamma = \gamma_0 \left[1 - \beta \ln \left(1 + \frac{c}{\alpha} \right) \right] \tag{2-1}$$

式(2-1)中,γ_0 为溶剂的表面张力;α 和 β 是两个经验参数。对于同系物,β 具有相同的数值,而 α 值各不相同。此式适用于第二类表面张力等温线和第三类表面张力等温线达到最低表面张力前的浓度区域。在 $c \ll \alpha$ 的情况下式(2-1)可还原为:

$$\gamma = \gamma_0 + kc \tag{2-2}$$

式(2-2)可以代表表面活性物质和表面活性剂(第二类、第三类)水溶液表面张力曲线在极稀浓度区的部分。这时常数 k 等于 $-\gamma_0 \beta / \alpha$。实际上,此式也可以代表表面非活性物质水溶液的表面张力曲线,这时 k 是实验常数,为正值。表面活性物质的 k 为负值。

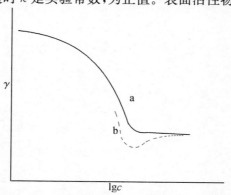

a. 纯化的表面活性剂;b. 含杂质的表面活性剂

图 2-1　表面张力曲线

在测定一些商品表面活性剂溶液的表面张力随浓度变化关系时常在临界胶束浓度附近出现最低值。例如，典型的表面活性剂十二烷基硫酸钠的水溶液就常常是这样的。其表面张力曲线如图2-1曲线b所示。表面张力曲线的最低点现象是由于溶液中存在高表面活性杂质的结果。如果将样品用重结晶、溶剂抽提、泡沫分离以及吸附分离等方法多次纯化，其溶液表面张力最低值现象可以被消除，得到如图2-1中曲线a那样的γ-lg$c$曲线。若在提纯了的十二烷基硫酸钠样品中加入少量的十二醇（0.1%左右），则表面张力最低值又重新出现。由此可见，正是十二醇这样一类极性

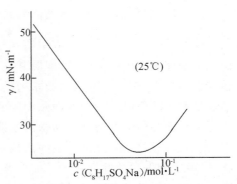

图2-2　50：1的$C_8H_{17}SO_4Na$-$C_8H_{17}N(CH_3)_3Br$水溶液表面张力

有机物"杂质"的存在使表面活性剂水溶液表面张力-浓度对数曲线出现最低点。进一步的研究证明，除极性有机物杂质外，凡是能使表面张力降低到表面活性剂水溶液所能达到的表面张力以下的物质，都有可能引起该表面活性剂溶液表面张力最低值现象。例如，在阴离子表面活性剂中加入少量阳离子表面活性剂，出现显著的表面张力最低值现象，如图2-2所示。反之，在阳离子表面活性剂中加入少量阴离子表面活性剂也出现同样的现象，如图2-3所示。这是因为溶液中阳离子表面活性剂与阴离子表面活性剂通过电性吸引结合成的产物具有更强的表面活性，能把水的表面张力降得更低。此外长链脂肪醇或非离子型表面活性剂作为表面活性剂溶液中的杂质时也会出现这样的现象。例如正辛醇饱和水溶液的表面张力和辛基硫酸钠水溶液的最低表面张力皆在$30\ mN \cdot m^{-1}$以上，但辛基硫酸钠和正辛醇的混合溶液（9：1）的表面张力却出现低达$22\ mN \cdot m^{-1}$的最低点，如图2-4所示。此时"杂质"正辛醇本身降低水表面张力的能力并不强，但它能与表面活性剂相互作用，结果使水溶液表面张力降得更低。综上研究，当今已将水溶液表面张力不存在最低值作为判别表面活性剂样品纯度的一种常用方法。

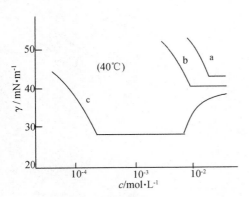

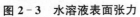

a. $C_{12}H_{25}SO_4Na$；b. $C_{12}H_{25}N(CH_3)_3Br$；
c. 1.5：98.5混合物

图2-3　水溶液表面张力

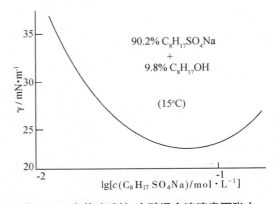

图2-4　辛基硫酸钠-辛醇混合溶液表面张力

2.1.2 表面活性剂降低液体表面张力的能力与效率

表面活性剂的许多实际应用依赖于其可降低液体表面张力的作用。例如,润湿和铺展作用中液体的表面张力越低,铺展和润湿的能力便越强。表面活性剂降低表面张力的特性通常包括两个方面,即降低表面张力的能力和效率。所谓降低表面张力的能力是指该表面活性剂能把溶剂(如水)的表面张力降到的最低值,也就是该表面活性剂水溶液的最低表面张力。从表面活性剂溶液表面张力曲线来看,此值大致等于它的临界胶束浓度时的表面张力(γ_{cmc})。一般来说,非离子表面活性剂在临界胶束浓度以上溶液表面张力曲线呈水平直线状,而离子型表面活性剂在无外加电解质的情况下则会略微向下倾斜。这是因为在后一情况下随胶束形成,溶液中抗衡离子浓度积累,从而产生类似于加电解质的作用。从各种表面活性剂的 γ_{cmc} 值可以看出它们降低表面张力能力的强弱。γ_{cmc} 越低,降低表面张力的能力就越强。表面活性剂降低水表面张力的能力,取决于表面活性剂疏水基(特别是它的末端基团)的化学组成和其在表面的最大吸附量。如碳氟链表面活性剂降低水表面张力能力远大于碳氢链表面活性剂。疏水基碳氢链中引入分支,cmc 值会显著变大,降低表面张力的能力有较大的增长。表面活性剂降低表面张力的效率则是指它把水的表面张力降低到一定程度所需要的浓度。Rosen 建议,用使水表面张力降低 20 mN·m^{-1} 所需浓度的负对数 pc_{20} 作为描述此特性的参数。表面活性剂降低水表面张力的能力和效率可以有很大的差异,这主要取决于其分子结构的不同。

2.1.3 表面活性剂溶液的界面张力

在两互不相溶的液体体系中加入表面活性剂会使它们的界面张力降低。例如,在正辛烷-水体系中加入十二醇硫酸钠可以使界面张力从 50 mN·m^{-1} 降至几个 mN·m^{-1} 的水平。界面张力对表面活性剂溶液浓度对数曲线的形态与溶液表面上的相同。图 2-5 是两个典型的体系的界面张力曲线。

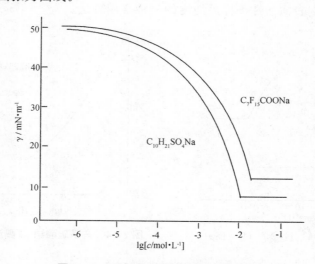

图 2-5　正辛烷-水体系界面张力曲线

表面活性剂降低油水界面张力的能力和效率随第二液相的性质而异。若第二液相是饱和烃,表面活性剂降低液-液界面张力的能力和效率皆高于其在气-液界面时的相应量。表2-1分别列出 $0.1\ mol\cdot L^{-1}$ 的全氟辛酸钠溶液及十烷基硫酸钠溶液与各种油相的界面张力。结果表明,碳氢链表面活性剂降低碳氢油与水的界面张力能力较强,而碳氟链表面活性剂降低含氟油与水的界面张力的能力较强。有趣的是,对于四氯化碳-水体系,碳氢表面活性剂仍优于碳氟表面活性剂。

表 2-1 全氟辛酸钠溶液及十烷基硫酸钠溶液与各种油相的界面张力

油 相	正庚烷	四氯乙烯	四氯化碳	环己烷	聚三氟氯乙烯
$0.1\ mol\cdot L^{-1}$ 全氟辛酸钠溶液	13.4	14.7	12.7	14.4	10.6
$0.1\ mol\cdot L^{-1}$ 十烷基硫酸钠溶液	7.86	5.51	4.52	5.87	12.7

界面张力曲线的转折点仍然是表面活性剂溶液中开始大量形成胶束的结果,转折点的浓度也是表面活性剂的临界胶束浓度。从液-液界面张力曲线确定的临界胶束浓度值,可能与其他方法(如表面张力法)得到的有所不同。第二液相的存在会影响胶束形成并对临界胶束浓度值产生影响。如果表面活性剂在第二液相中有显著的溶解度,这导致溶液平衡浓度低于原有浓度。开始大量形成胶束的水相平衡浓度才是表面活性剂的临界胶束浓度。当第二液相是低相对分子质量的极性有机物时,则会使临界胶束浓度上升,例如乙酸乙酯-十二醇硫酸钠水溶液中,十二醇硫酸钠的临界胶束浓度显著高于其在水溶液中的数值。其原因可能有两方面:一是由于十二醇硫酸钠在乙酸乙酯中有一定的溶度,分布平衡的结果使水相中的实际浓度低于标示浓度;二是乙酸乙酯在水相中有较大的溶度,改变了溶剂水的性质,导致其溶度参数增加,造成临界胶束浓度上升。当第二液相是不饱和烃或芳烃时,临界胶束浓度会显著变小;烃的极性越强,临界胶束浓度降低得越多,这是因为第二液相分子会参与胶束形成,其结果类似于混合胶束形成时候的情形。

2.2 表面活性剂在界面处的吸附

由于表面活性剂具有两亲性的结构,既具有亲水基,又有疏水基,而且能大幅度地降低溶液表(界)面的张力,故能自发地从水溶液内部迁移至表(界)面。这种分子从溶液内部迁至表(界)面,在表(界)面富集的过程叫吸附。广义地讲,凡是组分在界面上和体相的浓度出现差异的现象统称为吸附作用。若组分在界面上的浓度高于体相中的,称为正吸附,反之为负吸附。一般无特别说明,均为正吸附。吸附可发生在各种界面上。木炭除臭是把散布在空气中的臭气吸附到气-固界面,活性炭的脱色是把溶液中的有色物质吸附到固-液界面上,肥皂的起泡作用是肥皂分子被吸附在气-液界面上,而乳化则是肥皂分子被吸附在液-液(油-水)界面上。这种吸附可改变表面或界面状态,影响界面性质,表面活性剂所具有的洗涤、乳化、润湿、起泡、絮凝等实际应用功能无不与它在界面上的吸附特性有关。

物质在表(界)面上的吸附导致了表(界)面张力的下降,同时也造成了溶液内部和界面上浓度的差别。100 多年前(1875 年),Gibbs 首先用热力学方法导出了表面张力、溶液浓度和表面浓度三者的关系,即 Gibbs 公式,这是表面和胶体科学的一个基本公式,可应用于一切界面,是整个吸附领域中十分重要的理论基础。

2.2.1　Gibbs 吸附公式

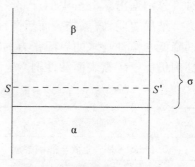

图 2-6　表(界)面区示意图

对一个溶液相而言,从液相经过表面部分到气相,存在一个平均密度连续变化区。此区域的组成和性质皆与体相不同,且组成不断变化,厚度不过几分子的薄薄一层,称为表(界)相,以 σ 表示。组分在表面相和体相内部浓度的差异用表面过剩来表示。

1. 表面过剩

设有一杯溶液与其蒸汽成平衡。以 α 和 β 分别代表液相和气相,则溶质(对于溶剂也一样)的量 $n = n^{\alpha} + n^{\beta}$,$n$ 表示物质的量(摩尔)。注意,该式中 α 和 β 都看成是一个均匀的液相和气相,而实际上,有表面相(σ)存在,如图 2-6 所示。由于表面相的浓度和体相内部的不同,因此,在计算溶质实际的量时就要考虑到表面相存在的影响。

假设在表面 σ 上方或下方的浓度是均匀一致的,n^{α} 和 n^{β} 分别代表 α 和 β 相的溶质的量,n 是实际的溶质的量,则有

$$n = n^{\alpha} + n^{\beta} + n^{\sigma} \qquad (2-3)$$

即

$$n^{\sigma} = n - (n^{\alpha} + n^{\beta}) \qquad (2-4)$$

式(2-4)中,n^{σ} 表示在表面相某一平面 SS' 上溶质的过剩量。

单位面积上溶质的表面过剩量称为表面过剩,以 Γ 表示,若假定该表面相的面积为 A,则

$$\Gamma = \frac{n^{\sigma}}{A} \qquad (2-5)$$

Γ 与表面大小有关,其意义是若在 1 cm² 的溶液表面和内部各取一部分,其中溶剂的数目一样多,表面部分比内部多出来的溶质的物质的量(mol·cm⁻²)。一般来说,气相的浓度远低于液相,即 $n^{\alpha} \gg n^{\beta}$,所以式(2-4)可简化为

$$n^{\sigma} \approx n - n^{\alpha} \qquad (2-6)$$

则

$$\Gamma \approx \frac{n - n^{\alpha}}{A} \qquad (2-7)$$

也就是说,我们可将 Γ 看做是单位表面上表面相超过体相的溶质的量。必须注意,Γ 具有这样几个特点:① Γ 是过剩量;② Γ 的单位与普通浓度不同;③ Γ 可以大于零(正吸附),也可以小于零(负吸附)。

2. Gibbs 吸附公式

在式(2-5)中，n^σ无法求解。Γ的数值与分界面SS'所处的位置有关，因此只有将分界面按一定的原则确定之后，Γ才有明确的物理意义。Gibbs 在他的经典的热力学研究中，将实际的两相体系等效为两个均匀的体相(例如液相和气相)及一个没有厚度的界面。显然，此等效体系两体相中物质的量随界面的位置改变。Gibbs 提出：界面的位置按照一种组分(通常是溶剂)在等效体系两体相中的量与实际体系中的量相等来确定。这样确定的界面叫Gibbs 界面。这时，其他组分在等效体系两体相中的量将与它们在实际体系中的含量不同，其差值就是该组分在 Gibbs 界面中的量，称为 Gibbs 吸附量，也叫表面过剩量。

对于只含有一种表面的多组分体系，在可逆过程中，根据热力学基本公式，σ 表面能的微量变化为

$$dG^\sigma = V^\sigma dp - S^\sigma dT + \gamma dA + \sum\nolimits_i \mu_i dn_i^\sigma \qquad (2-8)$$

在恒温、恒压时，

$$dG^\sigma = \gamma dA + \sum\nolimits_i \mu_i dn_i^\sigma \qquad (2-9)$$

对于热力学平衡体系，组分 i 在各相的化学势相等，故 μ_i 与 T 一样，无须标明是哪个相的。根据热力学偏摩尔量集合公式，对 σ 表面相，Gibbs 函数有：

$$G^\sigma = \gamma A + \sum\nolimits_i \mu_i n_i^\sigma \qquad (2-10)$$

式(2-10)中，γA 是表面能的贡献。

将式(2-10)全微分得：

$$dG^\sigma = A d\gamma + \gamma dA + \sum\nolimits_i n_i^\sigma d\mu_i + \sum\nolimits_i \mu_i dn_i^\sigma \qquad (2-11)$$

比较(2-9)和(2-11)，得：

$$A d\gamma + \sum\nolimits_i n_i^\sigma d\mu_i = 0 \qquad (2-12)$$

$$d\gamma + \sum\nolimits_i \frac{n_i^\sigma}{A} d\mu_i = 0 \qquad (2-13)$$

$$d\gamma + \sum\nolimits_i \Gamma_i d\mu_i = 0 \qquad (2-14)$$

$$\mu_i = \mu_i^0 + RT \ln a_i \qquad (2-15)$$

$$d\mu_i = RT d\ln a_i \qquad (2-16)$$

$$-\frac{d\gamma}{RT} = \sum \Gamma d\ln a_i \qquad (2-17)$$

上面几式中，G^σ 为体系的表面自由能；μ_i 为 i 物质的化学势；dA 为面积的增量；Γ 为物质的表面过剩。

对于二组分体系，以下标 1 代表溶剂，2 代表溶质，式(2-17)变为：

$$-\frac{\mathrm{d}\gamma}{RT} = \Gamma_1 \mathrm{dln}a_1 + \Gamma_2 \mathrm{dln}a_2 \tag{2-18}$$

在 Gibbs 界面,溶剂的表面过剩为零,即 $G_1 = 0$,得到:

$$-\frac{\mathrm{d}\gamma}{RT} = \Gamma_2^1 \mathrm{dln}a_2 \tag{2-19}$$

式(2-19)中,Γ_2^1 是溶质的表面过剩,上标"1"表示此时分界面的位置是在使 $G_1 = 0$ 的地方,即溶剂的表面过剩为零时的溶质的表面过剩。

式(2-17)可表示为:

$$\Gamma_2^1 = -\frac{1}{RT}\left(\frac{\partial\gamma}{\partial\mathrm{ln}a_2}\right)_T \tag{2-20}$$

对于稀溶液,可用 c 代替 a,故有:

$$\Gamma_2^1 = -\frac{c_2}{RT}\left(\frac{\partial\gamma}{\partial c_2}\right)_T \tag{2-21}$$

式(2-21)为二组分 Gibbs 吸附公式。式中 Γ_2^1 为溶质的吸附量,其意义是:相应于相同量的溶剂时,单位面积表面层中溶质的量与溶液内部溶质量的差值,而不是单位面积上溶质的表面浓度。

$$\Gamma_2^1 = \Gamma_2^\sigma - \Gamma_2^\alpha \tag{2-22}$$

当溶液的浓度很低($\Gamma_2^\alpha \to 0$)时,$\Gamma_2^1 \approx \Gamma_2^\sigma$,吸附量 Γ 可近似地看做与表面浓度相等。

不难看出,吸附量 Γ_2^1 的符号可正可负,取决于表面张力随浓度的变化率 $\partial\gamma/\partial c_2$,若 $\partial\gamma/\partial c_2$ 为负,即溶液的 γ 随溶质的浓度的增大而减小,溶质的表面过剩是正的,即溶质在溶液的表面发生正吸附。各类表面活性剂和表面活性物质水溶液均属于此类。反之,若 $\partial\gamma/\partial c_2$ 为正,溶质在表面层的浓度小于溶液相的浓度,也就是说,此时表面上溶剂的含量更多。一般无机盐和多元醇类化合物水溶液表面属于此类。

2.2.2　表面活性剂在气-液界面的吸附作用

1. 表面活性剂在溶液表面吸附时的 Gibbs 公式

由于表面活性剂浓度一般较低,故应用式(2-21)可推导出各类单一和混合表面活性剂的 Gibbs 公式。

对于非离子型表面活性剂溶液,情况比较简单,因为它不存在电离问题,在一般情况下,非离子表面浓度也很小($<10^{-2}$ mol·L^{-1}),可以直接应用二组分 Gibbs 公式(2-21)计算:

$$\Gamma_2^1 = -\frac{c_2}{RT}\left(\frac{\partial\gamma}{\partial c_2}\right)_T$$

上式中,c_2 为表面活性剂浓度。

要计算吸附量,必须知道 $(\partial\gamma/\partial c_2)_T$。故首先通过实验求得 γ-c_2 的关系曲线,然后在确定的 c_2 下作 γ-c_2 曲线的切线,其斜率为 $(\partial\gamma/\partial c_2)_T$,再代入式(2-21)即可。

对于离子型表面活性剂,由于其在水中电离,使得情况比较复杂,在表面相和体相中均存在正离子、负离子和分子,需同时考虑它们的平衡关系。对于 1—1 型离子表面活性剂 $Na^+ R^-$(R^- 为表面活性离子,在水中不水解),若在水中完全电离,则由式(2-17)得:

$$-\frac{d\gamma}{RT} = \Gamma_{Na^+}^{(1)} dlna_{Na^+} + \Gamma_{R^-}^{(1)} dlna_{R^-} + \Gamma_{H^+}^{(1)} dlna_{H^+} + \Gamma_{OH^-}^{(1)} dlna_{OH^-} \tag{2-23}$$

由于水的电离度很小,其影响可以忽略,再依据电中性原则:$\Gamma_{Na^+}^{(1)} = \Gamma_{R^-}^{(1)}$,于是得:

$$-\frac{d\gamma}{RT} = 2\Gamma_{Na^+}^{(1)} dlna_{Na^+} = 2\Gamma_{R^-}^{(1)} dlna_{R^-} \tag{2-24}$$

对稀溶液可以用浓度 c 代替活度 a,式(2-24)变为

$$-\frac{d\gamma}{RT} = 2\Gamma_{Na^+}^{(1)} dlnc_{Na^+} = 2\Gamma_{R^-}^{(1)} dlnc_{R^-} \tag{2-25}$$

由式(2-25)可知,对于 1—1 型离子型表面活性剂,Gibbs 公式应取 $2RT$ 形式。

若在表面活性剂($Na^+ R^-$)溶液中加入与其活性离子具有共同反离子的盐(NaCl),当盐浓度远远大于表面活性剂浓度时,可认为 NaCl 的浓度恒定,此时离子强度也近于恒定,由式(2-17)得:

$$-\frac{d\gamma}{RT} = \Gamma_{Na^+}^{(1)} dlna_{Na^+} + \Gamma_{R^-}^{(1)} dlna_{R^-} + \Gamma_{Cl^-}^{(1)} dlna_{Cl^-} \tag{2-26}$$

由于 $[Na^+ Cl^-] \gg [Na^+ R^-]$,所以 $[Na^+]$ 可视为恒定,$\Gamma_{Na^+}^{(1)} dlna_{Na^+} = 0$。同理,$\Gamma_{Cl^-}^{(1)} dlna_{Cl^-} = 0$。于是此时式(2-26)变为:

$$-\frac{d\gamma}{RT} = \Gamma_{R^-}^{(1)} dlna_{R^-} \tag{2-27}$$

由式(2-27)可知,对离子型表面活性剂,若有高浓度的强电解质存在时,Gibbs 公式应取 $1RT$ 形式。

与式(2-25)类似,对一般离子型表面活性剂的稀溶液,在没有其他电解质存在的情况下,Gibbs 公式采取下列形式:

$$-\frac{d\gamma}{xRT} = \Gamma_2^{(1)} dlna_2 \tag{2-28}$$

式中,x 是每个表面活性剂分子完全解离时的质点数。

2. 表面吸附量的计算

依据上面推导的 Gibbs 吸附公式,可以从 $\gamma\text{-}c$ 或 $\gamma\text{-}\lg c$ 曲线的变化关系,计算出溶液表面吸附量 Γ,并且可利用测定的吸附量对吸附分子在不同浓度溶液表面上的状态进行分析。另外,对任一吸附量可按下式算出平均每个吸附分子所占的表面积 A。

$$A = \frac{1}{N_0 \Gamma} \tag{2-29}$$

式(2-29)中，N_0为阿伏加德罗常数。注意 A 的单位与 Γ 的单位有关，适用于单分子层吸附。

由 Gibbs 公式，我们知道吸附量与浓度有关。当浓度很小时，吸附量与浓度成正比，呈线性关系；当浓度很大时，吸附量达到一定值后，就不再变化，表明溶液界面上的吸附已达饱和，此时的吸附量为饱和吸附量，用 Γ_m 表示。由饱和吸附量即可计算出吸附分子极限面积 A_m：

$$A_m = \frac{1}{N_0 \Gamma_m} \qquad (2-30)$$

表2-2列出了一些表面活性剂水溶液的饱和吸附量 Γ_m 和吸附分子极限面积 A_m。

表2-2　一些表面活性剂在水溶液表面的饱和吸附量及极限分子面积

表面活性剂	温度 /℃	极限吸附量 /μmol·m^{-2}	极限分子面积 /nm^2
n-$C_{10}H_{21}SO_4Na$	27	2.9	0.57
n-$C_{12}H_{25}SO_4Na$	25	3.3	0.50
n-$C_{16}H_{33}SO_4Na$	60	3.3	0.509
n-$C_{10}H_{21}SO_3Na$	25	3.22	0.52
n-$C_{14}H_{29}N(CH_3)_3Br$	30	2.7	0.62
n-$C_{14}H_{29}N(C_3H_7)_3Br$	30	1.9	0.88
n-$C_{16}H_{33}N(CH_3)_3Br$	25	3.1	0.54
n-$C_{12}H_{25}O(C_2H_4O)_6H$	25	3.7	0.45
n-$C_{12}H_{25}O(C_2H_4O)_9H$	23	2.3	0.72
n-$C_{12}H_{25}O(C_2H_4O)_{12}H$	23	1.9	0.87

3. 吸附等温线

由于温度直接影响分子间的相互作用和分子的运动，因而温度对吸附平衡有明显影响，故常在恒温条件下研究吸附随溶液浓度的变化关系。利用 Gibbs 公式，求出不同浓度下的 Γ 值，由此绘出的 Γ-c 曲线称为吸附等温线。溶液表面吸附量虽然可以采用适当方法直接测定，但迄今主要还是应用 Gibbs 公式，从不同浓度溶液的表面张力测定结果得到。图2-7为十二醇硫酸钠水溶液表面的吸附等温线。该曲线表明，在低浓度时吸附量随浓度直线上升，然后上升速度逐渐降低，吸附量趋向一极限值，此极限值称作极限吸附量或饱和吸附量。表面活性剂

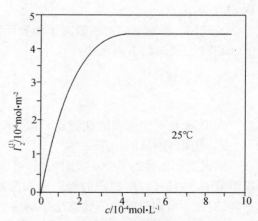

图2-7　十二醇硫酸钠溶液表面吸附等温线（在 0.1 mol·L^{-1} NaCl 溶液中）

溶液的饱和吸附的浓度通常约为其临界胶束浓度的二分之一。

很多实验证明表面活性物质在液体表面层吸附是单分子层吸附,因此可用朗格缪尔(Langmuir)单分子层吸附方程描述。

希斯科夫斯基(Szyszkowski)总结出了表面活性物质在溶液中的浓度与表面张力的经验公式,这个公式不仅适用于极性有机物,也适用于表面活性剂。

$$\frac{\gamma_0 - \gamma}{\gamma_0} = b\ln\left(\frac{c/c^0}{a} + 1\right) \tag{2-31}$$

式(2-31)中,c 是溶液的本体浓度;c^0 为标准浓度,为 $1\ mol \cdot L^{-1}$;a 和 b 是经验常数;γ_0 和 γ 分别是溶剂和溶液的表面张力。同系物之间 b 值相同而 a 值各异。

式(2-31)经移项整理后,可转变为下列形式:

$$\gamma = \gamma_0 - \gamma_0 b\ln(c/c^0 + a) + \gamma_0 b\ln a = \gamma'_0 - \gamma_0 b\ln(c/c^0 + a) \tag{2-32}$$

将式(2-32)以表面张力 γ 对浓度 c 求微分可得:

$$\frac{\mathrm{d}\gamma}{\mathrm{d}c} = \frac{-\gamma_0 b}{a + \dfrac{c}{c^0}} \tag{2-33}$$

将式(2-33)代入 Gibbs 公式,若为理想稀溶液,则

$$\Gamma = -\frac{c/c^0}{RT} \times \frac{\mathrm{d}\gamma}{\mathrm{d}(c/c^0)} = \frac{b\gamma_0}{RT} \times \frac{c/c^0}{a + \dfrac{c}{c^0}} \tag{2-34}$$

在一定温度条件下,$\dfrac{b\gamma^0}{RT}$ 为常数,用 K 表示,因 c^0 为 $1\ mol \cdot L^{-1}$,所以式(2-34)可表示为:

$$\Gamma = \frac{b\gamma_0}{RT} \times \frac{c/c^0}{a + \dfrac{c}{c^0}} = K\frac{c/c^0}{a + \dfrac{c}{c^0}} = K\frac{c}{a + c} \tag{2-35}$$

当 c 很小时,$c \ll a$,

$$\Gamma = Kc \tag{2-36}$$

Γ 与 c 为线性关系。

当 c 很大时,$c \gg a$,

$$\Gamma = K = \Gamma_m \tag{2-37}$$

Γ 与溶液本体浓度无关,Γ_m 为饱和吸附量。

在一般情况下,若令 $1/a = k$,k 为吸附常数,则式(2-35)可转变为

$$\Gamma = \Gamma_m \frac{kc}{1 + kc} \tag{2-38}$$

将式(2-38)变为直线形式得：

$$\frac{c}{\Gamma} = \frac{1}{k\Gamma_m} + \frac{c}{\Gamma_m} \qquad (2-39)$$

由此可证明表面活性剂在气-液界面的吸附等温线符合 Langmuir 型。根据式(2-39)，以实验测得的吸附量和浓度数据作 c/Γ 对 c 的图，应得一直线，其斜率的倒数就是饱和吸附量 Γ_m，斜率/截距为吸附平衡常数 k。

4. 吸附层结构

利用 Gibbs 公式和表面张力测定结果，可计算出溶液的表面吸附量，同时可求出饱和吸附时分子所占面积，比较分子占有面积与分子结构尺寸，可推断表面吸附物质在吸附层中的排列情况、紧密程度和定向情形，进而推测出表面吸附层的结构。

界面上每个分子所占的平均面积 A（以 nm² 为单位）可用下式计算：

$$A = \frac{10^{18}}{N_0 \Gamma_2^l} \qquad (2-40)$$

式(2-40)中，N_0 为阿伏加德罗常数，Γ_2^l 的单位为 mol·nm⁻²。但在应用时应注意，因为 Γ 是一个过剩量，即使其等于零（无吸附）表面上仍有溶质分子。在一般情况下均为稀溶液，这种影响可忽略不计，但对于浓溶液就必须考虑。

以十二醇硫酸钠为例，25℃时 0.5 mol·L⁻¹NaCl 溶液中表面活性剂分子表面所占的面积如表 2-3 所示。从分子结构看，十二醇硫酸离子呈棒状，如图 2-8 所示，它的最大长度约 2.1 nm，亲水基直径为 0.5 nm。由此估计分子平躺时占有面积在 1 nm² 以上，直立则占有面积约 0.25 nm²。将此数据与表 2-3 所列数据对比，可以看出在浓度较大时（>3.2×10⁻⁵ mol·L⁻¹），吸附分子已不可能在表面上都成平躺状态。而当浓度达到 8.0×10⁻⁴ mol·L⁻¹ 时，吸附分子只能是相当紧密地直立定向排列。只有在溶液浓度很稀的情况下，溶液表面吸附的 $C_{12}H_{25}OSO_3^-$ 很少时，才有可能平躺于界面上。

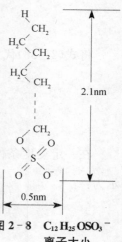

图 2-8　$C_{12}H_{25}OSO_3^-$ 离子大小

表 2-3　十二醇硫酸钠在 0.5 mol·L⁻¹NaCl 溶液中表面吸附分子平均占有面积(25℃)

浓度/10⁻⁵ mol·L⁻¹	0.5	1.3	3.2	5.0	8.0	20.0	40.0	60.0	80.0
分子面积/nm²	4.75	1.75	1.0	0.72	0.58	0.45	0.39	0.36	0.36

图 2-9 是吸附的表面活性剂分子或离子可能的状态示意图。浓度很稀时吸附量小，表面吸附分子可以平躺在表面；在中等浓度时，表面吸附分子在溶液表面的取向性有较大的随意性，即有可能同时存在平躺、斜立和直立三种取向；当浓度增大达到饱和吸附时，表面上的吸附分子几乎成为较为紧密排列的直立状态的定向排列。此外，由表 2-2 可以看出，同系物的极限分子面积随链长增加变化不大。这种规律只能用饱和吸附时吸附分子采用基本直立的定向排列来解释。

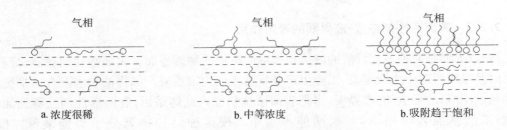

图 2-9　吸附分子状态示意图

　　表面活性剂在溶液表面的饱和吸附层从结构上可分为伸入溶液中的极性基层和伸向气体的非极性基层。非离子表面活性剂吸附层的极性基层由极性基和水组成。聚氧乙烯链可能采取卷曲的构型以减少它的碳氢部分与水的接触而有利于体系能量降低,因为这时憎水的—CH_2—在里面,亲水的醚键氧原子在链的外侧,这样有利于氧原子通过氢键与水分子结合,如图 2-10 所示。许多实验结果表明,卷曲的聚氧乙烯链可能采取不规则的形状和定向,它对吸附分子的极限面积的贡献亦无简单的规律。离子型表面活性剂吸附层的极性基层则以扩散双电层的形式存在,其机制为表面活性剂因具有疏水效应而吸附于表面,形成定向排列的、带电的吸附层。离子型表面活性剂的反离子并无表面活性,不具有在表面上富集的能力。但由于表面活性离子吸附产生表面电场,在电场的作用下,反离子被吸引,一部分反离子与吸附的表面活性离子结合固定在吸附层,另一部分以扩散形式分布,形成双电层结构,如图 2-11 所示。一般而言,离子型表面活性剂的极性基以库仑力互相排斥;非离子型表面活性剂分子间不存在库仑力,而主要是水化斥力,即极性基的水化层靠近到一定程度产生的空间排斥作用。这种水化排斥作用的距离一般小于库仑斥力。因此,离子型表面活性剂的极限吸附量小于分子尺寸相近的非离子表面活性剂。

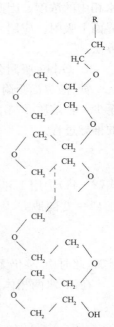

图 2-10　聚氧乙烯链在水中的卷曲结构示意图

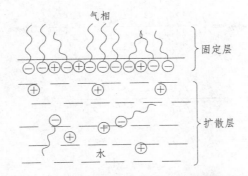

图 2-11　离子型表面活性剂吸附层结构示意图

2.2.3　表面活性剂在液-液界面的吸附作用

液-液界面是两种不相混溶的液体相接触而形成的物理界面。表面活性剂在液-液界面的吸附及吸附膜对于生命现象、工业生产及日常生活均很重要。如将油和水混合达平衡后，因油与水不溶，故形成油-水界面，当把表面活性剂加入此体系后，表面活性剂迁移到油-水界面，亲油基插入油相中，亲水基伸入水中。按这种结构排列分子势能最低。根据 Maxwell-Boltzmann 分布定律，由于势能不同，表面活性剂在界面上的浓度将高于在油相或水相中的浓度。因此，像在液体表面一样，表面活性剂在使界面张力降低的同时也在液-液界面上吸附。应用 Gibbs 吸附公式自界面张力曲线得到界面吸附量是研究界面吸附的常用方法。

1. Gibbs 吸附公式在液-液界面上的应用

液-液界面吸附体系与气-液不同之处在于它至少存在三个组分，即两个液相成分外加至少一种溶质。与溶液表面的 Gibbs 吸附公式相类似，下面为液-液界面的 Gibbs 吸附公式的推导过程。

$$-\mathrm{d}\gamma_{12} = \Gamma_1\mathrm{d}\mu_1 + \Gamma_2\mathrm{d}\mu_2 + \Gamma_3\mathrm{d}\mu_3 \tag{2-41}$$

式(2-41)中用 1 和 2 代表组成两个液相的成分，3 代表溶质。如果按照 Gibbs 法把界面定在 $\Gamma_1 = 0$ 的地方，则式(2-41)可简化为：

$$-\mathrm{d}\gamma_{12} = \Gamma_2^1\mathrm{d}\mu_2 + \Gamma_3^1\mathrm{d}\mu_3 \tag{2-42}$$

显然，此时由 γ_{12} 仍无法确定 Γ_2^1 或 Γ_3^1 的大小。

在油-水两相体系中，两相中各组分化学势分别服从 Gibbs-Duhem 关系，即

$$x_1^{(1)}\,\mathrm{d}\mu_1 + x_2^{(1)}\,\mathrm{d}\mu_2 + x_3^{(1)}\,\mathrm{d}\mu_3 = 0 \tag{2-43}$$

$$x_1^{(2)}\,\mathrm{d}\mu_1 + x_2^{(2)}\,\mathrm{d}\mu_2 + x_3^{(2)}\,\mathrm{d}\mu_3 = 0 \tag{2-44}$$

上标 (1)，(2) 分别表示两个液相，x_1，x_2，x_3 分别表示两个液相和溶质所占的物质的量分数。将式(2-44)与式(2-43)联立得

$$\mathrm{d}\mu_2 = \left(\frac{x_3^{(2)}/x_1^{(2)} - x_3^{(1)}/x_1^{(1)}}{x_2^{(1)}/x_1^{(1)} - x_2^{(2)}/x_1^{(2)}}\right)\mathrm{d}\mu_3 \tag{2-45}$$

设

$$\frac{x_3^{(2)}/x_1^{(2)} - x_3^{(1)}/x_1^{(1)}}{x_2^{(1)}/x_1^{(1)} - x_2^{(2)}/x_1^{(2)}} = \Delta \tag{2-46}$$

则

$$\mathrm{d}\mu_2 = \Delta\mathrm{d}\mu_3 \tag{2-47}$$

将式(2-47)代入式(2-42)，得

$$-\mathrm{d}\gamma_{12} = \Gamma_2^1\Delta\mathrm{d}\mu_3 + \Gamma_3^1\mathrm{d}\mu_3 = (\Gamma_3^1 + \Gamma_2^1\Delta)\,\mathrm{d}\mu_3 \tag{2-48}$$

引入溶质化学势与成分关系,式(2-48)可改写成

$$-d\gamma_{12} = (\Gamma_3^1 + \Gamma_2^1\Delta)RT\,d\ln a_3 \qquad (2-49)$$

只有在下列三种情况下才可以用 Gibbs 吸附公式从 $d\gamma_{12}/d\ln a_3$ 得到溶质在界面上的吸附:

① 第二液相无表面活性,即 $\Gamma_2^{(1)} = 0$,且构成液-液界面的两液体完全互不溶解。

② 溶质及液体 1 在第二液相中完全不溶解。

③ 溶质及液体 1 在两相中的物质的量之比相同,即 $x_3^{(1)}/x_1^{(1)} = x_3^{(2)}/x_1^{(2)}$。

在满足上述条件时,式(2-49)便简化成

$$-d\gamma_{12}/RT = \Gamma_3^1\,d\ln a_3 \qquad (2-50)$$

注意,式(2-50)适用于非离子型表面活性剂,对离子型需适当修正。

2. 液-液界面吸附等温线及吸附层结构

表面活性剂在液-液界面的吸附等温线与它在气-液界面的吸附等温线相同,呈 Langmuir 型,也可用同样的吸附等温公式来描述。与气-液界面上的吸附等温线相比,液-液界面的吸附等温线有如下特点:

① 表面活性剂在液-液界面上的饱和吸附量小于在气-水界面上的。例如,25℃时,$C_8H_{17}SO_4Na$ 和 $C_8H_{17}N(CH_3)_3Br$ 在空气-水界面上饱和吸附量为 $3.3\times10^{-10}\ mol\cdot cm^{-2}$ 和 $2.8\times10^{-10}\ mol\cdot cm^{-2}$;而在庚烷-水界面上则分别为 $2.6\times10^{-10}\ mol\cdot cm^{-2}$ 和 $2.4\times10^{-10}\ mol\cdot cm^{-2}$。造成这个现象的原因可能是油相中庚烷分子插入表面活性剂疏水链之间,减弱了疏水链间的相互作用。

② 表面活性剂在液-液界面吸附时,在低浓度区吸附量随浓度增加而上升的速度相对较快。如图 2-12 所示。

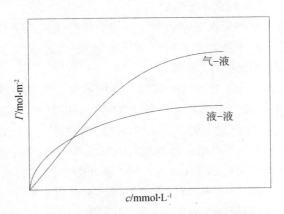

图 2-12 气-液界面和液-液界面吸附等温线比较

从图 2-12 可以看出,对液-液界面,在低浓度时因油相分子性质与表面活性剂疏水基相近,对疏水基有较强的吸引作用。而气-液界面,气相分子少,与疏水链作用也弱。故在低浓度时,液-液界面吸附量大于气-液界面。当浓度增大时,由于油相分子能插入疏水链间,减弱疏水链间的相互作用,故液-液界面极限吸附量要明显小于气-液界面。

与气-液界面吸附层结构研究方法类似,通过计算饱和吸附量、分子占有面积大小并和分子自身大小相比,可以推测在液-液界面吸附层表面活性剂的排列方式。因为在气-液界面上,气相分子既少又小,与表面活性剂疏水链间的相互作用远小于疏水链之间的相互作用,故表面活性剂分子排列紧密,A_m小,Γ_m大。而在液-液界面上,由于油相分子结构和性质与表面活性剂疏水链相似,故油相分子与疏水链之间有较强的相互作用,可插入疏水链之间,使A_m大,Γ_m小。例如,$C_8H_{17}SO_4Na$ 和 $C_8H_{17}N(CH_3)_3Br$ 在空气-水溶液界面上吸附的极限面积分别为 $0.50\ nm^2$ 和 $0.56\ nm^2$,而在庚烷-水溶液界面上分别为 $0.64\ nm^2$ 和 $0.69\ nm^2$。根据吸附分子平均占有面积和吸附分子自身占有的面积数据可知,在吸附层中油分子数多于吸附分子数。因此,吸附层的性质应该与油相分子性质有关。这可归之于较小碳链的油分子更容易进入吸附层的结果。

根据界面压(π)和吸附分子占有面积数据可知,分子平均占有面积在 $0.6\sim4.0\ nm^2$ 范围内,吸附分子自身占有的面积为 $0.24\ nm^2$/分子,且与表面活性剂疏水基的长度无关。此值仅稍大于紧密排列的表面活性剂分子的横截面积,这说明在油-水界面上吸附的表面活性剂疏水链采取伸展的构象插入油相,近于直立地存在于界面上,而亲水基则伸入水相,即表面活性剂富集于油-水界面,且定向排列,表现为表面活性剂在油-水界面的正吸附。油-水界面的表面活性剂吸附层的结构如图 2-13 所示。

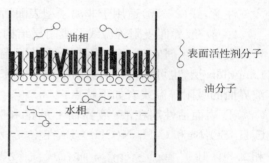

图 2-13 表面活性剂分子在油-水界面的吸附层结构

3. 表面活性剂双水相体系的界面性质

双水相指某些物质的水溶液在一定条件下自发分离形成的两个互不相溶的水相。在液-液界面体系中,双水相是较为奇特的一种形式。通常液-液界面大多为油-水界面,而双水相则是由水-水界面分隔开来的两个水相。

双水相体系最早发现于水溶性高分子体系。当两种聚合物或一种聚合物与一种盐溶液溶于同一溶剂时,由于聚合物之间或聚合物与盐之间的不相容性,当聚合物或无机盐浓度达到一定值时,就会分成互不相溶的两相。因在这两相中使用的溶剂都是水,且水分都占很大比例(一般都大于85%),故称双水相。后发现在表面活性剂体系或表面活性剂与水溶性高聚物体系中均可形成双水相,例如,TritonX-100 系列的非离子表面活性剂在其浊点温度之上可自发分离成两个水相;一些正、负离子表面活性剂混合体系在一定浓度和混合比范围内能自发形成双水相体系;高聚物与表面活性剂混合物(如 TritonX-100/葡聚糖混合体系)也可形成双水相体系。表面活性剂双水相体系用于生物物质的分离和纯化具有实际意义。因双水相体系主要成分是水,活性蛋白质或细胞在这种环境中不易失活,而且可以以不同比例分配于两相,就克服了溶剂萃取中蛋白质易失活和强亲水性蛋白质难溶于有机溶剂的缺点。

有关双水相形成的机理目前还不十分清楚,现有的研究结果认为,由于不同种类的高聚物(或表面活性剂分子)之间具有不相容性,即不同高聚物(表面活性剂分子)空间结构不能相互渗透而导致分相。在正、负离子表面活性剂双水相中,一相为表面活性剂浓相,即含有水的三维团状立体结构,另一相为表面活性剂的稀溶液。对高聚物-表面活性剂体系也是如此,当加入高聚物后,表面活性剂絮凝胶团与高聚物空间结构不能相互渗透而导致分相,使表面活性剂与高聚物分别富集于不同相中。按传统的双水相理论来说,只有大分子才能由于界面张力等因素形成二相间的不对称,在空间上产生阻隔效应,使二相之间无法相互渗透,在一定条件下,就有双水相现象出现。这种解释对高聚物-高聚物双水相存在一定的合理性。对于表面活性剂混合溶液形成双水相体系的机理,一般认为是由于表面活性剂混合溶液中不同结构和组成的胶束平衡共存的结果。

2.2.4　表面活性剂在固-液界面的吸附作用

表面活性剂在固-液界面上富集,即它在界面上的浓度比它在溶液内部的浓度大,此现象叫做表面活性剂在固-液界面上的吸附。在气-液界面和液-液界面的吸附中,都是依据 Gibbs 吸附公式来进行研究,即通过表面张力的测定结合 Gibbs 公式来计算吸附量,推断吸附层结构。而对于固-液界面吸附来说,几乎没有进行基于界面张力的吸附理论研究,因测定固-液界面张力是困难的,但实测界面吸附量则是可能的。测定由于吸附而引起的溶液浓度的变化就可以在一定温度下测定吸附量,然后对溶液的平衡浓度作图即为吸附等温线。固-液界面的吸附多以吸附等温线为基础进行研究。

1. 吸附量与吸附等温线

研究表面活性剂在固-液界面吸附时通常把固体叫做吸附剂。吸附量就是单位量吸附剂吸附表面活性剂(溶质)的量。固-液界面吸附至少包含吸附剂、溶剂和溶质三种组分。这类吸附实际上是溶质-溶剂、溶质-溶质、溶剂-溶剂、溶质-吸附剂和溶剂-吸附剂间作用的综合结果,而这种复杂作用又可反映到溶解度、温度等影响因素上。所以,至今溶液吸附等温线的定量描述大多为经验公式。固-液界面吸附量的测定,常用的方法是将一定量的固体与一定量已知浓度的溶液充分混合,平衡后测定液相的浓度。由于溶质在固-液界面上的富集,溶液浓度降低。故溶质的吸附量可以根据溶液在吸附平衡前后浓度的变化来确定,即

$$\Gamma = \frac{V(c_0 - c)}{m} \tag{2-51}$$

式(2-51)中,Γ 为溶质的吸附量,其单位为 mol·g^{-1};c_0 和 c 分别为吸附前后吸附物的浓度;V 为溶液体积;m 为吸附剂质量。

如果知道了吸附剂的比表面,即每克吸附剂拥有的面积(A),可将吸附量以单位面积上吸附的物质量来表示。

$$\Gamma = \frac{V(c_0 - c)}{mA} \tag{2-52}$$

式(2-52)中,Γ 的单位为 mol·cm^{-2}。该式对于吸附机制和吸附层结构研究更有意义。

实际上,固体在吸附溶质的同时也可能吸附溶剂。式(2-51)和(2-52)因为忽略了溶剂的影响,仅适用于稀溶液。表面活性剂溶液一般是稀溶液,故上述两式对表面活性剂在

固-液界面上吸附的计算是可信的。

在一定温度时吸附量与浓度之间的平衡关系曲线就是吸附等温线。它反映了体系最基本的吸附性质。对于表面活性剂在固-液界面的吸附等温线具有基本意义的有三种,分别称为 L 型、S 型、LS 型,如图 2-14 所示。

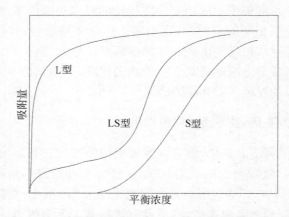

图 2-14　表面活性剂在固-液界面吸附等温线的类型

L 型等温线的特点是在浓度很小时吸附上升很快,随浓度增加吸附上升速度逐渐下降,最后吸附趋向一饱和值。许多表面活性剂在非极性的低能固体表面的吸附等温线呈 L 型。S 型等温线的特点是在低浓度时吸附量很小,而且随浓度的增加上升很慢,到一定浓度以上吸附量陡然上升,然后趋向一极限值,等温线呈 S 形。吸附量陡然上升的浓度一般在略低于表面活性剂的临界胶束浓度处。LS 型等温线的特点是双平台型吸附等温线,即吸附在低浓度时很快上升并达到第一平台吸附值,在一定浓度范围内吸附随浓度变化不大。溶液浓度继续上升至某一值时吸附又陡然上升,然后趋向一饱和值,形成第二吸附平台。与 S 型等温线相似,它在高浓度区发生吸附陡然上升的浓度是在略低于表面活性剂的 cmc 处。一些表面活性剂在极性的低能固体表面上的吸附等温线属于此类。

固体与表面活性剂相接触时,根据固体与表面活性剂间的相互作用进行着各种各样类型的吸附,它们大致分为物理吸附和化学吸附。通过范德华力产生弱相互作用的吸附,叫做物理吸附。物理吸附一般进行迅速,吸附与脱附是可逆的,吸附能一般小于 10 kJ·mol^{-1}。如表面活性剂以疏水基在疏水性的固体表面进行的吸附。而化学吸附则是由于强烈的相互作用,固体表面与吸附分子间产生化学键,形成化合物时的吸附。化学吸附能相当于化学反应热,达到 10~100 kJ·mol^{-1}。虽然化学吸附也有速度快的,但大多数还是比较缓慢进行的。反过来,化学吸附的物质脱附也是比较困难的。脂肪酸对金属表面的吸附多是化学吸附,其吸附等温线是 Langmuir 型的单分子饱和吸附曲线。

2. 固-液界面电现象

固体与液体接触时除润湿、铺展和吸附以外,往往还呈现出带电现象,并使固-液界面形成一种特殊的双电层结构。当固体与溶液相对移动时,就会发生多种现象,如电泳、电渗、流动电势、沉降电势等,我们统称为动电现象。产生动电现象的根本原因是在外力作用下,固-液相界面内的双电层沿着移动界面分离开,而产生电势差。

在讨论固-液界面电现象方面,学者们曾提出过不少模型,其中 Stern 模型应用较多。在 Stern 模型中,双电层可以由 Stern 面将其分为两部分:内层为 Stern 层,外层为扩散层。Stern 面大约距离固体表面水化离子半径处,它是由吸附离子中心连线形成的假想面。但是当固体粒子在外电场作用下,固定层与扩散层发生相对移动时,滑动面是在 Stern 面外,水化离子半径稍远处,它与固体表面的距离约为一个分子直径大小,它是实际存在的,一旦物系处于外电场作用下,这一滑动面就会呈现出来。滑动面与固体表面所包围的空间称为固定层。此外双电层的厚度 $1/\kappa$ 也是一个假想面。如图 2-15 所示。

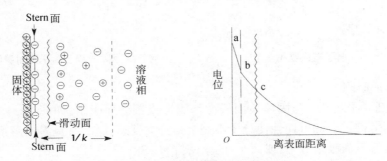

图 2-15　Stern 双电层模型

在 Stern 模型中,带电表面与液体内部的电势差称为固体表面电势。在靠近表面 1~2 个分子厚的区域内,反离子与表面结合成固定吸附层,称为 Stern 层。Stern 层与溶液内部的电势差称为 Stern 电势。在 Stern 层外的反离子成扩散分布,构成扩散层。在外力(电场、重力或静压力)作用下,固体与液体相对移动时,随固体一起移动的滑动面与内部的电势差称为动电电势(ζ 电势)。在固定层内,电势从 ψ_0(a 处)急剧降到 ψ_δ(b 处),再降到 ζ(c 处)。在扩散层内,电势从 ζ 缓慢降到零。

综上可知,固体表面电势 ψ_0(即热力学电势)和动电电势 ζ 是两个不同的概念。其差别在于:ψ_0 是指从粒子表面到均匀液相内部的总电势差,而 ζ 只是滑动面处的电势,是滑动面与溶液内部电势之差,可见 ζ 电势只是表面电势 ψ_0 的一部分;ψ_0 是作为相边界电势固定存在的,而 ζ 电势只有当粒子和介质作反向移动时才显示出来,它不是恒定的;ψ_0 可直接从能斯特方程中求出,而 ζ 可通过电泳或电渗速度测定计算出来。

3. 吸附机制

因为表面活性剂的化学结构是各式各样的,吸附剂的表面结构也非常复杂,再加上溶剂的影响,所以清楚地认识表面活性剂在溶液中的固体上的吸附机理存在一定困难。但学者们就各种吸附体系提出了一些看法,表面活性剂分子或离子在固-液界面的吸附可能以下述一些方式进行。

① 离子交换吸附

吸附于固体表面的反离子被同电性的表面活性离子所取代,如图 2-16 所示。此类吸附发生于低浓度时,固体表面电动势不因吸附量的增加而变化,可看成是表面活性剂离子取代了吸附在固体表面上的同性离子的一种过程。

② 离子配对吸附

表面活性剂离子吸附于具有相反电荷的、未被反离子所占据的固体表面位置上,如图

2-17所示。此类吸附中,表面活性剂离子将其亲水基吸附于固体表面而疏水基则伸向水相,这种情况即使在表面活性剂浓度很小时也存在。

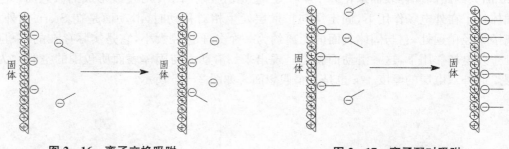

图 2-16　离子交换吸附　　　　　　　　图 2-17　离子配对吸附

③ 氢键形成吸附

表面活性剂分子或离子与固体表面极性基团形成氢键而吸附,如图 2-18 所示。此类吸附中,往往因氢键键合的方向性使分子不完全是直立姿态,同时有更多的溶剂水分子介入吸附而影响固-液界面吸附分子(或离子)的紧密排布。

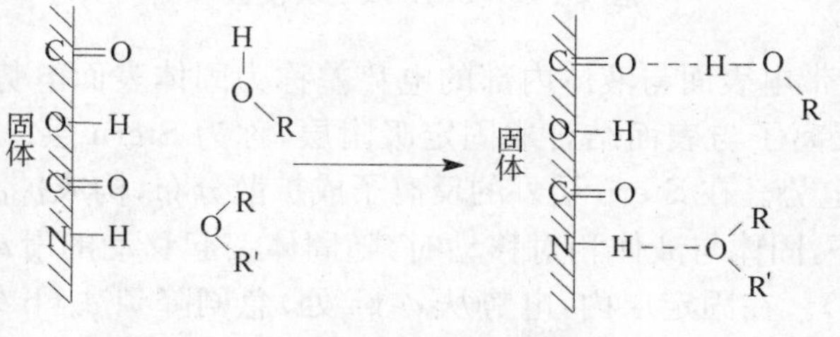

图 2-18　氢键形成吸附

④ π电子极化吸附

表面活性剂分子中富电子芳环与固体表面的强正电位间相互吸引而发生吸附。对于那些含富有 π 键电子芳香核的表面活性剂,当它与吸附剂表面强正电性吸附位相吸引而吸附时,常以这些键的平躺姿态吸附在固-液界面上,致使表面活性剂分子也倾向于平躺在固体表面,因此界面吸附层较薄。

⑤ 色散力吸附

固体表面与表面活性剂分子间存在色散力作用,从而导致吸附。此种吸附通常总是随吸附物的分子增大而增加,往往该种吸附与其他吸附力同时存在。

⑥ 疏水作用吸附

因表面活性剂疏水基间的疏水作用使表面活性剂分子向固体表面聚集而产生吸附,如图 2-19 所示。

表面活性剂在固体表面吸附达到饱和(单分子层)后,随着浓度的增加,已被吸附了的表面活性剂分子的疏水基,与在液相中的表面活性剂分子的疏水基相互作用,在固-液界面上形成多种结构形式的吸附胶束,又称表面胶束,使吸附量急剧增加。

上述几种导致吸附的作用力强度不同,一般而言,前两种作用力相对较强,在低浓度时

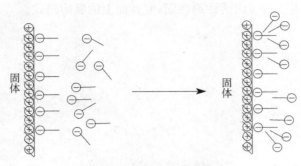

图 2 - 19　疏水作用吸附

就能发挥作用,而色散力则较弱,一般在较高浓度时才起作用。此外,前四种作用仅发生在特定的表面活性剂和固体表面间,而后两种作用则普遍存在于各类表面活性剂在各种固体表面的吸附中。

4. 吸附模式

离子型表面活性剂易于在相反符号电荷的固体表面吸附,如离子型表面活性剂在固体氧化物表面的吸附等温线在双对数图上表现为典型的由四段直线构成的 S 型,其固体的表面电势也有相应的变化,如图 2 - 20 所示。

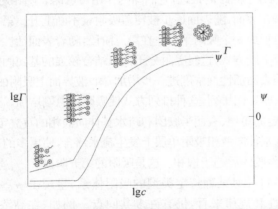

图 2 - 20　离子型表面活性剂在带电的固液界面上的吸附与表面电势

该吸附过程可分为四个阶段。在第一阶段,对应较低的表面活性剂浓度,表面活性剂主要通过与原来吸附于固体表面的反离子进行离子交换而吸附,固体表面发生单分子吸附而不发生聚集。因此,吸附量略有增加而界面电势不变。在第二阶段,随表面活性剂浓度的增加,等温线的斜率显著增大。在此阶段,已吸附的表面活性剂离子和体相溶液中表面活性剂离子通过疏水作用而形成疏水缔合物,导致吸附量剧增。在此过程中固体表面原有的电荷逐步被吸附的表面活性剂离子所中和,以致表面净电荷变成与表面活性剂离子同号。在第三阶段,等温线的斜率下降,在此吸附过程中由于表面同号电荷基团之间的排斥或者是在低活性部位开始形成准胶束,使吸附速度变慢。在第四阶段,随表面活性剂浓度的进一步增加,等温线趋于一个平台,由于溶液达到临界胶束浓度(cmc),表面活性剂单体活度大致恒定,吸附趋于饱和。

非离子型表面活性剂分子因不解离,不带电荷,其与固体表面的静电作用可以忽略。图

2-21 展示了一种非离子型表面活性剂在固-液界面上的吸附模式。

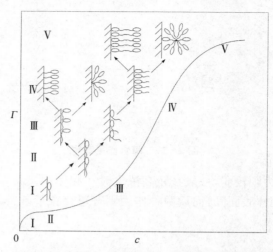

图 2-21 非离子表面活性剂在固液界面的吸附模式与类型

该吸附模式分为五个阶段。在第一阶段,浓度很低时,固体与表面活性剂主要作用力为 Van der waals 力,表面活性剂分子间距离很远,它们间的作用可忽略。随相对分子质量增加吸附量增加,表面活性剂分子平躺在表面,随表面逐步被覆盖吸附量不断上升。第二阶段,此时界面基本被平躺的表面活性剂铺满,形成一个吸附平台。在第三阶段,随着表面活性剂浓度继续增加,吸附量增加,吸附分子不再限于平躺方式,这时吸附分子仅以结合较强的基团固定于固体表面,其余部分伸向液相。第四阶段,当表面活性剂浓度进一步增加,固-液界面上吸附的表面活性剂分子间的相互作用,使表面活性剂紧密定向排列,这种排列方式使吸附量急剧增加。这时吸附层可能有三种:亲水基伸向液相的直立定向单层、表面半胶团和疏水基伸向液相的直立定向单层。在前两种情况下吸附趋于饱和;在疏水基伸向液相吸附单层上发生疏水缔合,使更多的表面活性剂加入吸附层,形成吸附双分子层或吸附胶团后趋于饱和。这是吸附的第五阶段。

上述吸附模式虽各自针对某种特定类型的吸附体系,呈现出一些差异,但从表面活性剂在固-液界面吸附的特性和规律来看,仍有许多共同点。例如,在高浓度区存在极限吸附量,在临界胶束浓度附近吸附量陡然上升,以及吸附量随碳链长度增加而变大等。

2.3 润湿作用

通常润湿是指固体表面上的气体被液体所取代(有时是一种液体被另一种液体所取代)。水或水溶液是常见的取代气体的液体,而润湿剂是指能促进水或水溶液将空气从液体或固体表面上取而代之的物质。润湿过程与各相关相的表面和界面性质有密切关系,故表面活性剂必然在此过程中显示出它的作用。

2.3.1 接触角与润湿方程

把少量液体滴落在固体表面上,依据固体的种类、表面的粗糙状态以及液体的表面张力、黏度等性质,液滴会呈现不同状态,如图 2 - 22 所示。液体在固体表面越展开,则越润湿,直到完全展开即铺展;如果液体在固体表面越收缩,则越不润湿,直到收缩呈圆珠停留于固体表面即完全不润湿。当液滴在固体表面展开或收缩达到平衡时,从气、液、固三相剖面的交界处,自固-液界面经过液体内部到气-液界面的夹角 θ 叫接触角,如图 2 - 23 所示。

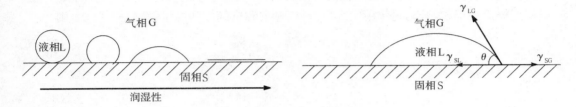

图 2 - 22　液滴在固体表面润湿性示意图　　　　　　图 2 - 23　接触角示意图

平衡时,接触角 θ 与固-气、固-液及液-气界面张力之间有如下关系:

$$\gamma_{SG} = \gamma_{LG} \cdot \cos\theta + \gamma_{SL} \qquad (2 - 53)$$

式(2 - 53)变换为:

$$\cos\theta = \frac{\gamma_{SG} - \gamma_{SL}}{\gamma_{LG}} \qquad (2 - 54)$$

式(2 - 54)是三相交界处三个界面张力平衡的结果,它是润湿的基本公式,称为润湿方程,该方程最早是 T. Young 在 1805 年提出的,习惯上称为杨氏方程。

2.3.2　润湿过程

润湿过程可分为三类:沾湿、浸湿及铺展。润湿过程的实质及其与接触角的关系讨论如下。

1. 沾湿(或称为黏附润湿)

沾湿是指液体与基质固体接触、将液-气界面和固-气界面变为固-液界面的过程。例如,黏合以及涂层整理等。这些问题均涉及黏附润湿能否自发进行,即 ΔG 是否小于零。

沾湿过程可用图 2 - 24 表示,沾湿的比表面自由能的降低是:

$$-\Delta G = \gamma_{SG} + \gamma_{LG} - \gamma_{SL} = W_a \qquad (2 - 55)$$

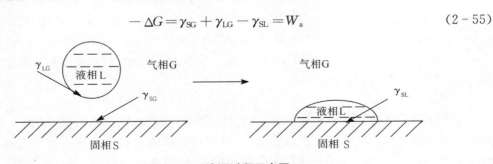

图 2 - 24　沾湿过程示意图

沾湿过程的"驱动力"是 $\gamma_{SG} + \gamma_{LG} - \gamma_{SL}$，这个量就是黏附功 W_a，也是将单位表面的液体从基质上分离开来所需的最小（可逆）功。在这一过程中，W_a 越大，则液-固界面的黏附越牢固。W_a 是固-液界面结合能力及两相分子间相互作用力大小的表征。而且任何使基质和润湿液体之间界面张力 γ_{SL} 降低的作用都将会增大发生黏附的趋势，并增加黏附的牢度，但任何使液体或基质的表面张力 γ_{LG} 和 γ_{SG} 降低的因素，都将减弱发生黏附的趋势及降低黏附的牢度。

根据杨氏方程式，若黏附作用发生后液体、基质和空气之间的接触角是有限的，则

$$\gamma_{LG} \cdot \cos\theta = \gamma_{SG} - \gamma_{SL} \tag{2-56}$$

将式（2-56）代入式（2-55）得：

$$W_a = \gamma_{LG}(\cos\theta + 1) \tag{2-57}$$

由式（2-57）可见，在恒温恒压下，当 $\theta < 180°$ 时，则可以发生黏附润湿；当 $\theta = 180°$ 时，$W_a = 0$，$\Delta G = 0$，即黏附润湿已达极限。

2. 浸湿

浸湿是指固体浸入液体中的过程。洗衣时把衣服泡在水中即为此种过程。该过程的实质是固-气界面被固-液界面所代替，而液体表面在过程中无变化，如图 2-25 所示。

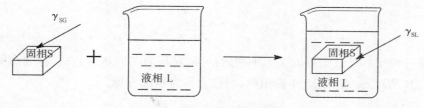

图 2-25　浸湿过程示意图

浸湿时，比表面自由能的降低是：

$$-\Delta G = \gamma_{SG} - \gamma_{SL} = W_i \tag{2-58}$$

W_i 称为浸湿功，它反映液体在固体表面上取代气体的能力。

如果固体浸入润湿液中，其平衡接触角为有限值时，把式（2-56）代入式（2-58），则：

$$W_i = \gamma_{LG}\cos\theta \tag{2-59}$$

同样，在恒温恒压下，当 $\theta < 90°$ 时，$W_i > 0$，$\Delta G < 0$，液体可自动取代固体表面上的气体，浸湿过程可自动进行；当 $\theta = 90°$ 时，$W_i = 0$，$\Delta G = 0$，浸湿达极限；当 $\theta > 90°$ 时，$W_i < 0$，$\Delta G > 0$，为不能浸湿。这时密度小于液体的固体将浮在液面上，而密度大于液体的固体虽可沉入液体，但取出时发现没有被润湿。

3. 铺展

涂布工艺在工业生产中有许多应用，其目的是在基底固体表面均匀地形成一流体薄层。此过程不仅要求液体能附着于固体表面，而且希望液体能自行铺展成均匀的薄膜。铺展过程的实质是在固-气界面被固-液界面代替的同时，液体表面也同时扩展，如图 2-26 所示。铺展润湿时比表面自由能降低表示为：

$$-\Delta G = \gamma_{SG} - \gamma_{SL} - \gamma_{LG} = S \qquad (2-60)$$

S 称为铺展系数,它是铺展过程的驱动力量度。在恒温恒压下,若 $S>0$,则 $\Delta G<0$,铺展可自动进行;$S=0$,$\Delta G=0$,则铺展达极限,液体就只能在基质上面平衡铺展;若 $S<0$,$\Delta G>0$,则铺展不能自动进行,液滴呈透镜状。

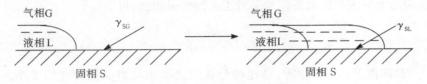

图 2-26　铺展过程的示意图

S 又可理解为单位面积所需做的铺展功,将式(2-56)代入式(2-60)得:

$$S = W_S = \gamma_{LG}(\cos\theta - 1) \qquad (2-61)$$

当 $\theta = 0$ 时,$W_S = 0$,体系能进行铺展润湿。

综上所述,不论何种润湿过程,其实质都是界面性质及界面能共同影响的结果。三种润湿过程自发进行的条件总结如下:

	自由能判据	接触角判据
沾湿	$-\Delta G = W_a = \gamma_{SG} + \gamma_{LG} - \gamma_{SL} = \gamma_{LG}(\cos\theta + 1) \geqslant 0$	$\theta \leqslant 180°$
浸湿	$-\Delta G = W_i = \gamma_{SG} - \gamma_{SL} = \gamma_{LG}\cos\theta \geqslant 0$	$\theta \leqslant 90°$
铺展	$-\Delta G = W_S = \gamma_{SG} - \gamma_{LG} - \gamma_{SL} = \gamma_{LG}(\cos\theta - 1) \geqslant 0$	$\theta = 0$ 或不存在

在以接触角表示润湿性时,习惯上以 $\theta = 90°$ 为界。$\theta>90°$ 为不润湿;$\theta<90°$ 则为润湿。θ 越小润湿性能越好。对于同一系统,三种润湿功可依次表示为 $W_a>W_i>W_S$。换言之,若 $W_S \geqslant 0$,必然存在 $W_a>W_i>0$,即凡能铺展的必定能沾湿和浸湿,反之则未必。因此,铺展是润湿程度最高的一种润湿,平衡接触角 $\theta = 0$ 或不存在,则为完全润湿。

2.3.3　接触角滞后现象

水滴在非常干净的玻璃板上,水将自由铺展,接触角为零;若将玻璃板倾斜,水会顺流而下。如果玻璃表面附有灰尘及其他污物,变得既不平滑又不均匀,水滴在倾斜玻璃上将变得如图 2-27 所示。测量时在固-液界面扩展后测量的接触角叫前进角,以 θ_A 表示;而在固-液界面缩小后测量的接触角叫后退角,以 θ_R 表示。前进角与后退角的数值往往不等($\theta_A>\theta_R$),两者的差值($\theta_A-\theta_R$)叫做接触角滞后。

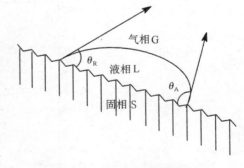

图 2-27　粗糙表面的前进接触角 θ_A 和后退接触角 θ_R

在恒温恒压下,液体在平滑的、干净的、均匀的、不变形的理想固体表面上所形成的平衡接触角为一定值。而在表面粗糙和不均匀(包括表面污染)的固体表面上就会出现前进角和后退角不等的现象,这是造成接触角滞后的主要因素,这种现象在雨滴射在玻璃窗上或塑料雨衣上时很容易看到。

　　表面粗糙不仅影响接触角滞后，也影响接触角的值。真实面积与表观面积之比用 r 表示（ r 称为粗糙因子）。显然，r 为大于 1 的值，其值越大表面越粗糙。在把杨氏方程式应用于该体系时，应加粗糙度校正，即：

$$r(\gamma_{SG} - \gamma_{SL}) = \gamma_{LG} \cos\theta' \tag{2-62}$$

θ' 为在粗糙表面上的表观接触角。与平滑表面的情况相比，可以得到：

$$r = \frac{\cos\theta'}{\cos\theta} \tag{2-63}$$

　　式（2-63）叫做 Wentzel 方程，是比较公认的接触角与表面粗糙度的关系。公式表明：粗糙表面的 $\cos\theta'$ 的绝对值总是比平滑表面的大。这就是说，当 $\theta > 90°$ 时，表面粗化将使接触角变得更大；而 $\theta < 90°$ 时，表面粗化将使接触角变小。因此，采用吊片法测定液体表面张力时，为使吊片与试液润湿良好，常把吊片表面打毛，使其表面粗糙化。

2.3.4　固体表面的润湿性质

　　大多数液体的表面张力都在 $100\ \text{mN} \cdot \text{m}^{-1}$ 以下，以此为界，有机固体与无机固体也大致分属两个区域。后者如常见的金属及氧化物、硫化物、无机盐等，其表面被称为高能表面。一般而言，硬度大、熔点高的固体表面能也较高。它们与一般液体接触后，体系表面能将在很大程度上降低，应为一般液体所润湿。而通常固体有机物及高聚物的表面能则与一般液体相近，被称为低能表面。其润湿性质随固、液两相成分与性质的不同会有很大变化。

　　1. 低能表面及其润湿临界表面张力

　　Zisman 等人发现：同系物液体在同一低能表面固体上的接触角随液体表面张力降低而变小。以 $\cos\theta$ 对液体表面张力 γ_{LG} 作图，可得一直线。如果用非同系物的液体，通常也呈一直线或一窄带，如图 2-28 所示。将此窄带延至 $\cos\theta = 1$ 处，相应液体的下限 γ_{LG} 值叫做该低能表面固体的润湿临界表面张力，以 γ_c 表示，γ_c 为低能固体表面润湿性质的经验参数。

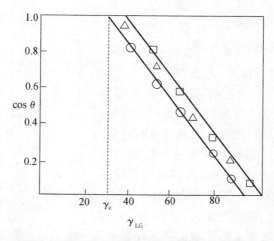

图 2-28　几种不同表面张力的测试液测定的聚乙烯表面的 Zisman 图

γ_c 的物理意义：通常情况下，凡液体的表面张力 $\gamma_{LG} > \gamma_c$ 者，皆不能在该固体表面上自行铺展，而只有当 $\gamma_{LG} < \gamma_c$ 才能铺展，此外，γ_c 值越低，能在此固体表面上铺展的液体越少，其润湿性能越差。一些常见高聚物、有机物固体和一些表面活性物质在金属（如铂）或玻璃表面形成的单分子膜上的临界表面张力值列于表 2-4 中。从表中数据可以看出以下一些规律：

表 2-4　一些高分子固体、有机固体及单分子层的 γ_c

固体	润湿临界表面张力 γ_c/(mN·m^{-1})		固体	润湿临界表面张力 γ_c/(mN·m^{-1})	
高分子固体	聚四氟乙烯	18	高分子固体	聚氯乙烯	39
	聚三氟乙烯	22		聚酯	43
	聚二(偏)氟乙烯	25		锦纶 66	46
	聚氟乙烯	28		锦纶 6	42
	聚丙烯	32	有机固体	石蜡	26
	聚三氟氯乙烯	31		正三十六烷	22
	聚乙烯	31	铂表面单分子层	季戊四醇四硝酸酯	40
	聚苯乙烯	33		全氟月桂酸	6
	聚乙烯醇	37		全氟丁酸	9.2
	聚醋酸乙烯酯	33		十八胺	22
	聚甲基丙烯酸甲酯	39		α-戊基十四酸	26
	聚甲基丙烯酸十二烷基甲酯	21.3		苯甲酸	53
	聚丙烯酸甲酯	35		α-萘甲酸	58
	聚丙烯酸丁酯	31		硬脂酸	24

① 高分子固体的润湿性能与其分子的元素组成有关。在碳氢链中引入杂原子，高聚物的润湿性能明显改变。如氟原子的加入使润湿性能降低，γ_c 变小；而其他原子的加入则使之升高，它们增进润湿性的能力有如下次序：

$$F < H < Cl < Br < I < O < N$$

同一元素的原子取代越多，则效果也越明显。

② 表面层原子或原子团的性质及其排列状况是决定固体润湿性能的关键。表 2-4 还列举了铂表面吸附了不同单分子层的 γ_c 数据。由这些数据可以看出，特定的表面层结构有一特定的 γ_c 值。表 2-5 给出了一些表面层化学组成与其润湿临界表面张力 γ_c 的关系。

表 2-5　一些表面层化学组成与其润湿临界表面张力 γ_c 的关系

表面	表面结构	γ_c/ $(mN \cdot m^{-1})$	表面	表面结构	γ_c/ $(mN \cdot m^{-1})$
碳氟表面	$-CF_3$	6	碳氢表面	$-CH_3$（晶体）	22
	$-CF_2H$	15		$-CH_3$（单层）	24
	$-CF_3$ 和 $-CF_2-$	17		$-CH_2-$	31
	$-CF_2-$	18		$-CH_2-$ 和 $-CH-$	33
	$-CH_2-CF_3$	20		$-CH-$（苯环边）	35
	$-CF_2-CHF-$	22	硝化碳氢表面	$-CH_2ONO_2$（110 面）	40
	$-CF_2-CH_2-$	25		$-C(NO_2)_3$（单层）	42
	$-CFH-CH_2-$	28		$-CH_2NHNO_2$（晶）	44
碳氯表面	$-CClH-CH_2-$	39		$-CH_2ONO_2$（101 面）	45
	$=CCl_2$	43		—	—

2. 高能表面及其自憎现象

高能表面（如干净的玻璃、金属表面）一般应为液体（如水、煤油）所铺展。但也有一些有机液体,其表面张力并不高,在玻璃以及金属等高能表面上却不能展开,表 2-6 中给出一些这样的例子。出现这种情况的原因是这些有机液体分子在高能表面上发生了定向吸附,形成碳氢基朝向空气的定向排列吸附膜,从而使原来的高能表面成为实际上的低能表面,导致其临界表面张力比液体的表面张力还低,致使这种液体不能在其自身的吸附膜上铺展,故称这种现象为自憎。

表 2-6　20℃时一些自憎液体在高能表面上的接触角

液体	γ_{LG}/ $(mN \cdot m^{-1})$	接触角 /（°）			
		钢	白金	石英	α-氧化铝
1-辛醇	27.8	35	42	42	43
2-辛醇	26.7	14	29	30	26
2-乙基-1-己醇	26.7	<5	20	26	19
2-丁基-1-戊醇	26.1	—	7	20	7
1-辛酸	29.2	34	42	32	43
2-乙基己酸	27.8	<5	11	7	12
磷酸三邻甲酚酯	40.9	—	7	14	18
磷酸三邻氯苯酯	45.8	—	7	19	21

上述讨论说明,固体的润湿性能取决于构成表面最外层的原子团的性质和排列情况。各种固体表面的组成可以分为几大类,它们的可润湿性按以下次序增强:碳氟化合物＜碳氢化合物＜含其他杂原子的有机物＜金属等无机物。

2.3.5　表面活性剂的润湿作用

在生产实践中经常采用表面活性剂改变液体在固体表面的润湿性。表面活性剂可以吸附在各种界面上通过改变界面张力来影响固体的润湿性。通常表面活性剂在溶液表面定向吸附，导致 γ_{LG} 降低，根据杨氏方程（式 2-54），$|\cos\theta|$ 增大，润湿性能随之发生变化。此时，$(\gamma_{SG}-\gamma_{SL})$ 的值显得尤为关键，该值越大于零则越易润湿，越小于零则越不易润湿，所以，表面活性剂在固体表（界）面的吸附取向是影响液体在固体表面润湿的关键因素。表面活性剂的这种定向吸附作用除了与其本身性能有关外，同时也受到固体性质及其他环境因素的影响。

1. 硬表面固体的润湿

硬表面固体是无孔、非颗粒状的固体，如玻璃、金属以及聚酯、聚丙烯、聚乙烯等有机材料。大致可分为非极性固体表面和极性固体表面两类。

① 非极性固体表面

聚乙烯、聚丙烯等有机材料呈非极性固体表面，属低能表面。通常表面活性剂在低能表面上的吸附作用较弱，即在其固-气表面的吸附量 $\Gamma_{SG}\approx0$，所以，γ_{SG} 几乎不变。表面活性剂在其固-液界面的吸附取向是影响液体在非极性固体表面润湿的关键。在固-水界面上表面活性剂往往疏水基伸向固相吸附，亲水基朝向水相，γ_{SL} 降低，接触角减小，有利于水在非极性固体表面的润湿，如图 2-29a 所示。当水溶液的 γ_{LG} 小于非极性固体表面的 γ_c，则水溶液可使其表面完全润湿铺展。例如，聚乙烯和聚四氟乙烯的 γ_c 分别为 31 mN·m^{-1} 和 18 mN·m^{-1}，水的表面张力为 72 mN·m^{-1}，所以水不能在其表面铺展。若在水中加入某表面活性剂使其表面张力降至 26 mN·m^{-1}，则水溶液可以在聚乙烯表面铺展，但仍不能在聚四氟乙烯表面铺展。然而，一些表面张力更低的全氟表面活性剂水溶液（$\gamma_{LG}<$ 22 mN·m^{-1}）反而不能在聚乙烯表面铺展，原因是全氟表面活性剂可能会定向吸附在气-固表面，进一步降低了聚乙烯表面的 γ_c，致使水溶液的 γ_{LG} 大于聚乙烯表面的 γ_c 而不能铺展。

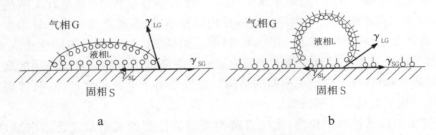

图 2-29　表面活性剂在固-液界面是吸附取向对润湿性的影响

② 极性固体表面

极性固体表面常可以分为聚酯、聚酰胺等有机高分子低能表面和包括离子交换树脂、玻璃、金属及其氧化物等的高能表面两种。极性固体通常具有较高的表面能，所以能为各类液体所润湿。但是，水的极性大，表面张力高，在许多情况下只有表面分子能与水生成较多的氢键足以克服水的内聚作用，才有可能被水完全润湿。而用表面活性剂溶液润湿极性固体，情况则更为复杂。这是因为表面活性剂的吸附取向以及它的可逆性受到固体表面的极性、电荷及溶液 pH、离子类型与强度等因素的强烈影响。当表面荷电存在两种典型情况时其影响如下。

A. 固体表面与表面活性离子具有相同电荷，由于同性电荷相斥，因此，它在固体表面的吸附相对较少，γ_{SL} 与 γ_{SG} 的变化也影响不大。θ 值的减小主要来自气-液表面的吸附即 γ_{LG} 的下降。

B. 固体表面与表面活性离子具有相反电荷，由于异性电荷相吸，在低浓度时，表面活性离子通过离子对位或交换方式吸附在固体表面，这种吸附削弱了水与固体的相互作用，因而 γ_{SL} 增大，θ 值增大以及三相线后缩，而被吸附的表面活性剂仍留在新生的气-固表面上，固体的表面张力 γ_{SG} 变小，润湿性降低，如图 2-29b 所示。当表面活性剂水溶液浓度大于 cmc 时，表面活性离子的疏水链可通过疏水相互作用与吸附于固-液界面的第一层单分子层的表面活性离子的疏水链相互吸引，即通过疏水吸附形成双分子吸附膜，表面活性剂离子头指向溶液，因而增加了与水的相互作用，并使 γ_{SL} 减小，θ 值再次变小。应该指出，只有长链的表面活性剂才能发生这种情况。在某些系统中，例如十二烷基三甲基氯化铵吸附在铂上，接触角 θ 可再次降为零并发生铺展。但是通常表面活性离子在第二层的吸附较弱，容易被水淋洗下来。

2. 纤维织物的润湿

纤维织物具有较大的比表面积，液体在织物外部纤维表面润湿时，即会在纤维与纤维之间形成的大量毛细管两端产生附加压力 $\Delta p = 2(\gamma_{SG} - \gamma_{SL})/R$，使液体向织物内部渗透，所以，织物被液体润湿的过程也是液体向其内部的渗透过程。表面活性剂对纤维织物的润湿作用除了与硬表面固体一样受到其在纤维表面的吸附性能的影响外，还与表面活性剂在毛细管内的渗透速率密切相关。通常渗透速率随附加压力 Δp 和表面活性剂浓度的增大而增大。还与其扩散系数有关，表面活性剂扩散时的分子尺寸越大和介质的黏度越大，则润湿性能越差。影响表面活性剂对织物润湿（渗透）作用的因素归纳如下。

① 亲水基位置及支化度：如果亲水基在分子链的中心位置，特别是有支链疏水基的表面活性剂，由于其在水中的尺寸相对比直链异构体要小，能迅速渗透到内部纤维表面定向排列，所以常常用于纺织品的优良的润湿（渗透）剂。如早期广泛使用的硫酸化蓖麻油润湿剂，其良好的渗透能力是由于蓖麻油分子中间位置的硫酸酯基产生的。目前使用的高效润湿渗透剂异辛酯磺酸盐（ATO）也呈现相似的结构。也许是由于类似尺寸的原因，邻烷基苯磺酸盐的渗透能力优于对烷基苯磺酸盐。

② 直链型表面活性剂的长度：无论直链型表面活性剂的疏水基还是亲水基，短链比长链的分子尺寸小，扩散系数大，润湿时间更短，例如十二烷基硫酸钠的润湿时间远比十八烷基硫酸钠短。这也可以说明聚氧乙烯醚非离子型表面活性剂的润湿时间比相同疏水基的阴离子型表面活性剂更长的原因。在计量疏水链的有效长度时，通长支链上的一个碳原子约相当于主链的 2/3 个碳原子；亲水的离子基团与极性基团间的一个碳原子约相当于主链的 1/2 个碳原子；一个苯环则相当于直链的 3.5 个碳原子；酯键的存在对疏水链有效长度无影响。

③ 表面活性剂的浓度：通常表面活性剂的浓度过低会影响分子的扩散速率，润湿时间

会延长。此时,疏水链较长的表面活性剂比较短的同系物表现出更好的润湿性能。但是,随着浓度升高,表面活性剂分子的扩散速率增大,当浓度达足够高时,表面活性剂的润湿时间降至最短,其中短链的表面活性剂润湿时间降低幅度最大,具有比长链更低的最低润湿时间。例如,烷基硫酸盐水溶液的浓度为0.1%时,其各种同系物润湿时间的排序为:$C_{14} < C_{12} < C_{16} < C_{18}$,而当浓度为0.15%时,其排序变为$C_{12} < C_{14} < C_{18}$,这个次序也是这些表面活性剂所能达到的最低润湿时间的次序。不过当温度升高时,短链的离子型表面活性剂的润湿能力会变得不如长链同系物,这可能是长链离子型表面活性剂的溶解度增加,表面活性得以充分发挥所致。

④ 聚氧乙烯醚非离子型表面活性剂:当分子中的乙氧基数目增加时,表面活性剂的润湿时间会经一最小值后增加。一般当表面活性剂的浊点正好高于润湿试验的温度时,则该表面活性剂在此温度时的润湿时间最短。在25℃时$C_{10\sim11}H_{21\sim23}(OC_2H_4)_{6\sim8}OH$的润湿性能最好。通常脂肪醇或硫醇的聚氧乙烯醚非离子型表面活性剂的润湿性能要优于相应的脂肪酸酯。

⑤ 聚醚即聚氧乙烯(PEO)和聚氧丙烯(PPO)的嵌段共聚物:一定温度下聚醚在水中完全溶解时,其润湿时间随PPO的链增加、PEO链的减少而降低。

⑥ 添加剂的影响:通常离子型表面活性剂的润湿时间会因水中存在电解质而显著地降低。如Na_2SO_4、NaCl、KCl等的加入会降低表面活性剂溶液的表面张力,增加其润湿能力,而且相对短链的增幅更大,所以,在高电解质浓度下,往往$C_{7\sim8}$烃链的离子型表面活性剂的润湿时间最短。此外,在水溶液中加入水结构破坏剂(例如尿素、N-甲基甲酰胺等),则表面活性剂水溶液的表面张力上升,不利于润湿;加入水结构促进剂(例如果糖、木糖等),则溶液的表面张力下降,润湿性提高。另外,在阴离子和非离子型表面活性剂溶液中加入长碳链醇会增加其润湿能力;将聚氧乙烯醚非离子表面活性剂加入到阴离子表面活性剂溶液中也会提高其润湿性,但会降低阳离子表面活性剂的润湿能力。其原因是聚氧乙烯醚非离子表面活性剂会使阴离子表面活性剂的扩散速率增大,而使阳离子表面活性剂的扩散速率减小所致。

3. 动态润湿过程

动态润湿过程大致可分为两大类:一类是在无外力作用(重力除外)下,液体在固体表面自行铺展的过程,称为自铺展;另一类是利用外力使液体在固体表面上以一定速度移动而铺展,称为强制铺展,织物、胶片和磁带涂布就是这类过程。

动态润湿过程的主要特点是固、液、气三相界面线(即润湿线)是移动的,在三相线移动过程中的接触角称为动态接触角,为非平衡态接触角,动态接触角的大小通常取决于三相线位移的速率与方向。例如在一水平放置的玻璃管内有一段液体,静置时液体与管壁间形成的平衡接触角为θ(图2-30a)。若在图左方施压力,迫使液体向右流动,则液面前沿将向前凸出,形成的动态前进接触角$\theta_{d,A} > \theta$,同时,液面后沿(左边)则向内凹进,形成动态后退接触角$\theta_{d,R} < \theta$(图2-30b)。向前流动的速度v越大,$\theta_{d,A} - \theta_{d,R}$的值越大,$\theta_{d,A}$也越大。当$\theta_{d,A}$接近180°,液体在涂布过程中排出的空气将会导致涂布层的不均匀缺陷,所以达到$\theta_{d,A} = 180°$时的速度为润湿可以进行的最高速度。

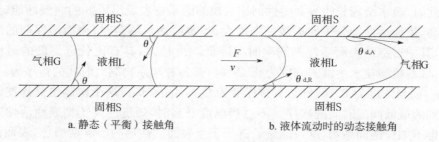

a. 静态（平衡）接触角　　　　　　b. 液体流动时的动态接触角

图 2-30　静、动态接触角示意图

实验表明：动态前进接触角 $\theta_{d,A}$ 与涂布速度 v、液体的黏度 η 及其表面张力 γ_{LG} 有如下关系：

$$\tan\theta_{d,A} = \alpha\left(\frac{v\eta}{\gamma_{LG}}\right)^{\beta} \tag{2-64}$$

式（2-64）中，α、β 为经验常数。由式（2-64）可知，若利用表面活性剂降低涂布液的 γ_{LG}，则可以降低动态前进接触角，从而提高涂布速度，改善液体在固体表面的动态润湿性能。

2.4　增溶作用

水溶液中由于表面活性剂的存在，使原来不溶或难溶的有机物的溶解度明显增加，形成透明的溶液，此现象称为增溶作用（solubilization）。例如：乙基苯基本不溶于水，但在 100 mL 0.3 mol·L⁻¹ 的十六酸钾水溶液中，可溶解乙基苯达 3 g，形成透明的溶液。增溶作用与有机溶剂的助溶作用不同，前者在水溶液中表面活性剂添加量较少，溶剂的性质未发生明显的改变；后者则在水中加入大量的有机溶剂（助溶剂），从而大大改变溶剂的性质。

增溶作用与溶液中胶束的形成有密切的关系，在体系中表面活性剂未达到临界胶束浓度（cmc）前，并没有增溶作用，只有在 cmc 以后增溶作用才明显表现出来。表面活性剂浓度越大，胶束就形成得越多，微溶物也就溶解得越多，这表明增溶作用与表面活性剂在溶液中形成的胶束密切相关。

2.4.1　增溶作用机理

在增溶作用的体系中，表面活性剂起增溶作用称为增溶剂，被增溶的物质称为增溶质。显然，在增溶过程中，增溶质进入到表面活性剂胶束中，而不是自身均匀分散在溶剂中。现代分析测试研究证明，增溶质可定位在胶束的四个区域，即胶束的内核、胶束的栅栏区、胶束的表面和聚氧乙烯链间的水化区域。图 2-31 展示了胶束增溶的四种方式。增溶质具体被增溶在胶束中的位置，主要遵循"相似相溶"的原则。

1. 内核区增溶

由于胶束的内核为液态烃环境，与饱和脂肪烃、环烷烃以及其他不易极化的增溶质相似，故该类增溶质一般被增溶在胶束内核。增溶后的紫外、荧光光谱或核磁共振谱证明，增

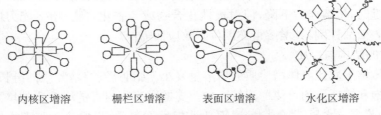

内核区增溶　　　栅栏区增溶　　　表面区增溶　　　水化区增溶

图 2 - 31　胶束增溶的四种方式

溶质完全处于一个非极性环境,与溶于非极性碳氢化合物液体中情形一样。

2. 栅栏区增溶

胶束的栅栏层位于内核外部与极性基相连的亚甲基之间的结构区域。增溶质为易极化的碳氢化合物(苯、乙基苯等)及长链的极性分子(脂肪醇、脂肪胺等)时,往往增溶于胶束的栅栏层。

3. 表面区增溶

增溶质为极性小分子如邻苯二甲酸二甲酯(不溶于水,也不溶于非极性烃)以及一些高分子或染料时,增溶于胶束表面区域,即增溶质定位在胶束与溶剂交界处。

4. 水化区增溶

聚氧乙烯醚非离子表面活性剂的胶束外部存在一较大的 EO 链水化区域,极性分子如苯酚、苯胺等增溶质主要吸附于该区域。

当然,增溶质在胶束中的具体定位受被增溶物自身性质及表面活性剂类型等因素的影响。如对易极化的苯、乙苯等分子,在离子型表面活性剂胶束溶液中,最初增溶质被吸附于胶束表面,取代那里的水分子;随增溶量的增加,增溶质可能插入到表面活性剂胶束的栅栏层,甚至还有可能深入到胶束的内核。在季铵盐类表面活性剂胶束表面就能发生这类情况,因为苯环的 π 电子易与阳离子胶束表面发生相互作用。在聚氧乙烯醚非离子表面活性剂胶束溶液中,该类物质增溶于 EO 链水化区域。

2.4.2　增溶容量及其影响因素

增溶容量主要取决于增溶剂和增溶质的分子结构及性质、胶束数目及加入的辅助剂、温度等。对于特定的表面活性剂的胶束溶液,各种增溶质增溶容量除与增溶质在各区域的溶解度有关外,主要与其区域的容积有关,对聚氧乙烯醚非离子表面活性剂的胶束溶液,其增溶容量顺序为:EO 链水化区增溶>栅栏区增溶>内核区增溶;而离子型表面活性剂的胶束溶液,其增溶容量顺序为:栅栏区增溶>内核区增溶>表面区增溶。

1. 增溶剂的结构及性质

增溶剂的烃链长度愈长,可使 cmc 下降,即在较低浓度下亦能发生增溶作用,故增溶作用增大。聚氧乙烯醚型非离子表面活性剂的增溶量是要同时考虑其烃链长度及聚氧乙烯链长度两个因素的影响,其中以聚氧乙烯链长的影响较大。在增溶非极性增溶质时,对相同聚氧乙烯链的非离子表面活性剂而言,烃链愈长,其增溶能力愈强。相反,对相同烃链的非离子而言,聚氧乙烯链愈长,增溶能力愈弱。达到浊点时,增溶容量最大。极性增溶质在聚氧乙烯醚型非离子表面活性剂水溶液中的增溶量随聚氧乙烯链的增长而增长。此外,烃链中含有不饱和双键时,增溶能力下降,但对极性化合物或芳香化合物,增溶能力增大。烃链具有支链结构的表面活性剂,其增溶量亦因位阻效应而降低。

2. 增溶质的结构与性质

结晶状固体增溶质比液体增溶质的增溶量要小。脂肪烃、烷基芳烃的链长愈长,则被增溶量愈小。不饱和或环化均可使增溶量增加。支链增溶质与直链增溶质的增溶量相近。极性增溶质(处于胶束与水界面)的增溶量要比非极性增溶质(仅增溶于胶束内核)大,尤其是在表面活性剂浓度不高时更为明显。一般来说,增溶质的极性愈小,烃链愈长,增溶量愈小(见表 2 - 7)。

表 2 - 7　增溶质最大增溶量与表面活性剂的关系

增溶质	最大增溶量/(mol·mol^{-1}表面活性剂)			
	$C_{12}H_{25}NH_3Cl$	$C_{11}H_{23}COONa$	$C_{17}H_{35}COONa$	$C_{10}H_{21}O(C_2H_4O)_{10}H$
n-己烷	0.75	0.18	0.46	
n-辛烷	0.29	0.08	0.18	0.48
n-十二烷	0.13	0.03	0.05	0.17
环己烷	0.06	0.005	0.009	0.06
苯	0.65	0.29	0.76	
甲苯	0.49	0.13	0.51	
n-癸醇	0.18	0.29	0.59	1.47
2-乙基己醇	0.36	0.06	0.47	

3. 其他因素

电解质可使表面活性剂的 cmc 下降,胶束数量增多,对烃类的增溶能力增强,但对极性有机物的增溶性降低。非离子表面活性剂溶液中加入电解质将使浊点降低,增溶量提高。在表面活性剂溶液中加入烃类等非极性有机化合物,可因胶束膨胀而提高极性物的增溶量。如果加入的是极性有机物,则使烃类增溶质的增溶量增大。

温度变化可使胶束性质以及增溶质在胶束中的溶解度发生变化。比较显著的是非离子表面活性剂,温度升高使聚氧乙烯链的水化作用减小,胶束增多,对烃类的增溶量增加。但对极性物来说,因其增溶位置主要在胶束的栅栏处,因此,在开始升温时,因热运动增大,其胶束聚集数增多,增溶量加大,但在温度继续升高的同时,聚氧乙烯链脱水也随之加快,链卷曲更紧,栅栏增溶空间减小,导致增溶能力下降。

2.5　乳化作用

乳状液是一种液体以液滴的形式分散于互不相溶的另一种液体中形成的液-液分散体系。其中,被分散的液体称为分散相(又称内相),而另一种液体则称为连续相(又称外相或分散介质)。许多食品、化妆品、医药、纺织油剂、涂料、农药、金属切削油剂以及生活或生产专用化学品等都是乳液。

分散相液滴的粒径大小直接影响乳液的外观色泽,这是由于分散相与分散介质的折射率不同,入射光在乳滴界面会发生反射、折射和散射现象的缘故。分散相液滴大小与乳液外观的关系列于表 2-8 中。由于可见光的波长为 $0.4 \sim 0.8\ \mu m$,粒径在 $1\ \mu m$ 以上的乳液主要发生光的全反射而呈乳白色;粒径在 $0.1 \sim 1.0\ \mu m$ 之间的乳液则会因短波长的散射光增强而呈现带有蓝光的乳白色;粒径进一步减小,则乳液中主要发生散射和透射现象,系统变为半透明和透明状。

表 2-8　分散相液滴大小与乳液外观的关系

粒径/μm	外　　观	
$\geqslant 100$	可分辨出两相	一般乳液
$1.0 \sim 50$	乳白色乳状液	
$0.1 \sim 1.0$	蓝白色乳状液	
$0.05 \sim 0.1$	灰色半透明液	微乳液
< 0.05	透明液	

由于乳化的直接结果是增加两液相接界面的比表面积,而互不相溶的两种液体之间的界面张力都为正值。例如仅将 1 mol 正辛烷以 $0.2\ \mu m$ 粒径分散于水中,则系统界面积增量 $\Delta A = 800\ m^2$,正辛烷-水的界面张力为 $\gamma = 50.8\ mN \cdot m^{-1}$,则在恒温恒压下相应系统的表面自由能增量 $\Delta G = \gamma \Delta A = 40.64\ J > 0$,而且这还仅为上述乳化所需的最小能量,实际所消耗的表面功可能是它的上百倍。从热力学的角度分析,恒温恒压下 $\Delta G > 0$,所以,两种互不相溶的纯液体形成的乳液是热力学不稳定的多相分散系统。一旦停止做功,分相即可发生。制备相对稳定的乳液的必要条件是加入第三组分乳化剂。表面活性剂能自动吸附于液-液界面,并降低界面张力,是一类重要的乳化剂。

实际上,即使有表面活性剂存在的乳液仍然可能是热力学不稳定的。例如在上述系统加入少量的油酸钾,系统趋于分散稳定,尽管界面张力降到 $7\ mN \cdot m^{-1}$ 以下,但 $\Delta G > 0$。所以,一般意义上的乳液仅仅是一种具有在动力学上相对稳定的多相分散系统,这类乳液的粒径一般在 $0.1\ \mu m$ 上,呈现特有的纯的或带蓝光的乳白色。它的所谓“稳定性”只是在一个有限的时间内,比如数分钟,也可以是数年。

如果在上述系统中加入更多的油酸钾,并配有一定量脂肪醇,则系统会发生质的变化,一方面随着粒径小于 $0.1\ \mu m$,外观从乳白色变为半透明或透明,更主要的是此时界面张力已下降到没有实际意义的程度,成为具有热力学稳定的微乳液。

2.5.1　乳液的类型及稳定性机理

1. 乳液的类型及鉴定方法

① 乳液类型

根据分散相与分散介质的性质,一般乳液可分为两种类型:水包油(O/W)型,即油相或有机相分散在水相或水溶液中的乳液;油包水(W/O)型,即水相或水溶液分散在油相中的乳液。此外,还有一类多重乳液,包括水包油包水(W/O/W)型和油包水包油(O/W/O)型。

② 一般乳液的鉴定方法

A. 稀释法:即用水稀释乳液,易于被水稀释的为 O/W 型,反之则为 W/O 型。

B. 染色法:通常油溶性染料易在 W/O 型乳液中扩散,而对 O/W 型则不明显,甚至完全不扩散,水溶性染料则相反。

C. 电导率法:一般 O/W 型乳液的电导率与水相近,如果乳液的电导率远小于水,可认定为 W/O 型。

D. 滤纸法:一般滤纸都是亲水的,将少量乳液滴于滤纸表面,能快速展开的为 O/W 型,反之则为 W/O 型。此法简便易行,对重油构成的乳液适用,而对易在滤纸上铺展的苯、环己烷、甲苯等轻油所形成的乳液则不适用。

2. 影响乳液类型的因素

① 相体积比:从纯几何学角度分析,假设分散相液滴是大小均匀的刚性圆球,则密堆积时,可推出分散相最大的体积百分数只能为 74.02%,即连续相最小的体积百分数为 25.98%。如果乳液中分散相的体积百分数大于 74.02%,乳状液就可能变型或分相。根据此理论,乳液中水相的体积百分数超过 74.02% 时,只能形成 O/W 型乳液;如果水相的体积百分数低于 25.98%,则只能形成 W/O 型乳液;如果水相的体积百分数介于 25.98%~74.02% 时,则既可能形成 O/W 型,也可能形成 W/O 型乳液。事实上,一些乳液遵循这一规律,然而有许多乳液并不服从这一规律,原因是分散相液滴不一定是均匀圆球(图 2-32a),往往大小不匀(图 2-32b),且非刚性而易于变形,甚至呈多面体情形(图 2-32c)。因此,相体积和乳液类型的关系就不限于上述范围了,如非均匀非球形分散的乳液中,分散相的体积百分数可以大大超过 74.02%。

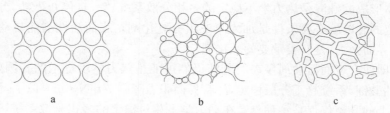

a　　　　　　　　　　b　　　　　　　　　　c

图 2-32　乳状液液滴的分散形态

② 乳化剂的性质:一般而言,易溶于水的乳化剂有利于形成 O/W 型乳液,而油溶性乳化剂倾向于形成 W/O 型乳液。这种对溶解性的考虑可推广至乳化剂的亲、疏水性,从亲水亲油平衡值考量,由于油-水界面上乳化剂分子的亲水基一方面阻碍油滴的靠近,另一方面则促进水滴的聚结。所以,亲水性强(HLB 值大)的乳化剂易形成 O/W 型乳液;反之,疏水性强(HLB 值小)的乳化剂易形成 W/O 型乳液。特别值得指出的是基于乳化剂在油-水界面形成定向吸附的"定向楔"理论,即乳化剂分子在界面定向吸附时,极性头朝向水相,疏水链朝向油相,由于界面的弯曲,所以亲水端的截面积大于疏水端的乳化剂分子将有利于 O/W 型乳液。此时,乳化剂分子就像木楔一样插入分散相油滴的界面层,使定向吸附分子排列更为紧密,如图 2-33a 中一价碱金属皂就属于此类乳化剂。反之,疏水端较大的乳化剂分子则有利于形成 W/O 型乳液,如图 2-33b 中二价金属皂。此理论与很多实验事实相符,但

也有例外,如银皂是一价金属皂,却得到 W/O 型乳化剂。

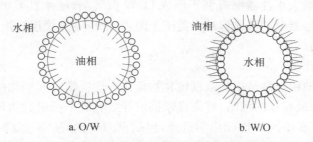

图 2 - 33　皂类乳化剂在乳滴油-水界面的定向吸附示意图

　　许多固体粉末用于乳液中作为 Pickering 乳化剂,它们通过在油-水界面形成固态膜乳化。如图 2 - 34 所示,若固体粉末易被水润湿,则大头朝向水相,小头留在油相,可起定向楔那样的作用,形成 O/W 型乳液。反之,易被油相所润湿的固体则有利于生成 W/O 型乳液。若固体粉末完全被水或油润湿,则其在水或油中悬浮。只有当粉末既能被水也能被油润湿,才会停留在界面上。此时,各界面张力与接触角的关系可用下式表示:

$$\gamma_{SO} - \gamma_{SW} = \gamma_{OW}\cos\theta \tag{2-65}$$

式(2 - 65)中,γ_{SO}、γ_{SW} 及 γ_{OW} 分别为固-油、固-水及油-水界面张力,θ 为经过水相测量的接触角。由此可见,当 $\theta < 90°$ 时,则 $\gamma_{SO} > \gamma_{SW}$,固体粉末更偏向于水相,结果易产生 O/W 型乳液。同理,当 $\theta > 90°$ 时,则 $\gamma_{SO} < \gamma_{SW}$,固体粉末更偏向于油相,结果易产生 W/O 型乳液。当 $\theta \approx 90°$ 时,则 $\gamma_{SO} \approx \gamma_{SW}$,固体在水相和油相中各占一半,既可形成 O/W 型乳液又可形成 W/O 型乳液。

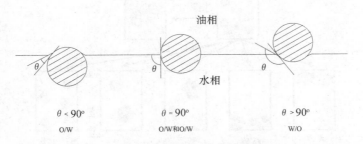

图 2 - 34　固体粉末的润湿性与乳状液类型

　　③ 投料次序:把水相加到含乳化剂的油中,容易形成 W/O 型乳液;反之,把油相加入到含乳化剂的水中,有利于形成 O/W 型乳液。

　　④ 乳化体温度:在聚氧乙烯醚非离子型表面活性剂制备的 O/W 型乳液体系中,升高温度有利于 W/O 型乳液的形成。而离子型表面活性剂的一些乳液,在冷却时可能变为 W/O 型乳液。

　　⑤ 电解质:向离子型表面活性剂为乳化剂的 O/W 型乳液中加入电解质,特别是高价反离子,通过中和及交联表面活性离子,会压缩其离子氛半径,降低亲水性,促使其变型为 W/O 型乳液。

⑥ 乳化器材料性质：在制备乳液的过程中，器壁或搅拌桨材料对液体的润湿情况也会影响乳液的类型，一般亲水性器壁有利于形成 O/W 型乳液，疏水性器壁则易形成 W/O 型乳液。一般而言，润湿器壁的液体容易在器壁上附着，形成一连续层。搅拌时这种液体往往不易分散成内相液滴。

3. 乳液稳定化机理

一般而言，乳液的稳定性是指乳液抵抗其物理化学性质随时间变化的能力。然而，为了确定提高乳液稳定性最有效的策略，首先必须搞清导致乳液不稳定的物理的或化学的机理。乳液不稳定可能有许多不同的物理化学机理，包括重力分离（悬浮/沉降）、絮凝、聚结、部分聚结、奥斯特瓦尔德熟化和相转变。重力分离过程能使乳滴悬浮（由于其比连续相密度小）或沉降（由于其比连续相密度大）。如图 2-35 所示，絮凝是两个或更多的乳滴相互粘连形成一聚集体的过程，在聚集体中各乳滴仍保持原先各自的结构。聚结是两个或更多的乳滴相互融合形成一更大乳滴的过程。部分聚结是两个或更多的部分晶化的乳滴相互融合形成一不规则形状乳滴的过程。奥斯特瓦尔德熟化是大乳滴的生长伴随着小乳滴的消失过程，这一过程中分散的乳滴通过连续相发生了质量传递。相转变是一水包油乳液转变为油包水或相反的过程。必须强调的是上述乳液不稳定的各种物理化学机理往往是互相关联的。例如，由于絮凝、聚结或奥斯特瓦尔德熟化导致乳液平均粒度的增加，最终使乳滴发生重力分离。反过来，重力分离或絮凝使得乳滴长时间地接触，导致其更容易发生聚结。因此，某一解释观察到的乳液破坏的机理并不一定是乳液不稳定的最初原因。例如我们可能会看到一快速发生乳滴悬浮的乳液，但这一快速悬浮可能是乳滴聚集的结果，所以，我们应采用阻止乳滴聚集而不是阻止乳滴悬浮的策略，以提高乳液的稳定性。

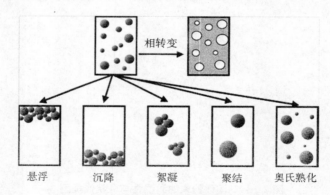

图 2-35　导致乳液不稳定的机理示意图

4. 影响乳液稳定性的因素

乳液是一种热力学不稳定体系，因为将一种液体高度分散于另一种液体中时，会大大增加体系的界面，也就是要对体系大量做功以增加体系的总能量，这是一种非自发过程。而相反的乳滴聚结过程，体系的界面积减少，导致体系的自由能降低，故这一过程是自发过程。在乳化体系中加入表面活性剂，它吸附于液-液界面，降低界面张力，从而降低体系的自由能，即降低了体系的热力学不稳定性。但是，界面张力的降低，并不能改变乳液的热力学不稳定性。事实上，油-水界面张力的高低主要是衡量乳液形成的难易，并非代表乳液的稳定性。乳液稳定性主要与在界面上定向吸附的表面活性剂分子膜的性能、分散介质的黏度、乳滴的大小、两相的密度差及温度等因素有关。

① 界面吸附膜的性能

界面膜的机械强度越强,乳液稳定性越高。由于乳滴在热运动时会相互碰撞而造成界面破裂,表面活性剂的定向吸附膜则起了保护作用。一般来说,定向吸附膜内分子排列越整齐,分子间的吸引力越大,相互排斥力越小,则膜越致密,其膜的机械强度越强,乳滴聚结时受到的阻力越大。大量研究发现,单一表面活性剂形成的界面吸附膜排列不够紧密,而界面膜中存在混合表面活性剂或表面活性剂与极性有机物(脂肪醇、胺)相互作用,形成复合物,膜的致密性增加,能极大增强界面吸附膜的强度。

界面电位越大,乳液稳定性越高。对于离子型表面活性剂乳液,乳滴表面电荷的符号常常与表面活性离子相同。而非离子表面活性剂稳定的乳液,其表面电位可能是由于从水相中吸附离子或两相接界面摩擦引起的。由于乳滴带电符号相同,故乳滴接近时就相互排斥。当乳滴带电时,与介质中的反离子形成扩散双电层,表面电位越大,扩散双电层越厚,阻碍乳滴聚结作用则越显著。

界面膜空间基团结构对乳液稳定性也有影响,乳滴界面吸附不带电的表面活性剂会形成具有空间基团结构的界面膜,当乳滴相互靠近时,进入 O/W 型乳液外相中的亲水链(例如聚氧乙烯醚)或者 W/O 型乳液外相中的疏水链(例如碳氢链)会发生相互混合重叠,产生局部的浓度过高而反向扩散,阻碍乳滴相互靠拢,提高乳液的稳定性。

② 分散介质的黏度

乳滴分散介质(即外相或连续相)的黏度越大,乳液稳定性越高。因为连续相黏度增大,乳滴的热运动受到阻碍,其运动速度变慢,乳滴难以凝聚,从而提高乳液的稳定性。故一些能溶于分散介质中的高分子物质常作为增稠稳定剂用于乳化体系中,制备稳定性高的乳液。

③ 两相的密度差

分散相与连续相密度不同,则乳滴悬浮或沉降,分层速度可用 Stokes 关系式解释,$u = 2gd^2(\rho_1 - \rho_2)/9\mu$,式中 g 为重力加速度常数;d 为粒子半径;ρ_1,ρ_2 分别为分散相及连续相的密度;μ 为连续相的黏度。显然,两相的密度差越大,则越易分层(悬浮或沉降)。

④ 乳滴的大小及分布

表 2-9 展示了 Stokes 和 Brownian 运动对 $1 \sim 100~\mu m$ 之间的粒子的影响。$1~\mu m$ 的粒子 Brownian 现象的位移超过其 Stokes 现象位移的 3 倍,综合考虑两种因素的影响可得,较大的微粒几乎没有延缓就沉降了,而较小的微粒则可通过 Brownian 运动保持悬浮。

乳滴尺寸分布也是影响其稳定性的一个因素。因为较大尺寸的乳滴具有比较小尺寸的乳滴更小的比表面积,所以较小尺寸乳滴的热力学不稳定性更大,系统中存在奥斯特瓦尔德熟化,即减少小乳滴、增加大乳滴的趋势。当这一过程持续进行,则发生破乳。因此,在平均粒径相等的乳液中,尺寸分布越窄的乳液越稳定。

表 2-9　微粒运动与液滴大小的关系

粒径/μm	Stokes 沉降/μm	Brownian 运动/μm
1	0.653	1.999 5
10	65.3	0.632
20	261.3	0.447
30	588.3	0.365
40	1 045.3	0.316
50	1 633.3	0.283
60	2 352	0.258
70	3 201.2	0.239
80	4 181.3	0.224
90	5 292	0.211
100	6 533.3	0.199 9

⑤ 温度

温度的影响是复杂的。温度可引起两相间界面张力的改变、界面膜的机械强度和黏度的改变、表面活性剂在两相中相对溶解度的改变、连续相的蒸气压及黏度的改变以及分散相的热运动的改变等。因此,温度改变常使得乳滴界面受到扰动,乳液稳定性降低,甚至发生变型或破乳。所以,常采用周期性改变温度来评价乳液稳定性。

2.5.2　乳化剂的选择方法

1. HLB 法

HLB(hydrophile lipophile balance)意为亲水亲油平衡,是 Griffin 在 1949 年为筛选乳化剂而提出的定量参数,该值反映了乳化剂分子亲水或亲油性的强弱。每个乳化剂都有一个 HLB 值,HLB 值越高,表示该乳化剂的亲水性越强,例如十二烷基硫酸钠的 HLB 值为 40;HLB 值越低则亲油性越强,例如石蜡的 HLB 值为 0;一般以 10 为界,HLB > 10 为亲水性乳化剂,HLB < 10 则为亲油性乳化剂。各类乳化剂 HLB 值的确定方法见 1.6.1。

① 被乳化体系 HLB 值的确定

由于乳化剂的乳化效率与油相的性质密切相关,根据 Bancroft 规则,同一种油相在制备 O/W 型乳液时所需的 HLB 值比 W/O 型的要高。一些油相物质被乳化的最适宜 HLB 值列于表 2-10 中,在乳化时可以根据该油相所需的 HLB 值选用相应的单组分或混合乳化剂。例如需将含质量分数 20%羊毛脂和 80%烷烃矿物油,制成 O/W 型乳液,从表 2-10 中查得数据后即可算得混合油的最适宜 HLB=12×0.2 + 10×0.8 = 10.4。但是,并非所有油相的最适宜 HLB 值都能查到,而且由于是一个经验参数,即使有文献值,还受到经验范围的限制。因此,有必要对给定油相的最适宜 HLB 值进行测定和验证。常用如下方法,即选用一对 HLB 值相差较大的表面活性剂,例如 Span80(HLB=4.3)和 Tween80(HLB=15),利用其 HLB 值的加和性配制一系列不同 HLB 值(改变两种乳化剂的比例)的混合乳化剂,并根据要求(O/W 型还是 W/O 型)将指定油-水系统制备成一系列相应剂型的乳液,分别测定其乳化效率(如稳定性),即可得到如图 2-36 所示的曲线。由该曲线可知,乳化效率在 HLB 值为 10.5 时出现极值,即上述混合油相制备 O/W 型乳液的最适宜 HLB 值的测定值为 10.5。

表 2-10 一些油相物质被乳化的适宜 HLB 值

油 相	O/W 型(W/O 型)	油 相	O/W 型(W/O 型)
棉籽油	7.5	月桂酸	16
椰子油	6	亚油酸	16
玉米油	8	油酸	17
棕榈油	7	蓖麻油酸	16
菜籽油	7	硬脂酸	17
蓖麻油	14	十六醇	11~12
松油	16	十一~十三醇	14
芳烃矿物油	12(4)	油醇	14
烷烃矿物油	10(4)	苯甲酮、苯乙酮	14
煤油	12~14(6)	苯二甲酸乙二酯	15
汽油	(7)	苯、甲苯、苯乙烯	15
石蜡	10(4)	二甲苯	14
氯化石蜡	8	邻二氯苯、硝基苯	13
蜂蜡	9(5)	苯基氰	14
羊毛脂(无水)	12(8)	氯苯、溴苯	13
凡士林	7~8(4)	四氯化碳	16
乙酸癸酯	11	环己烷	15
邻苯二甲酸二异辛酯	13	二甲基硅烷	9
苯甲酸乙酯	13	硅油	10.5

② 乳化剂的确定

应当指出,即使 HLB 值是最适宜值,不同的混合乳化剂效率是不同的,所以有必要选择效率更佳的乳化剂。根据乳化剂在油-水界面吸附膜的性能分析可知,单一乳化剂形成的界面吸附膜排列不够紧密,而界面膜中存在混合乳化剂,可使膜的致密性增加,能极大增强界面吸附膜的强度,提高乳化效率。从 HLB 值的角度分析,尽量选择 HLB 值小的与 HLB 值大的表面活性剂混合使用,特别是尽量使表面活性剂亲油基的化学结构与油相结构相似,从而形成不仅与油相的亲和力强,而且与水相的亲和力也强的混合膜。通过测定乳化效率可以确定相对效率最佳的乳化剂。

综上,通过 HLB 值来选择乳化剂,方法简单,在乳体配方设计中具有指导意义。然而,该方法没有考虑因温度变化而导致 HLB 的改变,因此,该法有一定的局限性。

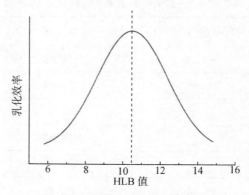

图 2-36　乳液适宜 HLB 值的测定

2. PIT 法

我们知道,非离子型表面活性剂溶液随着温度升高,其亲水基的水化程度减少,从而出现浑浊(浊点)。非离子型乳化剂随温度升高,亲水性减弱,亲油性增强,其制备的乳液会从 O/W 型乳液转变为 W/O 型乳液,这个引起乳液类型转变的温度称为相转变温度(phase inversion temperature,缩写为 PIT),由 Shinoda 在 1968 年提出。PIT 对乳液稳定性和 HLB 的变化都很敏感,比 HLB 法对乳化剂的选择更为有利。

① PIT 的测定方法

通常是取等量的油相和水相,用 3%～5% 表面活性剂边振荡边升温,期间可采用电导率法或者染色法等测定 PIT。

② PIT 的影响因素

PIT 的影响因素除了与表面活性剂的结构相关之外,还与连续相、分散相以及添加剂密切有关。一般来说,非离子型表面活性剂的 HLB 值越高相应的 PIT 也高;乳液 PIT 随油相的极性增加而降低;水相中加入电解质往往使 PIT 降低。

③ PIT 应用

对于 O/W 型乳液,应选其 PIT 比乳液使用或保存温度高 20～60℃的乳化剂;而对于 W/O 型乳液,应选其 PIT 比乳液使用或保存温度低 10～40℃的乳化剂。由于在 PIT 附近时油-水界面张力最小,制得的乳液分散相尺寸相对细小,故制备 O/W 型乳液时,一般控制温度低于 PIT 2～4℃下进行乳化,再冷却到保存温度;而制备 W/O 型乳液时,则控制温度高于 PIT 2～4℃时进行乳化,然后再升温到保存温度;对于制备高黏度油相的 O/W 型乳液,则可以在稍高于 PIT 温度时乳化先形成 W/O 型乳液,随后直接加入冷水使其相转变为

O/W 型乳液并冷却到保存温度。

2.5.3　微乳状液

微乳状液(microemulsion)的概念是 Schulman 于 1943 年首先提出的。在乳液中加入足够多的表面活性剂,并配有一定量的助表面活性剂,即可能得到一种热力学稳定的微乳液体系,该体系呈现透明或半透明状,分散相粒径在 $0.01\sim0.1$ μm。20 世纪 90 年代以来,微乳液的理论和应用研究迅速发展,在许多领域如石油开采、污水治理、生物医药、分离过程、食品、化妆品、材料制备、农药、涂料等领域均具有潜在的应用前景。

1. 微乳液的结构和形成机理

微乳液是由表面活性剂、助表面活性剂(通常为 $C_4\sim C_8$ 的一元醇)、油(非极性有机液体如脂肪烃)和水按适当比例组成的透明或半透明、各相同性的热力学稳定体系。微乳液与普通乳液相似,其结构形态有 O/W 型、W/O 型和双连续相三类(图 2-37)。微乳液又与乳液有本质的不同,其乳化是一种无须做表面功,可以自发形成的热力学稳定系统。这一点似乎更接近于胶束溶液,但是,胶束的尺寸比微乳液小得多,而且与微乳液中大量的表面活性剂相比,形成胶束只需浓度超过 cmc ,此时加入油相,即被增溶。表 2-11 比较了微乳液与普通乳液及胶束增溶溶液的性质,可以认为微乳液是介于普通乳液和胶束增溶溶液之间的一种分散体系。

O/W型　　　　　　　W/O型　　　　　　　双连续相

图 2-37　微乳液的三种类型

对于微乳液的结构,常用 Winsor 相态模型来描述。根据体系油水比例及其微观结构,可将微乳液分为四种,即正相 O/W 微乳液与过量油共存(Winsor Ⅰ 型)、反相(W/O 型)微乳液与过量水共存(Winsor Ⅱ 型)、中间态的双连续相微乳液与过量油、水共存(Winsor Ⅲ 型)以及均一单分散的微乳液(Winsor Ⅳ 型)。根据连续相和分散相的成分,均一单分散的微乳液又可分为水包油(O/W)即正相微乳液(也就是正相微乳液与过量的水相共存)和油包水(W/O)即反相微乳液(也即反相微乳液与过量油相共存)。

从组成微乳液界面膜的表面活性剂和助表面活性剂的几何形状出发,几何排列理论能够解析形成微乳液的类型。几何排列参数 P 代表表面活性剂亲水基和疏水基截面积的相对大小。当表面活性剂的极性基截面积大于碳氢链截面积($P<1$)时,有利于界面凸向水相,即有利于 O/W 型微乳液的形成;反之,当 $P>1$ 时,则有利于 W/O 型微乳液的形成;而 $P\approx1$ 时,则有利于形成双连续相结构。在双连续相的微乳液中,油和水同时作为连续相,没有明显的油滴或水滴,具有 O/W 和 W/O 两种结构特性。

表 2-11 乳状液、微乳状液和胶束溶液的性能比较

项　目	乳状液	微乳状液	胶束溶液
颗粒大小	＞0.1 μm(0.2～50 μm) 显微可见	0.01～0.2 μm 显微可见	1 至几十 nm，＜0.01 μm 显微可见
类型	O/W，W/O，多重型	O/W，双连续相，W/O	O/W，W/O
颗粒形状	通常为球形	球形	多种形状
透光性	乳白不透明	半透明至透明	透明
稳定性	热力学不稳定，离心分层	热力学稳定不分层	热力学稳定不分层
表面活性剂用量	少，不必加辅助剂	多，需加辅助剂	＞cmc 即可
组成	三组分：表面活性剂、水相和油相	三组分：非离子表面活性剂、水相和油相 四组分：离子型表面活性剂、助表面活性剂、水相和油相	三组分：表面活性剂、水相和油相
O/W 增溶量	与油不互溶	10～25 个油分子/1 个表面活性剂分子	2 个油分子/1 个表面活性剂分子
W/O 增溶量	与水不混溶	75～150 个油分子/1 个表面活性剂分子	10～30 个油分子/1 个表面活性剂分子

关于微乳液的形成机理主要有如下两种理论。

① 混合膜理论

该理论认为，表面活性剂和助表面活性剂量足够时，在界面形成混合膜，可以产生瞬时负界面张力。由于负界面张力不可稳定存在，因此系统将自发扩张界面，使更多的表面活性剂和助表面活性剂吸附于界面，即液珠缩小，分散度增加，直至界面张力恢复至零或微小的正值，从而使液珠分散过程自发地进行，这种由瞬时负界面张力导致的界面自发扩张的结果就形成了微乳液。

在恒温恒压下，界面张力与界面的功能有如下关系：

$$\Delta G = \int \gamma dA' \qquad (2-66)$$

$\Delta G < 0$ 时过程自动进行，而当出现负界面张力时，要使 $\Delta G < 0$ 必须 $dA > 0$。这就是负界面张力自发过程使表面积增大的原理。由于界面的扩展，被吸附的表面活性剂在界面上浓度会降低，使 γ 又变为正值。微乳状液中的液珠由于热运动会使液珠易于聚结而变大，一旦变大，则会形成暂时的负界面张力，从而又促使其分散，以增大界面张力，使负界面张力消除而体系达到平衡。

② 增溶作用理论

该理论基于对相图的分析，指出微乳液的形成实际上就是在一定条件下表面活性剂胶束（或反胶束）溶液增溶油（或水）的结果，由此形成了膨胀（增溶）的胶束溶液，增溶量大到一定程度即为 O/W（或 W/O）型微乳状液。可见增溶作用是微乳液自发形成的驱动力之一。

虽然助表面活性剂在微乳液形成中起着重要作用，但并非是必不可少的。在用非离子

表面活性剂制备微乳液时，常不需助表面活性剂。从表 2-11 可知，微乳液按组成一般分为以非离子型表面活性剂为主乳化剂的三组分系统和以离子型表面活性剂为主乳化剂的四组分系统。例如，水-环己烷-壬基酚聚氧乙烯醚体系。如果固定表面活性剂的浓度，则其温度与油水比的相图如图 2-38 所示。图中 a 相区为 O/W 型单相微乳液区，c 相区为 W/O 型单相微乳液区，b 相区则是三相共存区，即 O/W 型、W/O 型微乳液和表面活性剂相区。图的上方为水相与增溶少量水的 W/O 型胶束溶液两相区。下方则为油与增溶少量油的 O/W 型胶束溶液两相区。温度对微乳液的影响主要体现在对非离子型表面活性剂的亲水-亲油性的影响。研究发现：除了 a 相区和 c 相区中微乳液连续地过渡到简单的胶束（在水中或油中）溶液外，在三相区内只有接近相转变温度 PIT 才可能形成微乳液，温度略低，则略亲水，形成 O/W 型微乳液，反之形成 W/O 型微乳液，温度过低或过高都不能形成微乳液。

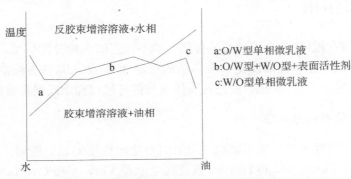

图 2-38　含 10%壬基酚聚氧乙烯醚-水-油体系相行为随温度的变化

　　离子型表面活性剂的亲水亲油性对温度不敏感，所以助表面活性剂的加入对微乳液的形成有很大影响。以水-二甲苯-辛基氯化铵为例，由于辛基氯化铵的亲水性太强，二甲苯的胶束增溶量仅为 2%。如加入亲油性的辛基胺，则增溶量增加，当辛基胺与辛基氯化铵的比率为 0.8 时，二甲苯的增溶量达 40% 左右，已为 O/W 型微乳液。而辛基胺与辛基氯化铵的比率增加到 1.5 时，水在二甲苯反胶束中的增溶量达 70%，即形成 W/O 型微乳液。因此，亲油性的助表面活性剂是调节离子型表面活性剂的亲水亲油性的重要因素。

　　2. 微乳液的制备与性质

　　在乳状液中加入大量的表面活性剂和助表面活性剂，或在浓的胶束溶液中加入一定数量的油及助表面活性剂，均能形成微乳液。因此，微乳液中的表面活性剂用量较大，且需要一定数量的助表面活性剂。在用非离子型表面活性剂形成微乳液时，常不需加入助表面活性剂，也能得到热力学稳定的三元体系。微乳液的形成虽受温度、压力、浓度等因素的影响，但体系中各组分的配比是微乳液制备的关键要素。

　　微乳液制备方法主要有两种：一种是 Schulman 法，即先将油、水、表面活性剂混合形成乳状液，再向其中滴加适量的助表面活性剂，原乳液体系则变为澄清透明的微乳液。该方法常用于 O/W 型微乳液的制备。另一种是 Shah 法，即先将油、表面活性剂及助表面活性剂按一定比例混合均匀后，然后向体系中滴加适量水，即可形成澄清的微乳液，继续加入过量水，液滴数量增多，体积增大，体系由 W/O 型逐渐过渡为浑浊、黏度大的双连续型，最终水成为连续相，形成 O/W 型微乳液。该方法常用于制备 W/O 型微乳液，当然也可用于 O/W 型微乳液的制备。

　　微乳液是热力学稳定、透明的单分散体系,微乳液界面层厚度通常为 2~5 nm,由于分散液滴尺寸远小于可见光波长,介于胶束和普通的乳滴之间,故其性质有的与胶束溶液相似(如均为热力学稳定体系,外观透明等),有的性质又与乳状液相似(如存在 O/W 或 W/O 体系等)。微乳液除了具有热力学稳定、光学透明、分散相尺寸小等特性外,其结构还具有可变性,即微乳液可以连续地从 W/O 型结构向 O/W 型结构转变,其间存在过渡状态的双连续相结构。W/O 型和 O/W 型微乳液分别对水和油有较大的增溶量,平均一个表面活性剂分子在 O/W 型中可增溶 1 025 个油分子,在 O/W 型中可增溶 150 个水分子,而胶束溶液的增溶量则小得多。综上,微乳液具有稳定性高、增溶量大、界面张力低等特点。

2.6　分散作用

　　固体微粒分散在液体中,形成的是一种热力学不稳定的多相分散体系,其中固体为分散相,液体为分散介质。为了提高该类分散体系的稳定性,常加入某些表面活性剂,由于表面活性剂能在固-液界面上定向吸附,使之在固体微粒的分散过程中起到重要的作用。

2.6.1　分散体系的稳定性

　　分散体系的稳定性主要取决于微粒之间吸引与排斥作用的相对强弱。早在 20 世纪 40 年代由前苏联学者 Derjaguim 和 Landau 以及荷兰学者 Verwey 和 Overbeek 分别提出了微粒间相互吸引能与双电层排除能的计算方法,对胶体分散体系稳定性作了定量处理,形成了有关胶体分散体系稳定性的 DLVO 理论。

　　微粒间相互作用中的 Van Der Waals 吸引能,根据 Hamaker 关于微粒间相互作用等于组成它们的各分子对间相互作用总和的假设,只要微粒的形态确定,微粒间的吸引作用即可通过所有分子间的吸引作用求和得到。通常可以将两个趋近的微球表面近似当做平面块体,则微粒间的吸引位能 E_A,可用式(2-67)表示:

$$E_A = -\frac{A}{12\pi}h^{-2} \qquad\qquad (2-67)$$

式(2-67)中,h 为粒间距,A 为表观 Hamaker 常数,$A = (\sqrt{A_1} - \sqrt{A_2})^2$,而 A_1 和 A_2 分别为微粒和分散介质的 Hamaker 常数,而负号表示吸引作用。

　　由式(2-67)中可知,E_A 永远为负值,E_A 与粒间距 h 的平方成反比,在 h 很大时 E_A 趋近于零,而随 h 的减小 E_A 的绝对值就无限增大。而且,从表观 Hamaker 常数 A 的表达式可知,分散介质的存在使微粒间的吸引作用减弱;微粒与分散介质的性质越接近,则 A 越小,则微粒间的相互吸引越弱,结果微粒间的吸引位能也越小,粒子在介质中分散则越稳定。

　　微粒间的排斥位能来自其表面电荷,两微粒远离时,由于粒子周围反离子的屏蔽作用,使其呈电中性,粒间不会产生静电排斥作用。但当相互趋近时,双电层会发生重叠。在重叠区,反离子因局部浓度增加而向未重叠区扩散,造成离子间脱反离子屏蔽作用,使得带相同电荷的微粒因相互排斥而分离。两微粒间的排斥位能 E_R 为:

$$E_R = \frac{\varepsilon a^2 \psi_0^2}{d} \exp\left(-\frac{h}{\kappa^{-1}}\right)' \tag{2-68}$$

式(2-68)中，ε 为介质的介电常数；a 为微粒的半径；d 为两微粒的距离，$d = 2a + h$；ψ_0 为粒子的表面热力学电位；κ^{-1} 即为双电层厚度。E_R 永远为正值，在 h 很大时 E_R 趋近于零，而随 h 的减小 E_R 趋于一极限值。

微粒间的总位能 E_T 应等于吸引位能 E_A 和排斥位能 E_R 的总和，即：

$$E_T = E_A + E_R = -\frac{A}{12\pi}h^{-2} + \frac{\varepsilon a^2 \psi_0^2}{d} \exp\left(-\frac{h}{\kappa^{-1}}\right)' \tag{2-69}$$

由式(2-69)中可知，当两微粒相距足够远时，系统的总位能 E_T 趋于零。随着粒间距 h 的减小，Van Der Waals 力首先起作用，E_T 因吸引能增大而偏负值，当粒间距 $h < \kappa^{-1}$ 时，两微粒的双电层开始叠交，静电排斥力逐渐起作用，而且与吸引能相比，排斥能迅速随 h 减小而呈指数增大，E_T 回升，并出现第二极小值 E_{min2}，此时，分散体系处于一种松散的、相对稳定的聚集态，即絮凝态。一般絮凝态可以通过搅拌再分散，是可逆的。随着 h 减小，E_T 进一步增大，当 $h \ll \kappa^{-1}$ 时，排斥能逐渐趋于一极限值，吸引能重新开始起主要作用，E_T 回落出现极大值，即位能垒 E_{max}。一旦微粒的动能不足以越过此能垒，则体系处于相对分散稳定状态，如果微粒动能越过能垒，就会在吸引位能的作用下聚结，即发生聚沉，E_T 达到第一极小值 E_{min1}，聚沉过程是不可逆转的。

当微粒间距靠近时，在吸引位能 E_A 大于排斥位能 E_R，即总位能 E_T 为负值的距离时，微粒易于聚集。在出现位能垒 E_{max} 时，若其值足够大，则可以阻止微粒间的相互接近，微粒不至于发生聚沉。虽然在 h 很小时吸引大于排斥，但微粒间距离接近时，由于电子云的相互作用而产生 Born 排斥能，总位能又急剧上升为正值。将总位能 E_T 对粒间距 h 作图，其总位能曲线的一般形状见图 2-39。在距离很小和很大时出现两个位能极小值，中等距离时则出现位能垒。位能垒的大小是分散体系能否稳定的关键。

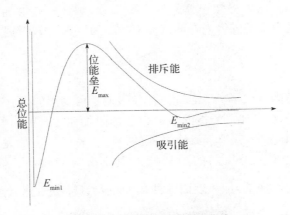

图 2-39　微粒间的总位能曲线

根据 DLVO 理论，表面活性剂对分散体系稳定性的作用就局限于对分散微粒的表面电势、有效 Hamaker 常数及分散介质的离子强度的影响。在分散体系中加入与分散微粒所带相同电荷的离子型表面活性剂时,会增加分散体系的稳定性;若加入相反电荷的离子型表面活性剂时,会降低分散体系的稳定性。虽然 DLVO 理论能解释离子型表面活性剂对分散微粒聚集的阻碍作用,但实际应用的分散体系情况要复杂得多,如非离子表面活性剂及水溶性高分子的加入,ζ 电势可能降低,但能使分散体系的稳定性大大提高。由此可见,分散体系中除了电稳定因素以外,还有其他的因素,如分散微粒表面上的大分子吸附层阻碍粒子的聚集,发挥了空间稳定作用。

2.6.2　表面活性剂的分散作用机理

表面活性剂在固-液分散体系中存在三种作用,即固体表面的润湿作用、微粒团的劈裂解聚结作用以及阻止被分散的微粒再聚集作用。

1. 固体微粒表面的润湿作用

固体微粒在介质中均匀分散,首先要求固体表面能被介质充分润湿,即实现介质在固体表面的铺展。铺展能否实现可通过铺展系数来判断(见 2.3.2)。当 $S>0$ 时,接触角 $\theta=0°$,固体表面的空气可以完全被介质所取代。如前所述,介质在高能表面的铺展润湿一般都能进行,而对于低能表面,特别是当分散介质是表面张力较大的水时,固体微粒的分散则必须要借助表面活性剂。在此过程中,表面活性剂至少具有两方面作用,一方面是表面活性剂在介质表面发生疏水基定向吸附,降低介质表面张力 γ_{LG},并使得 $\gamma_{LG}<\gamma_c$(固体的临界表面张力);另一方面是表面活性剂在固-液界面也发生定向吸附(即亲水基朝向水相,疏水基朝向固体表面),使 γ_{SL} 降低,根据式(2-60),γ_{LG} 和 γ_{SL} 减小,S 增大,θ 变小,最终自发铺展,则固体微粒容易分散在介质中。

2. 微粒团的分裂脱聚作用

在固体微粒团中往往存在"微裂缝隙",这些微裂缝隙被认为是晶体在应力作用下产生的,但当应力去除时它们会自愈合而消失。表面活性剂在微粒团的分裂脱聚过程中具有两种作用:一是通过扩散渗透进入微裂缝隙,加深微裂缝以降低其"自愈合"能力;二是通过"分裂"微粒完成脱聚过程。如果将微裂缝隙看作毛细管,则介质能够通过微裂缝隙渗入微粒团,而渗透过程的驱动力为毛细管内弯曲液面上的附加压力 ΔP,根据 Laplace 公式:

$$\Delta P=\frac{2\gamma_{LG}\cos\theta}{r} \tag{2-70}$$

式(2-70)中,r 为微隙的有效半径。若固体微粒表面是可润湿的,则介质在毛细管壁的接触角 $\theta<90°$,$\Delta P>0$,则介质受到一个指向微隙内部的附加压力,渗入微粒团。加入表面活性剂会使接触角 θ 进一步减小,有利于渗透过程的进行。若固体表面是不润湿的,则 $\theta>90°$,$\Delta P<0$,那么介质会受到一个反向的附加压力阻止渗入微粒团。根据杨氏方程 $\cos\theta=\dfrac{\gamma_{SG}-\gamma_{SL}}{\gamma_{LG}}$,要使接触角 θ 降低,加入表面活性剂的主要目标应是降低固-液界面张力 γ_{SL},使接触角由 $\theta>90°$ 转变为 $\theta<90°$,导致附加压力由 $\Delta P<0$ 转变为 $\Delta P>0$,从而使介质渗入微隙。表面活性剂一旦吸附于这些微裂缝隙上,会使微裂缝隙内产生静电排斥、立体排斥等分裂作用,同时借助机械功(例如砂磨、球磨处理等),使固体微粒团分裂脱聚,最终分散在液体介质中。

3. 抗固体微粒再聚集作用

固体微粒在介质中分裂解聚结后，系统的界面能增量（$\gamma_{SL}\Delta A$，其中 ΔA 为因分散而引起的表面积增量）会随微粒分散而增加，系统会处于热力学不稳定状态，微粒再聚集变大是一自然趋势。在固-液分散的体系中需要采取有效措施以防止固体微粒的再聚集。表面活性剂则可以在分散微粒固-液界面发生疏水基定向吸附，不仅能降低固-液界面张力 γ_{SL}，从而降低分散系统的热力学不稳定性，还能在分散微粒表面产生防止再聚集的能垒，这些能垒可以是电性性质的或立体性质的。而且，朝向水相的亲水基的溶剂化层总是起到稳定分散体系的重要作用。

2.6.3 表面活性剂的分散性能

表面活性剂吸附于固体微粒表面，使其润湿和解聚集，并产生足够的能垒，保证微粒在介质中稳定地分散，该性能即为表面活性剂的分散性能。尽管固体微粒被分散于液体其润湿是分散过程中的第一步，但是若表面活性剂仅使微粒润湿，而不能将能垒升至足够的高度以使微粒分散，则该表面活性剂只能作为一种润湿剂，而无分散作用；反之，表面活性剂若不能促进微粒表面的润湿，但却能产生足够高的能垒以分散微粒，此表面活性剂即具有分散作用，是一种分散剂。许多表面活性剂往往同时具有润湿及分散能力。

通常在水相中，固体表面往往带负电荷，所以不同类型的表面活性剂其分散性能也不同。

1. 阴离子型表面活性剂的分散性能

阴离子型表面活性剂其亲水基带负电荷，当其在固体微隙的固-液界面上发生疏水基定向吸附时，带相同负电荷的亲水基朝着水相定向排列，在隙壁间产生静电排斥力，此外附加压力产生的介质的渗透力也会对微隙产生裂解作用，而且微隙的间隙越小，这种裂解作用就越大，有利于固体微粒的解聚结。若固体微粒也带有负电荷时，虽然表面活性剂离子的吸附可以增加防止微粒聚集的电能垒，并且表面活性剂亲水离子头会离开同电性的微粒表面而朝向水相，但带负电性的表面活性剂离子与负电性的微粒之间的排斥阻碍了吸附。只有在表面活性剂浓度足够高时，表面活性剂离子的吸附才能大到使分散体系稳定的程度。另一方面，若固体微粒带有正电荷时，则在微粒表面电荷被中和之前，会有絮凝，而非分散作用发生。当电荷中和以后，电中性的微粒吸附了第二层表面活性剂离子而重新带电时，才会有分散作用。

2. 阳离子型表面活性剂的分散性能

阳离子型表面活性剂其亲水基带正电荷，而在水相中，固体微粒表面往往带负电荷，当阳离子型表面活性剂在固体微隙固-液界面上吸附时，发生亲水基定向吸附，即阳离子基与固体微粒表面的负电荷中心发生静电吸引作用，使表面电荷被中和，不仅大大减少隙壁间静电排斥力，而且，朝向水相定向排列的疏水基又降低了隙壁的亲水性，接触角 θ 增大，阻止介质渗入微粒团，一般不宜作分散剂。但是，对于一些用阴离子表面活性剂、不易被吸附的带强表面负电荷的固体微粒来讲，也可以通过适当提高阳离子表面活性剂的用量，来改善微粒在水介质中的分散性能。其机理如下：在具有负表面电位的微粒分散系统中，少量加入阳离子表面活性剂时，会因亲水基定向吸附而使得表面电位降低趋零，表面疏水性提高，发生微粒间疏水链疏水作用吸附、架桥絮凝,分散稳定性降低。但随阳离子型表面活性剂浓度进一步增大,则后续吸附于微粒固-液界面的活性阳离子会发生疏水相互作用吸附,不仅固体微粒重新带电(正电荷),而且亲水性也提高,微粒分散稳定性亦提高。

3. 聚氧乙烯醚型非离子表面活性剂的分散性能

该类表面活性剂常作为优良的分散剂而得到广泛应用,虽然聚氧乙烯醚型非离子表面活性剂的亲水基不带电荷,但其能在固体微隙的固-液界面上发生疏水基定向吸附,亲水的聚氧乙烯醚链伸入水中,形成卷曲结构,显示出抵抗固体微粒聚集的空间阻碍作用。此外,一定厚度的水合聚氧乙烯基团层与水相的性质较为相似,降低了有效 Hamaker 常数,导致微粒间的 Van Der Waals 吸引力降低,防止微粒的再聚集。

4. 高分子表面活性剂的分散性能

高分子表面活性剂,不论其基团是否带电荷,一旦吸附于固-液界面,由于其可以将长链伸入水相,阻抑固体微粒的接近,形成了能抵抗固体微粒聚集的空间阻碍。这种阻碍作用随伸入水相中分子链长的增加而增加,所以较长分子的化合物比链较短的分子呈现出更有效的空间稳定性。一般情况下,高分子均聚物的分散作用比共聚物的差,特别是当其相对分子质量较低时,单体有不同结构的共聚物往往能强烈地吸附于不同的微粒上。为了提高高分子表面活性剂对不同微粒的分散稳定性,可通过分子设计制备适宜的嵌段共聚物,将其中的一种嵌段设计为可强烈吸附于微粒表面,而另一种嵌段则伸入介质中。如将环氧乙烷与环氧丙烷共聚,制备出一类聚氧乙烯-聚氧丙烯嵌段共聚物,应用于水介质分散体系。该聚合物中的聚氧丙烯嵌段难溶于水,易吸附于微粒表面,而聚氧乙烯易与水亲和伸向水相,形成防止分散微粒聚集的空间阻碍。

2.7　起泡作用

泡沫是气体在液体中的分散体系,其中分散相为气体,连续相(分散介质)为液体。随着表面活性剂的应用,起泡和消泡已广泛出现在人们的生活生产中。香波、洗涤剂、灭火剂、高分子泡沫绝缘材料、泡沫塑料、加气混凝土、泡沫浮选等均需要泡沫。但也有些场合不希望产生泡沫,如工业洗涤、生物制药、原油加工等工程。

2.7.1　泡沫的形成及破灭机理

1. 泡沫的形成与结构

泡沫是气泡的聚集体。向液体鼓泡或做表面功(搅拌、振荡等)时,由于气液两相的密度差,不断产生的气泡会快速上升聚集到液面上形成泡沫。此后,因受重力作用,泡沫区域逐渐分为两种结构形态:下面部分的气泡呈球形,气泡之间所隔的液膜较厚;上面部分的气泡呈多面体状,越到顶部气泡越大,且气泡之间所隔的液膜也越薄。图 2-40 显示了泡沫结构。泡沫可以看作相互交联的立体液膜网络,属于气体分散在液体介质中的多相分散系统。由于随着泡沫的形成,系统的比表面积及其表面能大大增加,故泡沫又是一个热力学不稳定的分散体系。

2. 泡沫的排液过程

当有三个或更多气泡在一起时,气泡与气泡交汇处的液膜状结构向气相面弯曲而形成

Plateau 边界,也称之为 Gibbs 三角(图 2 - 42)。这是 Plateau 在 1861 年首先研究、Gibbs 在 1931 年继续研究的三个液膜层之间的平衡。由于边界有较大的曲率,根据 Laplace 方程, Plateau 边界液膜(图 2 - 41 中的 P)处的压力小于平面液膜(图 2 - 41 中的 A)处,于是,液体会自动地从泡壁流向 Plateau 边界,结果使液膜逐渐变薄,待到达临界厚度(5～10 nm)时,膜就破裂,这是由表面张力排液引起的。另一种排液过程是液体因重力作用向下流动,使液膜变薄,导致膜破裂。由于液膜(尤其是吸附了表面活性剂的液膜)的黏度一般随膜厚变薄而增加,所以重力排液一般在液膜较厚时才比较显著。

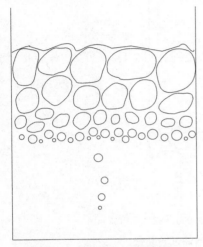

图 2 - 40　泡沫的形成与结构

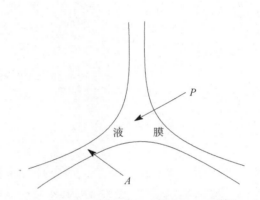

图 2 - 41　气泡交汇处的 Plateau 边界

3. 泡沫中气体的扩散

通常泡沫由大泡、小泡聚集构成。根据 Laplace 关系式,气泡内外的压力差等于液膜的附加压力,即 $P_{泡内} - P_{泡外} = \Delta P = 4\gamma/R$,而且 R 越小,ΔP 越大。即小泡内的压力则比大泡高,气体从小泡透过液膜扩散至大泡中,结果是小泡变小,直至消失。而大泡变得更大,最后破裂。显然,膜的表面黏度越高,气体透过性就越低,泡沫的持久性越好。如有液晶相生成,可增加膜表面黏度,使排液减慢,同时,液晶相趋向积聚于 Plateau 边界处,结果面积大大增加,曲率变小,ΔP 随之变小,表面压升高促使泡沫持久性增大。

2.7.2　泡沫性能的评价

评价泡沫性能一般从两方面考量,即起泡性和稳泡性。起泡性是指泡沫形成的难易程度和生成泡沫量的多少;而稳泡性则指生成泡沫的持久性,即消泡的难易程度,表示泡沫存在"寿命"的长短。

表面活性剂溶液的泡沫性能通常采用 Ross-Miles 法测定泡沫高度来表征。图 2 - 42 显示该法所用仪器,图中标明的尺寸为常用标准规格。测定过程:先在粗管中加入 50 mL 试液,"泡沫移液管" P 中也吸入 200 mL 试液。粗管夹套层通入恒温水,保持测定在规定温度下进行。测试时,打开泡沫移液管活塞,使 200 mL 试液自由流下,冲击底部试液后产生泡沫。读取滴完后泡沫的起始高度和静置 5 min 后的剩余高度。泡沫的起始高度越高,则试样中表面活性剂的起泡性越强；而静置 5 min 后的泡沫的剩余高度较相应起始高度的降低幅度越小，则稳泡性越强。有时也可以用起始高度及泡沫破灭一半所需的时间来表示泡沫稳定性。

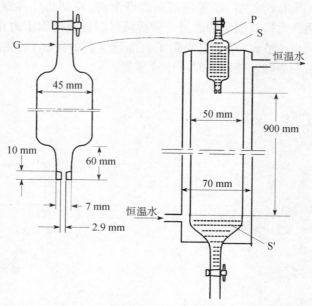

P: 泡沫移液管；　G: 200 mL刻度；　S: 试液(200 mL); S′: 试液(50 mL)

图 2－42　Ross-Miles 法测定泡沫试验装置

泡沫性能的测定方法还有鼓气法和搅拌法。鼓气法是以一定流速的气体通过一玻璃砂滤板，滤板上盛有一定量的待测液体，气体通过滤板后在有刻度的容器中形成泡沫。当在一定温度下，维持恒定的气速，流动平衡时测得的泡沫高度可作为泡沫性能的度量。因为测得泡沫高度是在一定气体流速下泡沫生成与破灭处于动态平衡时的泡沫高度，所以它反映了试液的起泡性和稳泡性两种性能。搅拌法是在气体（如空气）中借助于搅拌器搅动液体，使气体混入液体中，形成泡沫。测量时在量筒中放入一定量试液，用下端固定有盘状不锈钢钢丝的搅拌棒，通过液面上下搅动，形成泡沫，读取生成泡沫的体积。刚停止搅拌时的体积可用来表示试液的起泡性，记录搅拌停止后泡沫体积随时间的降低量，以此表征泡沫的稳定性。该法应用时，须严格控制搅拌方式、时间、速度及液体用量等，往往要测量多次，取其统计平均值，才能得到有代表性的结果。

2.7.3　表面活性剂对泡沫稳定性的影响

1. 降低表面张力作用

如前所述，泡沫是一种热力学不稳定体系，泡沫生成时，伴随着液体表面积增加，体系的表面能也增加。当体系中加入表面活性剂后，溶液的表面张力会明显下降，则泡沫形成时，体系表面能增加相对较少，有利于泡沫的稳定。于是人们常直观地以液体表面张力作为影响泡沫形成及其稳定性的一个因素。如纯水的表面张力较高，不能形成泡沫。而肥皂水溶液其表面张力较低,不仅易起泡,而且泡沫亦很稳定。然而,单纯从表面张力降低这一因素并不能充分保证泡沫的稳定性。例如一些有机液体,例如乙醇、环己烷及苯,其表面张力比纯水低,与肥皂液相近,但都不易形成泡沫。从能量角度考虑,低表面张力在生成一定总表面积的泡沫时,可以少做功,有利于泡沫的形成,但不能保证泡沫有较好的稳定性。只有当表面膜有一定的强度,有效降低液膜的表面张力才能降低表面张力排液的压差,防止液膜变薄,有利泡沫稳定。可见,液体的表面张力不是泡沫稳定性的决定因素。在临界胶束浓度时,非离子表面活性剂水溶液的表面张力总体比离子型表面活性剂水溶液的表面张力低,但其起泡性和稳泡性常低于离子型表面活性剂。一些蛋白质水溶液具有较高的表面张力,但却有较好的泡沫稳定性。

2. 提高液膜黏度作用

液膜黏度包括表面黏度和液体黏度。表面黏度即气泡液膜表面吸附层的黏度,其值越大,所生成泡沫的寿命越长;而液体黏度大,有助于膜的耐冲击和减缓排液作用。液体黏度仅是影响泡沫稳定的一个辅助因素,液体黏度大时,则液膜中液体不易排出,液膜厚度变薄的速度减慢,从而延缓了液膜破裂时间,提高了泡沫的稳定性。若没有表面吸附膜的形成,则液体黏度再大也不能形成稳定的泡沫。表 2-12 列出了几种表面活性剂水溶液的表面黏度、表面张力与泡沫寿命的关系。从表中数据可以看出,表面黏度越大,液膜强度越高,生成的泡沫寿命也越长。同时也看出溶液的表面张力与泡沫的稳定性并无确定的关系。纯十二烷基硫酸钠溶液不具有高表面黏度和高泡沫寿命,而在其中加入少量十二醇,可以提高泡沫的稳定性。表 2-13 列出了十二醇对十二烷基硫酸钠水溶液的表面黏度和泡沫寿命的影响。随着十二醇浓度增加,表面膜内的表面黏度增加,泡沫寿命显著延长。其原因主要是构成表面混合膜的吸附分子密度大为增加,混合膜中的分子相互作用增强,导致膜强度增大。

表 2-12　几种表面活性剂水溶液的表面黏度、表面张力与泡沫寿命的关系

表面活性剂	表面黏度/(10^{-4} Pa·s)	表面张力/(mN·m^{-1})	泡沫寿命/s
月桂酸钾	39	35.0	2 200
十二烷基苯磺酸钠	3	32.5	440
十二烷基硫酸钠	2	38.5	69

表 2-13　十二醇对十二烷基硫酸钠(0.1%,pH=10)水溶液的表面黏度和泡沫寿命的影响

十二醇浓度/(mg·L^{-1})	表面黏度/(10^{-4} Pa·s)	泡沫寿命/s
0	2	69
10	2	825
30	31	1 260
50	32	1 380
80	32	1 590

在正、负离子表面活性剂的混合膜中,表面吸附分子间的相互作用更加突出,液膜强度

更大。例如 25℃时,0.007 5 mol·L⁻¹辛基硫酸钠和辛基三甲基溴化铵的单组分水溶液的泡沫寿命分别为 19 s 和 18 s;而相同浓度的两种表面活性剂(1∶1)混合水溶液的泡沫寿命则长达 26 100 s 以上。这种正、负离子表面活性剂之间相互作用,除了一般碳氢链间的疏水效应之外,主要存在着正、负离子间的强烈库仑引力。

3. 吸附膜的气密作用

泡沫中气体的扩散可用 Laplace 关系式加以说明,泡沫中的大小气泡之间以及气泡与环境之间存在压差,在此种压差的驱动下,气体有从小泡通过液膜向大泡扩散或者从外层气泡通过液膜向环境扩散的趋势,致使泡沫最终消失。气体透过性与表面吸附膜的紧密程度有相当大的关系,一般表面吸附的表面活性剂疏水基链越长,亲水基相对分子质量越小,则其吸附膜越致密,气体分子越难扩散渗透。例如表 2－13 数据显示,在十二烷基硫酸钠吸附膜中加入十二醇,则增加了吸附膜的致密性,减少了气体透过性,泡沫稳定性明显增大。

4. 表面张力修复作用

一般而言,纯液体不易形成稳定泡沫,而表面活性剂溶液很容易形成泡沫,这与液膜的弹性有关。当泡沫受到外界扰动(如振荡、蒸发、抽吸等)时局部液膜会变薄,如图 2－43 所示,B 处的液膜变薄,引起此处膜表面积增大,结果使吸附的表面活性剂分子密度较 A 处降低,于是局部表面张力增大,即 $\gamma_B > \gamma_A$。所以 A 处表面吸附的表面活性剂分子就有自动向 B 处表面迁移的趋势,使 B 处表面的分子密度增大,从而 B 处表面张力又降至平衡值。同时,A 处表面分子的表面迁移会带动其原有的液体一起移向 B 处,结果使变薄的液膜复原,从而液膜强度恢复,重新趋于稳定。泡沫的这种自修复能力表明吸附了表面活性剂分子的液膜具有弹性,液膜的弹性越好,泡沫的稳定性越高。Gibbs 定义液膜的弹性系数为:

$$E = \frac{2\mathrm{d}\gamma}{\mathrm{d}\ln A} = 2A\frac{\mathrm{d}\gamma'}{\mathrm{d}A} \qquad (2-71)$$

由式(2－71)可知,液膜的稳定性决定于表面张力随表面积 A 的变化率 $\mathrm{d}\gamma/\mathrm{d}A$。对纯液体来说,表面张力不随表面积变化而变化,即 $\mathrm{d}\gamma/\mathrm{d}A$ 为零,液膜没有弹性,不能形成稳定的泡沫。对于表面活性剂吸附于表面的液膜,表面积增大使吸附层的分子密度降低,同时表面张力增大,于是欲进一步扩大表面需要做更多的功。液膜表面积的收缩,则将增加表面吸附分子的密度,同时表面张力降低,也不利于进一步收缩。因此,表面活性剂吸附于表面的液膜有抵御表面扩张和收缩的能力,表面活性剂使液膜具有表面弹性。

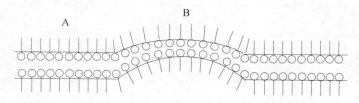

图 2－43　表面活性剂液膜局部变薄引起的表面张力变化

表面张力的修复作用除了通过从低表面张力区域迁移表面吸附分子至高表面张力区域的过程(A 到 B)外,还有可能有将局部变薄区域(B 处)溶液内部的表面活性剂分子吸附至表面的过程。这种吸附修复过程虽能使受冲击液膜的表面张力恢复至原值,同时也能恢复表面吸附分子的密度,但不能使局部变薄的 B 处恢复到原液膜厚度而维持泡沫稳定。尤其是在溶液本体相中分子迁移到表面的吸附速率过快时,则在液面扩张部分所缺少的吸附分子将大部分由吸附来补充,而不是通过表面吸附分子的迁移来补充。从这个观点分析,一些醇类水溶液的泡沫稳定性不高,应该与其表面吸附速率较快有一定的关系。而对于通常的表面活性剂来讲,当其在液膜中的浓度太低时,即 A、B 处表面吸附分子的差太小,$\gamma_B - \gamma_A$ 的值太小,表面迁移速率太小,泡沫稳定性差。随着膜内表面活性剂浓度增加,膜表面的吸附分子迁移速率加快,泡沫稳定性迅速提高。当表面活性剂的浓度超过 cmc 时,液膜溶液内部开始产生胶束,表面活性剂在其中的活度也随之增加,从而使得来自溶液内部的表面吸附速率加快,泡沫稳定性反而下降,因此,表面活性剂液膜的自修复作用往往存在一最佳浓度。

5. 表面电荷作用

当两个气泡之间的液膜两侧吸附着离子型表面活性剂时,因表面带有相同符号的电荷,则两表面将相互排斥,抑制液膜变薄乃至破裂。如十二烷基硫酸钠形成的液膜,表面层带负电荷,反离子 Na^+ 则分布于液膜溶液中分别构成双电层(图 2-44)。液膜较厚时,双电层的影响很小;而当液膜变薄时($< 200\ nm$),两双电层开始重叠,静电排斥作用更为明显,而且这种排斥作用随双电层的继续靠近而加剧,以阻止液膜的进一步变薄。这实际上也是膜的一种弹性作用,它往往在液膜很薄时才起作用。当溶液中加入电解质会压缩双电层,使电荷中和,电相斥作用变弱,液膜厚度变薄,泡沫稳定性即下降。

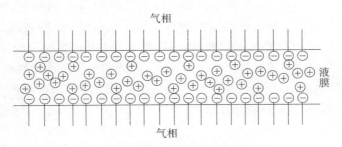

气相

液膜

气相

图 2-44　离子型表面活性剂形成的液膜双电层

6. 表面活性剂结构对泡沫稳定性的影响

从分子结构上考虑,表面活性剂在液膜表面的吸附分子面积大小、排列状态直接影响着泡沫的稳定性。一般来说,表面活性剂越易在表面吸附,吸附层分子的内聚力越大,越致密,则液膜的表面黏度越高,弹性越好,自修复能力越强,泡沫越稳定。然而,内聚力太强则往往会形成固态膜,导致膜脆性增大,弹性降低,使泡沫稳定性反而降低。

① 亲水基类型和结构的影响　由于离子型表面活性剂吸附于液膜表面不仅产生表面电位,提高液膜的弹性,而且具有很强的水化能力,抑制膜内溶剂水的流动性,增加液膜黏度,阻止排液,从而增加了泡沫的稳定性。而非离子型表面活性剂则无表面电位,水化能力亦低,且由于聚氧乙烯醚链在水中的曲折型构象不能形成致密的吸附膜而很难形成稳定泡沫。所以,离子型表面活性剂比非离子表面活性剂有更好的稳泡性。常用泡沫剂一般采用阴离子型表面活性剂,例如 $C_{12} \sim C_{14}$ 的脂肪酸盐、脂肪醇硫酸酯盐、烷基磺酸盐及其烷基苯

磺酸盐都具有良好的起泡性。研究还发现,离子型表面活性剂的起泡效能还与反离子性质有关,反离子越小,泡沫越稳定。此外,电解质、温度、pH 以及水的硬度对泡沫性能也有影响。在一般阴离子表面活性剂分子中引入乙氧基,其泡沫稳定性明显提高,如脂肪醇聚氧乙烯醚羧酸盐(AEC)、脂肪醇聚氧乙烯醚硫酸盐(AES)能生成丰富而稳定的泡沫,被广泛应用于香波和沐浴露配方中。

② 疏水基链长的影响　疏水基链较长的表面活性剂,其分子间的内聚力可使液膜弹性及强度增加,泡沫性能较好。短链疏水基则内聚力不强,泡沫性能较差,但疏水链过长,则表面活性剂的水溶性下降,膜强度虽然增加,由于形成固态膜,从而造成膜弹性降低,反而易于破泡。所以,通常表面活性剂都存在一最佳稳泡链长,而且,温度升高,分子热运动加剧,最佳稳泡链长还会随之增长。例如,常温下脂肪酸盐的最佳稳泡链长为 $C_{12} \sim C_{14}$,而 60℃时烷基硫酸盐的最佳稳泡链长为 C_{16},升温到 100℃时则最佳稳泡链长为 C_{18}。

③ 支链结构的影响　疏水基为支链或亲水基在疏水链中部的表面活性剂,其降低表面张力的能力较大,起泡性较好,但由于支链分子在液膜表面不能形成致密的吸附层,使分子间的内聚力降低,使泡沫稳定性下降。例如,在表面活性剂浓度大于 cmc 时,当亲水基在直链一端移向中间时,其起泡性一般是提高的;但高度支链化的表面活性剂与直链同系物相比,其稳泡性较低。

7. 泡沫稳定添加剂

在实际应用中,向表面活性剂溶液中加入某些有机物,可以促进泡沫量增加或持久,该类物质被称为稳泡剂。它们大都是 cmc 较低、达到表面张力平衡的速度较慢、能降低单表面活性剂的表面活性或者能增加液膜强度的物质。如十二醇与十二醇硫酸钠合用,烷基醇酰胺与烷基苯磺酸钠配合,十二酸与十二酸钾,二甲基十二烷基氧化胺与烷基苯磺酸钠或其他阴离子表面活性剂共同使用均可稳泡。一般来说,直链阴离子表面活性剂要比支链离子型表面活性剂易于接受稳泡剂而使泡沫持久。这些稳泡剂能降低表面活性剂的 cmc,并增溶于表面活性剂胶束栅栏之间形成紧密结构。

第三章　表面活性剂在溶液中的自组装

表面活性剂分子的双亲性结构使其在界面和溶液中自组装成分子有序组合体(organized molecular assemblies)，如界面吸附膜、胶束、囊泡、液晶等就是常见的分子有序组合体。它们具有如下特点：自发形成过程；由溶质单体聚集而成；是热力学平衡体系，具有热力学稳定性；存在疏水微区等。从而在各种重要过程，如增溶、润湿、铺展、起泡、乳化、分散、洗涤中发挥重要作用。表面活性剂有序组合体是一种超分子结构，且至少有一维的纳米尺度，是介于宏观和微观之间的物质形态，属于介观世界。如此大小的分子组装体，可以为形成具有量子尺寸效应的粒子提供适宜的场所与条件，该类组合体本身也可能呈现量子尺寸效应。随着现代科学技术的发展，人们对介观尺度物质的神奇特性产生了极大的兴趣。近年来，分子有序组合体已成为物理、化学、生物三大基础学科共同瞩目的领域。

3.1　溶液中分子有序组合体概述

3.1.1　分子有序组合体的结构和特点

如前所述，溶液中表面活性剂的浓度超过其临界胶束浓度(cmc)后，胶束(胶团)就会出现。一般来说，在浓度不是很大(小于 10 倍 cmc)，且没有添加剂和增溶物的体系中，表面活性剂胶束大多呈球形。而在有些体系中，如极性基平均横截面积比较小的表面活性剂体系，则可形成不对称形状的胶束。当表面活性剂浓度增加，超过 10 倍 cmc 时，胶束可能呈椭球形、扁球形、蝶形或棒形。油溶性表面活性剂在非水溶液中会形成反相胶束，这种聚集体的结构与水溶液中胶束的结构相反，以亲水基组成内核。一般小分子表面活性剂胶束(或反胶束)的直径不超过 10 nm。向胶束溶液中加油或向反胶束溶液中加水，有助表面活性剂存在时，形成微油(或微水)相，就得到微乳(或反相微乳)液。由于微乳液或反相微乳液内核增溶了油或水，其粒径比胶束或反胶束要大，一般在 10～200 nm。在高浓度时，表面活性剂还可以高度有序聚集形成兼有晶体和溶液物理性质的液晶相。表面活性剂体系的液晶结构有层状、六方柱状及立方状三种形式，表面活性剂的极性基团之间形成的水层的厚度约几个纳米。有些表面活性剂在特定条件下能形成囊泡聚集体。囊泡是以两亲分子定向双分子层为基础的封闭双层结构，按水室数目不同可分为单室囊泡和多室囊泡。

尽管溶液中表面活性剂分子有序组合体的结构形态各不相同，表现出各种各样的性质，但归根到底都离不开表面活性剂的双亲性。从分子排列形式上看，都是由表面活性剂极性基团朝向水、非极性基逃离水或朝向非水溶剂形成；缔合在一起的非极性基团在水溶液中形成非极性微区，聚集在一起的极性基团也在非水液体中形成极性微区。从组装形式上看，定向排列的双亲分子单层是它们共同的基础结构单元,结构单元的弯曲特性不同,以及结构单元间的组合方式的差异,组装成了各类分子有序组合体。

3.1.2　分子有序组合体的组装机制

溶液中表面活性剂为什么会形成分子有序组合体? 是什么因素影响着分子有序组合体的结构和形状? 这可从组装过程的能量变化和分子的排列几何中找到答案。

1. 熵驱动过程

将表面活性剂分子置于水中时,因疏水链的存在,抑制其在水中的溶解。若使表面活性剂疏水的碳氢链大部分水合或强制地溶解于水,其结果会造成表面活性剂的疏水碳氢链与水的界面能增大,导致体系能量增加。为了使表面活性剂分子溶液在热力学上处于低能量,就要求其疏水链逃离水,首先采用的逃离方式是疏水链浮到水面上指向空气,即表面定向吸附。当表面活性剂分子在表面吸附达到饱和时,为了降低这种高界面自由能,疏水碳氢链往往呈卷曲状态。当其浓度达到 cmc 时,表面活性剂分子便组装成胶束,使分子的亲水基团指向水介质,而疏水链则逃离水存在于胶束内部,以保持溶液中分子有序组装体是能量的稳定形态。

分子有序组装体的形成乍看起来是表面活性分子从单个无序状态向有一定规则的有序状态转变的过程,似乎是一个熵减过程,这显然与有序组装体的自发形成相矛盾。为了解释这一自发过程,有学者提出了水的"冰山结构"(iceberg structure)的改变。一般认为液态水是由强的氢键生成大量正四面体形的冰状分子(85%)和非结合的少量自由水分子(15%)所组成的。表面活性剂分子之所以能溶于水,是因为亲水基与水的亲和力大于疏水基对水的斥力。水中的一些氢键结构将重新排列,水分子与表面活性剂分子(或离子)形成一种有序的新结构。表面活性剂的分子(或离子)在形成胶束的过程中,表面活性剂为了减小其碳氢链与水的界面自由能,疏水基互相靠在一起,尽可能地减少疏水基和水的接触,从而形成了胶束。由于表面活性剂分子的非极性基团之间的疏水作用,使水的原有"冰山结构"逐渐被破坏,释放出大量自由水分子,使体系的无序状态增加,因此这个过程实际是一个熵增加过程。表 3-1 是一些表面活性剂水溶液胶束形成的热力学参数。表中数据显示,Gibbs 标准自由能 ΔG_m^θ 均为负值,这说明在标准状态下胶束的形成是自发进行的。由于胶束的生成焓 ΔH_m^θ 的值较小,所有的 ΔS_m^θ(胶束的生成熵)均为较大的正值,根据 $\Delta G_m^\theta = \Delta H_m^\theta - T\Delta S_m^\theta$ 可知,ΔG_m^θ 为负值主要是 $-T\Delta S_m^\theta$ 为较大的负值的贡献,即主要是来自熵项的贡献。而 ΔH_m^θ 的

表 3-1　一些表面活性剂的胶束形成的热力学参数

活性剂	ΔG_m^θ(J・mol^{-1})	ΔH_m^θ(J・mol^{-1})	$-T\Delta S_m^\theta$(J・mol^{-1})	ΔS_m^θ(J・mol^{-1}・K^{-1})
$C_7H_{15}COOK$	−12.12	13.79	−25.92	87.78
$C_8H_{17}COONa$	−15.05	6.27	−21.32	71.06
$C_{10}H_{21}SO_4Na$	−18.81	4.18	−22.99	75.24
$C_{12}H_{25}SO_4Na$	−21.74	−1.25	−20.48	66.88

数值有正有负,即使在负值情况下,它的绝对值也比相应的$T\Delta S_m^\theta$的绝对值小得多。因此,胶束形成过程主要是熵驱动过程。

形成胶束过程中,一方面因水的冰山结构遭到破坏,需要吸收热量,引起体系的焓增大;另一方面表面活性剂疏水基之间相结合而产生作用力,放出热量,使体系的焓降低,因此过程的焓变化不大。然而,在温度较高时或非极性溶剂中,有时胶束化过程的焓变较为突出,焓变也可能成为自组装体形成的主要动力。

2. 临界排列参数

当表面活性剂溶入水后,在其浓度小于 cmc 时,溶液内部最初形成少量的由几个分子组成的不稳定聚集体(又称预胶束)。浓度超过 cmc 后,自发聚集成胶束。随着浓度进一步增加,聚集体的形状会发生变化,从球形转变为棒状、蠕虫状、层状胶束等多种聚集体形态。由于表面活性剂分子一般是由亲水头和疏水链尾构成的,在构建聚集体时总是头靠头、尾靠尾地定向排列。随着亲水基部分和疏水链部分所占面积相对大小的不同,表面活性剂分子可以被形象地看成由柱状到正、反锥形的各种几何形体。因此,可以直观地从简单几何原理出发,来理解具有不同几何特性的表面活性剂分子作定向排列时,可自组装成不同形状的聚集体。为了表征两亲性分子的几何特性,Israelchvili 提出了临界排列参数 P 的概念。P 的计算公式为

$$P = \frac{V_c}{a_0 \, l_c} \tag{3-1}$$

式(3-1)中,V_c 是表面活性剂疏水基的体积,a_0 是亲水基在紧密排列的单层中平均所占面积,l_c 是疏水链的最大伸展长度。这种理论与 1923 年 Hildebrand 等提出的乳化剂构形与类型关系的定向楔形理论相似。表 3-2 列出了两亲分子几何特性与自组装体形状的关系。当 $P \leqslant 1/3$ 时,体系形成球形胶束;$1/3 < P < 1/2$ 时,形成不对称形状的胶束,如椭球、扁球及棒状;$1/2 < P < 1$ 时,体系将形成具有不同弯曲程度的柔性双分子层;当 $P > 1$ 时,聚集体将反过来——疏水基包裹亲水基,形成反胶束。

表 3-2　两亲分子结构与聚集体形状的关系

临界排列参数	$P \leqslant 1/3$	$1/3 < P < 1/2$	$1/2 < P < 1$	$P \approx 1$	$P > 1$
两亲分子结构	大头单尾	小头单尾	大头双尾	小头双尾	小头双尾
临界排列形状	锥形	平头锥形	平头锥形	圆柱形	倒置平头锥形
自组装体形状	球形	棒状	柔性双层	平行双层	球形等
自组装体类型	胶束	胶束	脂质体或囊泡	胶束	反胶束

不同聚集体形状对应的 P 值可从简单的几何关系求得。例如,对 n 个表面活性剂单体形成半径为 l_c 的球形胶束体系,胶束的表面积 A 和疏水内核的体积 V 有如下的关系,即:

$$A = 4\pi l_c^2 = n a_0 \tag{3-2}$$

$$V = 4\pi l_c^3 / 3 = n V_c \tag{3-3}$$

合并式(3-2)和(3-3)得：

$$P = \frac{V_c}{a_0 l_c} = \frac{1}{3} \tag{3-4}$$

用同样的方法可以求得棒状胶束与层状胶束的 P 值分别为 1/2 和 1。计算 P 值所需的 V_c、l_c 和 a_0 可以由理论计算或实验测定。a_0 可根据表面活性剂在溶液表面的极性吸附量 Γ_m 得到。疏水基为直链烷基时，V_c 和 l_c 可根据疏水链碳原子数 n 按如下公式求得：

$$V_c = (27.4 + 26.9n) \times 10^{-3} \ nm^3 \tag{3-5}$$

$$l_c = (0.15 + 0.126\ 5n) \ nm \tag{3-6}$$

例如，十二烷基硫酸钠，实验测得其 a_0 约为 0.63 nm^2，按式(3-5)和(3-6)计算得到 V_c 和 l_c 分别为 0.35 nm^3 和 1.7 nm。按照式(3-1)计算得到 P 值为 0.33，表明其胶束应为球形，这与实验结果一致。

3.2　胶束

3.2.1　胶束的形成

当表面活性剂在溶液中的浓度大于 cmc 时，单个表面活性剂分子或离子会自发聚集成为胶束，胶束的形成过程可用图 3-1 来表示。图中按 a、b、c 顺序，表面活性剂的浓度逐渐增大。a 为极稀溶液的情况，在水的表面上吸附的表面活性剂分子极少，水的表面张力下降不明显；b 为稀溶液状态，表面活性剂在溶液表面上已有一定的聚集，随表面活性剂浓度的增加，表面吸附快速增加，使表面张力急剧下降。此时，溶液中的表面活性剂分子相互把疏水基靠在一起，形成预胶束；c 为达到 cmc 时的情形，此时水溶液表面吸附的表面活性剂分子已趋于饱和，在液面形成了一层致密的单分子膜，表面张力降到最低值，溶液中开始出现胶束。随表面活性剂浓度进一步增加（大于 cmc），溶液的表面张力几乎不再下降，只是溶液中的胶团数目及聚集数增加。

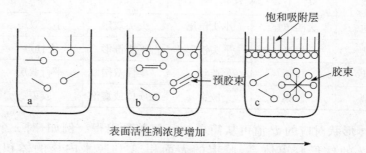

图 3-1　表面活性剂溶液的胶束化过程

3.2.2　胶束的大小与结构

1. 胶束聚集数

胶束的聚集数是指缔合成一个胶束的表面活性剂分子或离子的数目,它是衡量胶束大小的一个基本量。Debye 最早用光散射法测量胶束的聚集数,其方法为分别测定在一定散射角处溶剂(或表面活性剂分子溶液)和浓度大于 cmc 的表面活性剂溶液的散射光强,求出胶束的"相对分子质量"(又称为胶束量),再除以表面活性剂单体的相对分子质量,即得到胶束的聚集数。此后,扩散-黏度法、超离心法、小角中子散射及荧光光谱等也被用于胶束聚集数的测定。其中稳态荧光猝灭法具有简单快捷的特点,例如,该法测定十二烷基硫酸钠胶束聚集数时,采用二氯化三联吡啶铷为荧光探针,以 9-甲基蒽为猝灭剂。设荧光探针和猝灭剂在胶束间成 Poisson 分布,且在胶束中的停留时间大于探针的荧光寿命。于是,若胶束中有一个探针和一个猝灭剂分子,探针的荧光必被猝灭。因此,只有那些含有探针而无猝灭剂的胶束才会发出荧光。如果胶束是单分散的,得到荧光强度 I 与胶束聚集数 N 有如下关系:

$$\ln \frac{I_0}{I} = \frac{N[Q]}{c_s - c_m} \tag{3-7}$$

式(3-7)中,I_0 是无猝灭剂时的荧光强度;c_s 是表面活性剂的总浓度;c_m 是表面活性剂单体浓度,即单一表面活性剂的 cmc;$[Q]$ 是猝灭剂的浓度。使用不同猝灭剂浓度,测定同一体系荧光强度,以 $\ln(I_0/I)$ 对 $[Q]$ 作图得一直线,从直线的斜率可求得聚集数 N。此法对于聚集数小于 120 的胶束体系测定有较高的准确性。

表 3-3 列举了一些表面活性剂的胶束聚集数。一般表面活性剂胶束聚集数 N 可以从几十到几千甚至上万。常见胶束的大小一般在几纳米,该尺寸小于可见光的波长,所以胶束溶液是澄清透明的。胶束聚集数(或胶束量)越大,其胶束也越大。一般来说,水溶液中表面

表 3-3　一些表面活性剂水溶液的胶束聚集数(光散射法)

表面活性剂	温度(℃)	聚集数	表面活性剂	温度(℃)	聚集数
$C_8H_{17}SO_4Na$	25	20	$C_8H_{17}(OC_2H_4)_6OH$	30	41
$C_{10}H_{21}SO_4Na$	25	50	$C_8H_{17}(OC_2H_4)_6OH$	40	51
$C_{10}H_{21}SO_4Na$	23	50	$C_{10}H_{21}(OC_2H_4)_6OH$	35	260
$C_{12}H_{25}SO_4Na$	23	71	$C_{12}H_{25}(OC_2H_4)_6OH$	35	1400
$C_8H_{17}SO_3Na$	23	40	$C_{14}H_{29}(OC_2H_4)_6OH$	35	7500
$C_{10}H_{21}SO_3Na$	30	54	$C_{16}H_{33}(OC_2H_4)_6OH$	34	16600
$C_{12}H_{25}SO_3Na$	40	54	$C_{16}H_{33}(OC_2H_4)_6OH$	25	2430
$C_{14}H_{29}SO_3Na$	60	80	$C_{16}H_{33}(OC_2H_4)_7OH$	25	594
$C_{10}H_{21}N(CH_3)_3Br$	—	36.4	$C_{16}H_{33}(OC_2H_4)_9OH$	25	219
$C_{12}H_{25}N(CH_3)_3Br$		50	$C_{16}H_{33}(OC_2H_4)_{12}OH$	25	152
$C_{14}H_{29}N(CH_3)_3Br$	—	75	$C_{16}H_{33}(OC_2H_4)_{21}OH$	25	70

活性剂与溶剂水之间的不相似性(即疏水性)越大,则聚集数越大。通常情况下,随疏水基碳原子数增加,表面活性剂在水介质中的聚集数增大。非离子型表面活性剂亲水基的极性较小,增加碳氢链长度引起的胶束聚集数的增加更明显;当疏水基相同时,聚氧乙烯基团数越大,胶束聚集数越小。除了表面活性剂自身结构的影响之外,添加物的加入,也会影响胶束聚集数。例如,在离子型表面活性剂溶液中加入无机盐时,胶束聚集数往往随盐浓度增加而增加,这是因为加入电解质后使离子型表面活性剂胶束的双电层被压缩,降低了极性基之间的排斥作用,使更多的表面活性剂离子进入胶束中而并不增加体系的自由能的缘故。若在溶液中加入有机物,则在浓度大于 cmc 时会发生增溶作用,使胶束胀大,从而增加胶束的聚集数。此外,温度对离子型表面活性剂胶束聚集数影响不大,通常是升高温度使之略为降低,这是因为胶束是靠表面活性分子憎水基的相互吸引缔合而形成的,所以分子的热运动和胶束表面荷电的极性基之间的静电排斥都不利于胶束形成。对于非离子型表面活性剂,温度升高总是使胶束聚集数明显增加,这是因为温度升高削弱了非离子表面活性剂中醚氧与水的氢键结合而降低其亲水性,特别是温度接近其浊点时变化尤为突出。

2. 胶束的形状与结构

① 胶束的形状

胶束有不同的形态,如球状、椭球状、扁球状、棒状、层状等。McBain 提出,在浓度小于 cmc 时,表面活性剂分子或离子就已可能缔合成预胶束,即表面活性剂分子疏水链相互靠拢形成几个分子之间的堆积;在浓度略大于 cmc 时,水溶液中胶束大多呈球状,其聚集数 N 为 $30\sim40$;当浓度达到 cmc 的 10 倍或更高的浓溶液中,胶束大多呈棒状。这种模型使大量的表面活性剂分子的碳氢链与水接触的面积缩小,有更高的热力学稳定性。若表面活性剂浓度继续增加,棒状胶束进一步聚集,形成棒状胶束的六方柱形;当表面活性剂的浓度更大时就会形成巨大的层状胶束。胶束形状的变化如图 3-2 所示。

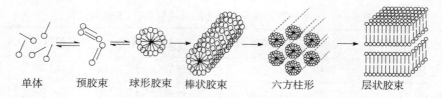

单体　　预胶束　　球形胶束　　棒状胶束　　六方柱形　　层状胶束

图 3-2　胶束形状变化示意图

② 胶束的结构

随着表面活性剂浓度的改变及其他因素的影响,胶束会呈现不同的形状,但胶束的基本结构有其共性,可分为两大部分:内核和外壳。在水溶液中,内核由彼此结合的疏水基构成,形成胶束溶液中的非极性微区。胶束内核与溶液之间为水化的表面活性剂极性基构成的外壳。由于空间结构和水渗透作用,在胶束内核与极性基构成的外层之间还存在一个由处于水环境中的少数 $-CH_2-$ 基团构成的栅栏层。

a. 胶束的内核(以球形胶团为例)。

离子型表面活性剂的内核约 $1\sim2.8$ nm,中心部分与液态烃相似,由于分子作垂直于胶束的定向排列,从几何因素看,接近胶束面的 C—H 基团不可能排列得非常紧密,因而水分子可能进入该区域,邻近极性基的$-CH_2-$基团由于受离子头基和周围极性环境的影响,使其也具有一定的极性。

b. 胶束的外层

离子型表面活性剂胶束表面是由极性头离子和通过电性吸引与其结合的反离子共同组成的双电层固定层构成,如图 3-3a 所示。外壳由胶束双电层的最内层 Stern 层(或固定吸附层)组成,为 0.2～0.3 nm。胶束的外壳并非指宏观界面,而是指胶束与水之间的一层区域。胶束外壳并非一个光滑的面,而是一个"粗糙"不平的面。在胶束外壳的界面区域之外,离子胶束有一反离子扩散层,即双电层外面的扩散层部分,由未与胶束极性头离子结合的其余反离子组成。

聚氧乙烯化的非离子型表面活性剂胶束,其表面是一层相当厚的聚氧乙烯"外壳",如图 3-3b 所示,由于聚氧乙烯链比 C—H 链更富有挠性,它们无规则地缠在一起构成一包合大量的水化水的外层,该外层中无双电层结构,其厚度可超过内核的尺寸。

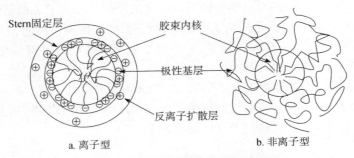

a. 离子型　　　　　　　　　　b. 非离子型

图 3-3　表面活性剂胶束结构模型

3.2.3　临界胶束浓度的测定

在第一章(1.6.2)中介绍了表面活性剂的一些物理性质,如电导率、渗透压、表面张力、蒸汽压、黏度、密度、增溶性、洗涤性等在临界胶束浓度时都有显著变化,所以,通过测定发生这些显著变化时的转折点就可推出临界胶束浓度。由于不同性质随浓度变化的机理有所不同,其变化程度亦不相同,因而,采用不同性质和方法测出的 cmc 也会有差异。

1. 表面张力法

表面活性剂水溶液的表面张力在浓度很低时随浓度增加而急剧下降,到达 cmc 后则变化缓慢或不再改变。因此利用表面张力-浓度曲线来确定 cmc 是个很方便的方法。测定不同浓度下表面活性剂水溶液的表面张力作 γ-$\lg c$ 曲线,曲线转折点的浓度即为临界胶束浓度 cmc。若表面活性剂样品中存在杂质,往往在 cmc 附近,表面张力会出现极小值。因此,可以根据 γ-c 曲线中是否出现极小值,来判断产品的纯度。

表面张力法的优点是对各种不同类型的表面活性剂均适用,且不受无机盐存在的干扰。缺点是极性有机物微量杂质往往会使 γ-$\lg c$ 曲线出现最低值,不易确定转折点,所以表面活性剂样品必须提纯后再进行测定。

2. 电导法

对于离子型表面活性剂,当溶液浓度很稀时,电导的变化规律与一般强电解质相似,表面活性剂完全解离为离子,随着温度上升,电导率近乎直线上升,但当表面活性剂浓度达到

cmc 时,随着胶束的形成,胶束定向移动速率减慢,电导率 κ 仍随着浓度增大而上升,但变化幅度变小,摩尔电导率也急剧下降,$\kappa - c$ 曲线的转折点即为 cmc。可以认为,对电导率的贡献主要是具有长链烷基的表面活性剂离子及其有相反电荷的反离子,胶束对电导率贡献不多,故此法仅适用于离子型表面活性剂。

电导法测定离子型表面活性剂的临界胶团浓度不仅方便且准确度高。不足之处是易受溶液中盐类的影响,过量的无机盐会明显降低测定的灵敏度。

3. 染料法

利用染料在水中和在胶束内核中的颜色不同来测定。由于胶束内核为烷烃环境,与水介质性质有较大差异,染料在两种不同介质中会呈现不同的颜色,如在浓度大于 cmc 的胶束溶液中加入少量适宜的染料,所用染料可以增溶于胶束中使溶液呈现特殊的颜色,然后用溶剂(水)滴定此溶液,直到溶液变色为止,该点对应的浓度即为 cmc。因变色意味着胶束解离,染料又重新分散到水溶液中,这就是染料法测定的原理。阴离子表面活性剂可用氯化频哪氰醇或罗丹明 6G 等,它们都是阳离子型染料;对于阳离子表面活性剂,必须用阴离子型染料,如直接天蓝 FF、酸性曙红和荧光黄等;对非离子表面活性剂则可用氯化频哪氰醇、苯并红紫 4B 和四碘荧光素等。

染料法的不足在于有时颜色变化不够明显,使 cmc 不易准确确定。此时,可以采用光谱仪代替目测,加以改善。所以,表面活性剂离子与带相反电荷的染料离子在 cmc 前后颜色发生明显改变可采用滴定方法或使用光度计进行测定。

4. 光散射法

由于表面活性剂形成胶束后具有较强的光散射,所以通过测定散射光强度随溶液浓度的变化可以确定溶液的 cmc。该法适用于对各类表面活性剂 cmc 的测定,而且不需要加入额外的组分,是测定 cmc 的好方法。不过,此方法所需仪器设备及实验技术较复杂。

5. 荧光光谱法

由于一些芳香化合物如萘、蒽、芘等在增溶前后其荧光光谱有明显差异,因此,突变点可以用来测定 cmc。芘是最常用的荧光探针,芘单体在 350 nm 到 450 nm 之间显示出五个发射峰,如图 3-4 所示。在不同极性的微环境中荧光峰的相对强弱不同。特别是其中的第 I 发射峰与第 III 发射峰的荧光强度之比(I_I / I_{III})随环境极性降低而降低,通常用来表示芘所处的微环境的极性。胶束形成后,原来溶解在水中的芘分子被增溶于胶束中,其微环境的极性减弱,I_I / I_{III} 突然下降,其突变处对应的表面活性剂浓度即为 cmc,如图 3-5 所示。

测定表面活性剂的 cmc 还有其他方法,如渗透压法、折光率法、黏度法、核磁共振、微量热等,原则上都是利用表面活性剂溶液的物理化学性质随浓度变化的关系而求出。

3.2.4　影响临界胶束浓度的因素

表面活性剂的 cmc 与其润湿、渗透、增溶、乳化、发泡等作用直接相关。影响 cmc 的因素主要有表面活性剂自身结构及一些环境因素。一些表面活性剂的 cmc 数值列于表 1-6 中,本节从两大方面讨论影响 cmc 的因素。

1. 表面活性剂自身结构

① 表面活性剂类型的影响

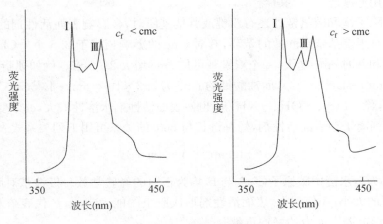

图 3-4 芘的荧光光谱

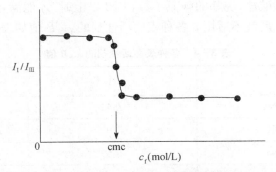

图 3-5 芘的荧光发射 I_I/I_{III} 随表面活性剂浓度的变化曲线

在疏水基相同的情况下,非离子型比离子型表面活性剂有更低的 cmc。例如 $C_{10}H_{21}OSO_3Na$ 的 cmc 为 3.3×10^{-2} mol·L^{-1},而 $C_{10}H_{21}O(C_2H_4O)_6H$ 的 cmc 为 9.0×10^{-4} mol·L^{-1}。并且每增、减一个碳原子非离子表面活性剂 cmc 所引起的变化也大得多。以正烃链为疏水基的离子型表面活性剂,烃链每增加两个碳原子,cmc 下降为原来的四分之一;而对非离子型表面活性剂,每增加两个碳原子,可使 cmc 下降至原值的十分之一。这是因为离子型表面活性剂在水溶液中形成胶束时由于亲水基带有相同的电荷有排斥作用,从而存在削弱形成胶束的趋势,而非离子型表面活性剂不受因胶束形成而外层电荷排斥能增大的限制,更易形成胶束。

② 疏水基的影响

在同系列表面活性剂同系物中,cmc 随疏水碳链长度的增加而降低。这是因为碳氢链越长,则疏水基与水之间排斥能越大,疏水基间的疏水作用越强,表明越易形成胶束。当直链疏水基的碳原子数超过 16 时,cmc 不再随链长的增加而迅速下降;当链长超过 18 个碳原子时,链长继续增加 cmc 可能基本上不变化。这是因为当碳氢链过长时,其表面活性剂分子或离子在溶液中的形态会发生变化,影响了胶束的形成。

碳氢链有分支的 cmc 值与同碳原子数的直链化合物相比较,后者的 cmc 值要小得多。这是因为相对于同碳原子的疏水碳氢直链,有支链的疏水基之间范德华力相应减少,其疏水基间的疏水作用亦减弱。

疏水基中除了饱和碳氢链外还有双键或其他基团时,会影响表面活性剂的疏水性,从而影响其 cmc。对于烷基苯磺酸盐的苯环,其对 cmc 的影响相当于 3.5 个－CH_2－基。烃基链上导入不饱和基时 cmc 变大,一个双键基可使 cmc 增大 2～3 倍。例如硬脂肪酸钾的 cmc 为 4.5×10^{-4} mol·L^{-1}(55℃),而油酸钾的 cmc 为 1.2×10^{-3} mol·L^{-1}(50℃)。在疏水基中引入极性基,像－O－、－OH、－NH 等,也使表面活性剂水溶性增大,cmc 变大。

对于同系列离子型表面活性剂,烃基链长与 cmc 的关系可用下列关系式表示:

$$\lg cmc = A - Bn \qquad (3-8)$$

式(3-8)中,n 为疏水链中碳原子数;A 与 B 均为正值的经验常数。极性基对胶束形成的影响体现在 A 值的大小,A 值越大,表面活性剂形成胶束的能力越弱;B 代表疏水基中每增加一个次甲基对形成胶束能力的平均贡献。

式(3-8)可适用于 C_8～C_{14} 的各种离子型表面活性剂。当碳原子数大于 16 时,有很大的偏差。对于烷基苯磺酸盐,烷基的碳原子数在 12 以上时,才能满足该式。对非离子型表面活性剂,当 n 大于 12 后就不适用。各种表面活性剂的 A,B 值如表 3-4 所示。

表 3-4　各种表面活性剂的 A、B 值

表面活性剂	A	B
$C_n H_{2n+1} COONa$	2.41	0.341
$C_n H_{2n+1} COOK$	1.92	0.290
$C_n H_{2n+1} SO_3 Na$	1.53	0.294
$C_n H_{2n+1} SO_4 Na$	1.42	0.265
$C_n H_{2n+1} N(CH_3)_3 Br$	1.72	0.300
$C_n H_{2n+1} O(C_2 H_4 O)_3 H$	2.32	0.554
$C_n H_{2n+1} O(C_2 H_4 O)_6 H$	1.81	0.488
烷基二甲基氧化胺	3.3	0.500
烷基葡萄糖苷	2.64	0.53

③ 亲水基的影响

对具有相同碳氢链段的离子型表面活性剂,不同的亲水基对 cmc 值影响较小。一般而言,常见的三种阴离子亲水基的 cmc 值大小顺序是:$-COO^- > -SO_3^- > -OSO_3^-$。

除亲水基的种类外,亲水基的位置对 cmc 也有明显影响。如硫酸基在碳氢链中的位置越靠近中间者 cmc 越大。以十四烷基硫酸钠为例,硫酸基在第 1 个碳原子上者,cmc 为 2.4×10^{-3} mol·L^{-1},而在第 7 个碳原子上者,cmc 为 9.7×10^{-3} mol·L^{-1},相差近 4 倍。此外,亲水基数量对 cmc 也有一定影响,一般情况下,亲水基数量增加,cmc 变大,但变化不大。

对于非离子表面活性剂来说,其 cmc 与 EO 加成摩尔数有下列关系:

$$\lg cmc = A' + B'm \qquad (3-9)$$

式(3-9)中，m 为聚氧乙烯 EO 单元数；A' 与 B' 均为经验常数，其值与温度及疏水基结构有关。表 3-5 中列出了几种聚氧乙烯类表面活性剂的 A' 与 B' 值。

表 3-5　几种聚氧乙烯类表面活性剂的 A' 与 B' 值

表面活性剂	A'	B'
$n\text{-}C_{12}H_{25}O(C_2H_4O)_mH$	-4.4	$+0.046$
$p\text{-}t\text{-}C_8H_{17}C_6H_4O(C_2H_4O)_mH$	-3.8	$+0.029$
$C_9H_{19}C_6H_4O(C_2H_4O)_mH$	-4.3	$+0.020$
$n\text{-}C_{16}H_{33}O(C_2H_4O)_mH$	-5.9	$+0.024$

2. 环境因素

① 温度的影响

在第一章中(1.6.3)介绍了离子型表面活性剂在水中的溶解度随温度的升高而慢慢增加，在达到 Krafft 点温度后，溶解度迅速增大，低于此温度时胶束不能形成。一般来说，该点的温度越高，其 cmc 值越小。这是因为温度升高使分子热运动加剧，阻碍了胶束的形成。由于离子型表面活性剂随温度升高其溶解度会升高，所以离子型表面活性剂的 cmc 会随温度的增加而略有上升，这种增加率不大。而非离子型表面活性剂的溶解度与离子型表面活性剂不同，是随着温度上升而下降，高于浊点温度时体系将发生相分离(1.6.4)，其 cmc 是随着温度的上升而降低。图 3-6 给出了离子型表面活性剂 $C_{12}H_{25}SO_4Na$ 和非离子型表面活性剂 $C_{10}H_{21}O(C_2H_4O)_5H$ 的 cmc 在室温附近随温度变化曲线。由该图可见非离子型表面活性剂 $C_{10}H_{21}O(C_2H_4O)_5H$ 随温度升高其 cmc 明显下降，而离子型表面活性剂 $C_{12}H_{25}SO_4Na$ 的 cmc 随温度升高形成 U 形曲线。这是由于温度对表面活性剂亲水基和疏水基有不同的影响。一方面，表面活性剂亲水基的水合作用随着温度升高而下降，有利于表面活性剂形成胶束，即 cmc 下降，达到最低值；另一方面，继续升高温度，疏水基碳链之间的凝聚能力减弱，也使表面活性剂分子的缔合作用减弱，所以不易形成胶束，使 cmc 上升。cmc 的大小是这两种综合作用的结果。前者在温度较低时起主要作用，而后者在温度较高时起主要作用，由此造成了这种 U 形曲线。

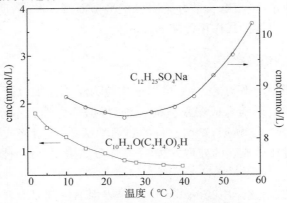

图 3-6　表面活性剂临界胶束浓度随温度的变化

② 电解质的影响

无机盐的加入使离子型表面活性剂的 cmc 有显著降低。这是因为电解质的加入使双电层压缩,在电解质中起作用的是与表面活性剂相反电荷的离子,降低了表面活性剂离子间的斥力,因而使 cmc 降低。对阴离子表面活性剂而言,是正离子起作用;对阳离子表面活性剂而言,是负离子起作用。加入无机盐对于非离子表面活性剂影响不大,一般使其 cmc 略有降低,这主要是无机盐对其疏水基产生盐析作用。表 3-6 列出了一些对比性的盐效应数据。

表 3-6　添加电解质对临界胶束浓度的影响

表面活性剂	溶剂	cmc(mmol · L^{-1})
$C_{12}H_{25}SO_4Na$	H_2O	8.1
	0.02 mol · L^{-1} NaCl	3.8
	0.2 mol · L^{-1} NaCl	0.83
	0.4 mol · L^{-1} NaCl	0.52
$C_8H_{17}OCH(CHOH)_5$ 辛基-β-D-葡萄糖苷	H_2O	25
	0.93 mol · L^{-1} CaCl$_2$	17
	0.47 mol · L^{-1} NaCl	17
	0.93 mol · L^{-1} NaCl	12
	0.47 mol · L^{-1} Na$_2$SO$_4$	9

③ 有机物的影响

有机物的影响比较复杂,很难找出规律。长链的极性有机物对表面活性剂 cmc 的影响很大。例如,醇类有机物对离子型表面活性剂 cmc 的影响是醇的碳氢链越长,其降低 cmc 的能力越大。这可能是醇分子能渗入胶束,从而形成混合胶束,导致表面活性剂离子间的排斥力降低,并且醇分子的加入会使体系的熵值增大,因此胶束容易形成,使 cmc 降低。长链有机酸、胺类也有此性质。醇对非离子型表面活性剂 cmc 的影响正好和离子型表面活性剂的情况相反,醇浓度越大,则使非离子型表面活性剂的 cmc 增加得越多。但对甲醇、乙二醇等这类极易溶于水的有机溶剂,仅有少数分子因分配平衡而渗入胶束,所以对 cmc 影响不大,但若加入量过大会产生水溶助长作用而使 cmc 增大。

3.2.5　胶束形成的热力学

由于胶束溶液是热力学平衡的体系,可以应用热力学方法加以研究。胶束的形成是若干个表面活性剂分子或离子缔合成聚集体的过程,根据热力学基本原理,确定体系起止状态,建立胶束化过程的热力学模型,给出过程的热力学函数,来解释或预示胶束溶液的物理化学性质。目前有两种比较成熟的处理方法,一是相分离模型,另一种是质量作用模型。

1. 相分离模型

相分离模型认为,胶束化作用(micellization)是表面活性剂以缔合态的新相从溶液中分离出来的过程。在表面活性剂溶液中,当其浓度小于 cmc 时,溶液的依数性的改变与普通溶液相同,待其浓度达到 cmc 时,溶液的依数性如电导率和表面张力等发生一剧烈的转变,此点意味着有新的相析出,虽然一般胶束的聚集数并不大,不能看作是一个宏观的相,但可把胶束看作准相或微相来处理,该类相分离在 cmc 时开始发生。cmc 为未缔合的表面活性剂的饱和浓度。根据这种模型,cmc 可当做胶束的溶解度,以解释表面活性剂溶液的各种物理化学性质在 cmc 时发生突变的原因。

在胶束溶液中单体 S 与聚集体 S_n 成平衡:

$$nS \rightarrow S_n$$

其平衡常数 K 写为

$$K = c_m / c_s^{\ n} \tag{3-10}$$

式(3-10)中,c_m 和 c_s 分别代表溶液中胶束和单体的浓度。

若用 c_T 表示表面活性剂总浓度,则

$$c_T = cmc + nc_m \tag{3-11}$$

$$c_s = cmc = c_T - nc_m \tag{3-12}$$

将(3-12)代入(3-10),得

$$K = \frac{c_m}{(c_T - nc_m)^n} \tag{3-13}$$

$$\frac{dc_m}{dc_T} = \frac{K^{1/n}}{nK^{1/n} + (1/n)c_m^{(1-n)/n}} \tag{3-14}$$

以 dc_m/dc_T 对 c_T 作图,如图 3-7 所示,可见从单体到胶束的过渡是突变的过程,类似于相分离,故相分离模型的提出有它的合理性。

根据相分离模型,单体浓度等于 cmc,则可推导出胶束形成标准自由能:

对非离子型表面活性剂:

$$\Delta G_m^\theta = RT \ln cmc \tag{3-15}$$

对离子型表面活性剂:

$$\Delta G_m^\theta = 2RT \ln cmc \tag{3-16}$$

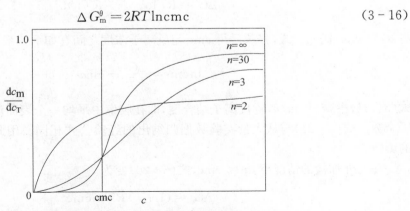

图 3-7 不同聚集数时胶束浓度随表面活性剂总浓度的变化

有了胶束形成标准自由能函数值,可很方便得到胶束化的其他热力学函数,从而为体系和过程的特性提供解释与预示。然而,表面活性剂胶束化并非真正意义上的宏观相分离,在cmc附近体系的物理性质随浓度的变化曲线总是连续的;其次,若胶束真是新相,在胶束与水溶液成平衡时组分在两相中的化学势相等,即意味着水相中表面活性剂活度在cmc以上是恒定的,但实际上有很多表面活性剂溶液在cmc以上表面张力仍在不断下降;此外,由于相分离模型对胶束化过程所作的简化,得到的热力学结果涉及的体系特性参数较少,故有其局限性。

2. 质量作用模型

质量作用模型是把胶束化过程看成是单个表面活性剂离子或分子与胶束处于一种缔合—离解平衡之中,故质量作用模型是把胶团化作用看做是一种广义的化学反应,对于不同的体系,可以写出相应的反应式。在此模型中,当表面活性剂浓度在cmc以上时,表面活性剂的大部分为胶束状态。

① 对于离子型表面活性剂,与其离子电荷相反的反离子存在对离子表面活性的cmc有较大的影响。若 n 个表面活性离子 $S^{+(-)}$ 和 m 个反离子 $B^{-(+)}$ 形成胶束 $[S_n B_m^{(n-m)+(-)}]^{(n-m)+(-)}$,则其平衡式及平衡常数可表示为

$$nS^{+(-)} + mB^{-(+)} \longrightarrow [S_n B_m^{(n-m)+(-)}] \tag{3-17}$$

$$K = \frac{[S_n B_m]^{(n-m)+(-)}}{[S^{+(-)}]^n [B^{-(+)}]^m} \tag{3-18}$$

根据化学热力学的基本原理,平衡常数 K 与过程标准 Gibbs 自由能变量有下列关系:

$$\Delta G^{\theta} = -\frac{1}{n}RT\ln K = -\frac{1}{n}RT\ln\frac{[S_n B_m]}{[S]^n [B]^m} = RT\left(\ln a_s + \frac{m}{n}\ln a_i - \frac{1}{n}a_m\right) \tag{3-19}$$

式(3-19)中,a_s、a_i、a_m 分别代表表面活性离子、反离子和胶束的活度。

由于 n 是远远大于1的数(一般为几十甚至更大),在cmc以上的一段浓度范围内,单体浓度保持为cmc,即 $a_s =$ cmc 时聚集体浓度为不大的值时,式(3-19)右边第三项可忽略。此时,式(3-19)可简化为

$$\Delta G^{\theta} = RT\ln a_s + \frac{m}{n}RT\ln a_i \tag{3-20}$$

将 $a_s =$ cmc 代入上式,移项后得 cmc 与反离子浓度之间有如下关系:

$$\ln \text{cmc} = \frac{\Delta G^{\theta}}{RT} - k\ln a_i \tag{3-21}$$

式(3-21)中,$k = m/n$,称反离子结合度,即在胶束中平均一个表面活性剂离子结合的反离子个数。式(3-21)与从大量实验数据归纳出的经验公式相同。用此式也可解释盐对cmc的影响。

在无外加盐的情况下,$a_i =$ cmc,式(3-20)变为

$$\Delta G^{\theta} = (1+k)RT\ln \text{cmc} \tag{3-22}$$

在加入过量的无机盐时,可认为反离子结合度近似为1,可采用 $2RT\ln \text{cmc}$ 来计算胶束

化自由能,这与相分离模型所得结果相同。

② 对于非离子表面活性剂,缔合平衡式及平衡常数可表示为

$$nS \rightarrow S_n \tag{3-23}$$

$$K = \frac{[S_n]}{[S]^n} \tag{3-24}$$

$$\Delta G_m^{\theta} = -\frac{RT}{n}\ln K = -\frac{RT}{n}\ln \frac{[S_n]}{[S]^n} = RT\ln[S] - \frac{RT}{n}\ln[S_n] \tag{3-25}$$

当溶液浓度较大,如 cmc 时,特别是 n 相当大的情况下,式(3-25)右边第二项可忽略,则有

$$\Delta G_m^{\theta} = -\frac{RT}{n}\ln K = RT\ln \text{cmc} \tag{3-26}$$

ΔG_m^{θ} 的值越负,形成胶束后体系的自由能降得越低,胶束越易形成。显而易见,对于非离子表面活性剂,两种热力学模型得到同样的结果。比较相分离和质量作用模型可知,利用相分离模型无法研究反离子的影响,而质量作用模型则可以。

有了 ΔG_m^{θ} 便可方便地算出 ΔH_m^{θ} 和 ΔS_m^{θ}:

$$\Delta S_m^{\theta} = -d\Delta G_m^{\theta}/dT \tag{3-27}$$

$$\Delta H_m^{\theta} = -\frac{1}{T^2}d\left(\frac{\Delta G_m^{\theta}}{T}\right)dT \tag{3-28}$$

对于非离子型表面活性剂:

$$\Delta S_m^{\theta} = -\left(R\ln \text{cmc} + RT\frac{d\ln \text{cmc}}{dT}\right) \tag{3-29}$$

$$\Delta H_m^{\theta} = -RT^2\frac{d\ln \text{cmc}}{dT} \tag{3-30}$$

对于离子型表面活性剂:

$$\Delta S_m^{\theta} = -(1+k)\left(R\ln \text{cmc} + RT\frac{d\ln \text{cmc}}{dT}\right) \tag{3-31}$$

$$\Delta H_m^{\theta} = -(1+k)RT^2\frac{d\ln \text{cmc}}{dT} \tag{3-32}$$

上述公式表明,cmc 值越小,ΔG_m^{θ} 的值越负,即形成胶束后体系的自由能降得越低,胶束越易形成。此外,ΔG_m^{θ} 皆为负值,说明在标准状态下此过程可以自发进行,这主要来自熵的贡献。所有的 ΔS_m^{θ} 均为正值,$-T\Delta S_m^{\theta}$ 为更负的值,而 ΔH_m^{θ} 的数值有正有负,在负值情况下,它的绝对值也比相应的 $T\Delta S_m^{\theta}$ 值小得多,因此胶束形成过程主要是熵驱动过程。

3.2.6　胶束形成的动力学

在 cmc 以上,表面活性剂分子或离子与聚集态的胶束之间存在着动态平衡。一般表面

活性剂浓度在稍高于 cmc 时，胶束呈球状，胶束中单体数并非完全一样，而是呈正态分布。如图 3-8 所示，最大分布处的中等聚集数大致在几十到几百个分子。采用各种方法可以计算出动力学参数以阐明聚集过程。胶束大小的分布取决于压力、温度与表面活性剂浓度，任何压力突跃、温度突跃、超声波吸收等方法都可扰乱胶束平衡，通过监测其弛豫过程来研究胶束形成动力学。用荧光指示剂试验可以判断平衡是否重新建立，对离子型表面活性剂也可用电导法进行测定。

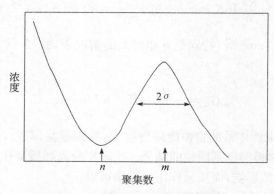

图 3-8　表面活性剂浓度与聚集数

　　胶束与单体之间建立平衡的速度是很快的。对于单一表面活性剂溶液，每一种快速反应技术可检测到因胶束存在而引起的单一弛豫过程。在压力突跃弛豫实验中，电导降低可用三个曲线表示，时间常数有 T_0、T_1 和 T_2，振幅有 A_0、A_1 和 A_2，其中下标"0"表示胶束电荷及运动的变化，"1"表示胶束大小分布的变化而导致的快过程，"2"表示新胶束的形成这一慢过程。因此，快过程 T_1 是胶束数恒定时由于胶束中单体分子数的变化，慢过程 T_2 则与胶束数变化有关。T_1 和 T_2 可由下面公式计算：

$$\frac{1}{T_1} = \left(\frac{b_m}{\sigma^2}\right)\left[1 + (\sigma^2/m)X\right] \tag{3-33}$$

$$\frac{1}{T_2} = X^{n/m}\left[1 + (\sigma^2/m)X\right]^{-1} \tag{3-34}$$

式（3-33）和式（3-34）中，b_m 为单体从胶束出来时的速率常数；σ 为胶束大小分布曲线的宽度；m 为胶束的平均聚集数；n 为分布曲线上极小位置的聚集数；X 为无因次浓度变数。例如，对脂肪醇硫酸钠（$C_8 \sim C_{16}$）胶束溶液受温度、浓度及电解质的影响进行研究，可获知 $T_1 \ll T_2$，胶束中单体的寿命对辛烷基硫酸钠来说为 10^{-7} s，对十六烷基硫酸钠为 10^{-3} s，速率常数由于均为扩散控制而呈同一级别，如图 3-9 所示。

　　在多数情况下，胶束的形成与解离时间都很短，仅几分之一秒。长链表面活性剂或有反离子紧密结合的表面活性剂常呈非球状不对称的聚集体（如棒状胶束），到达平衡所需时间就要长些。

　　两个弛豫时间都随链长增加而变得较为缓慢，快过程实质上是胶束与单体间的交换，而较慢过程是胶束大小分布和胶束数目的重排。

　　胶束-单体交换动力学的简单模型为：胶束释放单体的速度为 $k_b(c-m_1)$，其中 $c-m_1$ 为

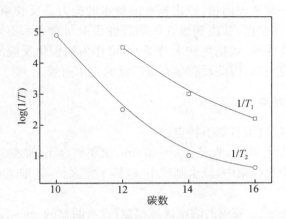

图 3 - 9　烷基硫酸钠碳链长与 1/T 的关系

胶束中表面活性剂量；单体进入胶束速度为 $k_f m_1(c-m_1)$；单体浓度的变化率为：

$$\frac{\mathrm{d} m_1}{\mathrm{d}t} = -k_f m_1(c-m_1) + k_b(c-m_1) \tag{3-35}$$

单体浓度 m_1 的平衡值 M_1^* 则为

$$M_1^* = \frac{k_b}{k_f} \tag{3-36}$$

M_1^* 值与胶束浓度无关，可能与表面活性剂的 cmc 相等。从上述关系式可推出

$$\frac{1}{T} = k_f(c-M_1^*) \tag{3-37}$$

将 $1/T$ 对 c 作图为一直线，这种处理对非离子和离子型表面活性剂都适合。

　　胶束-单体交换动力学，影响到动态表面性质，这是影响泡沫和乳状液的稳定性以及与增溶作用有关的去污力的重要因素。

3.3　反胶束

　　表面活性剂在非水溶液中亦可形成胶束，但与水溶液中的情形有许多不同。在水溶液中表面活性剂形成的是正常胶束，而在非水溶剂（特别是非极性溶剂）中可形成极性头向内、非极性尾朝外的含有水分子内核的聚集体，称之为反胶束（reverse micelle）。由于非水溶剂品种繁多，有非极性的脂肪族溶剂、芳香族溶剂、全氟烃和硅氧烷等；也有极性的甘油、乙二醇、甲酰胺等氢键液体，以及丙酮、醚类、二甲亚砜等非氢键液体，不同类型溶剂中表面活性剂的性质不同，所以表面活性剂在非水体系比相应的水体系要复杂得多。目前人们对表面活性剂非水体系的研究比其在水体系中的研究要少得多。

　　在非极性溶剂中，不存在疏水基的疏水效应。由于介质的介电常数比水小得多，离子型表面活性剂在其中主要以离子对或中性分子的形式存在，体系中也不存在带电的极性基之间的电性排斥。反胶束的形成是依靠极性基间的氢键相互作用和偶极子的相互作用而产生

的。以极性基结合在一起形成内核，该内核有溶解水的能力。反胶束的极性核溶入水后形成"水池"，水池中的水在黏度、酸度和极性等物理性质上与常态水不同(黏度高、酸度低、极性低)，它可溶解亲水性物质，包括生物大分子，也可作为酶催化反应的微反应器，还可以为合成纳米粒子提供反应空间，因此反胶束有着广泛的应用前景。

3.3.1 反胶束的特点

与普通胶束相比，反胶束有如下特点：

1. 一般反胶束的尺寸较小，直径为 4~10 nm，聚集数也小，常在 10 左右，有时也只有几个单体聚集而成。因为反胶束中，疏水基较小，碳链不宜太长，否则疏水作用强，不易形成反胶束。

2. 非极性溶液中形成反胶束的浓度区域很宽，没有明显的 cmc，反胶束大小的分布也很宽，而且随溶液浓度改变发生显著变化。

3. 反胶束形态主要是近似球形，也有椭球形。当聚集数较小时，采取最密堆积球状聚集形态，如图 3-10a 所示。聚集数较大时，由于空间限制，聚集体无法按球形排布，只能采取图 3-10b 的形式，如二壬基萘磺酸钙在十二烷溶剂中形成反胶束，就是由十二个分子堆积成椭球形。

4. 反胶束是透明的、热稳定的体系。由于反胶束的水池可选择性溶解蛋白质、核酸、氨基酸和极性有机物等，因而可以进行蛋白质等的分离和纯化。由于胶束的屏蔽作用，这些生物物质不与有机溶液直接接触，起到了保护生物物质的活性的作用，从而可实现生物物质的溶解和分离。

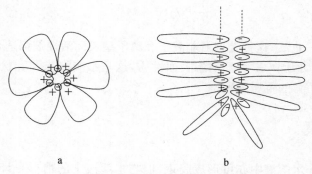

a   b

图 3-10　非水溶液中的反胶束模型

3.3.2 反胶束的组成

1. 表面活性剂

阳离子、阴离子、非离子型表面活性剂都可以形成反胶束，常用的表面活性剂有二(2-乙基己基)丁二酸磺酸钠(AOT)、失水山梨糖醇脂肪酸酯(Span)及其 EO 加成物(Tween)类、各种聚氧乙烯类表面活性剂、烷基三甲基卤化铵和磷脂类等。目前研究使用最多的阴离子型表面活性剂 AOT，该表面活性剂易得，分子极性头小，有双链，形成反胶束时不必加入助表面活性剂，形成的反胶束大，有利于蛋白质分子的进入。AOT/异辛烷体系对于分离核糖核酸酶、细胞色素 C、溶菌酶等具有较好的分离效果。该体系所形成的反胶束尺寸分布相对均一,有机相中水与表面活性剂的物质的量浓度之比为 4～50 时,流体力学半径为 2.5～18 nm,每个胶束中含有表面活性剂分子 35～1 380 个,AOT 分子有效极性头的面积为 0.359～0.568 nm^2,浓度之比最大为 60。若浓度之比进一步增大,反胶束溶液变浑浊且分层。

2. 助表面活性剂

通常表面活性剂(AOT 除外)还需要加入少量的助表面活性剂(一般为 C$_4$～C$_{12}$ 脂肪醇)才能形成稳定的反胶束溶液。这些助表面活性剂可用来调节溶剂的极性,改变反胶束的大小及分布,增加蛋白质的溶解度,提高生物催化反应的活性和稳定性。助表面活性剂的化学结构也能影响反胶束的性质,例如短链的醇可降低反胶束内部渗透的程度,以提高内层的流动性来提高内部作用的活性。

3. 溶剂

溶剂的性质,尤其是极性,对反胶团的形成和大小都有影响,常用的溶剂有烷烃类(正己烷、环己烷、正辛烷、异辛烷、正十二烷等)、四氯化碳、氯仿等。

3.3.3　影响反胶束聚集数的因素

1. 表面活性剂结构的影响

表面活性剂亲水基和疏水基相对大小直接影响反胶束的聚集数。对于一些羧酸皂(如镁、锌、铜皂等)以及琥珀酸酯磺酸钠随碳原子数的增加其反胶束的聚集数减小,但二烷基萘磺酸盐和卤化二烷基二甲基铵形成反胶束的聚集数则随碳原子数的增加而稍有增加。亲油基相同时,非离子表面活性剂中聚氧乙烯链越长,越易形成反胶束,其聚集数也越大。对于不同类型的表面活性剂,若疏水基碳原子数相同,则在非水溶液中胶束聚集数的大小次序为:阴离子型＞阳离子型＞非离子型表面活性剂。

2. 表面活性剂浓度的影响

表面活性剂浓度的增加,一方面会使体系的极性增强,削弱了形成反胶束的偶极子与偶极子的相互作用,使聚集数减小;另一方面基于质量作用定律,有利于反胶束的形成,使聚集数增大。因此,表面活性剂浓度对反胶束聚集数的影响将取决于这两方面的综合作用,体现在一些体系会在某个浓度时出现最大聚集数,如三烷基胺盐在苯中的聚集数先随浓度的增加上升到 8,浓度进一步增加,聚集数下降,达到饱和时下降到 2。

3. 溶剂的影响

非水溶剂种类繁多,对反胶束聚集数的影响目前还不能作全面合理的归纳。例如胺盐在烃中的溶度次序为:叔胺＞仲胺＞伯胺,但仲胺盐在各种溶剂中的聚集体最大。又如脂肪酸锌碳链较长者临界溶解温度较高,说明碳链较长者溶解性较差,但其形成反胶束的聚集数反而更低。可见,与水体系不同,非水体系中的聚集程度与溶解度之间并无必然联系。芳香烃及四氯化碳由于芳环的 π 电子及卤素的高电负性而显示出较强的溶剂化作用,可使极性表面活性剂分子的偶极矩受到屏蔽,相互作用减弱,而更趋向于溶剂化的单体状态。

4. 温度的影响

表面活性剂缔合过程呈现放热效应,温度对其有明显的影响。一般非极性溶剂中,表面活性剂形成反胶束的聚集数总是随温度上升而减小。

3.4　囊泡

某些情况下，如临界排列参数 P 接近1时，两亲分子在水中可能自发组装为双分子层，若这些双分子层弯曲并封闭起来时就形成了一种称之为囊泡（vesicle）的新结构。如果构成囊泡的两亲分子是天然磷脂，则形成的结构就称为脂质体（liposome），可见脂质体是一类特殊的囊泡。由于囊泡有着独特的性质和结构，其中包含一个或多个水溶性的内核，因而可以用来进行细胞膜的生物模拟、药物的封装及输送等，此外，囊泡还能改变溶液微环境，用于控制化学反应、充电储存及能量转移等。

3.4.1　囊泡的类型与性质

1. 囊泡的类型

囊泡是由密闭双分子层所形成的球形或椭球形或扁球形的单室或多室结构，如图3-11所示。由于两亲分子在空间排列上是单层尾对尾地结合成密闭双分子层，双分子层外是亲水头处在水溶液环境，壳内则是包含水的内层微相。常见囊泡的尺寸小到几十纳米，大到几微米，囊泡大小与制备方法有关。

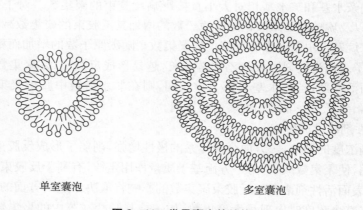

单室囊泡　　　　　　　　　多室囊泡

图 3-11　常见囊泡的结构

不是所有的两亲性分子都能形成囊泡，某些磷脂之所以能形成囊泡，其分子结构特点是带有两条碳氢尾巴和较大头基，如双棕榈酰磷脂酰胆碱（DPPC）：

$$
\begin{array}{l}
\hspace{3.5em}\overset{\displaystyle O}{\underset{\displaystyle O}{\parallel}}\\
C_{15}H_{31}\!-\!C\!-\!O\!-\!CH_2\\
\hspace{3.5em}\overset{\displaystyle O}{\parallel}\hspace{6em}\overset{\displaystyle O^-}{}\\
C_{15}H_{31}\!-\!C\!-\!O\!-\!CH\!-\!CH_2\!-\!O\!-\!P\!-\!OCH_2\!-\!CH_2\!-\!\overset{+}{N}(CH_3)_3\\
\hspace{3.5em}\underset{\displaystyle O}{\parallel}\hspace{10.5em}\underset{\displaystyle O}{\parallel}
\end{array}
$$

天然的卵磷脂链长长短不一，无固定的相变温度，故通常与二棕榈酰磷脂酰甘油

(DPOG)按一定比例混合可得到不同的相变温度,这种热敏的脂质体在药物传递和缓释的应用方面有很好的前景。

表面活性剂能否形成囊泡取决于其分子构型,通常认为,当表面活性剂形成的两个单层、内层曲率与外层曲率相等且符号相反时,会形成不对称的双层。而曲率的正负可以由表面活性剂的临界排列参数 P 来确定。一般认为要求满足 P 略小于 1 的条件。

常用下面几种类型的两亲分子制备囊泡。

① 双链两亲分子

研究者从已知可形成囊泡的磷脂,如双棕榈酰磷脂酰胆碱,推测双链两亲分子易形成囊泡,用合成的表面活性剂双十二烷基二甲基溴化铵(DDAB)也制成了囊泡,并发现疏水链长度对囊泡的形成有明显的影响。疏水链过长易形成层状结构,而非囊泡;疏水链过短,疏水作用太弱,而难以形成缔合结构。另外,两条链长相差太大,也不利于形成囊泡。如双烷基二甲基溴化铵系列:

$$CH_3(CH_2)_{n-1} \quad CH_3$$
$$\diagdown N^+ \diagup \qquad Br^-$$
$$CH_3(CH_2)_{n-1} \quad CH_3$$

当疏水链长 $n \geqslant 18$ 时,生成的是层状液晶而非囊泡。因碳氢链越长,则生成囊泡时疏水链之间的空隙越大,与溶剂水的接触面积越大,越不稳定。又如

$$CH_3(CH_2)_{n-1} OCOCH_2$$
$$| \qquad\qquad$$
$$CH_3(CH_2)_{n-1} OCOCH—SO_3^-$$

当 $n=16$ 时,为层状结构;$n=10$、12 时,为囊泡;当其中一个是长链($n=18$),另一个为短链($n=8$)时,也不能形成囊泡。因两条碳氢链相差越多,缺口也就越大,与水的接触也就越多,故而不利于形成囊泡。

② 单链两亲分子

研究发现单链不饱和脂肪酸也可制得囊泡,但要求在一个较窄的 pH 范围内。例如油酸($C_{17}H_{33}COOH$)在 pH = 8~9 时可制得囊泡。当两亲分子的极性头是羧酸基时,pH 过低,所有亲水基质子化,会形成沉淀;pH 过高,全部以羧酸盐存在,这都不能形成囊泡,在适宜的 pH 条件下,酸、盐共存,通过酸盐复合物形成囊泡。现已证明,当有机酸和它的盐组成比为 1:1 时,因结构上类似于双链两亲分子,满足了囊泡形成的条件。

从结构上看,单链表面活性剂分子极性头所占面积 a_0,相对于其疏水链体积 V_c 值较大,所以 P 值较小($<1/2$),通常为球形或棒状胶团。而双链时,a_0 相对较小,所以 P 值较大($>1/2$),故形成囊泡的可能性大。

③ 正、负离子混合体系

从结构的特点来看,正、负离子两亲化合物作用后产生类似双链两亲分子结构,所以也能制得囊泡。如十六烷基三甲基溴化铵(CTAB)和十二烷基硫酸钠(SDS)混合体系,当 $t>47℃$ 时有囊泡形成;又如 C_8~C_{12} 的烷基硫酸盐、磺酸盐等阴离子表面活性剂与十三烷基二甲基甲苯磺酸铵、C_{12}~C_{18} 烷基三甲基溴化铵、十六烷基溴化吡啶等阳离子表面活性剂混合

体系均能形成囊泡,且为自发的体系。其形成机理一般认为是由于正、负离子极性头之间强烈静电作用,形成了离子对结构,使每个极性头所占有的有效面积显著减小,从而满足了形成囊泡的要求。另一种观点是从曲率能的角度考虑,囊泡是由有一定曲率的双分子层所构成,表面活性剂在溶液中形成有序排列时,其曲率能取决于表面活性剂分子极性头实际所占据的面积和其疏水链分子缔合所决定面积的相对大小。如果极性头间有较强的相互引力,使得极性头所占面积小于由疏水链缔合所决定的面积,则表面活性剂趋于形成极性头向内的弯曲膜;反之,若由于极性头之间相互作用使其所占有效面积大于其疏水链缔合所决定的面积,则趋于形成极性头向外的弯曲膜。

④ 其他体系

在含氟表面活性剂分子中,由于碳氟链不仅疏水且疏油,在有机溶剂中,碳氢链亲溶剂,碳氟链疏溶剂,所以可在有机溶剂中形成囊泡。如

$$CF_3(CF_2)_7-CH_2CH_2O-\overset{\overset{\displaystyle O}{\|}}{C}-CH_2$$
$$\qquad\qquad\qquad\qquad\qquad CH_2$$
$$CF_3(CF_2)_7-CH_2CH_2O-\overset{\overset{\displaystyle O}{\|}}{C}-CH-NH-\overset{\overset{\displaystyle O}{\|}}{C}-\underset{}{\bigcirc}-O-(CH_2)_5CH_3$$

可在环己烷中形成囊泡。

双十二烷基二甲基氢氧化铵,单链的阴、阳离子表面活性剂混合物,单链的碳氢表面活性剂和全氟表面活性剂混合物,甚至两种阳离子表面活性剂也可自发形成囊泡。自发形成的囊泡一般是稳定体系,而且其大小、电荷和渗透性可通过改变表面活性剂的相对含量或链长来调节。

2. 囊泡的性质

① 稳定性

囊泡分散液是两亲分子有序聚集体在水中的分散体系,其分散相的尺寸在胶体范围。与胶束溶液不同,囊泡不是均匀的平衡体系,它只具有暂时的稳定性,有时可以稳定几周甚至几月,有时只能稳定几天甚至更短。这是因为形成囊泡的物质在水中的溶解度很小,转移的速度很慢,这也是促进囊泡稳定性的因素。研究发现,多室囊泡,越大越稳定。虽然胶束溶液具有热力学稳定性及总保持动态平衡,但就一个胶束而言寿命却很短,因为单体进出胶束的时间在微秒级;而分子进出囊泡则需要较长的时间,可长达数小时,甚至数周。鉴于这一特性,囊泡体系才具有药物输送和缓释功能。

② 包容性

由于囊泡的内室特殊结构使它能够包容多种溶质,并依据溶质的极性差异将它们包容在不同部位。类似于胶束的增溶,对亲水溶质,一般是较大的亲水溶质包容在它的中心部位,小的亲水溶质包容在它的中心部位及极性基层之间的区域。对疏水溶质,一般包容在各个两亲分子双层的碳氢基夹层之中。对本身就具有两亲性的分子,由于它与组成囊泡的表面活性剂具有相同或相似的结构,可参加到定向的双层中,形成混合双层。由于囊泡的这种结构特性,可应用于许多领域,如可作为药物载体包容不同性质的药物,可作为一个微反应

器用于化学反应的研究等。

③ 相变

囊泡相变主要来自双层膜中碳链构型的变化。相变之前形成囊泡的两亲分子饱和碳氢链呈全反式构象,如图 3-12 所示。温度较低时,这种非常有序的状态被叫做凝胶态。温度升高到一定值时,热运动使分子在保持有反式构象的条件下,具有某些垂直运动的自由度。与此相关的焓变很小,表现为第一个较小的吸热峰,此过程常被称为"预变"。在温度更高时,出现从凝胶态向液晶态转变的主过程,伴随着较大的焓变。经过相变过程,碳氢链失去全反式构象,链基旋转更自由,变为准流体。图 3-13 是双棕榈酰 L-α-卵磷脂的差热图,通过量热实验可测得囊泡双层膜的相变温度。

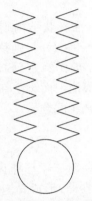

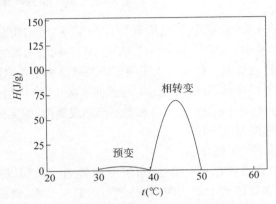

图 3-12　碳氢链全反式构象　　　图 3-13　双棕榈酰 L-α-卵磷脂的差热图

3.4.2　囊泡的形成机制及制备方法

1. 形成囊泡的机制

当临界排列参数 P 在 1/2~1 之间时,可形成囊泡。可见表面活性剂分子的几何构象对囊泡的形成是非常重要的。Masaniko 等提出了一个很形象的囊泡形成模型,例如以 DDAB 和 SDS 体系为研究对象,探讨囊泡的形成过程,发现表面活性剂分子几何形状是决定其在水溶液中聚集形状的重要因素。双链分子 DDAB 是圆柱状,相应地形成层状双层;SDS 分子是圆锥形,因而形成球状胶束。若将 DDAB 的反离子换为 OH$^-$ 以增加极性基的横截面积,也可以自发形成囊泡。受此启发,不难想象,如果把柱状表面活性剂转变成杯状结构,则可自发形成囊泡。如将 DDAB 和 SDS 按一定比例混合,呈现圆杯形,可形成囊泡。如图 3-14 所示。

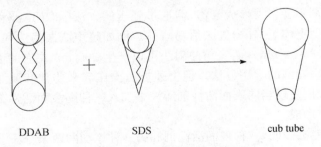

DDAB　　　　　SDS　　　　　cub tube

图 3-14　DDAB 和 SDS 体系

另一例子是表面活性剂 AOT（双链型阴离子）与 DSB（十二烷基甜菜碱两性离子）的体系，AOT 分子结构类似于一个圆柱，而 DSB 结构则类似于一个细长的圆锥。AOT 和 DSB 由于静电作用而靠近，形成一种杯状离子配合物，如图 3-15 所示。

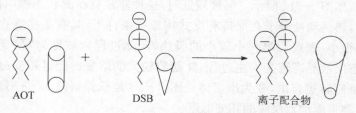

图 3-15　AOT 和 DSB 体系

按 Masaniko 模型，圆锥结构易形成胶束，柱状结构易形成双层，而杯状结构则易形成囊泡。如果体系中 AOT 比例较小（DSB 与 AOT 物质的量之比在 7∶3～9∶1）时，则整体仍是圆锥，就不能形成囊泡。盐的加入压缩了磺酸基负离子双电层，使得在临界比例为 DSB∶AOT＝7∶3 时，离子配合物形成杯状结构，导致曲率减小，半径增大，形成了囊泡。而对于临界比例为 DSB∶AOT＝9∶1 时，盐加入再多也不能形成囊泡，因无法形成杯状离子配合物。

2. 囊泡的制备方法

① 溶胀法（薄膜分散法）

让两亲化合物在水中溶胀，自发形成囊泡。例如，将磷脂溶液黏附于锥形瓶内壁，待溶剂挥发后，在瓶内壁上形成磷脂膜；然后向瓶中加水，磷脂膜便自发卷曲，形成囊泡分散在溶液中。此法多用于制备多室囊泡。

② 乙醚注射法

将两亲化合物（或药物）制成乙醚溶液，然后注射到水中，除去有机溶剂即可形成囊泡。反过来，将水溶液引入磷脂的乙醚溶液中，再注射到已加热到 50～60℃ 的缓冲溶液中，不断搅拌，蒸出乙醚，也能形成囊泡。此法多为单室，少数为多室。将多室转变为单室也可采用这种方法，这种反向蒸发的方法与溶胀法相比，可制备更大水室的囊泡。

③ 冷冻干燥法

将磷脂经超声处理，高度分散于缓冲溶液中，加入冻结保护剂（如甘露醇、葡萄糖等）冷冻干燥后，将干燥物分散到含药物的缓冲溶液或其他水溶液介质中，即可形成脂质体。此法适合于热敏性药物。

④ 其他方法

有的表面活性剂不能自发形成囊泡，需通过施压的方法（如超声波和挤压等）。此法形成的囊泡一般为亚稳定体系，外力失去后易解体。例如超声波振荡法和乙醇注射法可以产生比较小的囊泡（$D_h＝30$ nm），而氯仿注射法可以产生 300 nm 左右的大囊泡。另外，挤压法也是一种形成单室囊泡的常用方法。但上述方法操作起来非常麻烦，限制了囊泡的广泛应用。直到后来，人们发现当向表面活性剂溶液中加入一种助表面活性剂如长链醇时，确实有双层囊泡/脂质体形成。

近来的许多研究都表明，一种表面活性剂和另一种添加的两亲分子会自发形成囊泡，特别是阴、阳离子表面活性剂混合自发形成的囊泡更是引起了人们极大的兴趣。这些成果都极大地丰富了囊泡的研究内容。因为靠机械作用形成的囊泡都是亚稳定的,机械力除去后,囊泡膜的曲率会丧失,导致囊泡的形变。而自发形成的囊泡则要稳定得多,其寿命可达半年以上。因此,自发形成囊泡的研究已成为当今研究的热点。

3.4.3 影响囊泡稳定性的因素

1. 表面活性剂的组成及浓度的影响

表面活性剂的组成会对囊泡结构产生影响,如非离子表面活性剂加入卵磷脂囊泡后会引起囊泡结构上的变化。在低的表面活性剂浓度时,由于表面活性剂分子渗入到囊泡膜中,引起囊泡轻微的膨胀,当表面活性剂超过 30% 以上时,开始形成大的多室囊泡,囊泡的直径随表面活性剂浓度的增加而增大。但达到 70% 以上时,卵磷脂囊泡全部分解成为球状胶束。因为囊泡中引入的表面活性剂分子将介入到有序组合体分子排布中,引入离子型表面活性剂导致分子间电性斥力的增加或引入聚氧乙烯非离子型表面活性剂导致空间位阻加大,使囊泡膜分子排列更为疏松。

对正、负离子表面活性剂体系,超声振荡有助于胶束转化为亚稳态的囊泡,但表面活性剂总浓度的影响是不可忽略的。例如 CTAB 与 $C_{12}H_{25}SO_3Na$ 物质的量之比为 $1:1$ 的体系,混合表面活性剂总浓度在 $5.0\times10^{-3}\sim1.0\times10^{-2} mol\cdot L^{-1}$ 时,可在超声条件下形成一单室囊泡,囊泡大小在 $0.2\sim0.6 \mu m$,加入少量乙醇后,该体系囊泡可稳定 2 周左右。若小于此浓度范围(<cmc),溶液透明;大于此范围,溶液浑浊或沉淀。少量乙醇的加入,增加了混合体系的溶解性,有利于沉淀向囊泡的转化。

2. 温度的影响

一般情况下,加热使囊泡变小,冷却时小的囊泡聚集融合形成一个更大的囊泡。所以囊泡经加热,而后再冷却至室温,会形成更大的囊泡,可以增溶更多的溶质,而且具有更宽尺寸分布。囊泡的形成也受温度的影响。

3. 无机盐的影响

无机盐对各类囊泡的影响是不同的,通常磷脂和单一表面活性剂形成的囊泡,在盐浓度达到 $0.1 mol\cdot L^{-1}$ 时已破坏。而正、负离子型表面活性剂形成的囊泡则相对耐盐。例如在 $1:1$ 的正、负离子表面活性剂体系中,两亲分子电性互相中和,无机盐对混合表面活性剂离子的吸附和排布影响很小。

4. 聚合物的影响

为了提高囊泡的稳定性,人们设计了各种方法来加固囊泡,主要途径有聚合表面活性剂单体和用聚合物包裹囊泡。DODAM(双十八烷基二甲基甲基丙烯酸铵)在水中经超声处理形成小尺寸囊泡后,用甲基丙烯酸盐和聚甲基丙烯酸盐与 DODAM 分子形成致密的单层膜,延长囊泡寿命。

3.5 液晶

尽管胶束和囊泡受到广泛的关注和研究,但这仅仅是表面活性剂的几种可能的聚集形态,而液晶(liquid crystal)相的存在构成了表面活性剂自组装体系中同样重要的一部分。

　　当胶束中表面活性剂的体积分数增大到某个限度时,通常会出现一系列规则的几何结构。由于胶束表面之间的相互作用为排斥力(来自于静电力或水合力),所以当聚集体数目增多、胶束彼此之间更靠近时,为达到最大分散,必须改变其形状和尺寸。这就解释了浓溶液中观察到的表面活性剂相序列,这些相被称为液晶,又称"中介相"或"介晶相"。顾名思义,液晶的物理性质介于晶体与流体之间;其分子有序度介于液体与晶体之间;从流变学的角度考虑,液晶体系既不是简单的黏性液体也不是晶状的弹性固体。在一定的温度范围内,它一方面具有像液体一样的流动性、连续性、黏度、形变等机械性质,在某温度压力范围内表现为热力学稳定性,相变时有严格确定的焓变(ΔH)和熵变(ΔS);另一方面又具有像晶体一样的各向异性,即晶体的热色效应或温度效应、光学各向异性、电光效应、磁光效应等物理性质。

3.5.1　液晶的分类与结构

　　根据体系是由表面活性剂或是由其他类型的材料组成,通常可将液晶分成两大类:一类是热致液晶,由温度变化引起,只在一定温度范围内存在,一般只有单一组分,其结构和性质由温度决定(如用在液晶显示器中);另一类是溶致(溶剂诱导)液晶,是由溶液的浓度改变而形成的液晶态,其结构取决于溶质和溶剂之间的特殊相互作用,表面活性剂液体通常是溶致液晶。从微观来看,液晶态是各种特定分子在溶剂中有序排列而形成的聚集态。显然,这种聚集体保留着晶体的某种有序排列,这样才在客观上表现出物理性质的各向异性。而实际上,液晶是长程有序而短程无序的,即其分子排列存在位置上的无序性和取向上的一维或二维长程有序性,并不存在像晶体那样的空间晶格。目前发现的液晶均属有机化合物,如芳香族、脂肪族、多环族和胆固醇及其衍生物。

　　溶致液晶的形成主要依赖于两亲分子间的相互作用、极性基团间的静电力和疏水基团间的范德华力。当两亲化合物的固体与水混合时,在水分子的作用下,水浸入固体晶格中,分布在亲水头基的双层之间,形成夹心结构。溶剂的浸入,破坏了晶体的取向有序性,使其具有液体的流动性。随着水的不断加入,可以转变为不同的液晶态。溶致液晶会随溶液浓度、温度的变化而变化,因此改变溶液的浓度或温度,或同时改变溶液的浓度和温度,液晶态也相应地改变。表面活性剂在水溶液中可以多种形式存在,从完全无序的单体稀溶液到高度有序的结晶态,在此之间存在着一系列中间相。表3-7总结了与这些液晶相相关的通用符号,但在常见的简单的表面活性剂-水二组分体系中实际上只有三种结构可以分辨出来:层状相、六方相和立方相,如图3-16所示。

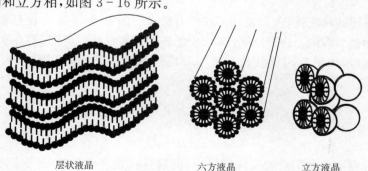

　　　　层状液晶　　　　　　　六方液晶　　　　　立方液晶

图 3-16　表面活性剂常见的三种溶致液晶结构

表 3 - 7　表面活性剂-水二元体系中最常见的溶致液晶和其他相

相　结　构	符　号	其　他　名　称
层状相	L_α	净相
六方相	H_1	中间相
反六方相	H_2	
立方相(正交束)	I_1	黏稠各向同性相
立方相(反交束)	I_2	
立方相(正双连续结构)	V_1	黏稠各向同性相
立方相(反双连续结构)	V_2	
胶束	L_1	
反胶束	L_2	

① 层状液晶　当两亲组分-水体系中双亲物质含量为 $80\%\sim85\%$ 时,液晶呈现层状相。层状液晶是以表面活性剂的双分子层为基本单元,以面对面的方式叠合而成的聚集体,它可看作流动化或增塑的表面活性剂晶体相。其特征是表面活性剂形成的双分子层与水呈层状排列,分子长轴互相平行且垂直于层平面,疏水基在双分子层内部,且互相溶解,亲水基位于双分子层的表面,与流动的水接触而溶于其中;两亲分子层彼此平行排列并被溶剂(水)层隔开。层状液晶的双分子层厚度随表面活性剂浓度的增加而变大,而溶剂(水)厚度则变小。此结构中的碳氢链具有明显的无序性和运动性。层状液晶结构使之显示光学各向异性,若在偏光显微镜下观察,它呈现特征的镶嵌状纹理。

② 六方液晶　由同一种两亲化合物形成的溶致液晶在较高浓度下呈现层状相,较低浓度(两亲物质含量为 20%)下呈现比层状相稳定的六方相。六方相液晶的特征是圆柱形聚集体互相平行排列成六方结构。两亲分子的疏水烃链位于圆柱内部,极性基位于圆柱的外表面。六方液晶具有各向异性,和层状液晶一样,也具有双折射性。在用偏光显微镜观察时,呈现出特征的扇形花样。这是它不同于层状液晶的地方,可借以鉴别这两种液晶。六方液晶的黏度高于层状液晶,这是因为它的结构单元彼此间只能沿着轴向滑动,其余方向上滑动都需要克服位阻。

③ 立方液晶　两亲化合物的浓度介于层状相和六方相之间,即 $60\%\sim75\%$,便呈现立方相。立方相液晶的特征是由球形或短棒状胶束在溶液中作立方堆积,呈现面心或体心立方结构。与层状液晶、六方液晶不同,立方液晶是各向同性的,无双折射性质。由于立方液晶结构中没有容易滑动的结构单元面,即没有明显的剪切面,因此,其黏度比层状液晶和六方液晶都大。

3.5.2　液晶的表征

如下介绍的方法都是液晶态最基本的表征手段,每种仪器与技术都有其擅长点与局限性,要对物质液晶态做出较为准确和完善的表征还依赖于多种方法的综合使用。

1. 偏光显微镜方法

偏光显微镜是表征液晶态的首选手段,因为该仪器价位较低,占地小,使用方便,且能提供许多有用信息。利用偏光显微镜可以研究溶致液晶态的产生、液晶态的清亮点、晶相转变、液晶体光学性能及液晶态结构和取向缺陷等形态学问题。利用偏光显微镜容易将向列型液晶态与其他液晶态区分开。除立方相外,层状和六方相液晶都显示出光学各向异性,因此可在偏光显微镜下观察它们的光学结构。

2. 量热分析法

采用差热分析(DTA)和示差扫描量热法(DSC)对样品进行热分析,从热分析谱图上确定其相变温度,这是确定相转变的一种简便、可靠的方法。液晶态是一个热力学平衡态,它从一种相态转变成另一种相态总是伴随着能量的变化,DSC法正是利用这些热效应来判断各种相存在的温度范围及相变温度。

3. X射线散射和衍射方法

射线衍射(或散射)方法不但可以确定液晶中烃链的组合状态,而且可以确定二级结构的晶型和晶格维度。X射线波长小于原子间距和分子间距,但又基本在同一量级,可用于了解原子和分子的排布及其有序度等信息,其作用是偏光显微镜和DSC方法所不能代替的。

4. 振动光谱(红外、拉曼光谱)方法

红外光谱能提供分子的近程结构、分子链构象、链间相互作用及链的取向状态和取向参数等信息,因而在液晶态研究中发挥着重要作用。从相应的频移随温度变化曲线斜率的改变,可以确定相变的温度。

5. 核磁共振方法(NMR)

含有芳环有机分子的有机物具有很强的抗磁性,当苯环受到垂直其平面的磁场作用时,由于感应磁场的响应,体系能量会升高;而当外磁场与环面平行时则不然。因此,苯环倾向于使其环面与磁场平行。液晶分子几乎都含一个以上对位取代的苯环。它们在外加磁场中,也有高低能态之分,多数液晶分子在低能态时,其分子长轴沿磁场方向取向。原则上可以通过NMR法得到液晶的有序参数。

6. 冰冻-断裂-复型电子显微镜(EM)

复型制样技术使电镜成功地应用于液晶体系的研究,冰冻-断裂-复型制样技术是指将样品速冻后使其断裂,让溶剂稍微挥发会使断面结构更清晰,然后用铂-碳金属沉积复制出断裂面,在电镜下观察复制出碳膜从而确定液晶的结构。

7. 原子力显微镜(AFM)

原子力显微镜的放大倍数远远超过以往的任何显微镜,可以直接观察物质的分子和原子组成,还能够对样品进行加工,这为微观世界的探索,如生物膜液晶态的研究提供了理想的工具,因而得到了广泛的重视。

综上介绍,偏光显微镜方法方便且有效;DSC方法提供了样品在变温环境中的行为,如玻璃化以及各种相变温度和焓变热等;X射线衍射技术对于确定液晶态的种类,特别是对于各种近晶型晶态的鉴别以及对于分子取向和有序程度的研究最为有效;红外光谱、核磁共振等方法在溶致液晶研究中的作用也越来越大。另外,扫描探针显微镜也显示出了极大的应用前景。但作为一种新兴的研究手段,其在液晶特别是在溶致液晶研究中的功能还有待于进一步开发。

3.5.3　表面活性剂液晶的形成

表面活性剂中间相的顺序可以简单地通过偏光显微镜和等温技术来确定。简而言之，就是在整个相图区间内设定一个浓度梯度，从少量表面活性剂开始逐渐增大浓度，确定从纯水到纯表面活性剂浓度范围内的相态变化。由于结晶水合物和一些液晶相都具有双折射性质，因此在正交偏光显微镜下可显示出完整的中间相顺序。

不同中间相之间的相互转换受分子堆积几何学和聚集体间作用力之间的平衡控制。因此，体系的特征很大程度上与溶剂的性质与数量有关。如果在一给定温度下，一个双组分体系出现所有的中间相，则相出现的顺序与两亲物质浓度有关，即随着两亲组分浓度的增加而依次出现：六方相→立方相→层状相→反立方相→反六方相。一般来说，中间相的主要类型趋向于在相图上以相同的顺序、在大概相同的位置出现。图 3-17 是典型的非离子表面活性剂 $C_{16}H_{33}O(C_2H_4O)_8H$ -水体系的二元相图。尽管根据表面活性剂的化学特性，各中间相在温度和浓度方向的分界位置有所不同，但该体系的中间相顺序与大多数聚氧乙烯类非离子表面活性剂是相同的。

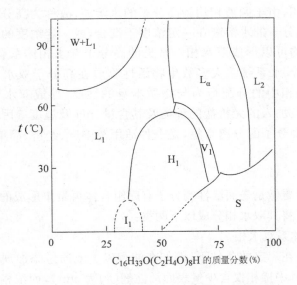

W-单体溶液；L_1-胶束；L_2-反胶束；L_α-层状相；H_1-六方相；
V_1-立方相（正双连续结构）；I_1-立方相（正胶束）；S-表面活性剂相

图 3-17　$C_{16}H_{33}O(C_2H_4O)_8H$ -水体系的二元相图

许多研究表明，在表面活性剂 Krafft 点与其熔点之间的较宽温度范围内，体系可以形成液晶态。溶致液晶的存在甚至比胶束更为普遍，但最普遍的液晶结构是层状相和六方相，而立方相只在狭窄的温度和组成范围内出现。

表面活性剂的水体系液晶相的产生，与表面活性剂的两个性质有着重要的关系：一是表面活性剂的水界面上相邻极性基之间的斥力大小；二是烷基链和水的接触程度以及链的构象有序程度。前者主要指极性基团的水化作用强度、头基和尾链排列情况及相邻表面活性剂分子所带电荷符号。后者受烷基链的数目、长度和不饱和度的影响。其中烷基链长度的影响更为突出,当碳数小于 6 时,不会出现液晶相;当碳数小于 12 时,只有层状相、立方相;碳数增加到 20 时,会出现层状相、立方相、六方相三种液晶相。

3.6　表面活性剂双水相

某些物质的水溶液在一定条件下自发分离形成两个互不相溶的水相,该体系称为双水相体系。1955 年,Albertson 首先利用聚乙二醇-葡聚糖和聚乙二醇-盐体系的双水相技术成功分离了生物分子。近几年来,双水相技术在动力学研究、双水相亲和分离、多级逆流层析、反应分离耦合等方面都取得显著的成绩。现今,双水相技术已广泛应用于氨基酸、多肽、核酸、蛋白质、各类细胞、病毒等的大规模分离中。

3.6.1　双水相的类型

1. 高分子双水相

早在 1896 年 Beijerinck 就发现,明胶与琼脂或可溶性淀粉混合时,在一定条件下可形成具有清晰界面的两个液相,由于两液相均为高分子的水溶液,故称为高分子双水相。后来的研究结果表明,两种高分子的水溶液在一定浓度下混合,或一定浓度的一种高分子与一种无机盐的水溶液混合均可以形成双水相。常见的高分子双水相体系有聚乙二醇-葡聚糖-水和聚乙二醇-磷酸盐-水系统。大多数生物活性物质在高分子双水相中分配能保持活性,而某一物质在双水相中的分配行为与物质本身的性质、形成双水相的高分子类型、相对分子质量及其浓度、加入的无机盐的种类及其含量、pH 及温度等因素有关。高分子双水相已广泛应用于生物分子的分离富集,是一种适用范围广、经济、简单、高灵敏度的分离手段。

2. 表面活性剂双水相

表面活性剂双水相可以看做是表面活性剂分子有序组合体再聚集形成的高级结构。根据表面活性剂分子的类型可将其双水相分成以下两类:

① 非离子表面活性剂体系双水相

非离子表面活性剂溶液在一定的条件下,例如在浊点以上或通过添加剂能形成两个透明的液相——稀相和浓相,其中稀相仅含少量表面活性剂(约为 cmc),而浓相为表面活性剂富集相,此体系适合于萃取分离疏水性物质如膜蛋白。溶解在溶液中的疏水物质如膜蛋白与表面活性剂的疏水基团结合,被萃取到表面活性剂浓相,亲水性物质留在水相。这种方法也称浊点萃取。

② 阴、阳离子表面活性剂双水相

通常阴、阳离子表面活性剂混合体系在浓度很低时就会产生沉淀,但进一步增加溶液浓度会再次形成均相溶液,在一定的条件下还会形成双水相,平衡的两相均为很稀的溶液。例如头基较大的季铵盐型阳离子表面活性剂与阴离子表面活性剂的混合溶液在一定浓度和混合比范围内可以形成具有清晰界面的、稳定的两个液相。该双水相的上下层均为很稀的表面活性剂水溶液(总浓度的质量分数小于 1%),因此将有利于生物活性物质的分离提取而不至于失活变性;双水相的上、下相互为饱和,互不相溶,可以长期平衡共存而不发生变化。

阴、阳离子表面活性剂混合体系因有极高的表面活性,这些体系中的双水相被认为是体系存在两种不同结构形态的胶束,其中较大或形状不对称的胶束之间发生絮凝聚集形成的高级结构,与含有小胶束的液相分离形成双水相。阴、阳离子混合表面活性剂双水相体系的开发为生物活性物质分离提供了一种新的双水相萃取系统。

阴、阳离子表面活性剂双水相除了具有非离子表面活性剂双水相的优点外,还具有许多特性:其双水相为更稀的水溶液(含水量可高达99%以上),与非离子表面活性剂和高聚物相似;其双水相形成主要取决于表面活性剂浓度及两种表面活性剂的物质的量之比,无需升温,这样可避免升温所导致的蛋白质变性;可通过调节混合胶束表面的电荷,利用胶束和蛋白质的静电作用极大地提高分配选择性;用适量水稀释后,阴、阳离子表面活性剂就会沉淀,易于生物活性物质从双水相中分离出来。将表面活性剂富集相加适量水稀释后,又可形成新的双水相,所以可进行多步分配。

3. 高分子与阴、阳离子表面活性剂混合双水相

在高分子双水相中,由于不同种类高分子具有不相容性,即不同高分子形成的空间结构不能相互渗透,从而导致分相。而在阴、阳离子表面活性剂双水相中,一相为表面活性剂富集相,另一相表面活性剂浓度很低。富含表面活性剂相存在絮凝胶束,在絮凝胶束组成的三维网状立体结构中含有大量的水,向该体系中加入高分子后,表面活性剂的絮凝胶束与高分子的空间结构不能相互渗透而导致分相,使表面活性剂与高分子分别富集于不同相中。由此可解释高分子与阴、阳离子表面活性剂混合双水相的形成。

3.6.2　双水相的形成机制和结构特性

1. 阴、阳离子表面活性剂双水相组成范围

以阴离子表面活性剂脂肪酸钠(C_{10}、C_{12})和阳离子表面活性剂氯化烷基吡啶(P_{10}、P_{12}、P_{14})混合体系为例介绍。在P_{12}/C_{12}体系($c_{总} = 0.1 \text{ mol} \cdot L^{-1}$)中,当$P_{12}/C_{12}$组成比在1.3~1.4或0.59~0.67之间时形成双水相;当P_{12}/C_{12}组成比为1时,出现浑浊;其他情况则为澄清溶液。这表明仅在靠近组成比1∶1附近很小范围内才有双水相形成。

一般来说,阳离子过量的体系双水相形成较快,阴离子过量体系双水相形成较慢。前者双水相的上下相均无色透明,置于正交偏振片间观察,没有透光现象(即无偏光),说明溶液中无结构不对称的有序组合体,上相黏度明显大于下相黏度。上、下两相均存在囊泡,上相囊泡多而密,下相囊泡少而稀。

表3-8为脂肪酸钠和氯化烷基吡啶混合体系的表面活性。由表中数据可知,在阳离子表面活性剂过量体系中,随着阳离子表面活性剂疏水基碳数增加,cmc逐步减小,γ_{cmc}也逐渐变小(从22.7到22.1再到21.4);在阴离子表面活性剂过量体系中,碳数增大,体系cmc也逐渐减小,但γ_{cmc}不变(21.4)。由于阴离子表面活性剂过量体系饱和单分子层排列较阳离子表面活性剂过量体系更为紧密,分子极限面积较小。因为$P = V_c/a_0 l_c$更接近1,有利于形成较大的囊泡和层状聚集结构,所以阴离子表面活性剂过量的双水相呈半透明和偏光特性,而阳离子表面活性剂过量的双水相均显示为透明。

表 3-8　脂肪酸钠和氯化烷基吡啶混合体系的表面活性

体　系	阳离子∶阴离子	cmc(mol·L^{-1})	γ_{cmc}(mN·m^{-1})
P$_{10}$/ C$_{12}$	1.4∶1.0	0.708×10^3	22.7
P$_{12}$/ C$_{12}$	1.4∶1.0	0.302×10^3	22.1
P$_{14}$/ C$_{12}$	1.4∶1.0	0.138×10^3	21.4
P$_{10}$/ C$_{12}$	1.0∶1.5	1.00×10^3	21.4
P$_{12}$/ C$_{12}$	1.0∶1.5	0.302×10^3	21.4
P$_{14}$/ C$_{12}$	1.0∶1.5	0.138×10^3	21.4

2. 阴、阳离子表面活性剂双水相的特点

表 3-9 列出了 P$_{12}$/ C$_{12}$ 混合体系中正、负离子的相关数据。

表 3-9　P$_{12}$/ C$_{12}$ 体系双水相特性

离子	P$_{12}$∶C$_{12}$＝1.30∶1.00			离子	P$_{12}$∶C$_{12}$＝1.00∶1.55		
	上相（×10^2）	下相（×10^2）	测出总量（mmol）		上相（×10^2）	下相（×10^2）	测出总量（mmol）
P$_{12}$$^+$	9.22	0.385	0.245	P$_{12}$$^+$	3.42	0.123	0.185
Na$^+$	1.69	1.99	0.176	Na$^+$	2.91	2.79	0.291
Cl$^-$	2.98	2.12	0.215	Cl$^-$	1.82	2.01	0.195
C$_{12}$$^-$	7.93	2.58	0.204	C$_{12}$$^-$	4.51	0.912	0.282

由表 3-9 中数据,可得到如下结论:

① 两相均为表面活性剂稀溶液,含水量大于 95%。其中阳离子过量的双水相上相浓度最大,而下相最小。

② 上相为表面活性剂富集相,其浓度远大于下相,这与囊泡密度上相大于下相结果一致。

③ 上相正、负离子比例接近等比,而下相偏离较大。

④ 无机盐在上、下相分布大致均匀,可见两相溶液的密度并非来自无机盐浓度,而是由于表面活性剂离子形成结构差异所致。参见表 3-10。

表 3-10　双水相密度(g·cm^{-3},t＝30℃,$c_{总}$＝0.1 mol·L^{-1})

	P$_{12}$∶C$_{12}$		P$_{10}$∶C$_{12}$	
	1.3∶1.0	1.0∶1.6	1.4∶1.0	1.0∶1.3
上相	0.993 3	0.995 3	0.992 3	0.992 4
下相	0.996 0	0.997 0	0.997 1	0.997 3

表面活性剂分子在溶液中依靠疏水基缔合作用形成多种形式的分子有序组合体,包括胶束和囊泡。由于囊泡质点较大,易于聚集在一起形成松散、带有大量液体的絮凝结构。这

种絮凝结构密度低于囊泡分散相,导致相分离,形成双水相。故上相为表面活性剂富集的囊泡絮凝相,而下相为含有少量分散囊泡的表面活性剂。

已有人证明,两亲分子有序组合体形成会导致溶液密度降低,密度结果暗示上相的结构不同于下相,其结构化程度高于下相。

3. 表面活性剂双水相的形成机制

研究发现,对 CTAB—SDS 体系,双水相的上相都为层状结构,说明形成双水相的首要条件就是体系要能形成层状胶束。当系统温度和浓度都比较低时,表面活性剂形成聚集数较小的球形胶束,随着温度的升高或浓度增大到一定值时,胶束聚集数很快增长,形成大的胶束并逐渐向层状结构转变。也就是说,要形成双水相就必须要达到一定的温度和浓度。随着盐的加入,反离子的作用使得胶束中带电的亲水基间的静电作用减小,促使表面活性剂形成更大的胶束,所以在较低的浓度下,能形成层状胶束,并形成双水相。

在阴、阳离子混合表面活性剂中,极性头基的电荷吸引作用与非极性的疏水基相互作用都对双水相的相行为有显著影响,疏水作用是引起体系产生沉淀的重要原因。从分子间相互作用考虑,由于阴、阳离子型表面活性剂极性头基间电荷的强烈相互吸引,使其易于形成类似于生物体系中磷脂二聚分子,在不同物质的量的混合溶液中,这些二聚分子与溶液中过量的阳(或阴)离子型表面活性剂分子由于疏水相互作用,可形成胶束、囊泡或层状结构等分子聚集体。这些聚集体间也存在着相互作用,作用力大小与聚集体带电情况密切相关。若溶液中混合表面活性剂的物质的量之比愈接近 1∶1,极性头基间电性排斥作用愈小,在疏水作用的推动下,易形成有序结构,表现为 cmc 降低。若分子中疏水链较长,则疏水作用太强,易产生沉淀现象。另一方面,聚集体的电荷密度变小,聚集体间易于接近,可形成更大的聚集结构,并可能构成宏观相从原溶液中分离出来。

对于过量体系,稀释溶液,聚集体中过剩的表面活性剂进入溶液相,从而使胶束内的物质的量之比更加接近 1∶1,这就会产生两种后果:一是胶束的表面电荷密度减小,曲率变小,胶束长大,可能发生胶束到囊泡再到层状结构的转变;二是聚集体带电量减少,斥力减少,双水相更易形成。这就是为什么双水相出现在低浓度区。在 CTAB—SDS 体系中,当 SDS 过量时,上相层状结构,下相囊泡;而 CTAB 过量时,形成的上相为层状结构,下相也为层状结构,只是较为疏松。

表面活性剂富集相可在上相,也可在下相。一般的富集相增溶能力强,其中阳离子表面活性剂过量较多者,其上、下两相的增溶能力差别最大,所以通过调整阴、阳两种表面活性剂物质的量之比可以改变双水相萃取分离能力。动态光散射表明:在稀相中,当阴、阳离子表面活性剂物质的量之比为 1∶1 时,存在着流体力学半径为 2.6 nm 及 9.3 nm 的胶束和 56.8 nm 及 267.7 nm 的囊泡,即大小与形态不同的胶束与囊泡共存的稀溶液。当物质的量之比偏离 1∶1 时,稀相中囊泡逐渐消失,也只存在 3 nm 大小的胶束;而富集相中则为密度很大的囊泡聚集体,大小为 40～80 nm,正是这些囊泡聚集体大量密集的存在而产生了体系的密度差,并分离出新相。

3.6.3　双水相分离技术的特点

与一些传统的分离方法相比,双水相分离技术有以下特点:

1. 系统的含水量多达 75%～99%，两相界面张力极低（10^{-7}～10^{-4} mN·m^{-1}），有助于保持生物活性和强化相际间的质量传递，但操作中应注意系统易乳化的问题。

2. 由于双水相系统之间的传质过程和平衡过程快速，因此相对于某些分离过程来说，能耗较小，分相时间短（特别是高分子/盐系统），自然分相时间一般只有 5～15 min，而且可以实现快速分离。

3. 易于放大，各种参数可以按比例放大而产物收率并不降低，目标产物的分配系数一般大于 3，大多数情况下，目标产物有较高的收率。研究发现，分配系数仅与分离体积有关，这是其他过程无法比拟的。这一点对于工业应用尤为有利。

4. 易于进行连续化操作，例如可以采用高分配系数和选择性的多级逆流分配操作。整个操作过程可以在室温下进行，操作条件温和。

5. 大量杂质能够与所有固体物质一起去掉，与其他常用固液分离方法相比，双水相分配技术可省去 1～2 个分离步骤，使整个分离过程更经济。

6. 由于双水相系统受影响的因素复杂，从某种意义上说可以采取多种手段来提高选择性或提高收率。

基于以上诸多优点，双水相技术的应用前景非常广阔。当然，双水相萃取也存在着某些缺点，制约着其大规模应用和发展，例如某些高聚物的价格高，常常需要高浓度的盐才能进行有效的分离，因此难以应用于无法使用高盐浓度的亲和分离过程。

第四章　特种表面活性剂

特种表面活性剂是指含有氟、硅、磷、硼等元素的表面活性剂，或者是具有特殊结构的表面活性剂。一般而言，普通表面活性剂的疏水基均为含有不同碳原子数的碳氢链，相对分子质量低于 500 或在 500 左右，且结构简单，其性质和应用在一定程度上受到分子大小及分子组成的限制。而特种表面活性剂具有功能特殊、适用范围广、与生态环境更相容等特点。随着科学技术的突飞猛进，特种表面活性剂的研究与开发十分迅速，应用领域不断扩大。

4.1　氟表面活性剂

传统表面活性剂分子中碳氢链上的氢原子部分或全部被氟原子取代，就成为氟表面活性剂。通常情况下氟表面活性剂呈固态或黏稠液态，不易挥发，对环境无明显影响，也没有明显的毒性，可以像普通表面活性剂一样安全使用。氟表面活性剂与碳氢表面活性剂的差别主要在于非极性疏水基的结构，传统表面活性剂的碳原子数通常在 8～20，而氟表面活性剂分子中的非极性基则由碳氟链组成，且氟原子的数目和位置对其性质有重要影响。由于氟原子取代了氢原子，即碳氟键取代了碳氢键，氟原子电负性大，碳氟键的键能大，氟原子的原子半径也比氢原子大，因此该类表面活性剂具有"三高二疏"特性，即高表面活性、高热稳定性、高化学惰性及疏水性和疏油性。

4.1.1　氟表面活性剂的结构

从结构上看，氟表面活性剂与烃类表面活性剂相似，都由亲水基与疏水基组成。在氟表面活性剂中，含氟的尾部 R_F 可以是只含有碳和氟的既疏水又疏油的全氟碳链，也可能同时含有其他元素，如 C、F、H 或 C、F、O 三种元素构成的链段，含有 C、F、O、H 或 C、F、H、Si 四种元素构成的链段，这些链段可以是直链或支链。部分氟化的链段中存在碳氟链和碳氢链两种互不相亲的部分，因此这类氟表面活性剂表现出与全氟化的氟表面活性剂不一样的性质。结构中的碳氢链段使部分氟化的氟表面活性剂在非极性的碳氢化合物溶剂中，比全氟化的氟表面活性剂有较好的溶解性，熔点较低，挥发性也小，其氟代酸的酸性比全氟烃基羧酸弱。随着氟化程度的增加，疏水性逐渐加强，其水溶性、cmc、Krafft 点等性质都呈现有规律的变化。

4.1.2　氟表面活性剂的分类

与碳氢表面活性剂相同，依据极性基结构的不同，可将氟表面活性剂分为离子型和非离子型两大类。离子型氟表面活性剂又可分为阴离子、阳离子和两性氟表面活性剂。最适宜的碳氟链长为 6~10 个碳原子。

① 阴离子型氟表面活性剂

阴离子型氟表面活性剂在溶液中能解离成带有负电荷的表面活性离子,是含氟类表面活性剂中很重要的一种类型,也是最早开发的一类氟表面活性剂。根据其阴离子结构的不同,又可分为羧酸盐、硫酸酯盐、磺酸盐及磷酸酯盐四类。表 4-1 列出了一些阴离子型氟表面活性剂品种,其中含氟疏水基团(R_F)可以是全氟烃链或部分氟化的脂肪烃链基,有时也含有芳烃基;M^+ 是无机阳离子或有机阳离子。某些阴离子型氟表面活性剂中含有磺氨基($-SO_2NH-$)、巯基($-S-$)等,并通过这些基团把含氟疏水基与亲水基连接起来。还有一些阴离子型氟表面活性剂结构中含有非离子的聚氧乙烯基链段,可以增加阴离子型氟表面活性剂的水溶性,及其与阳离子、两性表面活性剂的兼容性。

表 4-1　阴离子型氟表面活性剂的主要品种

表面活性剂类型	结构通式	品种举例
羧酸盐型	$R_F COO^- M^+$	$CF_3(CF_2)_6 COONa$
		$C_8F_{17}(CH_2)_4 COONa$
		$C_8F_{17}CONH(CH_2)_5 COONa$
		$C_9F_{19}CH_2CH(OH)CH_2N(CH_3)CH_2COOK$
硫酸酯盐型	$R_F OSO_3^- M^+$	$C_7F_{15}OSO_3Na$
		$CF_3(CF_2CF_2)_nCH_2(OCF_2CF_2)_mOSO_3NH_4$
		$(CF_3)_2CFO(CH_2)_6OSO_3Na$
磺酸盐型	$R_F SO_3^- M^+$	$C_7F_{15}SO_3Na$
		$C_3F_7(CH_2)_nSO_3Na$
		$CF_3C_6H_{12}CH_2O(C_2H_4O)_5SO_3Na$
磷酸酯盐型	$R_F OP(O)O_2^{2-} M_2^+$ 单酯	$CF_3(CF_2)_nOCH_2CH_2OP(O)(ONa)_2$
	$(R_FO)_2P(O)O^- M^+$ 双酯	$[CF_3(CF_2)_nOCH_2CH_2O]_2P(O)(ONH_4)$

在羧酸盐型氟表面活性剂中,虽然由于氟原子的诱导作用,使得含氟烃基羧酸要比一般的羧酸酸性强,但其仍与碳氢羧酸盐型表面活性剂一样,在强酸环境或遇到高价金属离子水溶液时会出现沉淀。因此羧酸盐类氟表面活性剂也不适用于强酸性或含 Ca^{2+}、Mg^{2+} 多的硬水和重金属盐溶液。硫酸酯盐型氟表面活性剂有较好的水溶性,但其在水溶液中稳定性不高,因此限制了该类氟表面活性剂的应用。磺酸盐型氟表面活性剂在实际应用中有更强的耐氧化性,对强酸性介质、电解质及钙离子敏感性较低。磷酸盐型氟表面活性剂不易产生泡沫,而且有些品种具有很好的抗泡沫性。

② 阳离子型氟表面活性剂

阳离子型氟表面活性剂在溶液中离解成带有正电荷的表面活性离子,其亲水基可以含氮、磷或硫离子,但目前具有实际应用意义的主要是含氮类的亲水基,按氮原子在分子结构中的位置可分为胺盐类、季铵盐类、氮苯类和咪唑啉类,其中季铵盐类用途最为广泛。

阳离子型氟表面活性剂易被吸附于带负电荷的物体表面,这种吸附的利弊取决于表面活性剂的使用场合。例如,在废水清洗系统中,由于阳离子型氟表面活性剂在黏土和淤泥上的吸附,中和了污泥颗粒的表面电荷,使之更容易相互碰撞、聚集而沉降,从而简化了流出物中去除阳离子型氟表面活性剂的处理过程,所以这种吸附是有益的。表 4-2 列出一些阳离子型氟表面活性剂的品种。

表 4-2　阳离子型氟表面活性剂的常见品种

表面活性剂类型	结构通式	品种举例
胺盐型	$R_F NR_2 \cdot HX$	$[F(CF_2)_8 CH(OH)CH_2]_2 NCH_2 CH_2 NH_2 \cdot H_2 SO_4$
		$C_7 F_{15} CONH(CH_2)_2 N(CH_3)_2 \cdot HBr$
季铵盐型	$R_F N^+ R_3 \cdot X^-$	$C_7 F_{15} CH_2 NHCH_2 CH_2 N^+ (CH_3)_3 \cdot Cl^-$
		$C_7 F_{15} CONH(CH_2)_3 N^+ (CH_3)_3 \cdot I^-$
		$CF_3 (CH_2)_n N^+ (CH_3)_3 \cdot Br^-$
		$C_6 F_{13} CH_2 CH_2 SCH_2 N^+ (CH_3)_2 CH_2 CH_2 OH \cdot Br^-$

阳离子型氟表面活性剂中的亲水基阳离子既可以是季铵离子,也可以是胺离子。其疏水基部分除含氟烃基结构外,通常还有烃基、酰胺基、磺酰基硫醚等基团。含氟烃基大部分是含有 6～10 个碳原子的直链烃基结构。

③ 两性氟表面活性剂

两性氟表面活性剂亲水基部分同时含有碱性基阳离子和酸性基阴离子。阳离子可以是铵离子,也可以是季铵、吡啶阳离子;阴离子多是羧酸基、磺酸基、硫酸酯基。由铵离子与羧酸阴离子组成的氨基酸类两性氟表面活性剂,随溶液 pH 的变化,以阴离子或阳离子的形式存在,而在等电点时易形成内胺盐。表 4-3 列出一些两性氟表面活性剂的品种。

表 4-3　两性氟表面活性剂的常见品种

表面活性剂类型	结构通式	品种举例
氨基酸型	$R_F N^+ H_2 CH_2 CH_2 COO^-$	$C_8 F_{17} (CH_2)_2 SCH_2 (OH)CH_2 N^+ H(CH_3)CH_2 COO^-$
甜菜碱型	$R_F N^+ R_3 X^-$	$C_9 F_{19} CONH(CH_2)_3 O(CH_2)_2 N^+ (CH_3)_3 CH_2 COO^-$
		$C_8 F_{17} CH_2 CH_2 CONH(CH_2)_3 N^+ (CH_3)_3 SO_3^-$
		$C_7 F_{15} CFHCH_2 N^+ (CH_3)_2 (CH_2)_2 OSO_3^-$

④ 非离子型氟表面活性剂

非离子型氟表面活性剂在溶液中不电离,其极性基通常由一定数量的含氧醚键或羟基构成。含氧醚键一般是聚氧乙烯亲水链段,有时也可能是聚氧乙烯链与聚氧丙烯相间的嵌段结构。这些极性基团的长度可通过分子设计加以调节,极性基长度的改变将影响非离子型氟表面活性剂的亲水亲油平衡值。如聚氧乙烯链的长度很容易在环氧乙烷的开环加成反应中控制调节,从而影响它的界面性质。此外,聚氧乙烯类非离子氟表面活性剂在水中的溶解度随温度升高而降低,当温度达到浊点时,其会从水中析出。一般情况下,非离子型氟表面活性剂比相应的离子型氟表面活性剂在有机溶剂中的溶解度大。由于聚氧乙烯亲水基比羧酸盐、磺酸盐等阴离子基团的化学稳定性差,因此非离子型氟表面活性剂通常不在含强氧化剂的溶液中使用。表 4-4 列出一些非离子型氟表面活性剂的品种。

表 4-4　非离子型氟表面活性剂的常见品种

表面活性剂类型	结构通式	品种举例
聚氧乙(丙)烯类	$R_F CH_2 O[CH(CH_3)CH_2 O]_m (CH_2 CH_2 O)_n H$	$(CF_3)_2 CFO(CH_2)_6 O(CH_2 CH_2 O)_n H$
		$CF_3 (CF_2)_m CH_2 CH_2 O(CH_2 CH_2 O)_n H$
		$CF_3 CHFCF_2 O[CH(CH_3)CH_2 O]_m (CH_2 CH_2 O)_n H$
醚醇类		$C_9 F_{19} CH_2 CH(OH)CH_2 OCH_2 CH_3$
		$C_8 F_{17} C_2 H_4 O[CH_2 CH(CH_2 OH)O]_m H$
		$C_6 F_{13} CH_2 CH_2 (OCH_2 CH_2)_{10} OH^-$

⑤ 其他类型氟表面活性剂

a. 含硅氟表面活性剂　该类表面活性剂可通过氟化含硅表面活性剂而制得,其降低水的表面张力的能力比碳氢表面活性剂强。若将硅原子的 α 位或 β 位碳原子进行氟化,由于氟原子的电负性影响,造成 Si—C 键很容易水解,生成 $CF_3 H$。只有当碳氟基团进一步远离硅原子而处于 γ 位时,碳氟基团才没有明显的诱导效应,该化合物才有足够的耐水解稳定性,可以在实际中使用。

b. 混杂型氟表面活性剂　大多数氟表面活性剂只有一条含氟链作为疏水疏油基。近年来开发了一类新型的氟表面活性剂(fluorinated hybrid surfactant),这类表面活性剂是在同一分子中既含有氟碳链又含有碳氢链作为疏水疏油基。混杂型氟表面活性剂独特的分子结构使其具有其他氟表面活性剂所不具备的物化性质。单链的混杂型氟表面活性剂可以改善生物适应性,故在生物学研究中具有重要意义。此外,一些混杂型阳离子氟表面活性剂呈现特殊的流变能力。

c. 无亲水基氟表面活性剂　该类表面活性剂也称半氟化烷烃,与其他氟表面活性剂的区别是其结构中没有亲水基团,不符合传统意义的氟表面活性剂的基本结构特征。但其在极性小的有机介质中所表现出的分子行为却与氟表面活性剂非常相似。半氟化烷烃是普通氟碳化合物与碳氢化合物的低相对分子质量嵌段共聚物,其结构式为 $F(CF_2)_m (CH_2)_n H$。该类物质在碳氢和碳氟溶剂中的聚集力非常弱,聚集数一般在 2~6 个分子,远低于普通表面活性剂在水中的聚集数量。而其在与碳氢化合物混合的体系中吸附作用随着温度的升高而下降,在远低于克拉夫特温度以下,半氟化烷烃和碳氢混合二元体系表现出很强的吸附作用,并形成高浓缩的吸附膜。在半氟化烷烃-氟碳-碳氢的三元混合体系中,当温度高于克拉夫特点时,半氟化烷烃吸附在碳氢和氟碳溶液界面。

4.1.3　氟表面活性剂的性质

1. 稳定性

由于氟是自然界中电负性最大的元素,使碳氟共价键具有离子键的性能,C—F 键的键能(486 kJ・mol^{-1})大于 C—H 键键能(413 kJ・mol^{-1})，又因氟原子半径比氢原子大，使 C—C 键因氟原子的屏蔽作用(图 4-1)而得到保护；C—F 键键能大，极化率小，间距短，故氟表面活性剂具有较高的热稳定性和化学稳定性。例如氟表面活性剂不会与各种强氧化剂、强酸和强碱发生反应而分解，故其在强电解质中稳定。

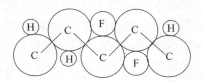

图 4-1　氟原子在碳-碳上的立体效应

2. 表面活性

具有相同的极性基团和相同碳数的氟表面活性剂与普通碳氢表面活性剂相比，前者具有更高的表面活性，这是因为碳氟链的疏水性比碳氢链强，氟碳化合物具有极低的表面能。例如传统碳氢表面活性剂的表面张力在 30～40 mN・m^{-1} 范围，而氟表面活性剂的表面张力在 10～20 mN・m^{-1} 之间。传统表面活性剂一般在碳氢链的碳原子数达到 12 以上才具有良好的表面活性，而氟表面活性剂在含有 6 个碳原子时即能呈现较好的表面活性，在含 8～12 个碳原子为最佳，碳氟链也不宜过长，否则会因为在水中的溶解度太低而不能使用。

此外，由于氟表面活性剂的全氟烷基兼有疏水和疏油两种性能，故其在有机溶剂中也具有良好的表面活性，尤其是引入极性较低的亲油基时，更能有效降低溶剂的表面张力。

3. 临界胶束浓度

氟表面活性剂的临界胶束浓度要比结构相似的碳氢表面活性剂低 1～2 个数量级。例如脂肪酸钾(C_nH_{2n+1}COOK)与全氟羧酸(C_nF_{2n+1}COOH)的临界胶束浓度如表 4-5 所示。

表 4-5　脂肪酸钾与全氟羧酸的临界胶束浓度(mol・L^{-1})

表面活性剂	C_6	C_8	C_{10}
脂肪酸钾	1.68	0.36	0.095
全氟羧酸	0.054	0.005 6	0.000 48

4. 疏水疏油性

由于氟碳化合物分子间的范德华力小，氟表面活性剂在水溶液中自内部迁移至表面，比碳氢表面活性剂所需的张力要小，从而导致强烈的表面吸附和很低的表面张力。也正由于氟碳链的范德华力小，它不仅与水的亲和力小，而且与碳氢化合物的亲和力也小，因此形成了既疏水又疏油的特性。利用这一性质，可将氟表面活性剂用于固体表面的处理，可使固体表面抗水、抗黏、防污、防尘。

除了上述性质外，氟表面活性剂还具有优良的润湿性、渗透性、低摩擦性和抗静电等性能。此外，氟表面活性剂还具有优良的配伍性，与碳氢表面活性剂复配性能好，复配体系具有更高的表面活性。

然而，氟表面活性剂也有不足之处。例如，尽管氟表面活性剂能显著地降低水的表面张力，但对油-水界面张力降低的能力并不强。有些氟表面活性剂在室温下溶解度很小，其克拉夫特点很高。

4.2 硅表面活性剂

有机硅表面活性剂是指以聚醚改性硅油(聚合度从几个到几百个的二甲基聚硅氧烷)为主,也可以通过引入环氧基、氨基等反应性基团制成的各类含硅的表面活性剂。有机硅表面活性剂一般由聚二甲基硅氧烷为疏水主链,在其中间位置或端位连接一个或多个有机极性基团所组成。它具有非常好的表面活性,可以显著降低水的表面张力至约 21 mN·m^{-1},是一类高效的表面活性剂。由于分子中含有很多支链结构,不易结晶,在低温时不沉淀;由于分子结构特殊,界面膜上各分子间的黏附力很小,因而是很好的润湿剂、润滑剂;由于其极低的生理毒性,被广泛应用于化妆品领域。此外,该类表面活性剂还具有低表面张力、高铺展性、强大的乳化作用力、良好的配伍性及独特的泡沫调节能力等优点,使得硅表面活性剂已大量用于纺织、塑料、涂料、医药、机械加工、农用化学品等诸多行业。

4.2.1 硅表面活性剂的分类

与常规的表面活性剂类似,含硅表面活性剂按亲水基的结构可分为阴离子型、阳离子型、两性型和非离子型等四类。如果按照疏水基的结构分类,则可分为硅烷基型和硅氧烷基型两类。

1. 硅烷基型

此类表面活性剂疏水部分的结构通式为

$$-\overset{|}{Si}-CH_2----\overset{|}{Si}-$$

品种举例:$(CH_3)_3Si(CH_2)_3COONa$

$C_6H_5(CH_3)_2Si(CH_2)_2COONa$

$(CH_3)_3Si(CH_2)_3O(CH_2CH_2O)_nH$

2. 硅氧烷基型

该类表面活性剂疏水基的结构为

$$-\overset{|}{Si}-O-CH_2----$$

品种举例:$[(CH_3)_3SiO]_3Si(CH_2)_3N^+(CH_3)_3Cl^-$

$[(CH_3)_3SiO]_2SiCH_3(CH_2)_3OCH_2CH(OH)CH_2SO_3Na$

$$(CH_3)_3Si-(O\overset{\overset{\textstyle CH_3}{|}}{\underset{\underset{\textstyle CH_3}{|}}{Si}})_n-CH_2CH_2CH_2O(CH_2CH_2O)_pCH_3$$

4.2.2　硅表面活性剂的性能

由于硅烷基和硅氧烷基均具有很强的疏水性,因此它们成为除氟表面活性剂之外的另一性能优异的表面活性剂,具有较高的热稳定性和耐候性,以及优良的表面活性、润湿性、分散性、抗静电性、消泡和乳化性能。

1. 硅表面活性剂的界面性能

由于有机硅表面活性剂的主链是柔软的 Si—O 键,既不亲水,也不亲油,所以可用于水溶液和普通碳氢表面活性剂不能应用的非水介质。另一方面,有机硅表面活性剂以甲基排列在界面上,可使表面张力降至 20 mN·m^{-1}左右,而普通碳氢表面活性剂以亚甲基排列在界面上,只能使表面张力降至 30 mN·m^{-1}左右。三硅氧烷表面活性剂和普通烷烃表面活性剂在油-水界面的铺展构型如图 4-2 所示。

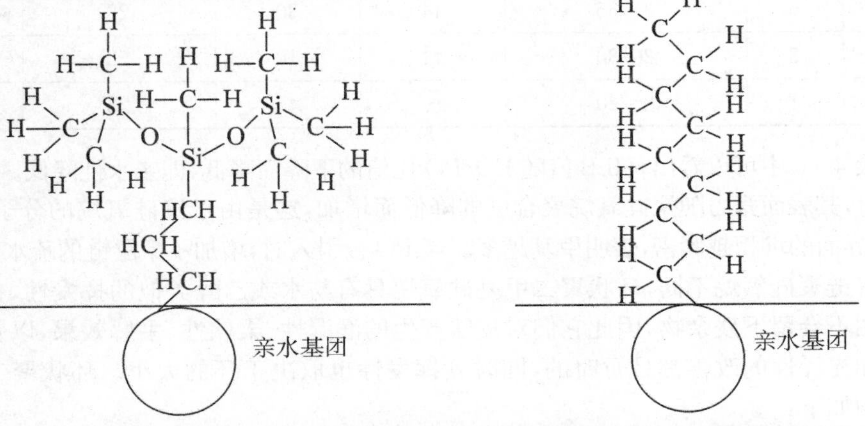

图 4-2　三硅氧烷表面活性剂与普通碳氢表面活性剂在油水界面的铺展示意图

在硅氧烷中,由于 Si—C 键较长,可使非极性甲基上的三个氢原子就像撑开的伞,从而使它具有良好的疏水性。甲基上的三个氢原子由于甲基的旋转占有较大空间,从而增加了相邻硅氧烷分子间的距离;分子间作用力与分子间距离的六次方成反比,所以该类硅氧烷分子间作用力比碳氢化合物要弱得多。它的表面张力比相近摩尔质量的碳氢化合物小,从而使硅氧烷在界面上易铺展。此外,该硅氧烷中的氧能与极性分子或原子团形成氢键,增加了硅氧链与极性表面之间分子的作用力,促使其展布成单分子层,使疏水的硅氧烷横卧极性表面,呈特有的"伸展链"的构型;而普通碳氢表面活性剂的疏水基是直立于极性表面的。

硅氧烷可通过 EO/PO 改性得到一类非离子型有机硅表面活性剂,结构如下:

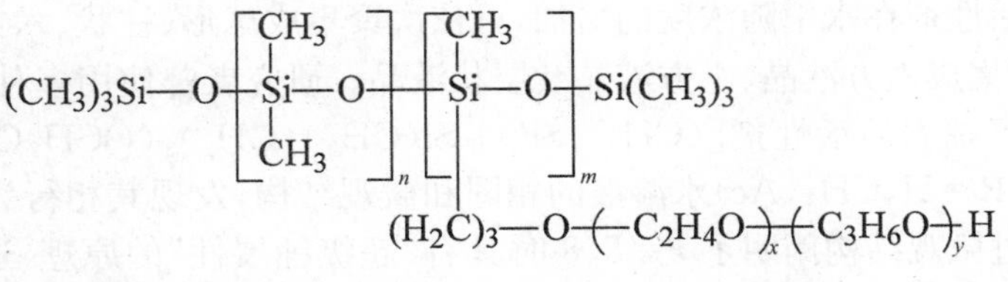

EO 是表面活性剂改性基团中的亲水部分,PO 是亲油部分。该类硅氧烷表面活性剂的性能

与 EO/PO 的比值、聚合度等因素有关。用长链烷烃(碳原子数大于 10)改性的聚二甲基硅氧烷具有线性或梳状结构,其熔点是烷基链长度以及分子中二甲基硅氧烷聚合度(n)与烷基改性部分聚合度(m)比值的函数。当 $n/m \leqslant 5$ 时,表面活性剂的熔点主要由改性基团 R 来控制。当 R 中碳原子数小于 16 时,烷基基团改性的表面活性剂在室温下是液体;而当 R 中碳原子数大于 18 时,是固体或半固体。表4-6列出了 EO/PO 改性硅氧烷表面活性剂的一些物理性质。

表 4-6　EO/PO 改性硅氧烷表面活性剂的一些物理性质

n	m	EO/PO (质量百分比)	HLB 值	浊点/℃	表面张力/ mN·m^{-1}	泡沫高度/mm
13	5	100/0	19	90	28	110
20	5	75/25	18	85	28	60
20	5	35/65	14	30	27	60
20	5	20/80	11	10	—	—
0	1	80/20	—	45	23	200

从表4-6中可以看出,HLB 值随 EO/PO 比值的下降而降低,即亲水性降低。当 EO 的长度一样时,其表面张力随聚硅氧烷聚合度的降低而增加,这是由于聚硅氧烷的分子链越短,在空气-水界面的堆积越紧密,表明甲基越多。当 PO 被引入时,增加了聚醚链的疏水性。

与直链聚硅氧烷不同,环状聚二甲基硅氧烷具有与水或乙醇类似的挥发性,在皮肤及毛发上使用不会留下残余物,因此它们对皮肤产生的润湿性、柔软性、手感效果,以及对头发的梳理性和光泽性的改善都是暂时的,同时其挥发性也取决于环的大小。环状聚二甲基硅氧烷的结构如下:

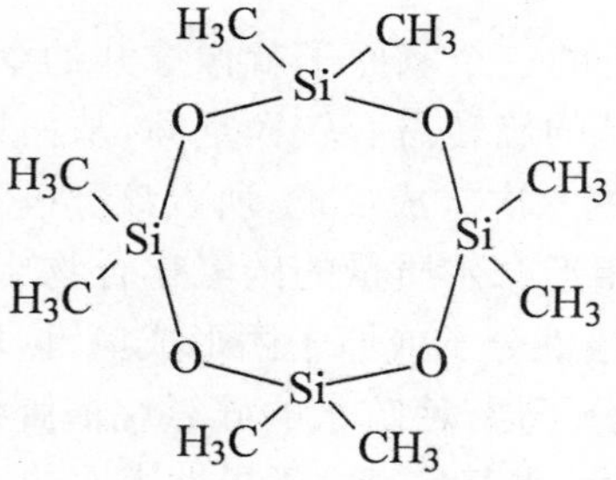

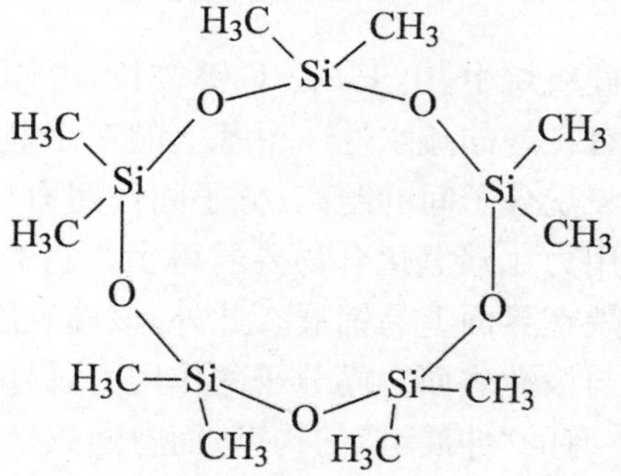

2. 硅表面活性剂的聚集性

有机硅表面活性剂在水中随浓度的增加,可依次聚集成球形、柱状、六方柱形、立方体形胶束,甚至还能聚集成六方液晶、立方液晶及层状液晶。研究者曾使用多种方法测定了几种聚氧乙烯醚三硅氧烷表面活性剂$[(CH_3)_3SiO]_2Si(CH_3)(CH_2)_3(OCH_2CH_2)_nOR$($n=5$, $7.5, 8, 12, 16, 18$; R=H,CH$_3$,Ac)水溶液的相图和微观结构,发现其相行为主要取决于 EO 头基的大小。通过微观结构阐明了 $n=5$、8 时具有"超级铺展性"的原理,这类具有"超级铺展性"的聚氧乙烯醚三硅氧烷表面活性剂相行为极其相似,均形成双层聚集体和层状液晶相,当三硅氧烷由支链变为直链时,对体系的相行为和润湿性均没有影响,但是末端基团对体系相行为的影响很大。低浓度下,这类表面活性剂均形成单层或多层囊泡与不明颗粒共存的分散体系,这与其"超级铺展性"有密切关系。

3. 硅表面活性剂的稳定性

与普通表面活性剂结构不同,通常有机硅表面活性剂中亲水基不能直接连接在硅氧链的硅原子上,因为直接连接在硅上的亲水基易水解生成硅醇基,硅醇基能进一步缩合或交联,从而导致有机硅表面活性剂化学结构的彻底破坏。基于此原因,合成有机硅表面活性剂时,常将疏水基和亲水基通过隔离基连接。原则上颗粒基可以采用任何烷基、芳基,也可采用-Si-O-C连接,但-Si-O-C易水解。烷基以亚甲基、亚丙基为主,其原因在于化学稳定性好、易于合成;但若以乙基为隔离基,在酸、碱或加热条件下,其亲水基将引起 β 效应,使有机硅表面活性剂遭到破坏。

有机硅表面活性剂适合于中性或弱酸、弱碱性环境中使用。强酸、强碱性介质都易导致硅氧链的破坏。此外,有机硅表面活性剂在 150℃ 以下能长时间使用;短时间也可在 200℃ 左右使用。在聚醚有机硅聚合中,Si-O-C 型由于其易水解的性质限制了其使用范围,因此研究的重点放在 Si-C 型的开发上,一般利用含氢硅油与带有烯丙基的聚醚共聚制得。

4. 硅表面活性剂的润湿性

三硅氧烷表面活性剂不但能降低油-水界面张力,同时还能在低能疏水表面(如聚苯乙烯表面)润湿扩展,这一能力称为"超润湿性"或"超扩展性"。这种现象被认为是在溶液中存在特殊的表面活性剂聚集体。研究发现三硅氧烷表面活性剂甚至可以从物体表面(如玻璃表面)去除硅油,这种可除去其他油性物质的能力使其在清洁剂中得到广泛应用。

聚二甲基硅氧烷链易展布于极性表面(如水、金属、纤维等)的原因是硅氧链中的氧能与极性分子或原子团形成氢键,增加了硅氧链与极性表面分子之间的作用力,促使其展布成单分子层,从而使疏水性的硅氧烷横卧于极性表面,呈特有的"伸展链"构型,普通表面活性剂的疏水基是直立于极性表面的。当聚硅氧烷中的甲基被其他基团(如大的烷基、酯环基、芳基、硅官能团或碳官能团)取代时,由于改变了取代基的极性或空间位阻,势必会影响聚硅氧烷的疏水性和在极性表面的展布速度及状态。硅氧链上取代基的多少和分布状况也会产生同样的影响。例如,甲基被较大的烷基或芳基取代后,会显著减少聚硅氧烷的展布能力,同时减少其在极性表面的定向能力。

5. 硅表面活性剂的乳化性

有些接枝状有机硅表面活性剂可以使乳液在盐、乙醇及有机溶剂存在时保持稳定,这种乳化稳定能力远强于普通碳氢表面活性剂的乳化力。通过原子力显微镜的测定,发现硅表面活性剂在界面处存在相互作用力。非离子型表面活性剂在乙醇浓度达到 80% 时仍能降低表面张力。有机硅表面活性剂的这种性质反映出聚二甲基硅氧烷不仅仅是疏水的,随着含量的增加,有机硅表面活性剂也不溶于有机溶剂。

4.3　磷酸酯和硼酸酯表面活性剂

4.3.1　磷酸酯表面活性剂

磷酸酯表面活性剂可由脂肪醇等含活性羟基的化合物与磷酸化试剂反应制得,根据酯结构不同可分为单酯、双酯和三酯。

1. 磷酸酯表面活性剂的特性

磷酸酯经中和后即生成磷酸酯盐,它是近年来研究和应用发展较快的一种功能优良的新型阴离子表面活性剂。例如磷酸酯盐表面活性剂具有较好的润湿、洗净、增溶、乳化、抗静电和缓蚀防锈等特性。此外,该表面活性剂易被生物降解,刺激性低,它的热稳定性、耐碱性、耐电解质的能力均优于一般表面活性剂,故其广泛应用于洗涤剂、化妆品、纺织、医药、农药、塑料、涂料、金属加工以及石油化工等领域。

2. 磷酸酯表面活性剂的品种

① 烷基磷酸酯盐　该类表面活性剂的化学通式如下:

$$
\underset{\text{单酯盐}}{RO{-}\overset{\displaystyle O}{\underset{\displaystyle OM}{P}}{-}OM}
\qquad
\underset{\text{双酯盐}}{RO{-}\overset{\displaystyle O}{\underset{\displaystyle OM}{P}}{-}OR}
\qquad
\underset{\text{三酯}}{RO{-}\overset{\displaystyle O}{\underset{\displaystyle OR}{P}}{-}OR}
$$

其中 R 为 $C_8 \sim C_{18}$ 的烷基;M 为 Na、K 或二乙醇胺、三乙醇胺等。

② 脂肪醇(烷基酚)聚氧乙烯醚磷酸盐　该类表面活性剂由脂肪醇(烷基酚)经乙氧基化后再磷酸化,中和制得。其化学通式如下:

$$
\underset{\text{单酯盐}}{RO(CH_2CH_2O)_n{-}\overset{\displaystyle O}{\underset{\displaystyle OM}{P}}{-}OM}
\qquad
\underset{\text{双酯盐}}{RO(CH_2CH_2O)_n{-}\overset{\displaystyle O}{\underset{\displaystyle OM}{P}}{-}(OCH_2CH_2)_n OR}
$$

其中聚氧乙烯链长度的改变会相应改变磷酸酯盐的性能和应用,该类磷酸酯在碱性溶液中稳定性、溶解性好。通过改变疏水基团和 EO 加成数以及磷酸化试剂的配比,可以制成性能优良的耐碱渗透剂。

③ 烷基酰胺聚氧乙烯醚磷酸酯盐　其化学结构通式如下:

$$
\underset{\text{单酯盐}}{RCONH(CH_2CH_2O)_n{-}\overset{\displaystyle O}{\underset{\displaystyle OM}{P}}{-}OM}
\qquad
\underset{\text{双酯盐}}{RCONH(CH_2CH_2O)_n{-}\overset{\displaystyle O}{\underset{\displaystyle OM}{P}}{-}(OCH_2CH_2)_n HNOCR}
$$

该类表面活性剂具有很好的乳化、分散、润湿、柔软和抗静电等性能,在食品、化妆品、医药及纺织等行业中广泛应用。

④ 咪唑啉类磷酸酯盐　该类两性表面活性剂可由无机磷酸盐、环氧氯丙烷、咪唑啉或长链烷基二甲胺为原料合成制得。具有优良的乳化性、润湿性、发泡性、净洗力和抗静电性。其结构式如下:

$$RO-\overset{\overset{O}{\|}}{\underset{\underset{O^-}{|}}{P}}-OCH_2\overset{}{\underset{\underset{OH}{|}}{C}}HCH_2-N\overset{\overset{R}{\frown}}{\underset{\underset{N^+CH_2CH_2OH}{}}{}}$$

⑤ 甜菜碱类磷酸酯盐　该类表面活性剂结构类似于细胞膜中的磷酸甘油酯,是磷脂的衍生物。它与皮肤有较好的亲和力,且无刺激性,故广泛应用于日化产品中。其结构式如下:

$$R-\overset{\overset{CH_3}{|}}{\underset{\underset{CH_3}{|}}{N^+}}-CH_2CH_2O-\overset{\overset{O}{\|}}{\underset{\underset{OM}{|}}{P}}-O^-$$

3. 磷酸酯表面活性剂的物化性质

① 溶解性

未中和的磷酸酯几乎不溶于水,中和成盐后溶解度增大。磷酸酯的溶解度随疏水链的增长而降低,引入 EO 等亲水基团后,溶解度增大。单烷基磷酸酯钠盐溶解度比双烷基磷酸酯钠盐高,中和用碱性试剂的种类对烷基磷酸酯溶解度亦有影响,例如,以三乙醇胺盐溶解度最高,钾、钠盐次之。

② 表面活性

磷酸酯盐表面活性剂降低水表面张力的能力与其亲水基的类型、碳链长度、正异构取代数有关。总体而言,随烷基碳链的增长溶液的表面张力逐渐下降,异构烷基磷酸酯盐的表面张力比相应正构烷基溶液的要低,单烷基磷酸酯盐体系的表面张力比双烷基磷酸酯盐要高得多。磷酸酯盐属低泡型表面活性剂,磷酸双酯盐的发泡性低于单酯盐;$C_7 \sim C_9$ 醇磷酸酯盐的发泡性高于 $C_{10} \sim C_{18}$ 醇磷酸酯盐。此外,磷酸双酯盐的去污力大于磷酸单酯盐,C_{10} 的去污力最好,在相同碳原子数的情况下,带支链的去污力较好。有关研究还发现,磷酸双酯盐的润湿性高于磷酸单酯盐。

③ 生物降解性

磷酸酯具有良好的生物降解性,烷基磷酸酯盐可被生物降解的能力与烷基醇硫酸钠相近,能分解成二氧化碳和磷酸根离子。例如,双癸基磷酸酯盐经过 10～15 天的生物降解率接近 100%,而十二烷基苯磺酸钠则小于 20%。

4.3.2 硼酸酯表面活性剂

硼是一种无毒、无公害,具有杀菌、防腐、抗磨和阻燃性能的非活性元素。硼原子的共价性和价电子数少于价层轨道数(缺电子原子)的特点,决定了其形成化合物时的成键特性,即共价性、缺电子性和多面体性。由硼氧键的键能和硼的电负性可知,硼是一个亲氧元素,它能形成许多含有硼氧键的化合物,硼酸酯表面活性剂便是其中的一类重要化合物。

合成含硼表面活性剂所采用的化合物常为硼酸,其结构单元是平面三角形,每个硼原子以 sp^2 杂化与氧原子结合,此时硼仍是缺电子原子,易与有机化合物中的羟基发生配位反应,经脱水后形成硼酸酯。硼酸酯表面活性剂按结构不同,可分为硼酸单酯、双酯、三酯和四配位硼螺环结构。通过调节甘油和硼酸反应物的用量比,可分别合成硼酸单甘酯和硼酸双甘酯,然后进一步与脂肪酸、脂肪酰卤、环氧乙烷等反应,可得到具有不同结构的甘油酯类硼酸酯表面活性剂。

1. 单甘酯类硼系表面活性剂

该类表面活性剂是由中间体硼酸单甘酯衍生而来的,是硼系表面活性剂中较重要的一类,常见的品种结构式如下:

硼酸单甘油脂肪酸酯　乙氧基化硼酸单甘油脂肪酸酯　烷基聚氧乙烯醚单硼酸酯

这类硼系表面活性剂一般作为乳化剂使用。

2. 双甘酯类硼系表面活性剂

该类表面活性剂是由中间体硼酸双甘酯衍生而来的,是硼系表面活性剂中研究最活跃的一类,这是因为双甘酯结构中含有半极性键,在溶液中可电离形成硼螺环结构,从而使硼原子带负电荷,且双甘酯结构比单甘酯稳定。其结构式如下:

乙氧基化硼酸双甘油脂肪酸酯

为了提高硼系表面活性剂的性能,设计将氮、氯、磷、硫等元素以及咪唑啉、多羟基烷基胺等结构基团引入表面活性剂分子中,使得硼酸酯表面活性剂结构更加多样化,以满足应用的要求。除了开发低分子硼系表面活性剂外,目前有关高分子型硼酸酯表面活性剂的研究已成为热点,因为该类表面活性剂有明显的抗静电作用。且某些高分子硼系表面活性剂在25℃时,可将水溶液表面张力降低到 27.5 mN·m^{-1},已接近低分子表面活性剂的表面活性。

3. 硼表面活性剂的性能

① 表面活性　硼酸酯表面活性剂具有优良的表面活性,结构中疏水基的链长对其表面张力有很大影响。例如水体系中硼酸双甘油脂肪酸酯随疏水基碳链从 C_{12} 增长到 C_{16},其表面张力增大;但当碳原子数大于 16 后,疏水基碳链对表面张力的影响就较小,甚至随之增长而略有降低。

② 抗摩擦性　硼酸酯表面活性剂是一种多功能润滑油添加剂,具有优良的减磨、抗磨性能。早期使用的无机硼酸盐润滑油添加剂,由于使用中需要外加分散稳定剂来维持硼酸盐微粒在油中均匀悬浮分散,从而未能得到广泛应用。有机硼酸酯特别是引入了长链基团的硼酸酯具有极好的油溶性,可直接溶解到基础油中使用,这样就很便捷地加以应用。硼酸酯表面活性剂能起到抗磨、润滑作用是因为其能形成边界润滑膜,在边界润滑条件下,硼酸酯表面活性剂分子经过吸附、裂解、聚合、缩合、沉积以及摩擦渗硼等复杂过程,在摩擦表面

产生吸附膜、摩擦聚合物膜、表面沉积膜与渗透膜，减少了摩擦，从而起到抗磨作用。

③ 水解稳定性　硼酸酯易潮解的本质是因为硼原子为 sp^3 杂化，还存在一个空的 p 轨道，这个空轨道容易受到水等带有未共用电子对的亲核试剂的进攻而使硼酸酯水解。正硼酸酯对潮湿空气非常敏感，极易水解生成相应的醇和硼酸。硼酸酯的水解速度一方面受空间因素的影响，另一方面则与分子的内部结构有关。若硼酸酯的结构中含有具有未共用电子对的氮原子、氧原子等，硼原子可以通过自身的空轨道与之形成分子内配位键，这样就可以大大削减硼酸酯的水解速度。

④ 防锈性　有机硼系咪唑啉具有防锈功能，它的吸附基中心原子(N)电子云密度高，可向金属表面提供电子形成配位键，从而吸附在金属表面，形成覆盖的保护膜。防锈剂分子结构与缓蚀效果密切相关，因为吸附分子中极性基牢固吸附于金属表面，非极性基覆盖在胶束表面上，构成屏蔽腐蚀介质侵入的保护层。咪唑啉防锈剂在基础油中发挥作用，基础油为防锈剂的载体，与防锈剂分子紧密作用，相互配合，堵塞空隙，使吸附膜更加致密，以阻挡水、氧等腐蚀介质的侵袭。研究发现，有机硼系咪唑啉防锈效果优于苯并三氮唑、石油磺酸钡、环烷酸铅等常用的几种防锈剂。

⑤ 抗菌与阻燃性　硼原子具有杀菌作用，硼酸是医药中常用的消毒剂。硼酸酯表面活性剂可使水中微生物的繁殖能力下降。同时硼酸酯表面活性剂毒性低，还具有一定的阻燃性，可用于防火材料的添加剂。研究发现，硼元素与卤素有明显的协同阻燃效应。

⑥ 抗静电性　有机硼酸酯具有半极性的硼螺环结构，由于类似于离子态，自身具有较强的静电衰减能力，故抗静电的实现不同于传统非离子型抗静电剂的作用机理，后者是通过分子中的亲水基吸附空气中的水分，在基体表面形成水膜，达到抗静电作用。

4.4　双子型和 Bola 型表面活性剂

传统的表面活性剂只有一个亲水基团和一个疏水基团，其离子头基间的电荷斥力或水化引起的分离倾向使得它们在界面或分子聚集体中难以紧密排列，导致表面活性偏低。随着科技的进步和全球环保意识的增强，多种新型表面活性剂应运而生，如双子(Gemini)型和Bola 型表面活性剂的出现为表面活性剂科学开拓了广阔的前景。

4.4.1　双子型表面活性剂的结构与分类

双子型表面活性剂的研究始于 1971 年，Bunton 等宣布首次成功制备了一类阳离子双子型表面活性剂烷基——α,ω-双(烷基双甲基溴化铵)。1991 年 Menger 等对该类新型表面活性剂进行了系统的研究，将该类表面活性剂命名为 Gemini(天文学用语，意为双子星座)表面活性剂，又称孪连(偶联)表面活性剂。其结构是由两个亲水基团和两个疏水基团通过连接基团连接而成，如图 4-3 所示。

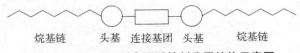

图 4-3　Gemini 型表面活性剂分子结构示意图

　　由于双子型表面活性剂的独特结构使其具有传统表面活性剂所无法比拟的特殊性能，且双子型表面活性剂结构易于改变，如头基、疏水链、连接基、反离子等的变化，其性质也容易改变，可以适应一些特殊使用需求。

　　与传统表面活性剂一样，按亲水基团的不同，双子型表面活性剂可分为阴离子、阳离子、两性和非离子四类，举例如下：

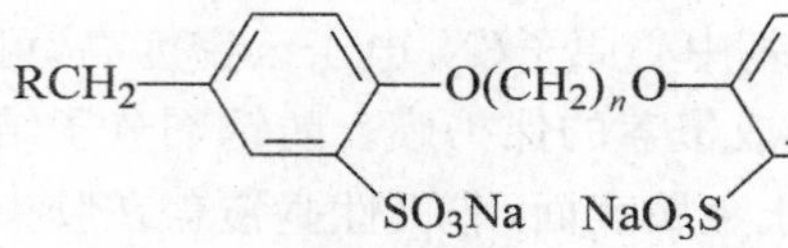

阴离子型 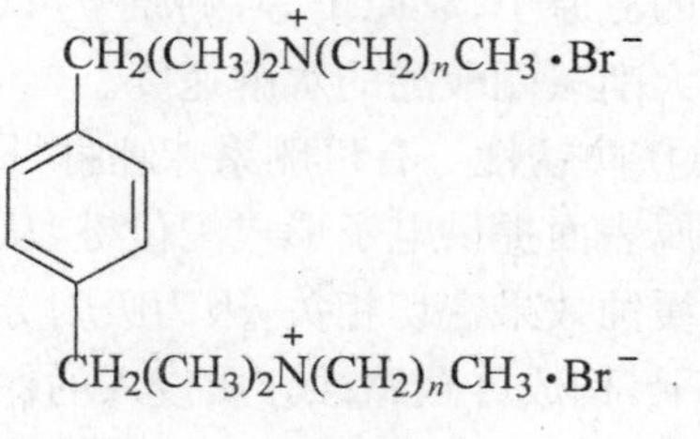　　　　　　　　　　　　　　　　　阳离子型

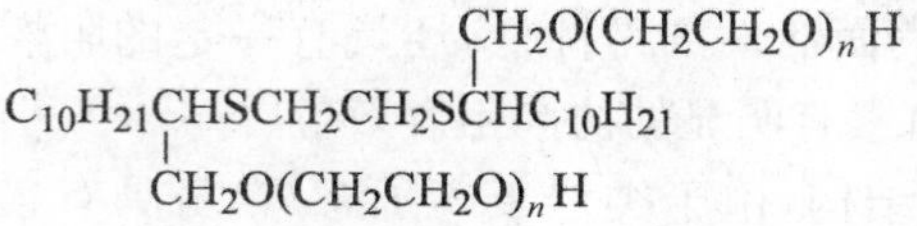

非离子型 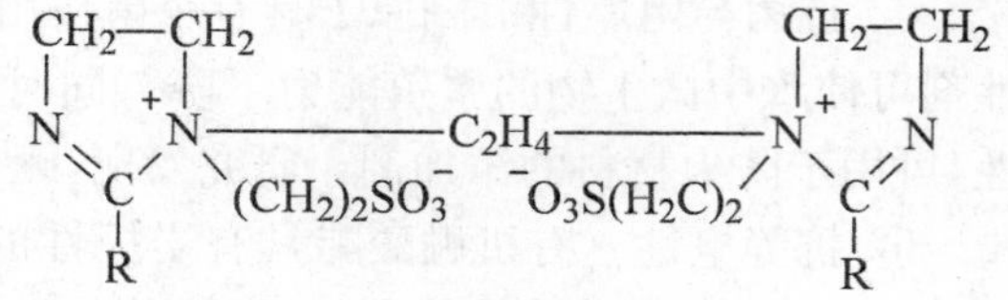　　　　　　　　　　　　　　　　　两性型

　　若按连接基的不同及间隔链的弯曲性来分类，则可将其分为亲水柔性间隔基、亲水刚性间隔基、疏水柔性间隔基、疏水刚性间隔基双子型表面活性剂。刚性指较短的碳氢链、亚二甲苯基、对二苯代乙烯基等，柔性指较长的碳氢链、聚氧乙烯链、聚氧丙烯链、杂原子等。按分子对称性又可分为对称和非对称双子型表面活性剂。

　　近年来还合成出带有相反电荷双离子基团的双子型表面活性剂，其中有两个酯键，如可分解的双酯季铵盐及一些多肽、氨基酸、糖苷或脂环族衍生双子型表面活性剂等。

4.4.2　双子型表面活性剂的性能

　　总体而言，与传统表面活性剂相比，双子型表面活性剂具有极高的表面活性、较低的克拉夫特点和很好的水溶性，其水溶液也具有特殊的相行为和流变性，有些还具有与高分子表面活性剂相媲美的增稠性。双子型表面活性剂的特殊性质是由其特殊结构因素造成的。

　　1. 水溶性

　　由于双子型表面活性剂分子中含有两个亲水基，具有足够的亲水性，并且连接基团中的醚氧原子也有亲水性，所以，该类表面活性剂具有良好的水溶性，甚至在硬水中也有很好的溶解性。离子型 Gemini 表面活性剂的克里夫特点都很低，一般在 0℃ 以下；而非离子型 Gemini 表面活性剂的浊点比相应普通表面活性剂的浊点要高。

　　2. 临界胶束浓度

　　双子型表面活性剂的 cmc 值比相应的普通表面活性剂低 $1\sim2$ 个数量级。对于

m－s－m(s 表示连接链长度,m 表示疏水链长)双子型表面活性剂,连接链 s 的长度对 cmc 的影响成非线性关系,当 s＝4～6 时,cmc 值最大。对于亲水基为阳离子基团的双子型表面活性剂,cmc 值随端基极性增加和连接链长度的减小而急剧降低。亲水基为阴离子的双子型表面活性剂与相应的阳离子双子型表面活性剂相比,其 cmc 值更低。

3. 界面聚集行为

双子型表面活性剂在界面的吸附方式主要由连接基团的限制作用和整个分子在相界面上的亲和作用决定。亲和作用包括极性基团与水相作用和非极性基团与油相或空气之间的作用。刚性的较短连接基的 m－s－m 双子型表面活性剂,其限制作用大于亲和作用,在界面吸附层中连接基充分伸展,该类表面活性剂将以直线或近似直线的形状存在;而柔性较长连接基的 m－s－m 双子型表面活性剂,其亲和作用大于限制作用,在界面吸附层中连接基发生扭曲,该类表面活性剂将以弯曲或不规则的形状存在,以使其分子间的排列更加紧密。双子型表面活性剂在固-液界面上易形成比溶液中聚集体更低曲率的吸附聚集体。双子型表面活性剂连接基的长度与侧烷基疏水链的长度影响着其在界面的吸附密度,值得注意的是,两性双子型表面活性剂在气-液界面的平均分子面积在 0.20～0.31 nm^2 之间,比经典混合体系的 0.5 nm^2 小得多。

4. 胶束性质

双子型表面活性剂在水溶液中更易发生胶束化,能形成球状胶束、椭球状胶束、棒状胶束、枝条状胶束、线状胶束、双层结构、液晶、囊泡等一系列聚集体。当连接基足够短(小于4)时,趋向于形成更低曲率的聚集体。双子型表面活性剂分子聚集态的结构主要取决于分子构型和外部条件。分子构型包括侧烷基疏水链的长度、连接基的长度与韧性等;外部条件包括浓度、温度和溶剂极性等。一般而言,阴离子双子型表面活性剂具有极好的胶束形成能力,即使具有相同的 HLB 值,其 cmc 也较传统表面活性剂低 2～3 个数量级;阳离子双子型表面活性剂的 cmc 比相应单体表面活性剂低 1～2 个数量级。这是由于双子型表面活性剂具有两条疏水链,更易靠近形成胶束,导致 cmc 变小,当然,对离子型双子表面活性剂,其极性头的排斥作用力减小也是主要原因之一。

双子型表面活性剂端基极性的增加、连接基链长的减小可以提高聚集数。对于阳离子双子型表面活性剂,端基极性的增加可以提高聚集趋势。对于 m－s－m 双子型表面活性剂,在相同温度、相同浓度条件下,连接链 s 越小,胶束聚集数越大。

5. 相行为与流变性

双子型表面活性剂溶于水时形成溶致型液晶,加热时则形成热致型液晶。对于 m－s－m 型表面活性剂,连接链的长度对于表面活性剂和水的混合物的相态性质具有很大影响。Buhler 等研究了盐对双子型表面活性剂 $[C_{12}H_{25}N^+(CH_3)_2 \cdot Br^-]_2(CH_2)_5$ 水溶液体系相图的影响,结果发现,随着盐浓度的增加,体系中依次出现蠕虫状胶束相、层状相及特殊的二相共存等。这种多孔层状相和分支蠕虫状胶束相间存在着过渡相,即说明盐的存在屏蔽了反离子间的静电作用,因而促使聚集体形态发生变化。

双子型表面活性剂的水溶液在低浓度时具有较高的黏度,尤其是一些短连接基的双子型表面活性剂的水溶液具有独特的流变性,如浓度很稀时其黏度和水相似,当浓度增大到一定值时黏度迅速增大,溶液黏度可增大 6 个数量级;但随着浓度的进一步增大,溶液黏度反而减小。

这是由于双子型表面活性剂易形成棒状或线状等大尺寸的分子聚集体,随着溶液浓度的增大,在剪切力诱导下产生线状胶束相互缠结形成网状结构,在较低浓度时就能达到很高的黏稠度,因此水溶液浓度增大;但若进一步增加双子型表面活性剂浓度,会导致聚集体形态的改变,溶液中线状胶束的有效长度减少,网状结构遭到破坏,因此溶液浓度反而减小。

6. 协同效应

合适的表面活性剂混合体系能产生复配协同效应,不仅能表现出比单一表面活性剂体系高得多的表面活性,而且在商品应用中大大降低成本。许多研究均表明,含双子型表面活性剂的混合体系在表面张力降低效率和降低能力方面都有较好的协同作用。与普通阳离子表面活性剂相比,阳离子双子型表面活性剂与普通阴离子型表面活性剂复配体系在生成胶束能力方面有很强的协同作用。这主要由两个因素决定:一是两个离子头基靠连接基团通过化学键连接导致两个表面活性剂单体离子的紧密连接;二是一个阳离子双子型表面活性剂分子带两个正电荷,而一个普通阳离子型表面活性剂只带有一个正电荷。

4.4.3　Bola 型表面活性剂的结构与分类

Bola 型表面活性剂是以一根或多根疏水链共价连接两个亲水基团构成的两亲分子。Bola 一词来源于南美土著人的一种武器的名称,其最简单的形式是一根绳的两端各结一个球。1951 年 Fuhrhop 等首先使用了 Bola 两亲化合物这一术语来表述长疏水链两端连有离子头基的分子。国内也称之为双头基表面活性剂。

按照 Bola 型表面活性剂链结构的不同可分为三种类型,即单链型、双链型和半环型,如图 4-4 所示。

单链型　　　　双链型　　　　半环型

图 4-4　Bola 型两亲分子的类型

按照分子对称性的不同,可将 Bola 型表面活性剂分为对称和非对称两种。按照亲水基团的不同,又可将 Bola 型表面活性剂分为阴离子、阳离子、两性和非离子四类,举例如下:

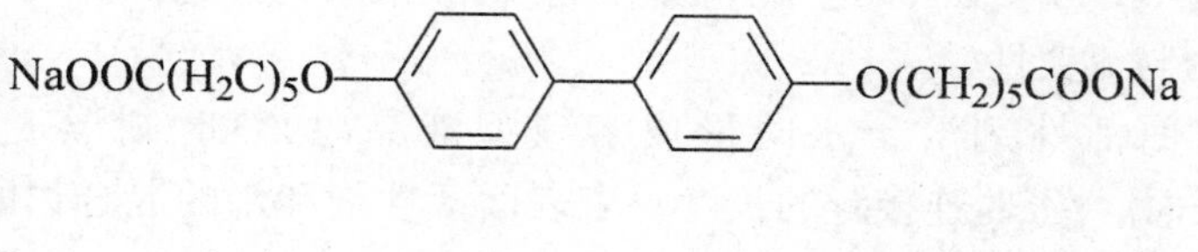

$$NaOOC(H_2C)_5O-\underset{}{\bigcirc}-\bigcirc-O(CH_2)_5COONa$$

阴离子型

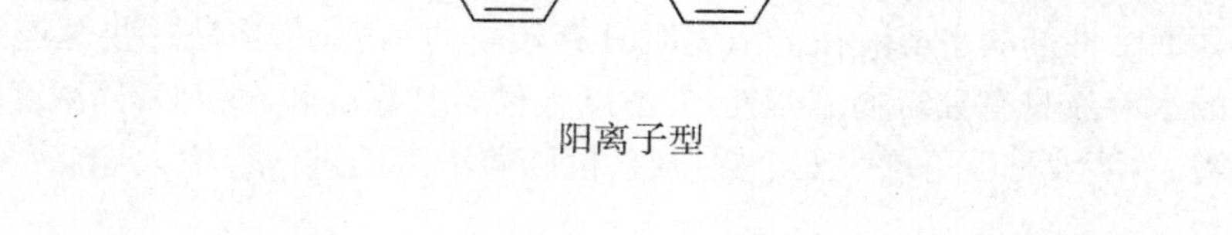

$$^-Br\cdot(H_3C)_3\overset{+}{N}(H_2C)_6O-\bigcirc-\bigcirc-O(CH_2)_6\overset{+}{N}(CH_3)_3\cdot Br^-$$

阳离子型

非离子型

两性型

按照疏水基的不同,可将 Bola 型表面活性剂分为以支链或直链饱和烷烃为疏水基,以碳氟基团为疏水基,以不饱和的、带分支的或带有芳香环的基团为疏水基的表面活性剂。

4.4.4　Bola 型表面活性剂的性能

1. 表面性质

Bola 型表面活性剂降低溶液表面张力的能力不是很强。从分子结构的特点来看,即使是相同的疏水基和亲水基,Bola 型表面活性剂的疏水性明显弱于传统的单链表面活性剂。例如 Bola 型表面活性剂十二烷基二硫酸钠水溶液的最低表面张力为 $47 \sim 48$ mN·m^{-1},而十二烷基硫酸钠水溶液的最低表面张力为 39.5 mN·m^{-1}。这是因为 Bola 化合物两头的两个亲水基,无论依何种方式排列在表面,都不利于在表面的吸附。如图 4-5 所示,因为 Bola 型表面活性剂具有两个亲水基,表面吸附分子在溶液表面将采取倒 U 形构象,即两个亲水基伸入水中,弯曲的疏水链伸向空气(图 4-5a),于是构成溶液表面吸附层的最外层的是亚甲基,而亚甲基降低水的表面张力的能力弱于甲基;另一方面,十二烷基采取 U 形构象,碳氢链长相对变短,表面上碳氢链的疏水作用减弱。图 4-5b 是溶液在低浓度时 Bola 两亲分子的一种排列形式,此时表面两亲分子较少,疏水作用也弱,故降低表面张力的能力有限。当溶液中 Bola 两亲分子的浓度很高时,在溶液表面两亲分子可采取直立的排列形式(图 4-5c),由于存在两个亲水头基之间的排斥作用,故此时降低水表面张力的能力也不如单链表面活性剂。

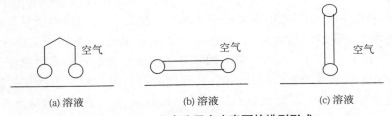

图 4-5　Bola 两亲分子在水表面的排列形式

　　Bola 型表面活性剂溶液的表面张力-浓度曲线往往出现两个转折点,在溶液浓度大于第二转折点后溶液表面张力保持恒定。例如在 Bola 型阴离子表面活性剂聚丙二醇二硫酸钠水溶液的表面张力-浓度曲线(图 4−6)中,随着浓度的增加,曲线出现两个比较明显的转折。出现这种现象的原因是 Bola 型表面活性剂在低浓度时生成聚集数很低的"预胶束",其对油溶性染料几乎没有增溶能力。当浓度达到第二个转折点后,形成的胶束由于强烈的水化作用,使胶束结构极为松散。之外,与相同疏水基和亲水基的传统单链表面活性剂相比,Bola 型表面活性剂的 cmc 较高,克拉夫特点较低,常温下具有较好的溶解性。

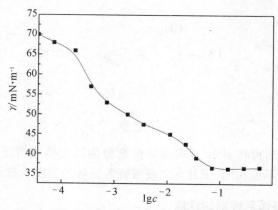

图 4−6　聚丙二醇二硫酸钠水溶液的表面张力-浓度曲线

2. 有序分子聚集体

　　Bola 型表面活性剂具有独特的分子结构,在界面能形成单分子膜,在水相中可形成球状、柱状、盘状和囊泡等聚集体。

　　与传统表面活性剂一样,当 Bola 型表面活性剂分子中的疏水链达到一定长度时,就可以在界面和体相形成有序分子聚集体,但由于分子结构的差异,会表现出丰富的聚集体形态。这些分子形成单分子膜的 π−A 等温线均有一平台区。分子极限面积是单头基的两倍,表明了双头基两亲分子形成了 U 形单分子膜。一般情况下,对于单链 Bola 两亲分子,在浓度低于第一 cmc 时,趋向于自由平躺在界面上,随着浓度增加,在临界胶束浓度附近逐渐转变为 U 形紧密排列。而对于双链 Bola 两亲分子,则一般认为在低浓度时和单链两亲分子一样,采取平躺的构象;在高浓度时,则采取直立的构象。由于不同结构特征的 Bola 两亲分子具有不同的临界排列参数 P,这些分子化学结构的微小差异会导致其在界面上不同的排列构型。除了自身结构影响外,温度、膜压以及介质的 pH 对 Bola 两亲分子在界面的聚集形态也有一定的影响。

　　在水相中,Bola 两亲分子除了聚集成多种形态的胶束外,也可以形成单分子层囊泡。其囊泡的尺寸随两亲分子的结构而异,一般小于 100 nm。由于该类囊泡是由一层分子形成,其囊泡较薄,厚度在 1.5～2.0 nm。Bola 两亲分子组成的囊泡不易发生融合。当疏水链中含有醚、胺或酯键时,形成的囊泡不易水解,具有优异的热稳定性。手性双头基类脂囊泡在膜表面能形成手性超结构。从形成囊泡的机制和 Bola 两亲分子自身的特点来看,具有双链结构的 Bola 化合物易于形成囊泡。此外,Bola 两亲分子与异电性传统表面活性剂混合体系有较强的形成囊泡的能力。在溶解度允许的条件下,Bola 两亲分子疏水链越长,越容易与相应的传统表面活性剂形成囊泡结构。

4.5　高分子表面活性剂

顾名思义,高分子表面活性剂的相对分子质量要比普通表面活性剂高出很多,通常将相对分子质量在数千以上、具有表面活性的物质称为高分子表面活性剂。最早使用的高分子表面活性剂有淀粉、纤维素及其衍生物等天然水溶性高分子化合物,它们虽然有一定的乳化和分散能力,但由于这类高分子化合物具有较多的亲水性基团,故其表面活性较低。随着合成高分子表面活性剂和天然高分子疏水改性物的相继开发,高分子表面活性剂已在诸多领域加以应用。

4.5.1　高分子表面活性剂的特性

高分子表面活性剂溶液性能复杂,分子结构特点、两亲性链段长度比、组分组成以及溶剂的性质均对它的溶液形态有较大的影响。两亲性高分子同低分子表面活性剂一样,疏水基在表面吸附而使溶液表面张力下降,在溶液内部聚集成胶束。与低分子表面活性剂不同的是,高分子表面活性剂在溶剂中可形成单分子胶束;溶液黏度高,成膜性好;具有很好的分散、乳化、增稠、稳定及絮凝性能;渗透力与起泡性差;降低表(界)面张力能力较弱。此外,大多数高分子表面活性剂是低毒或无毒的,具有环境友好性。

1. 表面活性

高分子表面活性剂多为两亲性的嵌段和接枝共聚物,其亲水链段和疏水链段在表面间具有一定的取向性,所以具有降低表面张力的能力,但高分子表面活性剂的表面活性通常较弱,往往比低分子表面活性剂差,表面张力要经过很长时间才能达到恒定。一般情况下,表面活性随着相对分子质量的提高而降低,这可能是高分子内及分子间的复杂缠绕,影响了表面吸附的缘故。常用的高分子表面活性剂如相对分子质量为 $5×10^4$ 的聚乙烯醇的表面张力只有 $50\ mN·m^{-1}$;已工业化的聚氧乙烯氧化丙烯嵌段共聚物表面张力可达 $33\ mN·m^{-1}$,但其相对分子质量仅为 $8.1×10^3$。因此开发高相对分子质量、高表面活性的两亲性聚合物已成为当今高分子表面活性剂的重要研究课题。与低分子表面活性剂一样,在高分子表面活性剂疏水基上引入氟烷、硅烷时,其降低表面张力的能力明显增强。

高分子表面活性剂降低油-水界面张力的能力与其结构有关。一般而言,含短链或中等长度支链的共聚物在水溶液中分子线团半径越小,则界面活性越高,油-水界面张力越低;而含长支链的共聚物分子线团半径越小,界面活性反而越低。

2. 乳化分散性

高分子表面活性剂的乳化、分散能力较好,往往赋予乳液或悬浮液较高的稳定性,也可作为稳泡剂使用。许多高分子表面活性剂还具有良好的保水作用和增稠作用,同时具有优良的成膜性和黏附力。

高分子表面活性剂的乳化分散性及表面活性因不同的制备方法而异,可分为以下几种情况:

　　① 由表面活性剂单体共聚制备的高分子表面活性剂,例如很多离子型高分子表面活性剂,可溶于水或盐水,有较高的表面活性和增溶、乳化、分散能力。

　　② 由亲水/疏水性单体共聚制备的高分子表面活性剂具有良好的乳化性能,但高相对分子质量的两嵌段或三嵌段在水溶液中易缔合,可形成以亲水链段为外壳、疏水链段为内核的胶束,致使疏水链段不能在界面形成有效覆盖。多嵌段共聚物如氧乙烯-氧丙烯多嵌段共聚物,其疏水性氧丙烯链段为亲水性氧乙烯链段所间隔而分布于整个分子链上,不易缔合,增大了大分子链向界面迁移的能力,因而呈现较高的表面活性。此外,制备高分子表面活性剂时,由于亲水基、疏水基位置可调,分子结构可呈梳状或支链化,因而对分散微粒表面覆盖及包封效率高,使分散体系更稳定。

　　③ 由大分子化学反应制备的高分子表面活性剂,如聚丁二烯、聚异戊烯通过三氧化硫磺化反应制备的水溶性高分子表面活性剂,其相对分子质量为$(1.0 \sim 6.6) \times 10^4$,0.05%水溶液的表面张力为 38 mN·m^{-1},表现出与低分子表面活性剂类似的表面活性,但表面张力达到恒定需要 48 小时之久。

　　3. 胶束性质

　　高分子表面活性剂的疏水链在水溶液中通常呈现两种形式,一是在溶液的表(界)面上吸附,减少疏水链与水分子的接触程度;二是在溶液内部,通过疏水链相互靠拢,缔合形成胶束。若大分子链在水中较为伸展,难以形成胶束,大分子能够向表面迁移排列,则呈现较高的表面活性;而大分子链呈卷曲线团,就容易生成胶束留在水中,从而失去表面活性。水溶性高分子表面活性剂形成的胶体溶液是一种热力学亚稳定体系,各种形式的聚集体以分子簇的形式悬浮于胶体溶液中。在力场、热场或电场改变时,可破坏这种亚稳态结构,导致粒子聚集。非离子高分子表面活性剂可在稀溶液中聚集生成胶束。胶束中分子聚集数呈现的一般规律为:链段越短,聚集数越小;聚集数随相对分子质量增大而增大。

　　对于高分子表面活性剂,由于分子较大,可以形成单分子胶束,因此在高分子表面活性剂的 γ-$\lg c$ 曲线上会出现两个转折点。第一个转折点浓度较低,约 10^{-5} mol·L^{-1},认为是形成了单分子胶束点;第二个转折点浓度与普通表面活性剂的 cmc 相当,在 $10^{-4} \sim 10^{-3}$ mol·L^{-1},认为是多分子胶束点。与低分子表面活性剂不同的是,在多分子胶束点以后,随着表面活性剂浓度的上升,表面张力会继续下降,只是下降的幅度越来越小。这是由于表面上大分子疏水链段的排列紧密程度远低于低分子表面活性剂,随溶液中大分子浓度进一步增加,表面上的大分子链进一步压缩,疏水链段排列密度增加,从而使表面张力进一步下降。

　　4. 絮凝性

　　高分子表面活性剂在低浓度时,吸附于粒子表面,起到架桥作用,可以将两个或多个粒子连接在一起,发生絮凝作用。例如,采用聚丙烯酰胺处理水,加少量该物质在水中,就有广泛的分布和较好的桥联作用,其活性基团使悬浮颗粒聚集,形成大的絮集体。作为絮凝剂,对高分子表面活性剂的相对分子质量要求高,一般要求大于 100 万,往往与无机絮凝剂配合使用,效果更佳。

　　5. 增稠性

　　增稠性有两个含义:一是利用其水溶液自身的高黏度来提高其他水性体系的黏度;二是

水溶性聚合物可以与水中其他物质如小分子填料、助剂等发生作用，形成化学或物理结合体，导致黏度的增加。一般作为增稠剂使用的高分子应有较高的相对分子质量，如常用相对分子质量为 250 万的聚氧乙烯作为增稠剂。在石油开采中已广泛使用高分子表面活性剂作为增稠剂，但一般高分子材料在恶劣的使用条件下往往会使增稠性能降低。这主要是由于高聚物在高转速下的机械降解、在高温下黏度的降低、天然高分子材料的生物降解及无机盐的存在和化学降解等因素造成的。

4.5.2　高分子表面活性剂的分类

高分子表面活性剂按其在水中的离子性质来分类，可分为阴离子型、阳离子型、两性型和非离子型。按其来源则可分为天然型、半合成型和全合成型高分子表面活性剂。此外还可根据表面活性剂在溶液中是否形成胶束，分为聚皂及传统高分子表面活性剂等。

表 4-7 列出了高分子表面活性剂的分类和品种举例，其中天然高分子型是从动植物分离、精制而得到的两亲性高分子；半合成型是指天然高分子的改性产物，即采用天然高分子物质为原料合成的表面活性剂；全合成型是以基本有机化工原料经聚合反应制得的高分子。

表 4-7　高分子表面活性剂的分类

类型	天然型	半合成型	全合成型
阴离子型	海藻酸钠 果胶酸钠	羧甲基纤维素（CMC） 羧甲基淀粉（CMS） 甲基丙烯酸接枝淀粉	甲基丙烯酸共聚物 马来酸共聚物
阳离子型	壳聚糖	阳离子淀粉	乙烯吡啶共聚物 聚乙烯吡咯烷酮 聚乙烯亚胺
非离子型	各种淀粉	甲基纤维素（MC） 乙基纤维素（EC） 羟乙基纤维素（HEC）	聚氧乙烯-聚氧丙烯 聚乙烯醇（PVA） 聚氧乙烯醚 聚丙烯酰胺 烷基酚-甲醛缩合物的环氧乙烷加成物

4.5.3　高分子表面活性剂的新品种

1. 天然高聚物的化学改性

天然高聚物具有生物降解性好、安全性高以及原材料丰富的特点，但没有降低表面张力的能力，故对其进行化学改性是近年来制备高分子表面活性剂的一个研究热点，如纤维素类高分子表面活性剂中，羟丙基纤维素质量浓度为 0.1% 的水溶液，25℃时其表面张力为 43 mN·m^{-1}；淀粉类高分子表面活性剂中，阳离子改性淀粉具有良好的乳化、分散和絮凝性能。我们将水溶性海藻酸盐加以疏水改性，已制备出一系列具有较高表面活性和应用前景的高分子表面活性剂。下面列出几种天然高分子的化学改性产物。

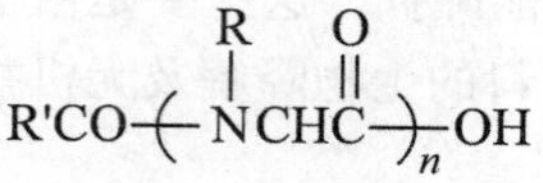

R'CO―(―NCHC―)$_n$OH

多肽改性物

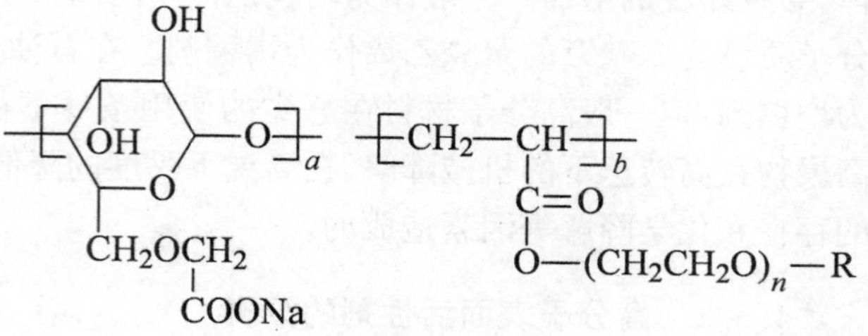

改性纤维素共聚物

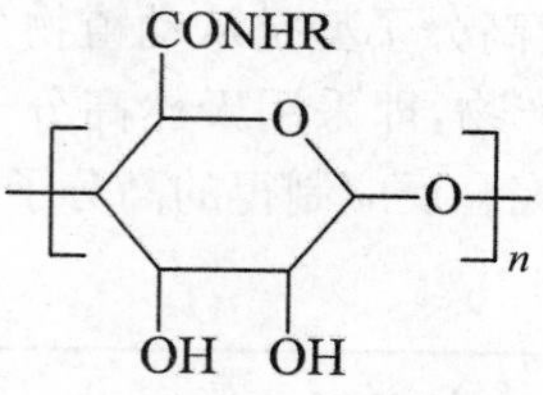

海藻酸改性物

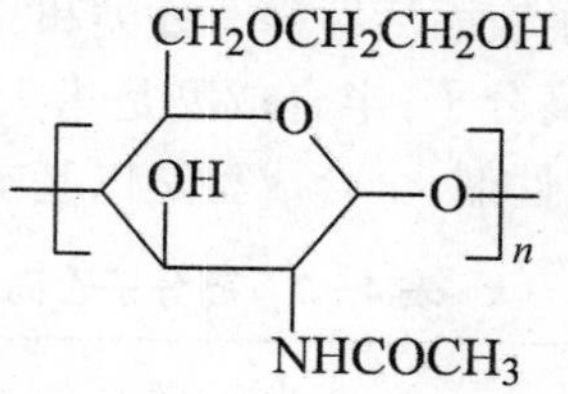

壳聚糖改性物

2. 接枝型高分子表面活性剂

接枝型高分子表面活性剂是一条主链上带有几条支链,其主链可以为亲水链段,也可以为疏水链段;还有主链和支链构成梳状两亲高分子结构,其表面活性取决于亲水链段和疏水链段在溶液中的分子形态,以及两种链段的结构和组成比,采用不同的合成方法可以获得多种接枝型高分子表面活性剂。

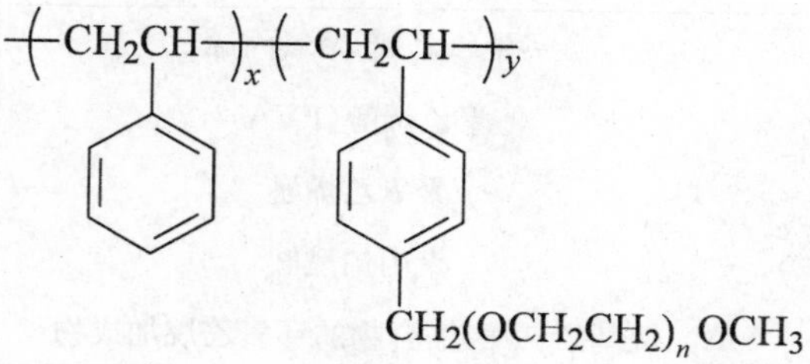

主链疏水支链亲水

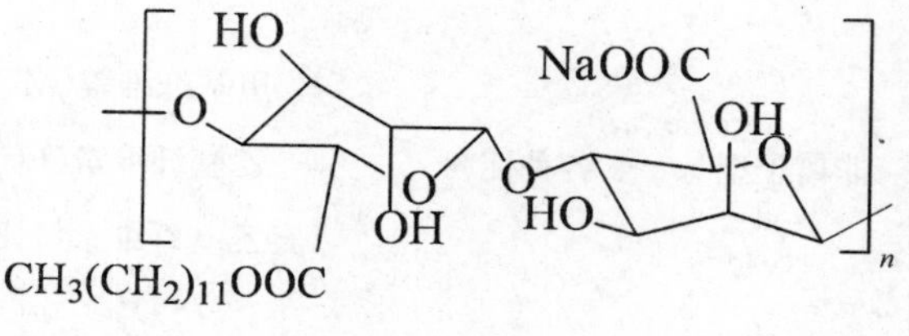

主链亲水支链疏水

3. 嵌段型高分子表面活性剂

嵌段共聚物是由不同单体形成的嵌段经线性排列而得到的化合物。常见的两嵌段或三嵌段共聚物,亲水、亲油链段皆位于共聚物的主链上,随相对分子质量的增加,大分子链易于卷曲,形成单分子胶束或多分子胶束。环氧乙烷-环氧丙烷嵌段共聚物由于其特殊的结构和性能,在高分子表面活性剂中占有重要的地位。一些两亲嵌段共聚物的新产品举例如下。

$$CH_3O\left(CH_2CH_2O\right)_n CH_2CH_2O - \overset{\overset{O}{\|}}{C} - \overset{\overset{Br}{|}}{\underset{Br}{C}} \left(CH_2CH\right)_m$$

聚氧乙烯-嵌-聚苯乙烯

$$\left(\overset{CH_3}{\underset{COOCH_3}{|}}C - CH_2\right)_m (OCH_2CH_2)_n O\left(CH_2\overset{CH_3}{\underset{COOCH_3}{\underset{|}{C}}}\right)_p$$

聚氧乙烯-聚甲基丙烯酸酯三嵌段共聚物

$$\left(NCH_2CH_2\right)_n \overset{\overset{t-C_4H_9}{\text{(benzene ring)}}}{\underset{C=O}{}} \overset{C_2H_5}{\underset{C=O}{}} \left(NCH_2CH_2\right)_m$$

N-叔丁基苯甲酰基亚乙二胺-嵌-聚乙基羰基亚乙二胺

4. 功能化的聚醚

聚醚作为高分子表面活性剂,兼具高分子和表面活性剂的双重性能。近年来又相继开发了一些功能性聚醚表面活性剂,举例如下。

$$R - O\left(CH_2 - \overset{}{\underset{CH_3}{CHO}}\right)_m \left(CH_2CH_2O\right)_n R'$$

双烷基聚醚

$$R - O\left[(C_2H_4O)_m (C_3H_6O)_n\right] \overset{\overset{O}{\|}}{C} - R'$$

聚醚酯

$$CH_2 = \overset{CH_3}{\underset{|}{C}} - COO\left(CH_2 - \overset{R}{\underset{|}{CH}} - O\right)_n H$$

聚氧烯烃烷基醚甲基丙烯酸单酯

$$CF_3O\left(\overset{}{\underset{CF_3}{CFCF_2O}}\right)_m \left(CF_2O\right)_n \left(\overset{}{\underset{CF_3}{CFO}}\right)_p COF$$

含氟聚醚

5. 糖基类

糖基类高分子表面活性剂大体分为糖基位于侧链和糖基位于主链两种。例如以聚苯乙烯为亲油基,在侧链中引入麦芽糖、葡萄糖等糖类亲水基。多糖可通过酯基或氨基连接脂肪链。

4.5.4　高分子表面活性剂溶液的自组装

高分子聚合物的自组装,如胶束、囊泡、微乳和单分子膜等,是近年来广受关注的研究领域。与低分子表面活性剂类似,高分子表面活性剂在适当外场引导下,利用分子间的相互作

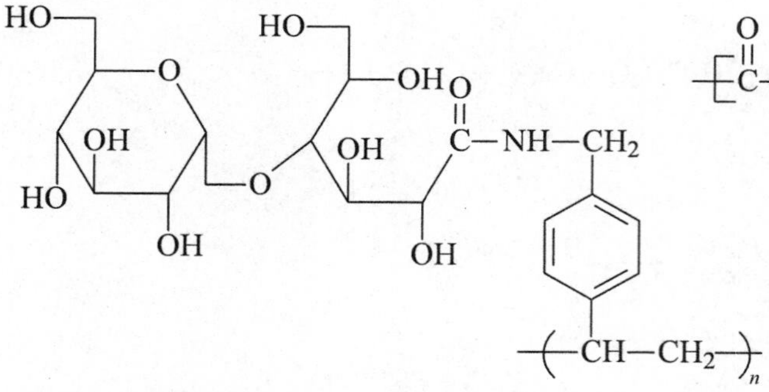

糖类在侧链 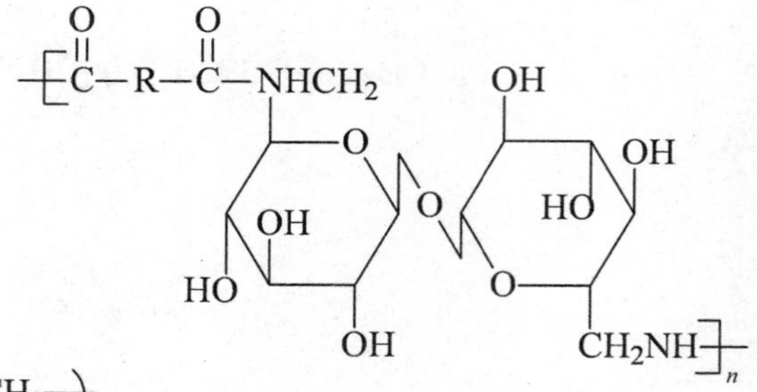　　　　　　　　　　　　　　　　　糖类在主链

用(包括氢键、静电相互作用和疏水/亲水作用)为驱动力,分子链或微区自组装成不同尺度范围的有序结构,为获得新型功能纳米材料提供了新途径。

1. 两亲性聚合物组装体的特点

两亲性聚合物在选择性溶剂中可发生微相分离,形成具有疏溶剂性的内核与溶剂化壳的一种自组装结构。与低分子表面活性剂胶束相比,聚合物胶束也是由亲水和疏水两部分组成,但聚合物胶束通常有更低的 cmc 和解离速率,表现为在生理环境中具有良好的稳定性,被装载的药物能保留更长的时间,在靶位有更高的药物累积量。

2. 两亲性聚合物的自组装原理

溶剂性质和环境条件(如极性、酸碱性、离子强度、温度)直接影响两亲性聚合物自组装体的结构和形状。如多数聚合物胶束为球形,但也会出现柱形胶束。事实上,柱形胶束形成类似聚合物链的松弛结构,这种聚合物胶束具有常规聚合物的流变性质,但它们的长度并非固定不变,而是由热力学平衡决定。根据两亲性聚合物的类型和自组装的原理不同,聚合物胶束可分为以下几类。

① 嵌段共聚物胶束

两亲嵌段共聚物的胶束化大多是利用溶剂选择性实现的,它对一种嵌段为良溶剂,而对另一种嵌段为不良溶剂。嵌段共聚物所形成的胶束通常是球形的,含有一个由不溶性嵌段组成的核和由可溶性嵌段组成的外壳。亲水链段是聚氧乙烯、疏水链段是聚氧丙烯或聚硅氧烷的共聚物具有良好的乳化性能。但该类嵌段共聚物随相对分子质量的增大,其降低表面张力的能力下降,主要是因为大分子疏水链段在水溶液中易缔合,导致疏水链段不能在界面形成有效的覆盖。

② 聚电解质胶束

聚电解质是指分子链上具有许多离解性基团的高分子,当高分子电解质溶于介电常数很大的溶剂,如水中时,就会发生离解,生成高分子离子和许多抗衡离子。具有明显亲水性差异的聚电解质嵌段共聚物可以在水溶液中自组装成胶束;两嵌段共聚物是由亲水链段和疏水链段所构成,一般而言,带有电荷的链段成为亲水链而在水溶液中发生溶胀,与此同时,疏水链段在水溶液中发生塌陷因而收缩聚集成内核。形成胶束的尺寸取决于疏水内核的表面张力与水外壳内相邻链段的静电排斥力之间的平衡。另外一种情况是两种二嵌段共聚物具有相同的水溶性非离子链段而离子化链段带有相反的电荷,它们在水溶液中会自组装形成胶束,其中带相反电荷的链段由于静电作用相互结合收缩成内核,水溶性非离子链段舒展在外形成壳。

③ 非共价键胶束

非共价键自组装是一种制备胶束的新方法,这种胶束核壳间以氢键等次键连接,促使多组分高分子在选择性溶剂中自组装而形成胶束。例如,将质子给体单元限制在聚合物(A 链)的端基上,这样当它与质子受体聚合物(B 链,其质子受体单元可在链上无规分布)溶解在共同溶剂中时,就有可能通过 A 链端基和 B 链质子受体单元的相互作用形成氢键接枝共聚物,这就是 A—B 胶束的前驱体。当 A—B 的介质由共同溶剂切换为选择性溶剂时,便可得到胶束。

④ 接枝共聚物胶束

若接枝共聚物是由疏水的骨架链和亲水的支链构成,则该接枝共聚物分散在水中就会自组装成具有核壳结构的纳米粒子,粒子内核由疏水骨架链组成,而外壳则是亲水的支链。反过来,即在亲水的主链上接枝疏水的支链,同样可形成胶束。

图 4－7 展示了上述 4 种聚合物胶束的自组装示意图。

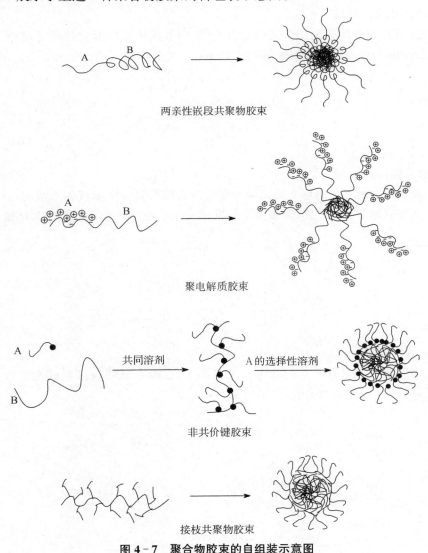

图 4－7　聚合物胶束的自组装示意图

4.6　冠醚型表面活性剂

　　冠醚型表面活性剂是一类新型的表面活性剂,其冠醚环具有与金属离子络合,形成可溶于有机溶剂相的络合物的特点,因而广泛地用作相转移催化剂。由于冠醚大环主要由聚氧乙烯构成,与非离子表面活性剂极性基相似,所以在冠醚环上引入烷基取代基后,则可以得到与非离子表面活性剂类似,但又具有独特性质的新型表面活性剂。

4.6.1　冠醚型表面活性剂的结构

　　冠醚型表面活性剂的结构多种多样,但按冠醚环的不同可分为一般表面活性冠醚、氮杂表面活性冠醚及表面活性穴醚三类。

　　1. 一般表面活性冠醚

　　一般表面活性冠醚的冠醚部分可由聚氧乙烯、聚氧丙烯或两者交替环合,在冠醚环上可有不同的取代基,一般表面活性冠醚的结构如下:

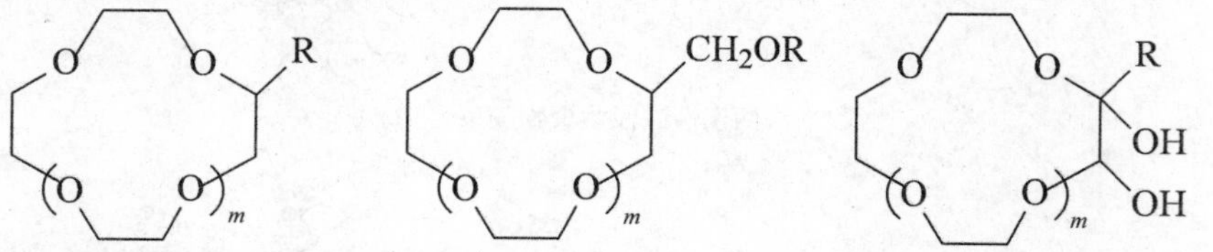

　　2. 氮杂表面活性冠醚

　　氮杂表面活性冠醚是冠醚环上的氧原子部分或全部被氮原子取代而形成的,其疏水基连接在氮原子上或碳原子上。此外,氮杂冠醚的氮原子也可由杂环化合物提供,其结构如下:

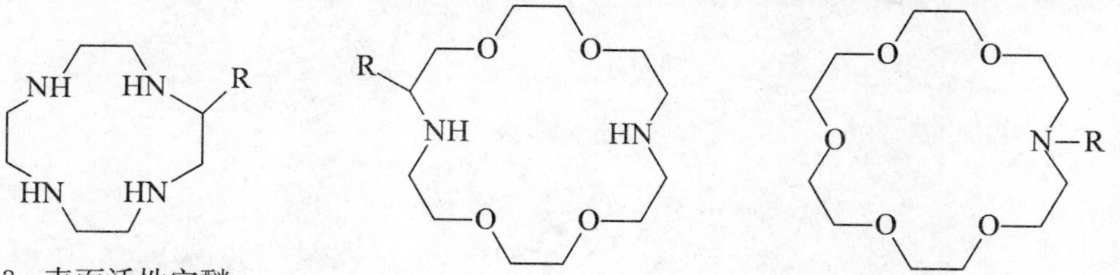

　　3. 表面活性穴醚

　　表面活性穴醚一般含有两个或两个以上氮原子,且疏水基团直接与碳原子连接。疏水基团数量可以是一个、两个或多个,其结构如下:

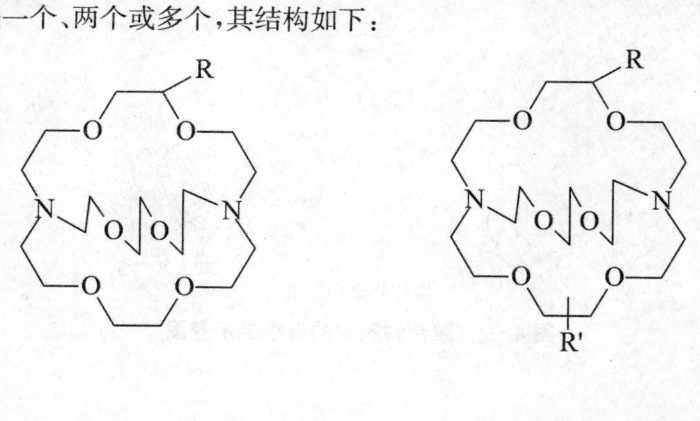

4.6.2 冠醚型表面活性剂的性质

冠醚型表面活性剂是以冠醚作为亲水基团,且又在冠醚环上连接有长碳烷基、芳基等疏水基团的化合物及其衍生物,属于大环多醚化合物,是一类特殊的聚醚。这类化合物除具有一般表面活性剂所共有的特点外,还有一些特殊的性质,例如可以选择性地络合金属阳离子或正离子,可以改善某些抗生素的生物活性以及离子透过生物膜的传输行为,从而用来模拟天然酶和制备生物膜,也可作为相转移催化剂以改进有机化学反应的转化率和反应能力。这类表面活性剂疏水链具有很强的疏水性,因而在化学或生物体系中具有普通碳氢表面活性剂无法比拟的高化学活性或生物活性。

冠醚型表面活性剂与普通聚醚类似,其水溶液的浊点随着形成冠醚的基本单体——氧乙烯单元数的增加或烷基链长度的缩短而升高,其 cmc 也相应升高。正是由于表面活性剂冠醚分子本身具有特殊的表面活性,而且对不同的阳离子具有选择性的络合作用。形成络合物后,此类化合物实际上从非离子表面活性剂转变为阳离子表面活性剂,而且易溶于有机溶剂中,将本来不溶于有机溶剂的离子带入有机相参与反应,因此起到相转移催化剂的作用。在合成时还可调节环的大小,使之适合不同大小的离子。

4.7 生物表面活性剂

生物表面活性剂是指在一定条件下培养微生物时,在其代谢过程中分泌出具有一定表面活性的代谢产物,如糖脂、多糖脂、脂肽和中性类脂衍生物等。化学合成的表面活性剂会受到原料、价格、产品性能等因素的影响,同时在生成和使用过程中常常会带来严重的环境污染问题以及对人体的危害问题。当今生物技术迅猛发展,利用生物技术生成活性高、具有特效的表面活性剂,将有效避免这些问题。

由于生物表面活性剂的来源、生成方法、化学结构、用途多种多样,因而有多种分类方法,常根据化学结构的不同可分为中性类脂、磷脂、糖脂、含氨基酸类脂等,如图4-8所示。

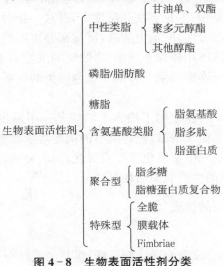

图4-8 生物表面活性剂分类

　　常见的生物表面活性剂有纤维二糖脂,鼠李糖脂,槐糖脂,海藻糖二脂,海藻糖四脂,单、二、三糖脂,表面活性蛋白等。

4.7.1　生物表面活性剂的形成与制备

　　许多微生物都可能仅靠烃类为单一碳源而生长,例如,酵母菌和真菌主要利用直链饱和烃,细菌则降解异构烃或环烷烃,还可利用不饱和烃和芳香族化合物。微生物要利用这些烃类,就必须使烃类通过外层亲水细胞壁进入细胞。由于烃基水溶性非常小,一些细菌和酵母菌分泌出离子型表面活性剂,如 *Pseudomonas* sp. 产生的鼠李糖脂、*Torulopsis* sp. 产生的槐糖脂,另一些微生物产生非离子表面活性剂,如 *Candida lipolytica* 和 *Candida tropicalis* 在正构烷烃中培养时产生胞壁结合脂多糖,*Rhodococus erythropolis* 以及一些 *Mycobacterium* 和 *Arthrobacter* sp. 在原油或正构烷烃中产生非离子海藻糖棒杆霉菌酸酯。

　　有时一种细菌在不同的培养基下和不同的环境中可分泌形成不同的表面活性剂,如 *Acinetobacter* sp. ATCC31012 在淡水、海水、棕榈酸钠溶液以及十二烷烃中,辅以必要的成分,可分泌一种属于糖类的表面活性剂,而在十八烷烃中则分泌生成微结构相似的另一种表面活性剂。

　　生物表面活性剂的制备主要分为如下三步骤。

　　① 培养发酵

　　发酵法是一种活体内生产方法,条件要求苛刻,产物提取较难,而新发展起来的酶促进反应合成生物表面活性剂,是一种体外生产方法,条件相对宽松,反应具有专一性,可在常温常压下进行,产物易于回收。由于细菌种类繁多,每种可分泌生成表面活性剂的细菌,其要求的碳源不同、辅助成分不同,加上所要求的发酵条件不同,因此各种细菌的培养发酵不同。应根据具体情况而定。

　　② 分离提取

　　对大多数细菌分泌形成的表面活性剂的分离提取、产品纯化均有一些类似的方法,如萃取、盐析、渗析、离心、沉淀、结晶以及冷冻、干燥,还有静置、浮选、真空过滤等。现以 *Acinetobacter* sp. ATCC31012 为例简要介绍分离提取过程。当 *Acinetobacter* sp. ATCC31012 在特定的培养基中,一定温度和湿度下,通过一定时间的发酵后,将发酵液慢慢冷却并加入电解质,使发酵液分层,取出上清液,沉淀部分再用饱和电解质溶液洗涤,并离心分出清液部分,合并两次的液体用硅藻土过滤,将收集的沉淀溶于水中,用乙醚萃取后,再用蒸馏水渗析;然后通过冷冻干燥即得到一种属于聚合糖类的生物表面活性剂粗品。

　　③ 粗品纯化

　　取一定量的粗品溶于水中,在室温下加入十六烷基三甲基溴化铵,使其凝聚沉淀,然后进行离心分离,沉淀部分用蒸馏水洗涤,再将洗后的沉淀溶于硫酸钠溶液中,离心除去沉淀,然后加入磺酸钾,与十六烷基三甲基溴化铵形成沉淀,离心分离,所得的清液用蒸馏水渗析,然后冷冻干燥得到一种白色的生物表面活性剂纯品。

4.7.2　生物表面活性剂的性质

1. 表面活性

生物表面活性剂与化学合成表面活性剂一样,也是两亲性分子,疏水基一般为脂肪酰基链,极性亲水基则有多种形式,如中性脂的酯或羟基、脂肪酸或氨基酸的羟基、磷脂中含磷的部分以及糖脂中的糖基,所以生物表面活性剂具有明显的表面活性,能在界面形成吸附分子层,显著降低溶液的表(界)面张力,大多数生物表面活性剂可将表面张力降至$30 \mathrm{~mN} \cdot \mathrm{m}^{-1}$。生物表面活性剂的结构通常比化学合成表面活性剂更为复杂和庞大,单个分子就占据很大的空间,因而其 cmc 较低。除此之外,生物表面活性剂还具有优良的乳化性能。如 *Pseudomonas* sp. 产生的鼠李糖脂的乳化性能优于化学合成乳化剂 Tween。

2. 稳定性

糖脂类生物表面活性剂具有良好的热稳定性和化学稳定性,有些可以耐强酸、强碱,如 O,O-D-海藻糖-6-棒杆霉菌酸酯在 $1 \times 10^{-3} \mathrm{~mol} \cdot \mathrm{L}^{-1}$ 盐酸中浸泡 70 h,仅有 10% 的糖脂被降解。

3. 生理学功能

生物表面活性剂的生理学功能与其两亲性有关,对微生物的生长有着重要作用。生物表面活性剂具有如下生理学功能。

① 增强非极性难溶底物的乳化和溶解作用,促进微生物在此类底物中的生长,促进难溶性底物的分散和吸收。这主要是由于生物表面活性剂降低了难溶性烃类物质与水之间的界面张力,有利于烃在水中乳化分散,使相界面面积增大,便于细胞和油滴之间直接接触,加速了烃类向细胞中的扩散和被同化分解。

② 调节细胞表面与难溶底物之间的亲和力。生物表面活性剂分子利用亲水基固定住微生物细胞表面,而另一端暴露在外,从而可以控制细胞表面的疏水性或亲水性。微生物自身可以分泌生物表面活性剂,通过改变吸附界面的特性来调节细胞与界面的亲和力。

③ 抗菌活性。某些生物表面活性剂还具有良好的抗菌性,这是一般化学合成表面活性剂难于媲美的。如日本的实验室从 *Pseudomonas* sp. 产生的鼠李糖脂,被证明具有一定的抗菌、抗病毒和抗支原体的性能。

第五章　表面活性剂的复配技术

　　表面活性剂是一种功能性精细化学品,已渗透到人们生活、生产的诸多方面。大多数商品表面活性剂不是以单一组分存在,而通常是采用复配的形式,因为很多情况下采用单一表面活性剂难于满足应用对象的特殊需要或多种要求。通过复配技术可以使产品增效、改性和扩大应用范围;通过复配技术改变商品的性能和形式后,可赋予精细化学品更强的市场竞争力;通过复配技术可以增加和扩大商品数目,提高经济效益。

　　实际应用中很少用表面活性剂纯品,绝大多数场合以混合物形式使用。这是由于以下两个原因所造成:首先是经济上的原因;其次,在实际应用中没有必要使用纯表面活性剂,恰恰相反,通常使用加入各种添加剂的表面活性剂配方可以带来成本的大幅度降低。更重要的是,经过复配的表面活性剂具有比单一表面活性剂更好的使用效果,也就是通常所说的"1+1>2"的效果。例如在一般洗涤剂配方中,表面活性剂只占 20%～30%左右,其余大部分是无机盐及少量有机物,而所有的表面活性剂也不是纯品,往往是一系列同系物混合物。在复配体系中,不同类型和结构的表面活性剂分子间的相互作用,决定了整个体系的性能和复配效果。因此,应弄清楚表面活性剂的复配基本规律,以寻求各种符合实际用途的高效复配配方。

　　表面活性剂复配技术是一门科学学科,其具有显著的以物理、物理化学、胶体与界面化学、分析和相当重要的生产工艺学为中心的交叉学科特性。复配型精细化学品的生产原理与生产技术已经发展成为以科学为载体的复配技术,尽管对于复杂体系目前还不能摆脱经验方法,但正在逐步用科学判据来代替经验方法。表面活性剂复配产生的加和增效作用及其应用性能的改善,已为人们所知并在生产及生活中得到了实际应用。有关该方面的研究工作受到科研工作者的普遍关注,并取得了大量的研究成果。但有关基础理论方面的研究只是近几年的事,其研究结果可为预测表面活性剂的加和增效行为提供指导,以便得到最佳复配效果。

5.1　表面活性剂分子间的相互作用参数

　　表面活性剂的两个最基本性质是表面活性剂的表面(界面)吸附及胶束的形成。因此加和增效的产生首先会改变体系的表面张力和临界胶束浓度。一般情况下,当两种表面活性剂产生复配效应时,其混合体系的临界胶束浓度(cmc^M)并不等于二者临界胶束浓度(cmc^1和 cmc^2)的平均值,即

$$cmc^M \neq \frac{cmc^1 + cmc^2}{2}$$

(5-1)

而是小于其中任何一种表面活性剂单独使用的临界胶束浓度。例如阳离子和阴离子型表面活性剂的混合体系的临界胶束浓度，比单一表面活性剂溶液的临界胶束浓度降低 $1 \sim 3$ 个数量级，造成这种情况的原因就是表面活性剂分子间的相互作用。

　　复配使用的两种表面活性剂会在表面或界面上形成混合单分子吸附层，在溶液内部形成混合胶束。无论是混合单分子吸附层还是混合胶束，两种表面活性剂分子间均存在相互作用，其作用的形式和大小可用分子间相互作用参数 β 表示。

5.1.1　分子间相互作用参数 β 的确定和含义

　　在混合单分子吸附层中，表面活性剂分子间的相互作用参数用 β^{σ} 表示，基于非理想溶液理论和体系的热力学研究，在混合单分子层中存在如下关系：

$$\frac{x_1^2 \ln \dfrac{\alpha c_{12}}{x_1 c_1^0}}{(1-x_1)^2 \ln \dfrac{(1-\alpha)c_{12}}{(1-x_1)c_2^0}} = 1 \tag{5-2}$$

$$\beta^{\sigma} = \frac{\ln \dfrac{\alpha c_{12}}{x_1 c_1^0}}{(1-x_1)^2} \tag{5-3}$$

式(5-2)中，α 为混合表面活性剂溶液中组分 1 的摩尔分数，则组分 2 的摩尔分数为 $(1-\alpha)$；x_1 是混合单分子吸附层(膜)中表面活性剂组分 1 的摩尔分数，则混合单分子层中表面活性剂组分 2 的摩尔分数为 $(1-x_1)$；c_1^0、c_2^0、c_{12} 分别为两种表面活性剂及其混合物在溶液中的浓度。

　　对于确定的表面活性剂复配体系，α、c_1^0、c_2^0、c_{12} 均为已知数，由式(5-2)可以求出 x_1，确定混合单分子吸附层的组成，将 x_1 代入式(5-3)便可求出 β^{σ}。

　　用类似的方法，根据混合胶束中的关系式(5-4)和(5-5)，可以求出混合胶束中两种表面活性剂分子间的相互作用参数 β^{M}。

$$\frac{(x_1^M)^2 \ln \dfrac{\alpha c_{12}^M}{x_1^M c_1^M}}{(1-x_1^M)^2 \ln \dfrac{(1-\alpha)c_{12}^M}{(1-x_1^M)c_2^M}} = 1 \tag{5-4}$$

$$\beta^{M} = \frac{\ln \dfrac{\alpha c_{12}^M}{x_1^M c_1^M}}{(1-x_1^M)^2} \tag{5-5}$$

式(5-4)中，x_1^M 为混合胶束中表面活性剂组分 1 的摩尔分数，则表面活性剂组分 2 在混合胶束中 1 的摩尔分数为 $(1-x_1^M)$；c_1^M、c_2^M、c_{12}^M 分别为两种单一表面活性剂和在特定组分比例下(有确定的 α 值)混合表面活性剂的临界胶束浓度。

　　表面活性剂分子间的相互作用参数 β 值和两种表面活性剂混合的自由能相关，β 为负值表示两种分子相互吸引；β 值为正值，表示两种分子相互排斥；β 值的绝对值越大，表示分子的相互作用力越强;而 β 值接近 0 时,表明两种分子间几乎没有相互作用,近乎于理想混合。许多学者通过大量的实验和计算发现, β 值一般在 +2(弱排斥)到 -40(强吸引)之间。表 5-1 是部分表面活性剂分子间相互作用参数。

表 5-1　部分表面活性剂分子间相互作用参数

复配活性剂类型	复配物	温度/℃	β^σ	β^M
阴离子/阳离子	$C_8H_{17}SO_4Na/C_8H_{17}N(CH_3)_3Br$	25	-14.2	-10.2
	$C_{12}H_{25}SO_4Na/C_{12}H_{25}N(CH_3)_3Br$	25	-27.8	-25.5
阴离子/两性离子	$C_{10}H_{21}SO_4Na/C_{12}H_{25}N^+H_2(CH_2)_2COO^-$	30	-13.4	-10.6
阴离子/非离子	$C_{10}H_{21}SO_4Na/C_{12}H_{25}(OC_2H_4)_7OH$	25	-1.5	-2.4
阴离子/阴离子	$C_{15}H_{31}COONa/C_{12}H_{25}SO_3Na$	60	-0.01	+0.2
阳离子/非离子	$C_{10}H_{21}N(CH_3)_3Br/C_8H_{17}(OC_2H_4)_7OH$	23	—	-1.8

5.1.2　影响分子间相互作用参数的因素

通过表 5-1 给出的数据可以看出,大部分混合体系中, β^σ 和 β^M 为负值,即两种表面活性剂分子间是相互吸引的作用。这种吸引力主要来源于分子间的静电引力,与表面活性剂分子结构密切相关,并受温度及电解质等外界因素的影响。

1. 离子类型的影响

不同类型的表面活性剂分子之间的相互作用力大小不同,其大小次序为:

阴离子/阳离子>阴离子/两性型>离子型/聚氧乙烯非离子型>甜菜碱两性型/阳离子>甜菜碱两性型/聚氧乙烯非离子型>聚氧乙烯非离子型/聚氧乙烯非离子型

由于加和增效产生的概率随着两种表面活性剂分子间相互作用力的增加而增大,因此,与阴离子表面活性剂产生加和增效可能性最大的是阴离子/阳离子和阴离子/两性型表面活性剂复配体系,而阳离子/聚氧乙烯型非离子和阴离子/阴离子复配体系只有在两种表面活性剂具有特定结构时才可能发生加和增效作用。

2. 疏水基团的影响

随表面活性剂疏水基碳链长度的增加, β^σ 和 β^M 变得更负,即绝对值增加,且为负值。当两种表面活性剂链长相等时,混合单分子吸附层中分子间的相互作用参数 β^σ 的绝对值达到最大,即吸引力最强。而混合胶束中的相互作用参数 β^M 则不同,它随两种表面活性剂碳链长度总和的增加而增大。

3. 介质 pH 的影响

两性表面活性剂在水溶液中的离子类型随介质 pH 的变化而有所不同。当溶液的 pH 低于两性表面活性剂的等电点时,活性剂分子以正离子形式存在,通过正电荷与阴离子表面活性剂发生相互作用。因此,当介质的碱性或 pH 增加,两性表面活性剂逐渐转变为电中性的分子,甚至是负离子,与阴离子表面活性剂的相互作用力降低。

表 5-2 是十二烷基磺酸钠与十二烷基苯基甜菜碱复配表面活性剂在不同 pH 时分子间相互作用的参数。从表 5-2 中可以看出,随着 pH 的升高, β^σ 和 β^M 均有所增大,即两种分子

之间的吸引作用力减弱。

表 5-2　十二烷基硫酸钠与十二烷基苯基甜菜碱复配体系分子间相互作用参数(25℃)

pH	β^{σ}	β^{M}
5.0	−6.9	−5.4
5.8	−5.7	−5.0
6.7	−4.9	−4.4

　　基于同样的原因,两性表面活性剂若其自身碱性较低,获得质子能力差,则与阴离子型表面活性剂的相互作用力也较低。例如癸基苯基甲基磺酸甜菜碱的碱性比十二烷基苯基甲基甜菜碱的碱性弱,在 pH 为 6.6~6.7 时与十二烷基磺酸钠复配,前者的 β^{σ} 为 −2.5,后者的 β^{σ} 为 −4.9。这是因为在这种介质中,后者比前者更易得到质子形成正离子,从而与阴离子表面活性剂的作用力强于前者。

　　4. 无机电解质的影响

　　表面活性剂的复配配方中,往往加入大量的无机电解质,可以使溶液的表面活性提高。这种协同作用主要表现在离子型表面活性剂与无机盐混合溶液中。

　　对于离子型表面活性剂,在其中加入与表面活性剂有相同离子的无机盐不仅可降低同浓度溶液的表面张力,而且还可降低表面活性剂的 cmc,此外还可以使溶液的最低表面张力降得更低,即达到全面增效作用。无机电解质浓度对溶液的表面活性也有明显影响,例如在 $C_{12}H_{25}SO_4Na$ 溶液中,增加 NaCl 浓度可使 cmc 下降,如表 5-3 所示。除了反离子的浓度,反离子的价数的影响也很大,高价离子比一价离子有更大的降低表面活性剂溶液表面张力的能力。

表 5-3　NaCl 浓度对十二烷基硫酸钠的 cmc 的影响

NaCl 浓度/mol · L^{-1}	cmc/ mol · L^{-1}	NaCl 浓度/mol · L^{-1}	cmc/ mol · L^{-1}
0	0.008 1	0.2	0.000 83
0.02	0.003 8	0.4	0.000 52

　　无机盐对离子型表面活性剂表面活性的影响,主要是由于反离子压缩了表面活性剂离子头的离子氛厚度,减少了表面活性剂离子头之间的排斥作用,从而使表面活性剂更容易吸附于表面并形成胶束,导致溶液的表面张力与 cmc 降低。

　　对于非离子表面活性剂,无机盐对其性质影响较小。当盐浓度较大时,表面活性剂才显示变化,但与离子型表面活性剂相比变化小得多。无机盐对非离子表面活性剂的影响主要在于疏水基团的"盐析"作用,而不是对亲水基的作用。电解质的盐析作用可以降低非离子表面活性剂的浊点,它与降低 cmc、增加胶束聚集数相应,使得表面活性剂易缔合成更大的胶束。虽然无机盐对非离子表面活性剂溶液性质影响主要是"盐析作用",但也不能完全忽略电性相互作用。对于聚氧乙烯链为极性头的非离子表面活性剂,链中的氧原子可以通过氢键与 H_2O 及 H_3O^+ 结合,从而使这种非离子表面活性剂分子带有一些正电荷。从这个角度来看,无机盐对聚氧乙烯型非离子表面活性剂的影响与离子型表面活性剂的有些相似,只不过由于聚氧乙烯型非离子表面活性剂极性基的正电性远低于离子型表面活性剂，无机盐的影响也小很多。

5. 温度的影响

通常情况下，在 10～40℃范围内，温度升高，分子间相互作用力降低。可见表面活性剂分子间的相互作用参数 β 受很多因素的影响。了解该参数的含义和影响因素后，需要进一步利用它判断两种表面活性剂之间混合后是否存在复配效应，若存在加和增效作用，两者产生最大加和增效时的物质的量之比是多少。这就是引入分子间相互作用参数 β 的意义。

5.2　产生加和增效作用的判据

表面活性剂最基本的性质是降低表面张力和胶束的形成，衡量表面活性剂的活性大小，主要考察其溶液表面张力降低的程度和临界胶束浓度的大小。一般情况下，性能优良的表面活性剂能够在较低的浓度下，使溶液的表面张力下降到很低的程度并形成胶束。经过大量的研究工作，研究人员已经将在上述两种基本现象中产生加和增效作用的条件进行了数学上的表示，这种表示是建立在非理想溶液理论基础之上的。

5.2.1　降低表面张力

在降低表面张力方面，加和增效作用是指使溶液的表面张力降低到一定程度时，所需的两种表面活性剂的浓度之和（$c_1^0 + c_2^0$）低于单独使用复配体系中的任何一种表面活性剂所需的浓度。如果这个浓度高于其中任何一种表面活性剂所需的浓度，则说明产生了负的加和增效作用。

根据上述定义和式（5-2）和式（5-3）所表示的关系，得到在降低表面张力方面产生正加和增效与负加和增效作用的条件。

（1）正加和增效

条件一：β^σ 为负值，即 $\beta^\sigma < 0$；

条件二：$|\beta^\sigma| > |\ln(c_1^0/c_2^0)|$。

（2）负加和增效

条件一：β^σ 为正值，即 $\beta^\sigma > 0$；

条件二：$|\beta^\sigma| > |\ln(c_1^0/c_2^0)|$。

从上述条件二可以看出，要产生加和增效作用，进行复配的两种表面活性剂应尽可能具有相似的 c_1^0 和 c_2^0，即溶液中两种表面活性剂的浓度应尽量相近。当两者浓度相等（即 $c_1^0 = c_2^0$）时，$|\ln(c_1^0/c_2^0)| = 0$，则必然存在正加和增效或负加和增效作用（$\beta^\sigma = 0$ 除外）。当两种表面活性剂分子间有吸引作用，即 $\beta^\sigma < 0$ 时，可产生正加和增效。此时使溶液表面张力降低到一定程度时，所需要的两种表面活性剂的浓度之和小于单独使用其中任何一种，也可以说表面张力降低的效果高于使用单一表面活性剂。而当两种表面活性剂分子有排斥作用，即 $\beta^\sigma > 0$ 时，产生负加和增效作用。

经过进一步推导和计算，可以得到产生最大加和增效作用时，表面活性剂组分 1 占活性剂总量的分数 α^*，其计算公式为：

$$\alpha^* = \frac{\ln(c_1^0/c_2^0) + \beta^\sigma}{2\beta^\sigma} \tag{5-6}$$

此时所需表面活性剂浓度的总和,即混合物的浓度最低,其值 $c_{12,\min}$ 为:

$$c_{12,\min} = c_1^0 \exp\left\{\beta^\sigma \left[\frac{\beta^\sigma - \ln(c_1^0/c_2^0)}{2\beta^\sigma}\right]^2\right\} \tag{5-7}$$

从以上计算公式可以看出,β^σ 的负值越大,即分子间相互吸引力越大,$c_{12,\min}$ 值越小;β^σ 的正值越大,即分子间排斥力越大,$c_{12,\min}$ 值越大。

5.2.2　形成混合胶束

当复配体系水溶液形成混合胶束时,临界胶束浓度 c_{12}^M 低于其中任何一种单一组分的临界胶束浓度(c_1^M 和 c_2^M)即称为产生正加和增效作用;如果混合物的临界胶束浓度比任何一种单一组分的高,则称产生负加和增效作用。它的产生条件为:

(1) 正加和增效作用

条件一:β^M 为负值,即 $\beta^M < 0$;

条件二:$|\beta^M| > |\ln(c_1^M/c_2^M)|$。

(2) 负加和增效作用

条件一:β^M 为正值,即 $\beta^M > 0$;

条件二:$|\beta^M| > |\ln(c_1^M/c_2^M)|$。

那么,产生最大加和增效作用,即混合体系的临界胶束浓度最低时,表面活性剂组分 1 的物质的量分数 α^* 可由式(5-8)计算:

$$\alpha^* = \frac{\ln(c_1^M/c_2^M) + \beta^M}{2\beta^M} \tag{5-8}$$

而混合体系的临界胶束浓度的最低值 $c_{12,\min}^M$ 为:

$$c_{12,\min}^M = c_1^M \exp\left\{\beta^M \left[\frac{\beta^M - \ln(c_1^M/c_2^M)}{2\beta^M}\right]^2\right\} \tag{5-9}$$

5.2.3　综合考虑

将降低表面张力和形成混合胶束综合起来看,正加和增效是指两种表面活性剂的复配体系在混合胶束的临界胶束浓度时的表面(界面)张力 γ_{12}^{cmc} 低于其中任何一种表面活性剂在其临界胶束浓度时的表面(界面)张力(γ_1^{cmc} 和 γ_2^{cmc}),相反则产生负加和增效作用。

产生正、负加和增效的条件为:

(1) 正加和增效作用

条件一:$(\beta^\sigma - \beta^M)$ 为负值,即 $(\beta^\sigma - \beta^M) < 0$;

条件二:$\left|\beta^\sigma - \beta^M\right| > \left|\ln \dfrac{c_1^{0,cmc} c_2^M}{c_2^{0,cmc} c_1^M}\right|$。

（2）负加和增效作用

条件一：$(\beta^\sigma - \beta^M)$ 为正值，即 $(\beta^\sigma - \beta^M) > 0$；

条件二：$\left| \beta^\sigma - \beta^M \right| > \left| \ln \dfrac{c_1^{0,\text{cmc}} c_2^M}{c_2^{0,\text{cmc}} c_1^M} \right|$。

上述条件二中 $c_1^{0,\text{cmc}}$ 和 $c_2^{0,\text{cmc}}$ 为达到混合体系临界胶束浓度下溶液表面张力 γ_{12}^{cmc} 时所需的两种单一表面活性剂的摩尔浓度，即在 $c_1^{0,\text{cmc}}$ 和 $c_2^{0,\text{cmc}}$ 浓度下，溶液的表面张力等于混合物在其临界胶束浓度时的表面张力。

从条件一可以明显地看出，只有当 $\beta^\sigma < \beta^M$，即混合单分子吸附膜中两种表面活性剂分子间的相互吸引力比混合胶束中分子间的吸引力强时，才能产生正加和增效作用。如果混合胶束中两种表面活性剂分子的排斥力更强，则产生负加和增效作用。

当产生最大加和增效作用时，表面混合吸附层的组成与混合胶束的组成相同，即 $x_1^* = x_1^{m*}$。此时表面活性剂组分 1 的物质的量分数 α^* 可通过下面两个公式计算得到：

$$\frac{\gamma_1^{0,\text{cmc}} - k_1(\beta^\sigma - \beta^M)(1 - x_1^*)^2}{\gamma_2^{0,\text{cmc}} - k_2(\beta^\sigma - \beta^M)(x_1^*)^2} = 1 \qquad (5-10)$$

$$\alpha^* = \frac{\dfrac{c_1^M}{c_2^M} \times \dfrac{x_1^*}{1 - x_1^*} \exp[\beta^M(1 - 2x_1^*)]}{1 + \dfrac{c_1^M}{c_2^M} \times \dfrac{x_1^*}{1 - x_1^*} \exp[\beta^M(1 - 2x_1^*)]} \qquad (5-11)$$

式（5-10）和式（5-11）中，k_1 和 k_2 分别是表面活性剂组分 1 和组分 2 的 $\gamma\text{-}\ln c$ 曲线的斜率；$\gamma_1^{0,\text{cmc}}$ 和 $\gamma_2^{0,\text{cmc}}$ 分别为两种表面活性剂在其各自临界胶束浓度时的表面（界面）张力。

从上面的讨论可以看出，引入分子间相互作用力参数 β 后，可以定性地了解两种表面活性剂分子间的作用情况，是相互吸引还是相互排斥，作用力的强弱如何。经过计算可以判断出两种表面活性剂混合后是否产生复配效应，并可进一步求出产生最大加和增效作用时复配体系的组成，即两种表面活性剂的复配比例，这为表面活性剂复配的应用提供了理论指导。

5.3　表面活性剂的复配体系

表面活性剂除降低溶剂的表面张力和形成胶束外，在实际应用中，其还有很多重要的作用，如洗涤作用、发泡作用、增溶作用和润湿作用等。在这些方面的加和增效作用的基础理论研究虽在进行，但目前尚没有明确的结果。但在生活和生产的实际应用中，已经积累了丰富的经验。本节将分别介绍不同类型表面活性剂复配体系在各种应用中所起的作用，通过某些实例可以看出，洗涤、发泡和去污等方面的加和增效往往与表面张力降低或胶束形成方面的加和增效存在着一定的关系。

5.3.1　阴离子-阴离子表面活性剂复配体系

目前，十二烷基苯磺酸钠（LAS）是产量最大的一种阴离子表面活性剂，它与脂肪醇聚氧乙烯醚硫酸酯(AES)类阴离子表面活性剂复配会产生加和增效作用,使表面张力降得更低,使洗涤、去污性以及对酯类的润湿性和乳化性均有提高。图5-1是十二烷基苯磺酸钠与月桂醇聚氧乙烯醚硫酸钠复配后,油-水界面张力与二者浓度的关系曲线。可以看出,在月桂醇聚氧乙烯醚硫酸钠的环氧乙烷加成数 m 为1、2和4时均产生了加和增效作用,而且随该数值的增加,加和增效作用有所增强,即在 $m=4$ 时溶液界面张力的降低程度最大。

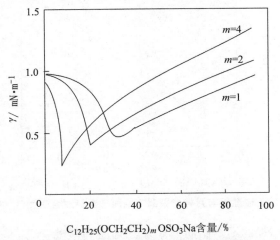

图5-1　十二烷基苯磺酸钠与月桂醇聚氧乙烯醚硫酸钠复配体系的油-水界面张力

　　加入不同比例月桂醇聚氧乙烯醚硫酸钠后,复配体系的去污力和洗净力的变化曲线如图5-2所示,它们都存在加和增效作用,比单独使用十二烷基苯磺酸钠的效果好。对比两个图不难发现,出现极大加和增效作用时,复配体系的组成基本固定在某个范围内,超过这一范围,反而会产生负的加和增效作用。可以说明复配体系的去污和洗净作用的加和增效与其表面或界面张力降低的加和增效存在一定的关系。

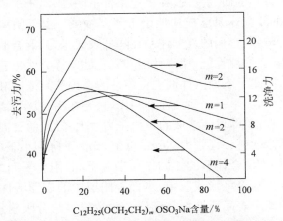

图5-2　十二烷基苯磺酸钠与月桂醇聚氧乙烯醚硫酸钠复配体系的去污力和洗净力

　　此外,阴离子表面活性剂的 Krafft 点是衡量其应用性能的重要指标之一。只有在该温度点以上才能形成胶束,Krafft 点越低,说明表面活性剂的低温溶解性越好,使用范围越广。

在硬水中使用十二烷基磺酸硫酸钠时,会因为生成钙盐而使其溶解度降低。与不同环氧乙烷加成数的月桂醇聚氧乙烯醚硫酸盐混合使用后,Krafft 点出现不同程度的降低,如图 5-3 所示。

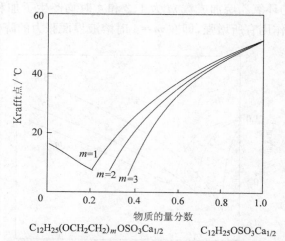

图 5-3　十二烷基硫酸钙与月桂醇聚氧乙烯醚硫酸钙混合表面活性剂的 Krafft 点

需要说明的是,当添加的不是脂肪醇聚氧乙烯醚硫酸酯盐,而是脂肪醇硫酸酯盐($m=0$)时,如添加十二烷基硫酸钠($C_{12}H_{25}SO_4Na$),则不会产生加和增效作用。因此说,阴离子与阴离子表面活性剂的复配,只有在具有特定的结构时才能产生加和增效作用。

5.3.2　阴离子-阳离子表面活性剂复配体系

在表面活性剂复配应用过程中,长期以来一直将阴、阳离子表面活性剂的复配视为禁忌,因为两者在水溶液中相互作用会产生沉淀或絮状络合物,从而产生负效应,甚至使表面活性剂失去表面活性。近年的研究发现,在一定条件下阴、阳离子表面活性剂复配体系具有很高的表面活性,这样的复配体系已成功地用于诸多领域。由于阴离子与阳离子表面活性剂分子间的相互作用力较强,它们的复配体系在降低表面张力、混合胶束的形成方面都显示了较强的加和增效作用,在润湿性能、稳泡性能和乳化性能等方面也有较大提高。

表 5-4 列出了阴、阳离子表面活性剂混合体系的临界胶束浓度和在临界胶束浓度时的表面张力。表中数据表明,与单一表面活性剂相比,只要在阴(或阳)离子表面活性剂中加入少量相反离子的表面活性剂,即可使溶液的表面张力大大降低(两种离子表面活性剂的碳链数相等时),在某物质的量比时表面张力达到最低值,cmc 下降到小于单一表面活性剂溶液。

阴、阳离子表面活性剂混合体系的协同作用来源于阴、阳离子间的强烈吸引力,使溶液内部的表面活性剂分子更易聚集形成胶束,表面吸附层中的表面活性剂分子的排列更为紧密,表面能更低。阴、阳离子表面活性剂复配后会导致每一组分吸附量增加,这同样是由于阴、阳离子表面活性剂间存在强烈相互作用,这种相互作用包括异性离子间的静电吸引作用以及烃基间的疏水作用。阴、阳离子表面活性剂在吸附层呈等比组成时到达最大电性吸引,表面吸附层分子排列更加紧密而使表面吸附增加。

表 5－4　阴、阳离子表面活性剂及混合体系的 cmc 和表面张力(25℃)

表面活性剂	cmc/mol · L^{-1}	表面张力/mN · m^{-1}
$C_8H_{17}N(CH_3)_3Br/C_{12}H_{25}SO_4Na$ (1∶1)	4.0×10^{-4}	26
$C_{12}H_{25}N(CH_3)_3Br/C_8H_{17}SO_4Na$ (1∶1)	4.0×10^{-4}	23
$C_{16}H_{33}N(CH_3)_3Br/C_8H_{17}SO_4Na$ (1∶1)	3.0×10^{-5}	26
$C_8H_{17}N(CH_3)_3Br/C_8H_{17}SO_4Na$ (10∶1)	3.3×10^{-2}	23
$C_8H_{17}N(CH_3)_3Br/C_8H_{17}SO_4Na$ (1∶10)	2.5×10^{-2}	23
$C_8H_{17}N(CH_3)_3Br/C_8H_{17}SO_4Na$ (1∶50)	5.0×10^{-2}	25
$C_8H_{17}N(CH_3)_3Br$	2.6×10^{-1}	41
$C_{12}H_{25}N(CH_3)_3Br$	1.6×10^{-1}	40
$C_{16}H_{33}N(CH_3)_3Br$	9.0×10^{-4}	37
$C_8H_{17}SO_4Na$	1.4×10^{-1}	39
$C_{12}H_{25}SO_4Na$	8.0×10^{-3}	38

　　与复合物表现出的高表面活性相关的是阴、阳离子表面活性剂混合后，所表现出的较好的润湿性能，溶液的起泡性和泡沫稳定性也会发生很大的变化。研究表明，等物质的量的阴、阳离子表面活性剂混合后，溶液所产生的泡沫，或在水-油体系中液滴的寿命都比单一表面活性剂溶液所产生的泡沫或液滴寿命要长得多。由于阴、阳离子表面活性剂复配体系中，表面活性离子的正、负电性相互中和，其溶液的表面及胶束双电层不复存在，因此无机盐对其无显著影响。

　　值得注意的是，阴、阳离子表面活性剂之间形成的新的络合物，必须严格按照一定的物质的量比例，并遵循一定的混合方式才能制成。否则不仅得不到有相互作用并能提高它们表面活性的络合物，反而得到性质彼此抵消的离子化合物，并从水溶液中沉淀析出。

5.3.3　阴离子-两性表面活性剂复配体系

　　研究发现，阴离子表面活性剂也能与两性表面活性剂发生强烈的相互作用，其作用方式与介质的酸碱性有关。

　　固定溶液中总表面活性剂的浓度不变，改变阴离子表面活性剂和两性表面活性剂的比例，测定表面张力，会发现随着两性表面活性剂浓度的比例的增大，混合体系表面张力逐渐减小，达到最低值后，又逐渐增大；混合体系的 cmc 也逐渐减小，达到最低值后保持不变。此外，研究直链烷基苯磺酸钠与十二烷基甜菜碱复配体系在不同组成下的泡沫高度，发现在一定组成范围内，发泡作用存在正加和增效作用的最大值，初始泡沫高度比单一组分高，发泡效果较好。而此组分的复配体系在表面张力降低性质上也出现最大加和增效作用。实际应用中往往在阴离子表面活性剂中加入一定量的两性表面活性剂，从而使阴离子表面活性剂的洗净力提高许多。特别在硬水中进行洗涤，这种效果更为明显。

　　阴离子表面活性剂与两性表面活性剂的混合体系之所以会出现协同增效作用，与这两种表面活性剂在水溶液中的相互作用特性有着密切的关系。由于一定条件下两性表面活性剂分子中有正电荷存在,溶液中这两种表面活性剂的作用类似于阴-阳离子表面活性剂的作用方式;而一定条件下两性表面活性剂分子中有负电荷存在,此时的作用方式有类似于阴-阴离子表面活性剂的作用方式。溶液中阴离子表面活性剂与两性表面活性剂之间形成了某种复合物或分子间化合物,由于这种化合物的形成,自然改变了许多和表面活性有关的性质以及其他物理性质。可以通过 pH 测定法、表面张力测定法、示踪原子测定和等温微量热测定等方法来研究这种相互作用。

5.3.4　阴离子-非离子表面活性剂复配体系

阴离子表面活性剂与非离子表面活性剂的复配已有广泛的应用。如将非离子表面活性剂(特别是聚氧乙烯链作为亲水基)加到一般肥皂中,量少时起钙皂分散作用,量多时起到低泡洗涤的作用。许多研究表明,阴离子表面活性剂与非离子表面活性剂的相互作用强于阳离子表面活性剂与非离子表面活性剂,这可能是由于非离子表面活性剂(如聚氧乙烯链中的氧原子)通过氢键与 H_2O 及 H_3O^+ 结合,从而使这种非离子表面活性剂分子带有一些正电性。因此阴离子表面活性剂与此类非离子表面活性剂的相互作用中还有类似于异电性表面活性剂之间的电性作用。

此外,相关研究表明,阴离子与非离子表面活性剂的复配体系既可能提高也可能降低胶束的增溶作用。例如,十二烷基硫酸钠与失水山梨醇单棕榈酸酯混合体系的水溶液对二甲基氨基偶氮苯有更高的增溶作用,而且最大加和增效作用出现在阴离子与非离子表面活性剂的物质的量之比为 9∶1 的组成上。而在环氧乙烷加成数为 23 的脂肪醇聚氧乙烯醚 $[C_{12}H_{25}(OC_2H_4)_{23}OH]$ 非离子表面活性剂的溶液中加入少量十二烷基硫酸钠,则导致该溶液对丁巴比妥的增溶作用显著降低,这可能是由于十二烷基硫酸钠在胶束表面聚氧乙烯中的竞争吸附造成的。不同增溶效果的出现与两种表面活性剂分子的相互作用和混合胶束的形式有关。一般认为,当非离子表面活性剂的烃链较长、环氧乙烷加成数 n 较小时,与阴离子表面活性剂复配容易形成混合胶束;而当烃链较短、环氧乙烷加成数 n 较大时,则容易形成富阴离子表面活性剂和富非离子表面活性剂的两类胶束,它们在溶液中共存。

5.3.5　阳离子-非离子表面活性剂复配体系

与阴离子表面活性剂相似,在阳离子表面活性剂溶液中加入非离子表面活性剂,可以使临界胶束浓度降低。例如,十六烷基三甲基溴化铵与壬基酚聚氧乙烯(8)醚总浓度为 $3×10^{-4}$ mol·L^{-1},复配后的临界胶束浓度与两组分中壬基酚聚氧乙烯(8)醚物质的量分数的关系曲线如图 5-4 所示。

从该图可以看出,随着非离子表面活性剂物质的量分数的增加,混合表面活性剂的临界胶束浓度逐渐降低,并在阳离子与非离子表面活性剂的物质的量(mol)之比为 1∶2 时达到最低,而二者以等物质的量(mol)复配时,复合物的临界胶束浓度与壬基酚聚氧乙烯(8)醚临界胶束浓度相近。此类复配体系混合胶束的形成,是阳离子表面活性剂的离子基团与非离子表面活性剂的极性聚氧乙烯醚基相互作用的结果。

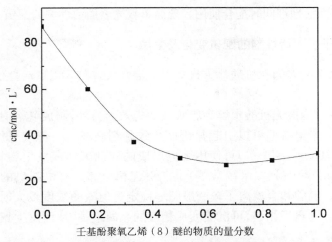

图 5−4 十六烷基三甲基溴化铵与壬基酚聚氧乙烯(8)醚复配体系临界胶束浓度与表面活性剂浓度的关系

5.3.6 阳离子-两性表面活性剂复配体系

阳离子表面活性剂与两性表面活性剂同样存在相互作用。主要表现在混合后所发生的黏度、发泡体积等方面的变化。例如两性表面活性剂 $C_{12}H_{25}NHCH_2CH_2COOH(DBA)$ 与阳离子表面活性剂 $C_{16}H_{33}N(CH_3)_3Br(CTAB)$ 在溶液中存在着强烈的相互作用,物质的量分数在 0.4～0.6 之间时,初期气泡的体积显著降低,物质的量分数在 0.6 左右时,出现气泡体积的极小值。在碱性条件下,它们混合后的溶液黏度在开始阶段随 pH 的增加而增加,在 pH 达到 9.4 时,黏度也达到最大值,同时溶液开始出现浑浊,pH 再增加,黏度下降。

5.3.7 非离子-非离子表面活性剂复配体系

多数聚氧乙烯型非离子表面活性剂的产品本身便是混合物,其性质与单一物质有较大差异。通常疏水基相同、环氧乙烷加成数相近的两种非离子表面活性剂混合时,近乎理想混溶,容易形成混合胶束,其混合物的亲水性相当于这两种物质的平均值。当两种表面活性剂的环氧乙烷加成数和亲水性相差较大时,混合物的亲水性高于二者的平均值,油溶性的品种有可能增溶于水溶性表面活性剂的胶束中。

从上述各类复配体系可以看出,当复配产生正加和增效作用时,将使表面活性剂的各项应用性能得到改善和提高。这方面的实例在表面活性剂的实际应用中还有很多,随着表面活性剂物理化学和复配理论研究的不断深入,该方面的应用将越来越广泛,并将在国民经济的各个领域发挥更大的作用。

5.4 表面活性剂的复配变化及禁忌

一般来说,离子类型相同的表面活性剂可以互相复配使用,不会引起稳定性问题。例如阴离子表面活性剂脂肪醇聚氧乙烯醚硫酸钠经常与脂肪醇硫酸盐等同时配合使用,两者性能互补、泡沫丰富,长期存放不发生化学变化;非离子表面活性剂的兼容性也非常好,可以方便地与其他离子类型的表面活性剂同时配合使用。现简单叙述表面活性剂的配伍变化及禁忌。

5.4.1　阴离子表面活性剂的配伍变化及禁忌

阴离子表面活性剂多为有机酸盐，pH 7 以上活性大，pH 5 以下活性低。

1. 肥皂类

钾、钠皂碱性强，能被无机酸水解为脂肪酸而失效。另外，制成乳剂时，加少量电解质能使乳剂稳定，加入大量电解质可以引起盐析而导致乳剂破坏。二价或三价金属离子（Ca^{2+}，Mg^{2+}，Zn^{2+}，Pb^{2+}，Hg^{2+}，Al^{3+} 等）可使用肥皂形成的乳剂破坏或发生转相。金属皂的碱性较弱，对酸敏感，如弱酸（硼酸、水杨酸等）也能引起相分离。有机胺皂的碱性最弱，pH=8 时，界面活性最强。遇酸和金属离子较一般肥皂稳定。但酸的浓度较大时，可使三乙醇胺的脂肪酸酯水解，与金属离子相遇，可沉淀变成相应的金属皂类，从而发生相分离或转化。

2. 硫酸或磺酸盐

可溶于水和油，抗碱土金属的能力决定于极性基的性质。通常磺酸盐较硫酸盐性质稳定。月桂醇硫酸钠（SDS）和三乙醇胺月桂酸硫酸酯、十八醇硫酸酯钠等制成的乳剂，与碱或醋酸铅、碘、2％氧化汞和高浓度的水杨酸配伍时要分层，与 2％浓度以上的阳离子型染料如吖啶黄、普鲁黄、雷佛奴尔配伍时可使乳剂破坏，同时染料的杀菌力亦降低。而 SDS 与 10％浓度以下的硫酸钠配伍时表面活性可增强，与氧化锌、鱼石蜡、黄氧化汞、樟脑、酚类、磺胺类、硫黄、次硝酸铋等配伍，不发生变化。

二辛基琥珀酰磺酸钠（AOT）溶于水、油、脂肪、烃类，能形成 O/W 或 W/O 乳剂，与 Ca^{2+}、Mg^{2+} 等离子无禁忌。在酸性介质中稳定，在碱性条件下（pH＞9）很快分解，当含电解质超过 10％时，可使其乳剂破坏。硫酸化油的钙盐可溶于水，与无机钙盐配合，对低浓度的酸或电解质也较稳定，常用硫酸化蓖麻油及氢化蓖麻油，后者更稳定，不易酸败或变化。

$C_{12} \sim C_{18}$ 的硫酸化脂肪醇去垢作用最好，硫酸化脂肪醇类的性质与肥皂相似，但对酸并不如肥皂那样敏感，pH 在 5 以上，表面活性作用最强，本类活性剂特点是在有适量的无机盐存在时，它的活化作用增加。

5.4.2　阳离子表面活性剂的配伍变化及禁忌

阳离子表面活性剂可溶于酸性溶液，在酸性环境中稳定，对光及热均稳定，不挥发。阳离子表面活性剂在配方中与碘、碘化物、高锰酸钾、硼酸等复配时，可产生不溶性沉淀。与红汞、黄氧化汞、氧化锌、硝酸银、过氧化物、白陶土、酒石酸和酚类等均呈配伍禁忌。此外，硫酸锌、硼酸溶液加季铵盐出现浑浊，影响透明度。

5.4.3　非离子表面活性剂的配伍变化及禁忌

非离子表面活性剂不解离，遇电解质、酸、碱均稳定，pH 可在较大范围内变动。水溶液在低温时稳定，加热到较高温度时可出现浑浊，冷后又澄清。非离子表面活性剂与酚类、羟基酸类化合物及鞣质有禁忌。

在以阳离子表面活性剂作防腐剂的配方中，加非离子表面活性剂往往可以降低阳离子表面活性剂的防腐效力。

第六章　表面活性剂在工业领域中的应用

6.1　日用化学工业中的应用

日用化学品是指人们日常生活中经常使用的精细化学品,其种类繁多,与人们的衣、食、住、行息息相关。洗涤用品与化妆品是日用化学工业生产的两大类产品,这两类产品占全部日用化学品产量的70%以上,其中绝大部分是由各类表面活性剂配制而成,所以表面活性剂在日化行业有着最直接和最广泛的应用。

6.1.1　洗涤剂

洗涤去污是在界面上发生的物理化学表面现象,洗涤去污作用是表面活性剂的基本特性。洗涤去污过程相当复杂,与多种现象密切相关,难以用表面科学和胶体科学的基本原理做出圆满的解释和分析。现代洗涤理论和方法足以建立起一门专门学科。

1. 洗涤的进化

洗涤随社会的发展、进步不断地演变和进化。人类在长期的实践中,找到了一些洗涤用品。例如,最早使用的草木灰和天然碱等自然界的天然产物。后来,人们又发现不少植物的根、叶用来洗衣服效果较好,皂荚、茶籽饼、无患子、罂粟等均有洗涤作用,这些植物的组织中含有5%~30%的皂素。皂素是中性高分子物质,在软水、硬水中均能产生丰富、持久的泡沫,不损伤织物,丝、毛织物经其洗涤后有良好的光泽,手感也好。但是,从植物的根、叶提取皂素有一定局限性,而且皂素也有毒,不易保存,因此难以大规模生产。肥皂是早已普遍使用的洗涤用品,从使用天然洗涤用品到使用肥皂,无疑是洗涤进化的一个飞跃。从18世纪中期开始,由于人们对油脂结构的了解、油脂精炼脱色工艺实施、路布兰制碱工艺的开发、廉价热带植物油脂运输系统的开发成功,肥皂生产进入科学化技术时代。肥皂虽然是比较好的洗涤剂,但是人们的实践证明,它存在因结构而导致的两个缺陷:碱性作用和对硬水的敏感性。肥皂呈碱性,不适用于在酸性溶液和盐量多的水中洗涤。在酸性溶液中,肥皂分解成脂肪酸和盐,失去洗涤性能;在含盐量较多的水中会析出而不溶解,对硬水敏感是肥皂的主要缺陷。在含矿物质多的河水、井水、泉水等硬水中,肥皂遇到钙、镁离子即形成不溶性钙皂、镁皂。这类钙皂、镁皂为黏性絮状物,易黏结在织物上和织物纤维的空隙间,难以洗去,使白色织物变成黄灰色,干燥后织物纤维发硬变脆。此外,生成肥皂的基本原料是动植物油脂,大量油脂用于生产肥皂,从经济角度看也不太合算。于是人们开始研究肥皂的替代品。经过不懈努力,人们以石油烷烃为原料合成出烷基苯磺酸盐及其他表面活性剂品种,并成功用于洗涤中。由于合成洗涤剂的出现,在洗涤衣物的领域,肥皂为主的地位已经丧失。合成洗涤剂工业经过 20 世纪 60 年代到 70 年代高速发展之后,在欧美国家的洗涤剂生产已趋于饱和,80 年代后其增长速度保持在 3% 左右。这可能是由于洗涤剂的产量已满足了人们的清洁卫生之需求。

与肥皂相比,合成洗涤剂具有许多优良性能:耐硬水,与硬水不产生沉淀;在水中不发生水解,不会产生游离碱,不会损伤丝、毛织物的牢固度;可以在碱性、中性和酸性溶液中使用;洗涤过程比较快,洗涤效率高;在低温水中也可进行洗涤。此外,合成洗涤剂的应用范围广,既可用于家用洗涤,又可用于工业生产和公共卫生事业中洗涤。

2. 洗涤剂的发展趋势

随着科学技术的进步、经济的发展、生活方式的变化,人们对洗涤剂品种和质量的要求也发生了变化,主要表现在以下几个方面:

① 专用化　针对不同的洗涤对象和洗涤目的,可以开发生产各种不同功能和品种的专用洗涤剂。如衣用洗涤剂中分别适用于洗涤棉、麻、毛、丝绸、化纤等织物的产品;还可依据洗涤方式生产出适用于手洗和适用于洗衣机的品种等。

② 多功能　洗涤剂除了具有良好的洗涤性能外,还有多种其他性能。如衣服洗后希望手感柔和,能防尘,色彩鲜明,挺括不易起皱。为适应这些要求,开发出添加有柔软剂、抗静电剂、漂白剂、抗沉积剂、挺括剂和酶制剂等助剂的多功能洗涤剂。

③ 浓缩化　增加配方中活性组分的用量,减少或不加起稀释作用的助剂。如浓缩洗衣粉,其优点是:洗净力强;采用附聚成型法生产,节省能源和包装材料。

④ 液体化　近年来,在国际市场上液体洗涤剂占洗涤剂总量的比例逐年提高,这是由于随着织物用纤维品种的变迁,便于自动洗衣机的洗涤剂定量添加,环境保护要求的提高,投资和能源的节约,以及其本身性质温和、应用广泛和使用便捷而导致的。

⑤ 低泡化　为便于对衣物采用机洗和易漂洗的要求,洗涤剂已由高泡型向低泡型或抑泡型转变。随着洗衣机的普及,低泡洗涤剂的需求量会进一步增加。

⑥ 无磷化　磷酸盐具有良好的助洗性能,是经典洗涤剂配方中的重要组分,但它能引起河川、湖泊过营养化,使水生藻类异常生长,导致生态失去平衡,造成环境污染。为保持良好的环境,许多国家已颁布了限制或禁用磷酸盐的法令或规定。20 世纪 80 年代开发出的无磷洗衣粉,主要是对洗涤剂配方的组分加以调整,如以沸石代替磷酸盐,并加入聚乙二醇和酶制剂,使洗涤能力超过了含磷洗衣粉。

⑦ 加酶化　在洗涤剂中添加酶制剂能显著提高去污能力,所用的酶制剂有碱性蛋白酶、淀粉酶、脂肪酶和纤维素酶。碱性蛋白酶能催化水解蛋白质的肽键,使污垢中的蛋白质转化为水溶性氨基酸被清洗除去;淀粉酶和脂肪酶分别分解污垢中的淀粉和脂肪;纤维素酶则能分解织物表面因摩擦、老化而产生的纤维细毛,从而使织物柔软。

⑧ 天然化　随着经济的发展、生活水平的提高,人们对生活消费品之一的洗涤剂日益关注,近年来的回归大自然潮流就是这种社会心理的反映。市场上出现了以天然原料制成的洗涤清洁用品,如皂角洗发用品、绿色餐具和食物清洗剂颇受欢迎。这类洗涤剂所用的表面活性剂主要是皂角提取物、糖苷、烷基苷、烷基醚苷类非离子表面活性剂,它们具有对人体无害、对环境无污染、易生物降解的特性。

3. 洗涤过程

在洗涤过程中,洗涤剂、污垢、物体表面(污垢载体)之间发生一系列复杂的物理、化学作用,如润湿、渗透、吸附、乳化、分散、增溶、解吸、起泡等作用和化学反应,并借助于机械力,使污垢从物体表面脱落下来,悬浮、溶于洗涤剂介质中而被除去,这个过程可用下式表示:

$$物体表面、污垢 + 洗涤剂 \xrightarrow{\text{洗涤作用}} 物体表面、洗涤剂 + 污垢 + 污垢、洗涤剂$$

大多数洗涤过程是在水溶液体系中进行的。和在许多重要的技术工艺过程中一样,在洗涤过程中,固态物体与被分散物质的相互作用是最基本的。表面活性剂是两亲结构体,能优先吸附于两相的界面上,首先是表面活性剂分子的亲水基与被分散的污垢或固体发生相互作用而洗涤去污的,这种吸附作用与表面活性剂、污垢和被玷污固体的自然属性密切相关。通过这种吸附,可以改变界面的化学性质、电学性质和机械性质。例如在用离子表面活性剂洗涤纺织品的过程中,表面活性剂在纤维和污垢上的吸附引起它们静电排斥作用,降低了污垢在纤维上的附着力,使污垢易于离开织物表面而进入洗液中,同时由于污垢带有相同的电荷,彼此相互排斥而不聚集沉降。此过程如图6-1所示。附着固体污垢成簇地或单个地强烈吸附在固体的表面,机械作用难以除去(见图6-1a);当表面活性剂吸附于固-液界面上时,削弱了污垢在固体表面的附着,从而易于除去,成簇的固体污垢被分散开来,表面活性剂吸附所形成的空间阻碍和静电排斥力使污垢难以聚集沉淀(见图6-1b)。

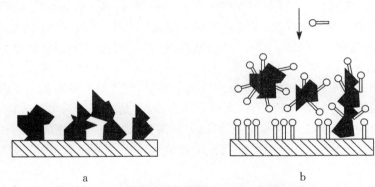

图6-1　表面活性剂在固液界面上吸附、除去污垢机理

非离子表面活性剂的确切作用机理目前还不太清楚,但表面活性剂层的空间阻碍作用和增溶作用都是非常重要的因素。在水中,大多数污垢和纤维都带负电,加入阳离子表面活性剂对洗涤反而不利。在这种情况下,阳离子表面活性剂由于静电作用引起的吸附,使负电静电荷减少,污垢分散效果不好,甚至会发生再沉淀。只有当阳离子表面活性剂的浓度很高时,可能形成多层吸附,使污垢和固体表面转变带正电荷,才能起洗涤去污作用。当污垢被去除后,阳离子表面活性剂吸附于织物表面,能赋予织物特定性能,就像在清洗时最后漂洗过程中加入织物柔软剂的情形相似。

4. 污垢类型

日常衣服上的污垢,不外乎来源于空气传播、环境接触和人体分泌三个方面。由空气传播带来的污垢主要有烟尘、泥沙、工业粉尘、燃烧残渣、植物花粉、微生物等;由环境接触带来的污垢,在工厂环境中主要有泥土、煤粉、金属粉末、矿物油、石粉、化学杂质等,在食品生产环境中主要有油脂、淀粉、调料、汁液等,在医疗卫生环境中主要有血污、脓液、药物等;由人体分泌带来的污垢主要是汗液、皮脂、新陈代谢脱落下的死细胞、鼻涕、痰、泪液等。可见,衣服上的污垢不但种类多,而且每种污垢的成分又非常复杂,如人体分泌的汗液,除水分外还含有氯化钠、脂肪、尿素、乳酸盐等,皮脂中含有脂肪酸、烃类、蜡、角鲨烯、甾醇酯、甾醇、脂肪、甘油单双酯和其他物质。从洗涤角度可将污垢分为油性污垢、水溶性污垢和固体污垢三种类型。

① 油性污垢　　这类污垢是指污垢本身为油脂或油溶性物质,主要是矿物油、动植物油脂、脂肪酸、脂肪醇、胆固醇、角鲨烯等。其中动植物油脂可以通过与碱进行皂化反应而除去,矿物油、脂肪醇、胆固醇虽然不能被碱皂化,也不溶于水,但可溶于一些醚类、醇类、烃类等的溶剂中而被除去,也可被洗涤液乳化、分散从织物表面脱落下来。

② 水溶性污垢　　这类污垢主要来自人体分泌物和食物,如血、尿、蛋白质、糖、淀粉、果汁、有机酸、无机盐等。它们有的能溶于水或部分溶于水,有的能在水中形成胶体溶液,在洗涤中被除去;有的需要通过酶的作用除去;还有的能与织物起化学作用形成"污斑",不能被洗涤液除去,需要特殊方法处理。

③ 固体污垢　　这类污垢主要来自外界环境,不溶于水,颗粒一般都较小,直径在 $1\sim20~\mu m$ 之间,如尘埃、烟灰、泥土、水泥、纤维、皮屑、石灰、金属粉末和金属氧化物颗粒等。它们可独立存在或与油、水混在一起,通常带有负电荷,也有带正电荷的。这类污垢虽然不溶于水,但在洗涤液中易与表面活性剂组分发生吸附作用而被分散、胶溶化,从织物表面进入洗涤介质中。

上述污垢通常不是单独存在,往往是互相连接成复合体,并且随时间的推移和外界的影响,还会发生氧化分解,或受微生物作用导致腐败分解,产生更为复杂的物质。

5. 污垢的黏附

污垢在织物上的黏附按作用力可分为机械力黏附、范德华力黏附和化学键合力黏附。

① 机械力黏附　　污垢在织物上以机械力黏附,通常是指固体污垢颗粒随大气流动散落在织物纤维上发生的黏附。污垢颗粒在织物上黏附的机械力与织物的粗细程度、纹状和纤维的特性有关。在洗涤过程中,以这种机械力黏附的污垢容易脱落,被洗涤除去,但污垢的颗粒小于 $0.1~\mu m$ 时,则极难除去。

② 范德华力黏附　　由分子间力导致的污垢在织物上的黏附包括静电引力、诱导力和色散力,它们是没有饱和性和方向性的力,总作用能为 $5\sim10~kJ \cdot mol^{-1}$,较化学键合力小 $1\sim2$ 个数量级。范德华力是污垢在织物上黏附的主要原因。

③ 化学键合力黏附　　污垢在织物上以化学作用力黏结在一起,例如电负性较大的污垢(黏土类、脂肪酸、蛋白质等)能与纤维素的羟基以化学键合力结合起来而黏附于其上。此外,染料、墨汁、果汁、血污、丹宁、重金属盐、铁锈等都能与织物纤维起化学作用,形成稳定的"色斑"。油性污垢在疏水性的聚酯纤维上一旦以化学键合力结合起来形成固溶体,便难以清除。

污垢在织物上的黏附牢固程度除由上述三种作用力决定外,还会因污垢的状态、织物纤维的种类和性质及织物的组织和结构的变化而受到影响。

6.1.2　去污机理

1. 液体污垢的去除

① 卷缩机理

在洗涤过程中,首先是洗涤液润湿固体表面。水能较好地润湿天然纤维,而对人造纤维润湿较差。凡是临界表面张力小于洗涤液表面张力的固体均不能被洗涤液润湿。事实上，洗涤液的表面张力很低，绝大多数固体表面均能被润湿。若在固体表面已黏结上污垢，即使完全被覆盖，其临界表面张力一般也不会低于 30 mN·m^{-1}，一般的表面活性剂溶液也能很好地润湿。

　　洗涤的第二步是液体油垢从已润湿的织物（固体）表面被洗涤剂取代下来。液体污垢的去除是通过"卷缩"实现的。液体油污铺展于固体表面上，在洗涤液优先润湿作用下，逐渐卷缩成油珠，最后被冲洗离开表面。液体油污在固体表面上铺展成膜和卷缩成油珠，如图 6-2 所示。在固体表面上的油膜有一接触角 θ，水-油、固体-水和固体-油的界面张力分别以 γ_{wo}、γ_{sw} 和 γ_{so} 表示。在平衡条件下满足下列关系式：

$$\gamma_{sw} = \gamma_{wo} \cdot \cos\theta + \gamma_{so} \tag{6-1}$$

　　在水中加入洗涤剂，由于洗涤剂中的表面活性剂易吸附于固-水界面和水-油界面，于是 γ_{sw} 和 γ_{wo} 降低。为了维持平衡，$\cos\theta$ 负值变大，即 θ 角变大。当 θ 角接近 $180°$，即表面活性剂水溶液完全润湿固体表面时，油膜便变为油珠而离开固体表面。可见，当液体油污与固体表面的接触角 $\theta = 180°$ 时，油污可自动地离开固体表面。当 $90° < \theta < 180°$，油污不能自动地脱离固体表面，但在液流的水力冲击下可能被完全带走。当 $\theta < 90°$ 时，即使在液流的水力冲击下，仍有一小部分油污残留于固体表面上，为除去此残留油污，需要更多的机械力，或提高表面活性剂的浓度。

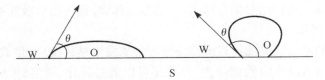

图 6-2　油污在洗涤液润湿下卷缩成油珠

② 乳化机理

　　衣服上黏附的液体污垢，其中某些物质与织物纤维表面的接触角可能非常小，但在洗涤液中受表面活性剂的作用，会发生乳化，使污垢从纤维表面脱落下来进入洗涤液中，此即为乳化去污。乳化去污与洗涤液的浓度、温度、洗涤时间和附加的机械力有关。乳化除污通常需要借助机械力的作用，但也有自发乳化的情形，其条件是油水界面能接近 0 或等于 0。例如，脂肪酸、脂肪醇及胆固醇等极性油和矿物油的混合物（含 0.1% 胆固醇的矿物油）与表面活性剂的水溶液（0.1% 的十六烷基硫酸钠水溶液）接触时，极性油与表面活性剂即可发生自乳化作用。

③ 增溶机理

　　液体污垢在表面活性剂胶束中增溶是去除油污的最重要机制。当表面活性剂在固体表面不发生界面作用时，增溶作用是洗涤不可缺少的重要过程。事实证明，对于非离子表面活性剂来说，只有当浓度达到 cmc 以上时，从织物表面去除液体油污的作用才明显呈现，而只有在浓度高于 cmc 数倍时，才可能达到最佳的去污效果。表面活性剂的表面吸附理论侧重于表面活性剂单体的作用，认为单体的数量远远多于胶束的数目，因此在润湿和在界面上的吸附方面,降低界面张力是去污的主要作用。而增溶理论则侧重于油污在胶束中的溶解。上述事实说明,增溶作用在整个洗涤过程中较吸附(润湿、乳化)起更重要的作用。

液体油污的被增溶程度与表面活性剂的结构、在溶液中的浓度和温度有关。当表面活性剂的浓度很低时,增溶发生于细小的球体胶束中,这时相对来说只有少量油污被增溶;当表面活性剂的浓度远远高于 cmc(如为 10～100 倍)时,能形成增溶空间更大的胶束,这时主要在胶束微孔内增溶。在通常洗涤用的一些离子表面活性剂溶液中,其浓度往往达不到 cmc,所以增溶作用不可能是去除油性污垢的重要因素。对非离子表面活性剂来说,增溶作用在很大程度上与洗涤液的温度有关。当液温升至接近表面活性剂的浊点时,油污很快被增溶,所以非离子表面活性剂在浊点附近去除油污的能力达到最大值。在实际洗涤过程中,经卷缩和乳化作用后未除掉的少量油污在增溶作用下可被除去。

④ 液晶形成机理

水合后的表面活性剂在洗涤过程中能渗入脂肪醇类极性油污内,形成三组分液晶,从而使油污很容易被洗涤液溶解而除去。形成的这种液晶是黏度相当大的透明状物体,为了顺利除去油污,应施以一定的机械力。表面活性剂与极性油污形成的液晶可看作是低共熔物,其低共熔点温度 T_D 远低于洗涤温度。T_D 主要与表面活性剂的极性基团的类型和性质有关,而与浓度关系不大。

⑤ 结晶集合体破坏机理

黏附于衣服上的烃和甘油形成结晶集合体,它不能与表面活性剂水溶液形成液晶,但表面活性剂水溶液可渗入这种结晶集合体内,使结晶破坏,导致污垢分散而被除去。

⑥ 化学反应去污机理

黏附在衣服上的脂肪酸类油污在碱性洗涤液中能发生皂化反应,生成水溶性脂肪酸盐,从衣服上脱落下来溶入洗涤液而被除去,并且还可以通过乳化、增溶、形成液晶等作用从衣服上带走与脂肪酸共存的其他油性污垢。

2. 固体污垢的去除

固体污垢的去除不同于液体污垢,主要是因为固体污垢在织物纤维上的黏附较为复杂,不像液体污垢那样扩展成一片,通常是在一些点上与表面接触、黏附,其黏附力主要为范德华力。固体污垢颗粒与织物纤维黏附的强度通常随时间推移而增强,随空气湿度增大而增强,在水中黏附强度较在空气中显著降低。

① 润湿机理

黏附于纤维表面上的无机固体污垢在洗涤过程中被洗涤液润湿,在固-液界面上形成扩散双电层,污垢和固体表面所带电荷的电性一般相同,两者之间发生排斥作用,使黏附强度减小。洗涤液能否润湿污垢颗粒和纤维表面,可从洗涤液在固体表面的铺展情况来考虑,由铺展功 W_{ws} 决定,见式(6-2)。

$$W_{ws} = \gamma_s - \gamma_{sw} - \gamma_w \qquad (6-2)$$

当 $W_{ws} > 0$ 时,洗涤液能在固体污垢微粒和纤维表面上铺展,由于能够铺展,则必然浸湿。一般已被玷污的纺织品不易被纯水润湿,这是因为其表面张力 γ_s 相当低,而水-固界面张力 γ_{sw} 和水的表面张力 γ_w 相对高得多的缘故,由式(6-2)可知,这时 $W_{ws} < 0$。如果在纯

水中加入表面活性剂,由于表面活性剂在固-液界面和液体表面发生吸附,于是使 γ_{sw} 和 γ_w 显著下降,这时 W_{ws} 可能从小于零变得大于零,即洗涤液能很好地润湿污垢颗粒和纤维的表面。

在液体中,固体污垢颗粒在纤维(固体)表面的黏附功 W_a 为:

$$W_a = \gamma_{s_1w} - \gamma_{s_2w} - \gamma_{s_1s_2} \tag{6-3}$$

式(6-3)中, γ_{s_1w}、γ_{s_2w} 和 $\gamma_{s_1s_2}$ 分别为固体-水溶液、微粒-水溶液和固体-微粒界面上的界面自由能。若溶液中的表面活性剂在固体和微粒的固-液界面上吸附,那么 γ_{s_1w} 和 γ_{s_2w} 势必降低,于是黏附功 W_a 变小。可见,由于表面活性剂的吸附,使微粒在固体表面的黏附功降低,固体污垢微粒易于从固体表面除去。

此外,由于表面活性剂在固-液界面上吸附,使固-液界面形成双电层,一般污垢颗粒和纤维表面都带负电荷,于是在颗粒与纤维表面之间产生静电排斥,从而减小了它们之间的黏附功,甚至完全消除,导致污垢去除。另外,水还会使纤维膨胀,进一步降低污垢颗粒-纤维表面的相互作用,有利于污垢的去除。然而在许多情况下,尽管表面活性剂在固-液界面和液面上吸附,但 γ_{sw} 和 γ_w 减小不足以使 $W_{ws}>0$,若对洗涤液施加外力,使其做强大的机械运动,液体冲击颗粒污垢则可去除污垢颗粒。

通常所遇到的大多数固体污垢为矿物质,它们在水溶液中均带有负电荷,若在洗涤液中加有阳离子表面活性剂,则发生静电吸引而吸附,颗粒的电荷降低,甚至被中和,不利于污垢的去除。若表面活性剂在纤维表面吸附形成分子双层,则可能达到去除污垢和抗再沉积的目的。因此,在实际中很少使用阳离子表面活性剂作洗涤剂。尽管如此,阳离子表面活性剂在纤维上的吸附却会赋予表面优越性能,例如,通过阳离子在固体表面上的吸附,可使表面变得拒水,织物变得柔软。

② 扩散溶胀机理

表面活性剂与水分子渗入有机固体污垢后会不断继续扩散,并使污垢发生溶胀、软化,经机械作用,即在水流冲击下脱落下来,再经乳化而清除掉。扩散溶胀机理可以解释有机固体污垢的去除。

目前还没有证据表明,洗涤性能与分散能力之间存在直接的关系。例如,具有很好分散能力的表面活性剂,洗涤能力并不高。

6.1.3　表面活性剂的洗涤应用

1. 表面活性剂的结构与洗涤作用的关系

表面活性剂的洗涤力与其化学结构之间的关系,因受污垢种类和表面活性剂性质的影响而变得较为复杂。对于液体油性污垢而言,由于其去除过程主要服从增溶作用机理,所以凡是有利于提高增溶空间结构的表面活性剂都能很好地增溶油污并将其除去。同样,如果污垢的去除过程主要服从乳化机理,与油污被乳化相适宜的 HLB 值的表面活性剂,较其他表面活性剂乳化去污能力强。研究表明,非离子表面活性剂在低浓度下,去除油污和防止油污再沉积能力高于阴离子型具有类似结构的表面活性剂,其原因是非离子表面活性剂的 cmc 较低。

　　表面活性剂分子在固-液界面上发生定向吸附,其方向性对洗涤起重要作用。在洗涤过程中,表面活性剂发生定向排列,其亲水基朝向水相,否则就不能除去污垢和防止再沉积。因此,洗涤液中表面活性剂的洗涤行为与固体表面的极性及表面活性剂的离子性质有密切关系。例如,无论是阴离子表面活性剂还是非离子表面活性剂,都能在非极性固体表面(如聚酯或尼龙)上有良好的洗涤性能。在棉或纤维素这类亲水性大的物体上,阴离子表面活性剂比非离子表面活性剂的洗涤性能要好,这主要是由于固体表面亲水性大,与非离子表面活性剂的聚氧乙烯单元产生极性吸引和氢键作用,从而迫使其定向排列,使更多的疏水基暴露在水相中,或使表面活性剂分子沿固体表面平行排列。这种定向排列能增高或至少不降低污垢-水和固体-水界面的自由能,从而阻止污垢的去除。一般很少采用阳离子表面活性剂作洗涤剂,因为它在固体表面上能反向排列形成拒水型表面,当固体表面带负电时,尤为容易形成拒水膜。显然,表面活性剂分子在固体表面上的吸附程度和定向排列方式对于表面活性剂在洗涤过程中的行为影响很大。因此,可以通过改变表面活性剂的结构来改善洗涤力。如前面所讲述的,碳氢链长的增长将会提高表面活性剂的去污能力。具有支链和亲水基团处于碳链中间的表面活性剂,其洗涤能力较低。对于给定碳原子数和端基的表面活性剂,当碳链为直链结构而亲水基团处于端基位置上时,它们具有最大的洗涤能力。虽然端基具有亲水基团结构的直链表面活性剂在理想条件下表现最佳的洗涤能力,但当洗涤液中存在电解质和高价阳离子时,表面活性剂的溶解度降低,从而影响洗涤能力。

　　表面活性剂亲水基的属性对洗涤能力也有很大的影响。如饱和碳链被包围时,影响吸附的定向排列,从而影响洗涤能力。对聚氧乙烯型非离子表面活性剂来说,聚氧乙烯链增大,在固体表面上的吸附效应减小,导致洗涤能力下降,甚至消失。当聚氧乙烯链插入到疏水基和阴离子基团之间时(如脂肪醇聚氧乙烯磺酸盐),这种表面活性剂的洗涤特性优于没有嵌入聚氧乙烯链的磺酸盐。

　　综上所述可归纳如下:① 在溶解度允许的范围内,表面活性剂的洗涤能力随疏水链增大而增加;② 疏水链的碳原子数给定后,直链的表面活性剂比支链的有更大的洗涤能力;③ 亲水基团在端基上的表面活性剂较亲水基团在链内的洗涤效果好;④ 对于非离子表面活性剂来说,当表面活性剂的浊点稍高于溶液的使用温度时,可达到最佳的洗涤效果;⑤ 对于聚氧乙烯型非离子表面活性剂来说,聚氧乙烯链长度增大(只要达到足够的溶解度),常导致洗涤能力下降。

　　2. 表面活性剂洗涤力的评价

　　表面活性剂的洗涤力可根据对污染的纺织品洗涤后的反射光强度来测定。设洗涤去污力为 M,则它由下式决定:

$$M = \frac{R_1 - R_2}{R_3 - R_2} \times 100\% \qquad\qquad (6-4)$$

　　式(6-4)中,R_1、R_2、R_3 分别为待洗涤物的反射光强度、污垢的反射光强度、洗涤物经洗涤后的反射光强度。具体操作如下:

　　① 配制污垢,取油烟(灯黑)0.3 份,凡士林 1.5 份,葵花籽油 0.75 份、羊毛脂 0.75 份和四氯化碳 100 份。将油烟研磨好,倾入盛有混合好油脂的研钵内,然后加入一些四氯化碳,

将混合物研磨后倒入烧杯中充分搅拌。

② 准备好面积为 35 mm×80 mm 的纺织物样品，将其放入污染液中，取出自然晾干，再放入污染液中，取出，拧干样品，在干燥炉中于 100℃下处理 1 h，夹于过滤纸之间，用热熨斗烫平，测定反射光强度。

③ 将污染样品置于金属框架内，将框架放入盛有温度为 50℃的洗涤液的容器内，温度保持恒定，框架以 100 r/min 的速度旋转 20 min，然后用蒸馏水冲洗样品，并在室温下晾干，晾干后从框架中取出，用熨斗熨平，测量反射光强度。

④ 将测得结果代入式(6-4)中，计算出洗涤去污力 M。

3. 肥皂

肥皂是由油脂、蜡、松香或脂肪酸与无机碱或有机碱起皂化或中和反应所得的产物。但并非所有的肥皂都具有洗涤作用，只有水溶性的脂肪酸钾、钠、铵盐及某些有机碱生成的盐类才有洗涤作用，其他金属或碱土金属等所生成的脂肪酸盐类是非水溶性的，没有洗涤性能。

日用肥皂是由含 65％肥皂的皂基与添加剂经一定工艺制得的具有洗涤、清洗作用的制品。按产品的用途可分为洗衣皂、香皂、香药皂、美容皂、儿童香皂、杀菌皂、增白皂、除臭皂、旅游皂、去油皂、工业皂；按产品的外形分为固体皂、透明皂、半透明皂、皂片、肥皂膏、液体皂；按产品的组成分为复合皂、复合肥皂粉、复合液体皂。

4. 洗涤剂用表面活性剂

洗涤剂是按专门配方配制的产品，通常由表面活性剂、洗涤助剂及其他添加剂组成。用作洗涤剂必要组分的表面活性剂至少要具备两种基本性质：一是在低浓度下能显著地降低溶液的表面张力，如在质量浓度为 0.01％～0.02％时可将水的表面张力从 72 mN·m^{-1} 降到 30～40 mN·m^{-1}；二是在使用浓度大于 cmc 时，能形成大量的胶束。

阴离子型和非离子型表面活性剂最常用于洗涤剂中，它们具有良好的洗涤、去污能力，价格也比较便宜。而阳离子型和两性型表面活性剂的洗涤、去污能力比较差，但分别具有良好的杀菌、消毒、抗静电和柔软等作用，在生产具有相应性能的洗涤剂时常常作为活性物的组成来使用。

① 阴离子表面活性剂

阴离子表面活性剂是洗涤剂中用量最多的，其中以脂肪酸碱金属盐(肥皂)、烷基硫酸钠、烷基苯磺酸钠三类用量最大。它们的优点是价格便宜，与碱配用可以提高洗涤力，在高温下有良好的溶解性，使用范围广。主要品种如下：

脂肪酸盐(FA-M)、烷基硫酸盐(AS)、仲烷基硫酸盐、烷基苯磺酸盐(直链 LAS，支链 ABS)、烷基磺酸盐(伯烷基 PAS，仲烷基 SAS)、α-烯烃磺酸盐(AOS)、N,N-油酰基甲基牛磺酸钠(Igepon T)、油酰氨基酸钠(Lamepon A)、脂肪醇聚氧乙烯醚羧酸钠、脂肪醇聚氧乙烯醚硫酸钠(AES)、N-酰基氨基酸盐、烷基磺基琥珀酸钠、酰基氧烷磺酸钠、磷酸酯盐、对油酰胺基苯甲醚磺酸钠(LS)、烷基苷硫酸钠、烷基糖苷磺酸盐、烷基苷聚氧乙烯醚磺酸盐、烷基苷聚氧乙烯醚磷酸盐。

② 非离子表面活性剂

非离子表面活性剂具有优良的洗涤性能，即使在很低的浓度下也有很强的去污能力；泡沫少,易制成液体洗涤剂;在水中溶解时不发生解离,对硬水和电解质也不敏感;临界胶束浓度非常低,具有良好的增溶能力;乳化、分散、润湿和抗再沉积等性能也十分优良;稳定性高,耐酸碱,易被生物降解。因此广泛用于配制各类洗涤剂,其品种和产量逐年增多。主要品种如下:脂肪醇聚氧乙烯醚(AEO)、烷基酚聚氧乙烯醚(OP)、脂肪酸聚氧乙烯酯(FAE)、聚氧乙烯烷基胺、聚氧乙烯烷醇酰胺、烷基醇脂肪酰胺、聚醚、蔗糖酯、烷基糖苷(APG)。

③ 两性表面活性剂

两性表面活性剂和阴离子表面活性剂相似,一般可用作洗涤基剂,但不能作为主剂。在洗涤剂中主要利用它兼有阴离子表面活性剂的洗涤性质和阳离子表面活性剂对织物起柔软作用的性质来改善洗后手感。有些两性表面活性剂具有良好的起泡力,在高酸度溶液中稳定,在用氢氟酸配制的酸性清洗剂中得到应用。用于配制合成洗涤剂的两性表面活性剂主要品种如下:烷基氨基酸盐、N-酰基氨基酸盐、烷基甜菜碱、磺基甜菜碱、咪唑啉型、氧化胺类等。

④ 阳离子表面活性剂

阳离子表面活性剂的洗涤能力很差,通常不用于洗涤,只有在织物纤维也带有正电荷的情况下,如丝、毛织物在弱酸性溶液中洗涤时,阳离子表面活性剂才具有良好的去污性能,然而由于日常洗涤使用酸性溶液有诸多不便,且在硬水中稳定性也较差,故在家用洗涤剂中很少加用阳离子表面活性剂。但是阳离子表面活性剂具有许多优异性能,如杀菌能力强,在固体表面吸附牢固,能显著降低织物纤维的摩擦系数,显示出优异的柔软性,并具有较好的乳化、润湿能力。为使洗涤剂具有某些特殊性能(如柔软、杀菌、消毒性能等),也可在其中配入可相容的阳离子表面活性剂,例如烷基三甲基硫酸铵、N-椰子酰精氨酸乙酯等。

总之,用作洗涤剂的表面活性剂应具有去污力强、易商品化、易于生物降解等性质,以制备出粉状、液体状及浆状的洗涤剂,满足家庭洗涤(织物、衣物、厨房、居室、卫生设备)和工业洗涤(食品、印刷、运输、机械、电机、建筑、精密仪器、电子、化工、光学、石油、卫生医疗等部门的设备或产品)的需要。随着洗涤剂越来越专用化,表面活性剂的品种数量也在飞速发展。

6.1.4　表面活性剂在化妆品中的作用

化妆品是对人体面部、皮肤、毛发和口腔起保护、美化和清洁作用的日常生活用品,通常是以涂敷、揉擦或喷洒等方式施于人体不同部位,有令人愉快的香气,有益于身体健康,使容貌整洁,增加魅力。

化妆品是由多种形态原料制成的,既有液体原料,又有固体和粉状原料,既有油性原料,也有水性原料,它是一个相当复杂的体系。化妆品不是由各种原料简单混合而成的堆积体,而是经过一定的物理化学作用后而形成的有机体系。另外,化妆品一般使用的时间较长,保质期1~2年,所以,要求化妆品有很好的稳定性。因此,需要借助表面活性剂的特殊性能使之形成稳定的体系,以便于保管。随着化妆品的剂型和功能要求越来越多,化妆品所使用的表面活性剂的品种也越来越多。

化妆品是直接涂敷于皮肤上,所以它对人体的安全性极为重要,应确保对人体安全无害,因此,必须审慎选取原料并进行细心精制。用作化妆品原料的表面活性剂应对皮肤无刺激、无毒性和无光敏毒性,此外还要满足无色、无不愉快气味、稳定性高等要求。

化妆品用表面活性剂的主要功能为乳化作用、分散作用、增溶作用、起泡作用、清洗作用、润滑作用和柔软作用等。近年来,由于化妆品的剂型向多样化发展,所以要求开发具有充分满足多功能要求的表面活性剂,如天然表面活性剂、食品用表面活性剂和水溶性高分子表面活性剂等。表 6-1 列出了各种化妆品与所用表面活性剂性能之间的关系。从表可看出,仅利用表面活性剂单一性能的化妆品几乎没有,大多是同时利用表面活性剂的多个性能。

表 6-1　化妆品与表面活性剂性能之间的关系

化妆品	乳化	增溶	分散	起泡	洗净	润滑	柔软
膏霜	√	√					
乳液	√	√					
粉蜜	√	√	√				
粉底	√		√				
化妆水	√	√					
香粉			√			√	
香波	√	√		√	√		
护发素	√	√				√	√
润发水	√	√				√	√
摩丝	√	√		√		√	√
牙膏	√			√	√	√	

6.1.5　化妆品用乳化剂

乳剂是化妆品中最常用的一种剂型,之所以制成乳剂,是因为油性原料与水性原料适当混合,较单纯使用油性原料,无论在使用感上还是外观上都有很大的不同;可将相互不混溶的原料配于同一配方中;可调节对皮肤作用的成分;改变乳化状态,可制成符合使用目的的制品;可使微量成分在皮肤上均匀涂敷。为使化妆品乳状液体系具有所要求的多种性能,选用适当的乳化剂十分重要。

选择乳化剂应考虑下列因素:① 亲水基的化学结构;② 亲水基的数目和位置;③ 亲油基的化学结构;④ 亲油基的数目;⑤ 亲水亲油平衡值(HLB 值);⑥ 相对分子质量。

化妆品中使用的乳化剂有合成乳化剂、天然乳化剂和固体粉末类乳化剂,用得最多的是合成乳化剂。

1. 合成乳化剂

合成乳化剂分为阴离子型、阳离子型和非离子型,使用较多的为阴离子型和非离子型乳化剂。非离子型乳化剂具有耐硬水、不受介质 pH 限制、使用方便的优点。阳离子乳化剂用量很少。表 6-2 列出了一些常用的乳化剂。

蔗糖脂肪酸酯是用 $C_{12}\sim C_{22}$ 脂肪酸和蔗糖作用生成的酯,安全、无毒、无污染、不刺激皮肤与黏膜,且易生物降解。通过控制蔗糖脂肪酸酯中脂肪酸残基的碳数和酯化度,或者把不同酯化度的蔗糖酯进行混配,即可获得大范围 HLB 的系列产品,这使它既可成为 O/W 型乳化剂又可成为 W/O 型乳化剂。

表 6-2　一些化妆品用乳化剂的类型和 HLB 值

表面活性剂	类型	HLB 值	表面活性剂	类型	HLB 值
油酸	阴离子	1.0	丙二醇单月桂酸酯	非离子	4.5
烷基芳基磺酸盐	阴离子	11.7	失水山梨醇单硬脂酸酯	非离子	4.7
三乙醇胺油酸盐	阴离子	12.0	油醇聚氧乙烯(2)醚	非离子	5.0
油酸钠	阴离子	18.0	甲基葡萄糖苷倍半硬脂酸酯	非离子	6.0
油酸钾	阴离子	20.0	聚氧乙烯二油酸酯	非离子	7.5
月桂基硫酸钠	阴离子	40	聚氧乙烯山梨醇羊毛脂	非离子	8.0
N-十六烷基-N-乙基吗啉硫酸盐	阳离子	25~30	失水山梨醇单月桂酸酯	非离子	8.6
失水山梨醇三油酸酯	非离子	1.8	油酸聚氧乙烯氧丙烯酯	非离子	9.0
聚氧乙烯山梨醇蜂蜡衍生物	非离子	2.0	羊毛醇聚氧丙烯(5)醚	非离子	10.0
失水山梨醇三硬脂酸酯	非离子	2.1	月桂醇聚氧乙烯醚	非离子	10.8
乙二醇脂肪酸酯	非离子	2.6	油酸聚氧乙烯酯	非离子	11.1
丙二醇单脂肪酸酯	非离子	3.4	油醇聚氧乙烯(10)醚	非离子	12.0
失水山梨醇倍半油酸酯	非离子	3.7	月桂酸聚氧乙烯酯	非离子	12.8
甘油单硬脂酸酯	非离子	3.8	羊毛醇聚氧丙烯(20)醚	非离子	14.0
羟基化羊毛脂	非离子	4.0	油醇聚氧乙烯(20)醚	非离子	15.0
失水山梨醇单油酸酯	非离子	4.3	聚乙二醇单棕榈酸酯	非离子	15.5

2. 天然乳化剂

天然乳化剂使用得最早,成分较复杂。使用时一般与其他乳化剂复配使用。下面为几种常用的天然乳化剂。

① 从茶科植物种子提取出来的糖苷化合物茶皂素,以及从七叶树、三叶草、樱草和死荨蔴中提取出的含皂苷化合物,是非常有效的天然乳化剂。这类化合物能产生强烈的刺激作用,提高皮肤的渗透性,并对表皮有软化作用。

② 霍霍巴油的烷氧基衍生物,如苏露霍巴是一种非离子乳化剂。在化妆品中除用作乳化剂或辅助乳化剂外,也常用作保湿剂和香料增溶剂,用于面部和婴儿护肤品、清洁霜、抗汗剂等的生产。

③ 尤卡罗(Eucarol)表面活性剂是由天然聚羧酸部分酯化而得,常用作膏霜和乳脂的乳化剂。

④ 卵磷脂是从植物种子,如大豆、亚麻籽、棉籽、玉米胚中提取出来的。它具有较好的

乳化和分散性能,无刺激、过敏及毒性,使用安全可靠,还可增进皮肤的柔软性和弹性,活化皮肤、保持皮肤湿润和防止皮肤干燥等;对毛发也可起到软化和防止脂溢的作用,用于头发润滑剂可使头发光亮、润泽和柔软。它可作乳化剂单独使用,也可与其他表面活性剂复配使用,具有协同、增效作用。

⑤ 各种树胶,如阿拉伯胶、黄芪胶、瓜胶、明胶、藻朊酸盐、果胶酸盐、酪素、毛脂、胆甾醇等。

⑥ 多糖疏水改性物,如海藻酸钠疏水修饰生成阴离子表面活性剂;壳聚糖疏水修饰成阳离子表面活性剂。这些表面活性剂在化妆品配方中除了起乳化作用外,还具有优良的保湿作用。

3. 固体粉末乳化剂

早在1907年,Pickering就发现了不溶性细粉能够代替传统的表面活性剂稳定乳液,并加以应用,从此人们将固体粒子稳定的乳液称为Pickering乳液。Pickering乳液具有独特的界面粒子自组装效应,已引起学者们的广泛关注。固体粒子稳定乳状液的关键因素涉及固体粒子的表面结构、润湿性质,固体粒子的尺寸、浓度,以及固体粒子间相互作用等。近年来,有关Pickering乳液的研究报道多见于采用黏土、高岭土、蒙脱土、二氧化硅、金属氢氧化物粉末及Janus粒子等为乳化剂。

6.1.6　化妆品用增溶剂

在化妆品中,增溶剂主要用于化妆水、生发油、生发养发剂的生产。这类增溶型化妆品的油性成分呈透明溶解状,在提高化妆品高附加使用价值方面,增溶剂起着极为重要的作用。

作为增溶剂广泛使用的表面活性剂有亲水性高的聚氧乙烯硬化蓖麻油、聚氧乙烯蓖麻油、脂肪醇聚氧乙烯醚、脂肪醇聚氧乙烯聚氧丙烯醚、聚氧乙烯失水山梨醇脂肪酸酯、聚甘油脂肪酸酯、植物甾醇聚氧乙烯醚等。此外,还可用18α-甘草甜和18β-甘草酸盐、蛋白质、皂草苷、蔗糖酯、卵磷脂,以及芦荟维拉油和霍霍巴油的烷氧基衍生物等。

化妆品中油性成分,如香料、油脂、油溶性维生素,由于在结构和极性上的不同,增溶效果亦不相同,所以必须选用最适宜的表面活性剂作增溶剂。此外,由于增溶作用还会使香料的气味、药剂的性能、防腐杀菌剂的效果发生改变,所以选用增溶剂必须全盘考虑。也有在油性原料中增溶水溶性成分的情形,例如,在浴油和清洁油中配入少量水溶性物质,可改善其使用感。

微乳状液与增溶体系相似,为热力学稳定体系。微乳状液用作化妆品基剂,优点是稳定性高。通常单独或复配使用非离子表面活性剂、离子表面活性剂和辅助表面活性剂都可以制得微乳状液。无论是从稳定性,还是从外观特征来说,微乳状液是今后化妆品应用的一种理想剂型。

6.1.7　化妆品用分散剂

在生产美容化妆品时,常采用表面活性剂作分散剂,所用的被分散原料有滑石、云母、二氧化钛、炭黑等无机颜料和酞菁蓝等有机颜料。使用这些粉体,主要是使化妆品具有好的色调,能遮盖底色,有良好的使用感和防晒功效。为最大限度地发挥它们的功能,必须将它们均匀地分散于化妆品中,为提高粉体的分散度,需添加分散剂和分散助剂。添加分散粉体的化妆品在流变学性质上不同于未添加分散粉体的基体化妆品。

分散剂有如下一些性质:① 吸附在固液界面上,降低界面能,使分散体系稳定;② 吸附在粉体表面使其带电,粒子间产生同性电荷排斥作用,使体系稳定;③ 吸附在粉体表面,形成溶剂化层,使体系稳定,即保护胶体作用;④ 提高分散介质的黏度,使体系稳定。

用作分散剂的表面活性剂有硬脂酸皂、脂肪醇聚氧乙烯醚、脂肪酸聚氧乙烯酯、失水山梨醇脂肪酸酯、二烷基磺化琥珀酸盐、脂肪醇聚氧乙烯醚磷酸盐等。为使粉体在液体中充分分散,必须使液体能很好地润湿粉体的表面。因此在选择表面活性剂时,必须首先考虑粉体表面与分散介质的亲水亲油平衡。通常在水基体系中使用亲油性粉体时,应主要使用亲水性表面活性剂。

6.1.8　化妆品用起泡和洗净剂

作为清洁用的化妆品主要有香波、沐浴露和洗面奶等。除了要求具有清洁、发泡和润湿功能外,目前主要考虑的是对皮肤的温和性,这就要求表面活性剂不损伤表皮细胞,不对皮肤的蛋白质发生作用,不渗透或少渗透到皮肤中去,使皮肤油脂及皮肤本身保持正常状态。在实际生产中采用何种表面活性剂,由洗净剂的类型和使用部位决定。例如,固体洗净剂采用克拉夫特点较高的脂肪酸皂、酰基谷氨酸盐和烷基磷酸盐等作起泡剂和洗净剂。香波为保持液态和良好的起泡性能,则主要采用克拉夫特点较低的脂肪醇聚氧乙烯醚硫酸盐,此外,使用烷基硫酸盐、酰基甲基牛磺酸盐、脂肪醇聚氧乙烯醚乙酸酯、N-酰基氨基酸盐等。

阴离子型表面活性剂用于清洗已有很久的历史。十二烷基硫酸钠是清洗系列化妆品中常用的原料,它能使皮肤达到良好的清洁效果。两性型表面活性剂咪唑啉、椰油酰胺基丙基甜菜碱和氨基酸类均是温和的清洁用表面活性剂,而且是配制高档洗面产品、护发香波及婴儿香波等不可缺少的组分。

烷基糖苷(APG)是一种以脂肪醇和葡萄糖等可再生性植物为原料合成的非离子表面活性剂,现已成为性能优越的新一代非离子表面活性剂的代表。从结构上来看,APG 是一种集非离子和阴离子两类表面活性剂的特性于一身的新型表面活性剂。APG 不仅表面活性高,泡沫丰富而稳定,去污力强,而且无毒,无刺激性,与皮肤的相容性好,生物降解快而彻底,而且与其他表面活性剂的相容性好,复配具有协同增效作用以及对头发具有调理和发型保持效应等。APG 在安全性和环境相容性方面都具有许多卓越的性能。

近年来,出现了采用烷基磷酸盐、N-酰基氨基酸盐等阴离子表面活性剂和两性表面活性剂制造弱酸性或中性剂型的洗净化妆品。

6.1.9　化妆品用柔软和抗静电剂

护发素、润发一类的头发调理产品中,阳离子表面活性剂是主要的调理剂,它有很好的柔软和抗静电能力,在毛发柔顺调理剂中起着独特的作用。最普遍应用的阳离子表面活性剂是单烷基及双烷基季铵盐类,即 $C_{16} \sim C_{18}$ 单烷基铵盐、双 $C_{16} \sim C_{18}$ 烷基季铵盐及烷基苄基季铵盐。不对称的牛油基、辛基二甲基季铵盐以及 3-鲸蜡基甲基铵盐,这类季铵盐对头发干梳、湿梳和去黏性效果很好。最近引人注目的是从羊毛脂肪酸中衍生出来的季铵盐类,它的刺激性小,兼具了羊毛脂的保水性能、润湿性能及阳离子型表面活性剂的特点,能赋予头发湿润和柔软等独特的触感。

此外,特种表面活性剂季铵化的聚硅氧烷对皮肤和头发表现出一种强烈的直接性,使头发具有柔软的手感,同时亦起到长效保湿作用,而且能明显改善头发的抗缠结性、抗静电性,从而改善头发的柔顺性和光泽。有机硅表面活性剂具有很高的生理惰性,用于化妆品时具有较高的安全性。

6.1.10　化妆品用润湿和渗透剂

作为化妆品,不仅要有美容功效,使用起来还应有舒适柔和的感觉,这些都离不开表面活性剂的润湿作用。在这方面生物表面活性剂取得了显著的成果。磷脂作为生物细胞的重要成分,在细胞代谢和细胞膜渗透性调节中起着重要的作用,对人体肌肤有很好的保湿性和渗透性。槐糖脂类生物表面活性剂对皮肤有奇特的亲和性,可使皮肤具有柔软和湿润的肤感。采用生化合成等方法制备出相应的生化活性物质和维生素衍生物、酶制剂、细胞生长因子(EGF、DFGF)、胶原蛋白、弹性蛋白、神经酰胺和透明质酸等,这些物质用于化妆品中可渗透进皮肤,参与皮肤细胞组织的代谢,改变皮肤组织结构等,从而达到防皱、抗衰老和增白的效果。

6.2　食品工业中的应用

表面活性剂作为食品添加剂或加工助剂,广泛用于各类食品生产,对提高食品质量、开发食品新品种、改进生产工艺、延长食品储藏保鲜期、提高生产效率等有显著效果。表面活性剂在食品工业中主要是用作乳化剂、增稠剂、稳定剂、消泡剂、起泡剂、糖助剂、润滑抗黏剂、清洗剂、水果剥皮剂、涂膜保鲜剂等。

6.2.1　表面活性剂在食品中的作用

1. 乳化剂及其与食品成分的相互作用

食品乳化剂种类繁多,按亲水亲油平衡值(HLB 值)可分为水包油型和油包水型两类;根据亲水基在水中所带的电荷可分为阴离子型、非离子型、阳离子型和两性离子型四类。目前,允许使用的食品乳化剂约 65 种,常用的有甘油单脂肪酸酯、蔗糖脂肪酸酯、失水山梨醇脂肪酸酯、聚氧乙烯失水山梨醇脂肪酸酯、丙二醇脂肪酸酯、大豆磷脂、硬脂酰乳酸钙(钠)、酪蛋白酸钠等。食品乳化剂的世界总需求量约为 2.5×10^9 kg,其中需求量最大的是甘油单脂肪酸酯,约占总需求量的 2/3,其次是蔗糖脂肪酸酯。目前,食品乳化剂正向系列化、复配化、多功能、高效率、便于使用等方面发展。

乳化剂除具有乳化作用外,还能与碳水化合物、类脂化合物和蛋白质等食品成分发生特殊的相互作用,这在食品加工中对改进和提高食品质量起着重要的作用。

① 乳化剂与类脂化合物的作用

类脂化合物中的油脂在食品中占有很大比例。在有水情况下,油脂与乳化剂相互作用形成稳定的乳状液,这是食品加工中所常利用的乳化作用。无水时油脂会产生多晶型现象,α-晶型的熔点最低,α-晶型到次α-晶型是可逆的,α-晶型到β-晶型是不可逆的,β-晶型具有较高的熔点。一般温度下,α-晶型到β-晶型的过渡是缓慢的。

油脂的不同晶型赋予食品不同的感官特性。许多情况中,油脂的晶型处于不稳定的α-晶型或β-初级晶型,并趋于过渡到熔点最高、能量最低的β-晶型。因此,在食品加工中需加入具有变晶性的物质,以长时间内阻碍或延缓晶型变化,形成有利于食品感官性能和食用性能所需的晶型。某些趋向于α-晶型的亲油性乳化剂与油脂相互作用和结合,就有调节结晶形成的作用。例如,蔗糖脂肪酸酯、Span60、Span65、甘油单(双)乳酸酯、聚甘油脂肪酸酯都可作为结晶调整剂,用于食品加工过程。熔化的油脂中加入Span60或Span65,冷却时形成β-初级晶型,由于共结晶作用使这种晶型结构保持稳定。

② 乳化剂与蛋白质的作用

蛋白质是具有一定结构特征的络合、聚合物分子,也是食品的基本成分。它的结构特征影响其与乳化剂的相互作用和结合程度。蛋白质肽链中的肽键不能与乳化剂发生作用,而固定在多肽链上的氨基酸侧链能与乳化剂作用。结合方式与侧链的极性、乳化剂种类以及是否带有电荷和体系pH等因素有关,主要有疏水结合、氢键结合及静电结合三种。

非极性蛋白质侧链基团与乳化剂的烃链相互作用产生疏水结合,其条件是有水存在。溶剂水经非极性氨基酸相互排斥,这是产生疏水结合的基础。疏水结合中乳化剂烃链固定于蛋白质上,而乳化剂的极性基结合在粒子表面,形成脂肪。

极性侧链不带电荷的蛋白质与乳化剂的亲水分子部分以氢键发生作用,此时乳化剂的烃链结合在粒子表面。侧链带电荷的蛋白质与带相反电荷的乳化剂产生静电相互作用。带正电荷的氨基酸侧链与带负电荷的乳化剂相互作用的方式在生物体系较为常见。

乳化剂与蛋白质相互作用形成的化合物属于脂肪,不同的脂肪及作用条件对结合程度影响很大。各种乳化剂与蛋白质的作用程度列于表6-3中,在食品加工中,特别是在烘烤食品中大量利用蛋白质与乳化剂的相互作用来改善食品的加工性能,提高食品的品质。

表6-3　各种乳化剂与蛋白质的作用程度

乳化剂	与蛋白质的作用程度*	乳化剂	与蛋白质的作用程度*
甘油单 C_{16}～C_{18} 脂肪酸酯(90%)	15	柠檬酰甘油单脂肪酸酯	20
甘油单 C_{18} 脂肪酸酯(90%)	15	二乙酰酒石酸甘油单脂肪酸酯	100
乙酰甘油单脂肪酸酯	20	蔗糖单硬脂酸酯	25
乳酰甘油单脂肪酸酯	20	硬脂酰-2-乳酸钠	95

＊以二乙酰酒石酸甘油单脂肪酸酯与蛋白质的作用程度为100。

③ 乳化剂与碳水化合物的作用

碳水化合物包括单糖、双糖、低聚糖、多糖和糖苷。碳水化合物与乳化剂作用的方式主要为疏水作用和氢键作用。

单糖和低聚糖水溶性好,无疏水层,因此不与乳化剂发生疏水作用。高分子多糖类则不然,淀粉属多糖类,在食品工业中占有特殊的重要地位。乳化剂主要与直链淀粉发生作用,直链淀粉在水中形成 α-螺旋结构，内部起疏水作用，乳化剂随其亲水基进入 α-螺旋结构内，并利用疏水链与之结合，形成复合物或络合物。乳化剂的性能和结构决定着复合物的形成过程和结合能力（见表 6-4）。在面包、糕点等烘烤食品中，就是利用乳化剂与直链淀粉、蛋白质的相互作用和结合形成复合物来达到防老化、软化等效果的。

表 6-4 乳化剂与直链淀粉的复合能力

乳化剂	ACI 值*	乳化剂	ACI 值*
大豆磷脂	16	聚甘油脂肪酸酯	34
甘油单硬化动物油脂肪酸酯（90%）	92	蔗糖二硬脂酸酯	10
甘油非单硬化动物油脂肪酸酯（90%）	35	蔗糖单硬脂酸酯	26
甘油单硬化大豆油脂肪酸酯（90%）	87	失水山梨醇单硬脂酸酯	18
甘油单、二脂肪酸酯	28	聚氧乙烯（20）失水山梨醇单硬脂酸酯	32
乳酰甘油单脂肪酸酯	22	硬脂酰乳酸酯	79
二乙酰酒石酸甘油单脂肪酸酯	49	硬脂酰乳酸钙	65
丙二醇脂肪酸酯	15	硬脂酰乳酸钠	72

* ACI 值为直链淀粉复合指数，表示乳化剂与直链淀粉形成复合物的能力，是由乳化剂作用前后淀粉溶出物的碘亲和力求出。

在食品加工中，应根据乳化剂在食品中所要起的作用及要求达到的功效，选择适宜的乳化剂。如 O/W 型或 W/O 型乳状液体系所用乳化剂 HLB 值要与被乳化物的 HLB 值相当，这样才能获得稳定的乳状液。由于食品是由油脂、蛋白质、碳水化合物及其他各种成分构成的复杂混合物体系，各种物质同时存在，互相影响，这就给乳化剂的选择带来很大困难。在实际工作中应当善于找出起主要作用的乳化作用模式，从而获得适当的乳化剂。

2. 起泡剂和消泡剂

① 食品的泡沫与起泡剂

食品中的泡沫是气体分散在液态或半固态物料中的分散体系。在稳定的泡沫中，气泡是由有弹性的液体膜或半固体膜分隔开来，气泡的直径从 1 微米到数厘米不等。典型的食品泡沫如搅打的奶油（掼奶油）、充气糖果（海绵糖、牛轧糖、泡泡糖、明胶软糖等）、泡沫点心、夹心泡沫巧克力、泡沫蛋白食品、冰淇淋、蛋糕、面包、馒头、发酵乳饮料及啤酒、软饮料、香槟酒等产生的泡沫。

为使食品中的泡沫稳定柔顺，必须加入表面活性剂作为起泡稳泡剂，常用的有如下几类：a. 合成表面活性剂，如蔗糖脂肪酸酯可作为起泡剂用于糕点、蛋糕、饼干和冰淇淋中。b. 蛋白质类，如明胶、卵蛋白（鸡蛋清等）、大豆蛋白、乳清蛋白、棉籽蛋白、小麦蛋白等。由于天然蛋白质在液-气界面变性，并以一定方式排列，虽然降低表面张力的能力有限，但变性蛋白质可以凝结成一层膜，形成十分牢固的薄膜，起到起泡、稳泡作用。但这种性能易受 pH 影响，且有老化作用。c. 纤维素衍生物，如甲基纤维素、羧甲基纤维素（CMC）、甲乙基纤维素等，其起泡作用与蛋白质类似，但无老化现象。d. 植物胶类，如阿拉伯胶可作为啤酒稳泡剂。e. 固体粉末，如香料粉、可可粉等细微粉末有疏水性，能聚集于气泡表面增加表面黏度和泡沫稳定性。

② 消泡剂

在各类食品加工工艺中及用发酵方法制造食品时,起泡往往会影响生产,造成损失或危害。例如,在甜菜洗涤、制糖过程、豆制品生产、罐头饮料加工、调味品生产、食品煎炸或烹煮以及味精、葡萄酒、啤酒等发酵生产过程中都会产生有害的泡沫。为了消除上述这些有害泡沫的影响,应添加表面活性剂、脂肪酸、聚硅氧烷等作为消泡抑泡剂。食品工业用的消泡剂需经有关专门机构批准,其安全性必须符合食品卫生法的要求,而且不能影响食品的风味。食品工业中常用的消泡剂有以下几类:a. 油脂类:蓖麻油、大豆油、玉米油、米糠油、棉籽油、菜籽油、可可油、亚麻油、亚麻仁油等,常用于食品发酵工艺、豆制品生产中消泡,用量为0.05%～2%(质量分数)。b. 脂肪酸类:硬脂酸、油酸、棕榈酸等,常用于食品发酵过程的消泡。c. 脂肪酸酯类:失水山梨醇单硬脂酸酯或三硬脂酸酯、失水山梨醇单月桂酸酯、失水山梨醇三油酸酯、丙二醇单油酸酯、聚乙二醇(400,600)二油酸酯、甘油单硬脂酸酯、乙二醇硬脂酸酯、二甘醇月桂酸酯、三聚甘油单硬脂酸酯、聚丙二醇藻蛋白酸酯、聚乙二醇(400)蓖麻醇酸酯、聚氧乙烯(20)失水山梨醇单油酸酯等,用于制糖及各种食品加工工艺中消泡,用量为0.05%～2%(质量分数)。d. 聚硅氧烷类:二甲基聚硅氧烷乳液,用于发酵过程、食品加工工艺的消泡,用量为0.000 2%～0.01%(质量分数)。e. 有机极性化合物类:聚丙二醇1 200～2 500,聚乙二醇400～2 000,丁氧基聚氧乙烯聚氧丙烯醚、丙二醇聚氧丙烯聚氧乙烯醚、甘油聚氧丙烯聚氧乙烯醚、三异丙醇聚氧丙烯聚氧乙烯醚、季戊四醇聚氧丙烯聚氧乙烯醚等,常用于制糖、发酵工艺中消泡。f. 醇类:戊醇、辛醇、十二醇、十四醇、十六醇、十八醇、山梨醇等,常用于发酵、酿造工艺中消泡,用量为0.001%～0.01%(质量分数)。g. 磺酸酯类:月桂基磺酸酯,用于煎炸油的消泡。h. 其他:聚硅氧烷(硅酮树脂)乳液是优良的食品消泡剂,具有稳定性好、用量少、消泡效率高、适用范围广等优点;水溶性聚硅氧烷乳液一般用非离子表面活性剂作为乳化剂配制而成。

6.2.2　表面活性剂在冰淇淋中的应用

表面活性剂主要作为乳化剂和增稠稳定剂应用于冰淇淋生产。添加表面活性剂能提高冰淇淋的发泡性(膨胀率),形成光滑的结构,在凝冻期间得到浓稠的产品,在储藏过程中抑制或减少冰晶体的生长,使产品均匀并延迟熔化,对各个生产环节更好地进行控制。选择表面活性剂的条件是:能与物料自由混合;能提高物料的黏度和发泡性;符合生产冰淇淋所需的物料类型;能延缓冰淇淋的熔化;延缓冰淇淋中冰晶体的生长;来源方便;价格便宜;符合卫生标准。

冰淇淋生产的主要工序是配料、混合、巴氏杀菌、均质,冰结。混合料配方和冻结的机械条件是制造冰淇淋的关键因素,其中乳化剂和增稠稳定剂的选择十分重要。在冰淇淋生产中,乳化剂能使脂肪在混合料中分散均匀,促进脂肪与蛋白质的相互作用,控制冻结过程中脂肪的附聚与凝聚;促进空气均匀混合,提高冰淇淋的起泡能力和膨胀率;防止粗大冰晶形成,赋予产品细腻的组织结构和好的干燥感;提高产品的耐热性、稳定性、保型性和耐储藏性。冰淇淋生产中常用的乳化剂有:甘油单脂肪酸酯、蔗糖脂肪酸酯、聚甘油脂肪酸酯、失水山梨醇脂肪酸酯、丙二醇脂肪酸酯、聚氧乙烯失水山梨醇脂肪酸酯、大豆磷脂等,其中使用最多的是蒸馏甘油单硬脂酸酯、甘油单油酸酯和甘油单棕榈酸酯以及复配乳化剂。例如,使用蔗糖棕榈酸酯和甘油单硬脂酸酯的 3:7 混合乳化剂,可有效地防止冰淇淋相分离和产生冰霜;制造低脂肪含量的冰淇淋时,使用由 60% 的蒸馏甘油单硬脂酸酯和 40% 的失水山梨醇单硬脂酸酯组成的复配乳化剂,可获得很好的效果。乳化剂的用量一般为 0.1% 左右。乳化剂的使用方法如下:① 对于亲油性乳化剂,将乳化剂加于油脂内,加热到 55~60℃,使之完全溶解,混合后与其他原料一起送入高速搅拌器中搅拌;② 对于亲水性乳化剂,于搅拌下将乳化剂溶于 60~65℃ 水中,然后加入除油脂外的其他原料,最后添加油脂,进行高速搅拌。

6.2.3　表面活性剂在烘烤食品中的应用

表面活性剂在面包、糕点、饼干等烘烤食品生产中主要用作乳化剂、膨松剂、品质改良剂、脱模防黏剂等。

1. 面包乳化剂和品质改良剂

乳化剂在面包生产中用作品质改良剂,对面团起调理强化作用,对面包组织起软化及防老化作用,因此常分为面团强化剂和面包组织软化剂。一些乳化剂主要与蛋白质和脂肪相互作用,增强面团筋力,提高面团的弹性、韧性和机械强度,改善面团的持气性,从而增大面包体积,改善面包组织结构,故把这类乳化剂称为面团强化剂或面团调节剂。另一些乳化剂主要和淀粉形成复合物,延缓淀粉老化速度,防止面包老化,提高面包储藏保鲜期和面包柔软度,这类乳化剂叫做面包组织软化剂或面包老化防止剂。乳化剂除本身的主要作用外,还有一定的辅助作用。例如,面团强化剂的主要作用是增强面团筋力,同时也有一定的防止面包老化的作用。同样,面包组织软化剂的主要作用是防止面包老化,但也起一定的面团调理强化作用。

面包生产中常用的乳化剂有蒸馏甘油单硬脂酸酯、甘油单/二硬脂酸酯、二乙酰酒石酸甘油单脂肪酸酯、琥珀酰甘油单脂肪酸酯、羟乙基甘油单脂肪酸酯、聚氧乙烯(20)甘油单脂肪酸酯、硬脂酰乳酸及其钠盐和钙盐、硬脂酰富马酸钠、丙二醇脂肪酸酯、蔗糖脂肪酸酯、失水山梨醇单硬脂酸酯(Span60)、聚氧乙烯(20)失水山梨醇单硬脂酸酯(Tween60)、聚氧乙烯聚氧丙烯嵌段型聚醚等。用作面包乳化剂时可单独使用,也可复配使用,市售面包乳化剂多为复配乳化剂。乳化剂复配使用,通过协同效应可显著提高乳化剂的效果。面包乳化剂一般是将其溶于水中、分散于油脂中或直接加入面粉中使用。

在面包生产中,常常使用起酥油,以促使油脂在面团中均匀分散和改善面包的口感。为有效地发挥起酥油的作用,需将其进行乳化,常用的乳化剂有甘油单脂肪酸酯、失水山梨醇脂肪酸酯、聚甘油脂肪酸酯等。面团中加入十聚甘油三硬脂酸酯,可显著提高面包的香味和口味。

2. 蛋糕乳化剂和糕点品质改良剂

蛋糕生产中有采用酵母发酵面糊和非酵母发酵面糊的。用酵母发酵面糊制作蛋糕时,乳化剂的作用与面包生产时基本相同,主要是易于面糊加工,改善面糊的气孔率,获得细密气孔和均匀结构,增大蛋糕体积,改进蛋糕的松软性和强度,延缓蛋糕老化和延长蛋糕保鲜期,减少起酥油和酵母用量等。而用非酵母发酵面糊制作蛋糕时,乳化剂主要起增加气孔和蛋糕体积,软化糕饼屑及乳化油脂和起酥油的作用。

常用的蛋糕乳化剂有甘油单硬脂酸酯、甘油单油酸酯、二乙酰酒石酸甘油单酸酯、硬脂酰乳酸钙、失水山梨醇脂肪酸酯、聚氧乙烯失水山梨醇脂肪酸酯、蔗糖脂肪酸酯等。蛋糕乳化剂的加入可采取直接加于面粉中，溶于水中或分散于油脂中后加于面粉中。乳化剂可单独使用，也可复配使用，混合乳化剂的效果更好。

3. 液体起酥油用乳化剂

在制造含油脂的蛋糕和糕点时，所用的油脂对蛋糕和糕点的质量起决定性作用，其中起酥油的晶体结构特别重要。起酥油中添加乳化剂，对起酥油的晶体结构产生影响，并提高其起酥性和易分散性，从而改进面糊的搅打起泡性、产品的体积、组织结构和质量。液体起酥油中主要使用具有 α-晶型倾向的乳化剂，如丙二醇单硬脂酸酯、甘油单/二脂肪酸酯、乙酰甘油脂肪酸酯、乳酰甘油脂肪酸酯、失水山梨醇单硬脂酸酯(Span60)、蔗糖脂肪酸酯等。

4. 饼干乳化剂

在饼干、小甜饼生产中使用乳化剂，可增加面团的延伸性、伸展性等机械加工性能，使起酥油更好地乳化分散于面团中，从而能提高产品的松脆性、保水性和防老化性能，改善产品的组织结构，节省起酥油，防止油脂渗出，延长产品的储藏保鲜期，减少产品在储藏、运输和销售过程中的破碎。常用的饼干乳化剂有硬脂酰乳酸钠、硬脂酰富马酸钠、琥珀酰甘油单/二脂肪酸酯、甘油单硬脂酸酯、蔗糖脂肪酸酯、磷脂等。例如，按面粉用量计，饼干中加入甘油单硬脂酸酯(或蔗糖单硬脂酸酯)0.6%、硬脂酰乳酸钠 0.5%或磷脂 0.25%～0.7%，小甜饼中加入硬脂酰乳酸钠 0.25%，均能明显提高饼干质量。

5. 烘烤食品脱模剂

脱模剂是用食用油脂和乳化剂制成的乳状液，用于面包、蛋糕、糕点、甜饼、饼干等烘烤食品生产中防止物料、胚料与刀具、模具或烤盘之间的粘连，以提高生产效率和食品的外观质量，便于机械化、自动化生产。脱模剂中常用的乳化剂有大豆磷脂、甘油单硬脂酸酯、蔗糖脂肪酸酯、聚甘油脂肪酸酯，用量一般为 1%～4%。

6.2.4　表面活性剂在乳制品和仿奶制品中的应用

表面活性剂可作为乳化剂、稳定剂、增稠剂、润湿剂用于生产人造奶油、酸奶、牛奶冻、奶酪、奶粉、炼乳、麦乳精、再制奶等各类乳制品。

1. 人造奶油乳化剂

人造奶油是由食用植物油、奶或奶粉、水、乳化剂、添加剂混合制成的油包水型乳状液。乳化剂在人造奶油生产中起着重要作用，若不使用乳化剂就不能制成人造奶油。乳化剂主要通过其乳化和稳定作用使人造奶油中水分均匀乳化、分散，防止相分离形成水滴和水体，防止加热时人造奶油飞溅，控制人造奶油的组织结构，改善产品性状、风味和口感，延长储存保鲜期等。

由于人造奶油是油包水型乳状液，所以人造奶油生产中主要使用亲油性乳化剂。常用的人造奶油乳化剂主要有卵磷脂、甘油单软脂酸酯、甘油单硬脂酸酯、甘油单油酸酯、乙酰甘油单酸酯、乳酰甘油单酸酯、柠檬酰甘油单酸酯、聚甘油脂肪酸酯、蔗糖脂肪酸酯、失水山梨醇脂肪酸酯、丙二醇脂肪酸酯等。在人造奶油生产中，可单独使用一种乳化剂，也可将几种乳化剂复配使用。一般来讲，复配乳化剂的效果更好。因此，在生产实践中多使用几种乳化剂组成的复配型平衡乳化剂。例如,甘油单/二脂肪酸酯与蔗糖脂肪酸酯的复配物、甘油单脂肪酸酯与蔗糖脂肪酸酯的复配物等均可作为平衡乳化剂用于烘烤用人造奶油。例如,一种人造奶油乳化稳定剂(糊状)的配方:甘油单硬脂酸酯 40%、蔗糖脂肪酸酯 20%、失水山梨醇单硬脂酸酯 35%、大豆磷脂 7%。

　　人造奶油中一般添加乳化剂 0.1%~1%就可起到乳化稳定作用,而对于特殊用途的人造奶油,如烘烤食品用人造奶油,乳化剂添加量较高(6%~25%)。除乳化稳定作用外,某些乳化剂还有防止人造奶油在煎炸时飞溅的作用,如磷脂、柠檬酰甘油单/二硬脂酸酯、聚甘油脂肪酸酯、失水山梨醇脂肪酸醇等,因此这些乳化剂常作为抗溅剂用于制造煎炸用人造奶油。磷脂作为人造奶油乳化剂和抗溅剂,可改善家用人造奶油的涂抹性,提高烘烤食品用人造奶油的起酥性,增加煎炸用人造奶油的使用性,以及防止其飞溅和发生棕色反应,其用量一般为 0.15%~0.5%。甘油单脂肪酸酯在人造奶油中主要起乳化稳定作用,其添加量为 0.5%~1%,与磷脂复配使用效果更好。柠檬酰甘油单/二硬脂酸酯常用作人造奶油稳定剂和抗溅剂,而乙酰甘油单/二脂肪酸酯、乳酰甘油单/二脂肪酸酯用作人造奶油塑性改进剂。聚甘油脂肪酸酯可用作人造奶油乳化剂和抗溅剂,其作用效果取决于甘油的聚合度以及被酯化的脂肪酸种类和数量。在煎炸用人造奶油中添加 0.5%聚甘油脂肪酸酯,可防止人造奶油在煎炸时的飞溅,并能减少人造奶油储藏过程中渗油。家用人造奶油中添加聚甘油脂肪酸酯,可抑制结晶,提高延展性、分散性,改进口味。乙酰甘油单硬脂酸酯可提高人造奶油的热稳定性,与硬化油配合,能制得各种塑性的人造奶油。失水山梨醇单硬脂酸酯可用作人造奶油乳化稳定剂和防溅剂,还能防止人造奶油"发沙",改进产品风味。二乙酰酒石酸甘油单酸酯用作人造奶油乳化剂,较蔗糖脂肪酸酯有更大的乳化容量,故常用于制造低脂肪人造奶油,且其与不饱和脂肪酸甘油酯复配使用,效果更好。高 HLB 值的蔗糖单硬脂酸酯适用于制造人造掼奶油(搅打奶油)、易溶的奶油粉、冲咖啡用高黏度奶油或乳酯,与失水山梨醇脂肪酸酯、甘油单脂肪酸酯或磷脂混合使用,效果更佳。甘油单硬脂酸酯、Span60、Tween60、Tween80、蔗糖脂肪酸酯适用于制造大蛋糕饰料用人造掼奶油。使用 Span、卵磷脂、蔗糖脂肪酸酯、甘油单脂肪酸酯等乳化剂,可制得稳定性良好的多相乳化型(O/W/O)人造奶油。

　　2. 酸奶、牛奶冻和乳酪用乳化稳定剂

　　利用由丙二醇藻酸酯 45%~60%、海藻酸钠 15%~35%、瓜尔豆胶 10%~20%、鹿角藻胶 2%~10%组成的混合稳定剂 55%~75%,与乳化剂(甘油单酯、甘油二酯、卵磷脂、Span65、Span80 等)45%~25%配合使用,可以制作软质和硬质冰冻酸奶,产品的膨胀量可达 50%以上。

　　一种牛奶冻乳化稳定剂配方为:甘油单硬脂酸酯 45.5%、天然物 48%、碳酸氢钠 3.2%、富马酸 1.8%、硫酸钙 1.5%。

　　乳酪生产中添加乳化剂如磷脂 0.001%~0.006%(质量分数,以牛奶质量计),既能提高乳酪产品得率,又能减少乳清废液的数量,且对乳酪风味和可食性也无不利影响。

　　3. 速溶奶粉乳化润湿剂

　　利用附聚法生产速溶全脂奶粉时,奶粉颗粒上喷涂大豆磷脂约 0.2%作为润湿剂,可显著提高奶粉的溶解度和分散度。喷涂大豆磷脂速溶奶粉不仅可用凉水(25℃)冲调,而且也增加了营养价值,特别是对儿童大脑发育有良好的作用。例如,将除油大豆磷脂 36.8%溶于由甘油癸酸酯 70％和甘油辛酸酯 30％组成的混合物 63.1％中，再加入抗氧化剂 0.1％，即可制得速溶奶粉乳化润湿剂。将这种润湿剂喷涂于奶粉颗粒上，制得的奶粉在冷水中不到 10 s 就能分散和溶解。以奶粉、奶油、磷脂等为主要原料制造速溶全脂奶粉时，用甘油单/二硬脂酸酯作乳化剂，用大豆磷脂作润湿剂，可显著提高奶粉在冷水中的分散性。在速溶奶粉生产中，使用 HLB 值为 13～15 的蔗糖脂肪酸酯、Tween60 作为乳化剂，可提高产品的分散性和溶解性，并能防止油脂渗出。在奶粉、炼乳生产中，浓缩牛奶时添加 Span60、乙酰甘油单硬脂酸酯有消泡、抑泡作用。

4. 再制奶乳化稳定剂

再制奶或调制奶是以脱脂奶粉、无水奶油（乳脂）、全脂奶、氢化植物油等为主要原料制成的仿乳制品。在再制奶加工过程中，需要使用表面活性剂作为乳化剂和稳定剂，以提高产品的稳定性和质量。常用的乳化剂有甘油单/二脂肪酸酯、卵磷脂等；使用的稳定剂有海藻酸钠、黄原胶等。脱脂奶粉加水复原成脱脂奶后，与无水奶油或氢化植物油混合时，添加单酯含量为 65％的甘油单脂肪酸酯 0.25％～0.4％，或卵磷脂 0.5％～1.0％，以及海藻酸钠或黄原胶 0.3％～0.5％（对混合料总量而言），不仅可以提高再制奶的稳定性，延长产品的保存期，而且还能改进产品外观、质地和风味。由单酯含量为 45％的甘油单硬脂酸酯 95％和稳定剂海藻酸钠 5％（质量分数）组成的混合物，特别适用于由玉米胚油和脱脂奶粉制造不含乳酯的再制奶。

5. 咖啡增白剂用乳化剂和稳定剂

咖啡增白剂又称咖啡伴侣（咖啡奶末或速溶植脂末），是由氢化植物油、脱脂奶粉、淀粉糖浆、乳化剂、稳定剂、香精、色素等制得的液体或粉状仿乳制品，用于冲调咖啡、茶等饮料，可使饮料变成乳白色。咖啡增白剂的增白效果主要取决于被乳化的脂肪液滴粒度，脂肪液滴分散得越细，增白效果越好，脂肪液滴粒度以 0.7～1.0 μm 的效果为最好。因此，在咖啡增白剂生产中乳化剂和稳定剂起着重要作用。常用的乳化剂有甘油单硬脂酸酯、甘油单/二硬脂酸酯、聚甘油脂肪酸酯、失水山梨醇脂肪酸酯、聚氧乙烯失水山梨醇脂肪酸酯、蔗糖脂肪酸酯或它们的复配物。常用的稳定剂有酪蛋白酸钠、磷酸盐等。例如，在粉状咖啡增白剂中可用甘油单/二硬脂酸酯，其用量为 0.5％～1.0％；也可使用甘油单硬脂酸酯、聚氧乙烯（20）失水山梨醇单硬脂酸酯和聚氧乙烯（20）失水山梨醇三硬脂酸酯的复配物。在液体咖啡增白剂中，添加 0.5％由以下组分组成的复配乳化剂效果最佳：甘油单硬脂酸酯 60％，失水山梨醇单硬脂酸酯 20％，聚氧乙烯（20）失水山梨醇单硬脂酸酯 20％。

6. 搅打起泡糖食制品乳化剂

含脂肪的搅打起泡糖食制品是以氢化植物油、蛋白质、蔗糖、乳化剂、增稠稳定剂等为主要原料制成的水包油型乳状液，因其含糖量高，故称为糖食或甜食。这种糖食主要用作糕点表面饰料、裱花料、夹心馅料。在糖食制品生产中，使用乳化剂或乳化起泡剂及增稠稳定剂可以使脂肪分散均匀细密，缩短搅打时间，改善搅打起泡性、泡沫容积和泡沫组织，提高产品的干燥感、稳定性、保型性、口感和外观等。常用的乳化剂有甘油单硬脂酸酯、失水山梨醇单硬脂酸酯（Span60）、乳酰甘油单硬脂酸酯、丙二醇脂肪酸酯、蔗糖脂肪酸酯、聚甘油脂肪酸酯等，用量为 0.7％～1.0％。也可使用亲油性乳化剂和亲水性乳化剂的混合物，如甘油单硬脂酸酯 60％和聚氧乙烯（20）失水山梨醇单硬脂酸酯（Tween60）40％的混合物、Span60 80％和

Tween60 20%的混合物等,用量为 0.35%～0.50%。

6.2.5 表面活性剂在巧克力和糖果中的应用

表面活性剂在巧克力和糖果生产中主要用作乳化剂、稳定剂、结晶抑制剂、起泡剂、赋型剂和脱模剂。

1. 巧克力乳化剂

巧克力是以烘焙可可粉、可可脂或代可可脂为主要原料添配糖类、奶粉、乳化剂、香料等加工成的。在巧克力生产中,乳化剂可降低巧克力浆料黏度,有利于操作,使结晶细致均一,并能防止油脂酸败和巧克力表面"起霜",提高制品的耐热性、保型性和表面光泽度,增强风味,节约3%左右的可可脂用量。常用的巧克力乳化剂有磷脂、蔗糖脂肪酸酯、失水山梨醇单硬脂酸酯(Span60)、聚氧乙烯(20)失水山梨醇单硬脂酸酯(Tween60)等。使用乳化剂时调节适当温度,其乳化效果会更好。巧克力生产中,乳化剂的用量一般为总投料量的1%左右。

蔗糖二硬脂酸酯、蔗糖二软脂酸酯及蔗糖脂肪酸酯与大豆磷脂的复配物用作巧克力乳化剂,既能降低巧克力浆料的黏度,又能提高巧克力制品的耐热性和防止表面起霜,改进巧克力的口融性和口味。例如,一种巧克力乳化剂的配方为蔗糖二硬脂酸酯50%、大豆磷脂40%、天然物质10%。

Span60 有防止起霜作用,Tween60 有改进巧克力口感和风味的作用,所以常用它们的混合物作为巧克力乳化剂。例如,用 Span60 60%与 Tween60 40%配制的混合乳化剂,在巧克力配料中,添加该混合乳化剂1%既能有效地防止巧克力表面起霜,又能改进巧克力的口感和风味,使表面有光泽。牛奶巧克力中添加 Span60 0.8%,与添加上述混合乳化剂的效果相同。脂肪的熔点为33～43℃时,使用 Span60 效果更好,添加量为 0.8%～1.0%;两脂肪的熔点高于43℃时,则添加 Span60 60%与 Tween60 40%的混合物 1.0%为宜。

大豆磷脂和聚甘油多蓖麻酸酯的复配物用作巧克力乳化剂,可有效地控制巧克力浆料的流动性、黏度和塑变值,特别适用于制造棒状巧克力和夹心巧克力,用量为总投料量的0.5%。在巧克力生产中,用大豆磷脂作为乳化剂可有效地延长巧克力制品的储藏期,并可使配料易熔合,便于加工,节约可可脂,用量为总投料量的 0.3%～0.5%。

在制造巧克力糖浆和巧克力饮料中用蔗糖脂肪酸酯作为乳化稳定剂,在生产块状涂层巧克力、冰淇淋和雪糕涂层巧克力时用蔗糖脂肪酸酯作为黏度调节剂,都能明显地改进制品的质量。

2. 糖果乳化剂和脱模剂

在糖果生产中使用乳化剂,可以使所加油脂乳化、分散,提高口感的细腻性;可以使表面起霜,能防止与包装纸的粘连;防止砂糖结晶和油脂析出;提高制品的表面光泽度和香料的稳定性。常用的糖果乳化剂有蔗糖脂肪酸酯、聚甘油脂肪酸酯、Span60、甘油单硬脂酸酯、甘露醇硬脂酸酯等。

在奶糖和果仁奶糖生产中,添加甘油单硬脂酸酯、聚甘油单/二硬脂酸酯,煮糖时可防止掺入的脂肪类原料分离,对成型起重要作用;添加乳酰甘油单硬脂酸酯 0.5%～1.0%,可防止黏附,便于切糖和滚糖,并能提高制品的耐潮性。在太妃糖生产中,添加蔗糖硬脂酸酯、甘油单硬脂酸酯、Span60 等乳化剂 0.3%～0.5%,不仅能促进油脂原料乳化分散、抑制熬糖中的泡沫、防止黏着,而且还可提高制品的白度、奶油味和香气,防止黏牙,改善口感,提高耐储藏性。糯米糖含有大量淀粉而容易老化,添加甘油单硬脂酸酯、甘露糖醇硬脂酸酯能有效地防止老化。制造片状糖时,加入高 HLB 值的蔗糖脂肪酸酯作润滑剂,有助于脱模,并能改进产品的外观质量。熬好的糖果在冷板冷却时,为防止在板上黏附,在冷板上事先要涂上油脂,其中如添加卵磷脂或失水山梨醇脂肪酸酯 5%～10%,则有助于糖果成型,提高生产效率,制品有良好的耐潮性。

口香糖是将植物性树脂、合成树脂、酸胶、蜡类及乳化剂加以混合作为基料,添加糖类、有机酸、无机粉末、香精和色素制成的。口香糖的胶质原料黏性很大,难以混合。为便于混合,需加热,但产品往往又会产生苦味。在口香糖原料中添加乳化剂,则能增加原料的亲和性,在低温下即可起亲和作用,从而免除因加热产生苦味,此外还能防止口香糖黏牙,提高制品的可塑性和柔软性,改善口感。常用的乳化剂有甘油单脂肪酸酯、乙酰甘油脂肪酸酯、蔗糖脂肪酸酯、Span60、Tween60。

在泡泡糖生产中使用表面活性剂不仅使亲油成分和亲水成分均匀混合,便于生产操作,而且还能防止成品黏牙,使其具有良好的柔性和塑性。过去使用的乳化剂为甘油单酸酯,现今多用蔗糖脂肪酸酯,如使用失水山梨醇脂肪酸酯作乳化剂,则可采用水溶性色素,不但能很好地溶解,还能达到良好的着色目的。

用天然乳化剂和增稠剂如磷脂、藻酸、明胶、阿拉伯胶、达瓦胶、瓜胶、鹿角藻胶、琼脂、果胶等,可以提高夹心口香糖的香味,可单独使用,也可复配使用,添加量是液体夹心的0.02%～0.2%。天然乳化剂和增稠剂不仅有乳化功能,还能防止液体香料渗透到外部去。

常用的糖果脱模剂有糖粉、滑石粉、硬脂酸、微晶纤维素、甘油单脂肪酸酯等。一种糖果通用脱模剂的配方是由油脂 99% 和大豆磷脂 1% 组成。

6.2.6　表面活性剂在饮料和酒中的应用

表面活性剂在饮料和酒类生产中可用作乳化剂、增稠稳定剂、澄清剂、泡沫稳定剂、增溶剂和消泡剂。

1. 饮料乳化剂和稳定剂

乳化剂在饮料中可起着香、起浊、赋色、助溶、乳化分散、抗氧化等作用,因此使用乳化剂能显著提高产品质量和储藏稳定性,并可改进和简化加工工艺。常用的饮料乳化剂有大豆磷脂、甘油脂肪酸酯、蔗糖脂肪酸酯、丙二醇脂肪酸酯、失水山梨醇脂肪酸酯、聚甘油脂肪酸酯、聚氧乙烯失水山梨醇脂肪酸酯或它们的复合物。丙二醇藻酸钠在酸性条件下,有良好的稳定蛋白质的作用和独特的泡沫稳定作用。在大豆饮料中添加 0.1%～0.2%(水溶液加入),可消除大豆球蛋白砂粒料的口感,增加制品稳定性。在乳酸菌饮料、果汁、果汁奶中添加 0.1%～0.3%,可起稳定作用,防止沉淀、浮油圈并使气味浓郁。

2. 饮料和酒类消泡剂、泡沫稳定剂和澄清剂

充气饮料成品在装瓶装罐时,产生的泡沫将妨碍生产过程的顺利进行和准确计量,这可以通过添加甘油单/二脂肪酸酯来消除。甘油单油酸酯和甘油二油酸酯的添加量为 2×10^{-5}(可直接加入充气饮料中),就能获得明显的消泡作用。

在可乐的生产中,为了消除有害泡沫,在配方中加入了二甲基硅消泡乳液 3 g、可可碱

56.69 g、调味剂饮料(含水 42%)29 g 的混合液体,与糖及其他饮料成分混合制成的可乐饮料泡沫适度,二甲基硅的最终含量为 3×10^{-7}(质量分数)。

在将咖啡加工成速溶咖啡时,由于加入了食用表面活性剂,增加了起泡性。但起泡使起悬浮作用的表面活性剂附着在泡沫上,脱离了液体,从而使咖啡易于沉淀,因此必须加入消泡剂,如有机硅、单羧酸-2-乳酸酯钠盐。

在啤酒生产中产生泡沫会引起很多麻烦,因此需要使用消泡剂。所用的消泡剂既要在生产过程中削弱起泡性,而又不能影响最终产品的起泡性。试验表明,向培养基中分别添加有机硅消泡剂 2 mg·L^{-1}、4 mg·L^{-1}、8 mg·L^{-1},可使泡沫各减少 35%、50%、70%,且对啤酒培养基中啤酒酵母的生长均无影响。最后,消泡剂被酵母吸附随过滤工序而除去,所以不影响啤酒最终产品的质量。在啤酒培养基中添加非离子表面活性剂,如山梨醇单月桂酸酯 5×10^{-6}可获得与添加有机硅同样的效果,在生产中能显著消泡,且又不影响啤酒的起泡性。

啤酒的泡沫高度和稳定性是评价啤酒质量的重要内容。使用丙二醇褐藻酸酯作为啤酒泡沫稳定剂,添加量仅为 $3 \times 10^{-5} \sim 5 \times 10^{-5}$(质量分数),即可使杯中啤酒的泡沫持续时间长达 1~2 min,泡沫提高 1 cm。使用方法如下:先配成 2% 的丙二醇褐藻酸酯溶液,然后在灌装啤酒前向洗净的空瓶中注入 1 mL 该溶液。

橙汁中加入 0.5% 按如下方法制得的乳状液,可使橙汁的颜色和质量提高。这种乳状液的制法:将 β-胡萝卜素 10 g 溶于热橄榄油 100 g 中,然后将其加入含蔗糖 300 g、四聚甘油单硬脂酸酯 100 g、乙醇 100 g 和水 390 g 的溶液中,均质后即得稳定的乳状液(油滴粒径小于 0.5 μm)。

白酒在低温或低度时,主要的呈香、品味物质,如高级脂肪酸、醇、酯及醛,因溶解度下降使白酒产生白色浑浊而影响产品质量。目前,处理白酒浑浊的方法主要有冷冻过滤法、吸附法和增溶法。前两种方法是将产生浑浊的浊源物质从酒体中除掉以保证酒体澄清,但会使白酒风味质量下降。增溶法不需要除去浊源物质即可保证酒体澄清,工艺简单,而且可利用表面活性剂的增溶作用调入呈香、呈味物质,从而提高酒质风味。试验证明,高 HLB 值(HLB=14~16)的蔗糖酯可以增加各种香型白酒中的浊源物溶解度。低度白酒中加入蔗糖酯 0.04%~0.08%,产品在 -5℃ 仍保持酒体澄清,稳定性好,而且其理化指标及风味质量不受蔗糖酯的影响。蔗糖酯还可用于各种药酒、饮料、针剂的澄清,以及配制高浓度的食品香精。

6.2.7　表面活性剂在肉制品中的应用

表面活性剂在肉制品生产中主要用作乳化剂、增稠稳定剂、品质改良剂、涂膜保鲜剂、脱模剥离剂、凝结黏合剂等。

乳化剂在香肠、火腿肠、肉罐头等各类肉制品生产中,通过有效的乳化作用,使配料充分乳化、均匀混合,这不仅可以防止脂肪分离离析,而且能提高制品的持水性,改进产品的组织形态,提高产品质量。肉制品中常用的乳化剂有蔗糖脂肪酸酯、甘油单脂肪酸酯、酪朊酸钠、失水山梨醇脂肪酸酯等。此外,在各类肉制品中添加聚磷酸盐,有助于提高持水性。乙酰甘油单脂肪酸酯、聚甘油脂肪酸酯与甘油单脂肪酸酯的复配物等可作为涂膜保鲜剂用于香肠的涂膜保藏,能防止水分蒸发和损耗。

在肉制品加工中,用酪朊酸钠作为乳化剂可增强脂肪乳化,形成稳定的脂肪、蛋白质-水体系,从而明显改善制品的组织结构、口感、嫩度和出品率,提高持水性,防止脂肪离析。酪朊酸钠用于禽肉制品时,先与配方中的部分脂肪预制成乳剂,然后再混合其他成分,这样的效果较好。以鸡肉制品为例,将酪朊酸钠：鸡脂肪：水按 1：8：8 混拌 5 min,加入食盐 1%～2%,制成鸡脂肪乳剂。或以酪朊酸钠：鸡皮：水＝1：5：(3+1),即鸡皮 5 份、酪朊酸钠 1 份、水 3 份高速混匀后,加入冰 1 份和食盐 1%～2%,制成鸡皮乳剂。

鱼肉制品生产中使用乳化剂,如甘油单脂肪酸酯、蔗糖脂肪酸酯、卵磷脂等,可收到如下效果:易于添加脂肪类原料;提高制品的白度,防褐变;防止制品析水和鱼肉冰冻变性,避免冷却收缩和硬化;防止制品老化;提高制品加工时的易脱模性和食用品时肠衣的易剥离性;改善其他添加剂的性能。以配料量计,乳化剂添加量一般为 0.5%～2%。例如,加工鱼肉香肠时,在鱼肉研磨工序中添加浆状甘油单硬脂酸酯 0.2%,就可获得上述效果。低温加工鱼肉制品时,使用聚甘油脂肪酸酯或蔗糖脂肪酸酯能提高制品的弹性和风味。鱼糜罐头生产中,在原料内加入二价金属离子或其盐、糖类和蔗糖酯,可提高持水性和制品的口感。

6.2.8　表面活性剂在调味品中的应用

在蛋黄酱,甜面酱、芝麻酱、花生酱、调味汁、沙司、酱油、味精等生产中,表面活性剂可作乳化剂、增稠稳定剂、消泡剂。

蛋黄酱是由植物油、鸡蛋、食醋、食盐、食糖、乳化剂、香精等调制成的水包油型乳状液。乳化剂在蛋黄酱中的作用是促进油脂乳化分散,提高组织的均匀度和成品的保存期。由于蛋黄酱脂肪含量高,制造时必须使用乳化剂,以使脂肪充分乳化和均匀细微分散,获得质地和组织优良、稳定性和耐储藏性好的产品。蛋黄酱和色拉调味料中主要用天然卵磷脂(蛋黄)、蔗糖脂肪酸酯作为乳化剂,并可用甘油单/二脂肪酸酯和卡拉胶作为助乳化剂。色拉蛋黄酱中添加蔗糖脂肪酸酯,能改进产品的冷冻稳定性。乳酰甘油单酸酯、柠檬酰甘油单酸酯与卵磷脂配合使用,可使脂肪分散得更细微,改善蛋黄酱的黏性和稳定性。

在甜面酱生产中,按糖用量计添加蔗糖脂肪酸酯 0.4%～0.6%(质量分数),可以防止砂糖结晶,或使结晶变小和结晶强度减弱,从而能有效地防止糖结晶由甜面酱析出及水离析。由于蔗糖酯与淀粉相互作用而使甜面酱美味可口,有好的黏稠度,并能减少增稠剂如琼脂的用量。

芝麻酱、花生酱在储藏过程中常常会发生析油分层而影响产品质量,加入乳化稳定剂,可有效地防止析油分层。方法如下:取芝麻酱 97%、蔗糖酯 1.5% 和蒸馏甘油单脂肪酸酯 1.5%,混合后装瓶密封。

在含脂肪的调味汁沙司生产中,必须使用乳化剂和增稠稳定剂,以使脂肪乳化分散均匀细密,使制品稳定。适用的乳化剂有卵磷脂、甘油脂肪酸酯、蔗糖脂肪酸酯等。乳化剂、增稠稳定剂、淀粉配合使用,可产生协同效应,使调味汁在食品上有好的黏附性并有最佳的口感。

在酱油生产中,按豆类用量计添加蔗糖酯 0.01%～0.02%,可以防止对羟基苯甲酸丁酯、黑色素类杂色物质和蛋白质络合物形成漂浮物。浓酱油中添加蔗糖酯,亦可与磷酸盐并用,可以使精油更好地分散,并能防止沉淀。

在味精生产中,发酵过程属于好气性发酵,需充分通气、搅拌,因而导致产生大量的泡沫。过多的稳定泡沫减少了设备的装料系数,使排气管带液造成原料损失,使部分菌体黏附到罐顶失去产酸能力,并易引进杂菌使全罐报废。为了降低起泡,可减少通气量或减小搅拌速度,但这又会妨碍菌体呼吸,影响产酸效率。因此,控制泡沫的形成就成为保障味精生产的重要因素。在味精生产中,过去大多是采用加入植物油如米糠油、豆油等进行消泡,目前是用硅油、甘油聚氧乙烯醚(消泡剂 GP、XBE‑2020)、甘油聚氧丙烯聚氧乙烯醚(消泡剂GPE、泡敌)、三异丙醇胺聚氧丙烯聚氧乙烯醚(消泡剂 BAPE)、季戊四醇胺聚氧丙烯聚氧乙烯醚、消泡剂 DSA‑5(高碳醇脂肪酸酯复合物)等消泡,其效果比植物油更好。发酵中生物素不足,菌体生长不好;生物素过多会导致细菌大量生长而抑制产酸。植物油中含生物素,所以在培养基中不希望再加入植物油作消泡剂。如果用生物惰性的硅油消泡剂消泡,用玉米浆调节和控制生物素,则能提高产率,降低味精成本。

6.3　纺织工业中的应用

纺织工艺生产过程,从散纤维的精制、纺丝、纺纱、织布、染色、印花和后整理等各工序,都离不开表面活性剂的应用。其可作净洗剂、分散剂、润湿剂、乳化剂、匀染剂、柔软剂、抗静电剂及其他各种整理剂,以提高纺织品的质量,改善纱线的织造性能,缩短加工工期,因此表面活性剂在纺织工业中起着十分重要的作用。

6.3.1　表面活性剂用作净洗剂

在纤维纺织过程中,如棉布的退浆和煮炼,羊毛的脱脂和洗涤,生丝的脱胶,合成纤维的脱油,织物染色和印花后清除未固色的染料等工序,都要用到净洗剂。例如十二烷基苯磺酸钠(LAS),其在水中有乳化、润湿、起泡、胶溶、悬浮等性能,而且耐硬水,遇到钙、镁离子不沉淀。在水中不产生游离碱,不会损伤丝、毛的强度。它们不仅能在碱性和中性溶液中使用,而且可以在酸性溶液中使用。其洗涤过程快,用量少,低温也可以洗涤。

由于阳离子表面活性剂会产生静电吸附,导致表面活性剂的疏水基向着水溶液,分散后的污垢容易再沾污到织物表面,这样对于织物净洗极为不利。因而,作为洗涤用的表面活性剂多用非离子、阴离子和两性离子表面活性剂。其中多年来一直使用的十二烷基苯磺酸钠(LAS)由于其泡沫多,刺激性大,存在一定的安全风险,而逐步被脂肪醇聚氧乙烯醚硫酸盐(AES)、仲烷基磺酸盐(SAS)、α‑烯烃磺酸钠(AOS)、α‑磺基脂肪酸甲酯钠盐(MES)、脂肪醇聚氧乙烯醚羧酸盐(AEC),以及新型产品茶皂素、多肽基表面活性剂代替。随着人们环保意识的增强,开发高效、低刺激性和易生物降解的净洗剂已成为当今纺织业用表面活性剂的发展方向。在纺织加工洗涤过程中,有些工序不仅要考虑到洗涤效果,而且还要考虑到织物的柔软性和是否褪色等问题,因此开发新型的具有良好洗涤效果又能保持织物的柔软性和色泽的稳定性的表面活性剂成为当今新型表面活性剂研发的热点。例如,Gemini 表面活性剂的开发,因 Gemini 表面活性剂的结构阻抑了表面活性剂有序聚集过程中亲水基团间的排斥力,大大提高了表面活性。同传统的表面活性剂相比,它具有很高的表面活性、很低的 Krafft 点和良好的钙皂分散性,并且在生物安全性、低刺激性,生物降解性等方面的表现都很出色。Gemini 表面活性剂优良的性能，有望在纺织工业特别是净洗剂方面起到很重要的作用。

6.3.2　表面活性剂用作渗透剂和润湿剂

渗透剂和润湿剂是促进纤维或织物表面快速地被水润湿，并向纤维内部渗透的助剂。渗透剂能促使液体渗透或加速深入孔性固体内。润湿剂和渗透剂广泛用于退浆、煮炼、丝光、漂白、染色、印花以及后整理等工序。渗透的前提是必先润湿才能吸附。用作渗透剂与润湿剂的表面活性剂主要有阴离子表面活性剂和非离子表面活性剂。阳离子表面活性剂不适于作润湿剂，因为它们对纤维有强烈的吸附作用，反而阻碍进一步的润湿。两性型表面活性剂在应用上有一定的局限性。

对于渗透剂和润湿剂的特性要求是：① 能耐硬水及碱；② 渗透性强，能缩短工时；③ 经其处理后的织物毛细管效应改进显著。常用的阴离子表面活性剂有顺丁烯二酸二仲辛酯磺酸钠（渗透剂 T）、二丁基萘磺酸钠（渗透剂 BX）、磺化油 DAH 等；非离子表面活性剂有 JX 浸透剂、渗透剂 JFC 等。

6.3.3　表面活性剂用作匀染剂和分散剂

避免染色不均匀或染斑，是印染工艺的主要任务之一。匀染剂是指染色中能延缓染料上染纤维速度（缓染），并能使染料在纤维上从高浓度的部位转移到低浓度的部位（移染），从而避免出现深浅不均和色斑现象，并且不降低染色坚牢度的一类助剂。表面活性剂可以增加染料的溶解度，增强其纤维上的渗透力和附着力，增强其色泽和提高纺织品的耐洗度。某些阴离子表面活性剂，如烷基磺酸钠、高级脂肪醇硫酸钠盐等，可用作天然纤维、锦纶纤维的亲纤维型匀染剂。高级脂肪醇聚氧乙烯醚等非离子表面活性剂主要用于还原染色，也可用于分散染料、直接染料的染色。苏喜春等人在进行羊毛染色实验中发现，十八烷基胺聚氧乙烯醚硫酸酯钠盐能显著改善弱酸性艳蓝 RAW 对羊毛的匀染性和润湿性能，浓度越大，匀染性越好。另外，助剂和染料在染浴中形成络合物，降低了染料的亲水性，使它较容易上染羊毛的疏水性部分，提高了匀染性。

现在匀染效果较好的匀染剂是各种阴离子表面活性剂的复配体系，或阴离子和非离子表面活性剂的复配体系。陈胜慧等人的研究表明，具有最佳协同效应的 5 种表面活性剂是磷酸酯醚盐、芳族磺酸盐类大分子、烷基硫酸盐、硫酸酯醚盐及油脂硫酸化盐。它们一方面形成更大的胶束，有效地增溶和吸收染料分子；另一方面，对纤维的亲和力也大为提高。表面活性剂与羊毛之间是具有亲和力的，当体系中存在多种表面活性剂时，除了离子键的结合之外，羊毛纤维与各种表面活性剂之间、表面活性剂分子相互之间将形成一种混合的复杂的多元化的结合，羊毛和表面活性剂间更有效地互相吸引缔合，迟滞染料的吸收势头，减缓上染速度；同时表面活性剂对羊毛的溶胀作用也有利于染料在纤维内部的渗透。

分散剂是染料商品化（如分散染料）和染料应用中不可缺少的助剂，分散剂在染色中具有两个主要的特殊作用：一是拆开聚集离子的反絮凝作用；二是保持分散粒子稳定的能力。有的分散剂本身就兼有分散性和移染性等多种作用，既可作为染料加工用扩散剂，又可作为印染中的匀染剂。当前使用的分散剂中，以阴离子型表面活性剂为主，主要有萘磺酸盐甲醛缩合物和木质素磺酸盐等,其次是壬基酚聚氧乙烯醚等非离子型表面活性剂,后者常与其他类型表面活性剂复配使用。阳离子型和两性型表面活性剂在应用上有一定的局限性。

随着各种新型染色技术的逐步成熟,比如微波染色、泡沫染色、数码印花和超临界流体染色等,对匀染剂和分散剂提出了更高的要求。

6.3.4　表面活性剂用作柔软剂

织物在印染和整理前,一般需经练漂等前处理,会使织物产生比较粗糙的手感。为使织物具有持久的滑爽柔软手感,就需使用柔软剂,柔软作用是降低纤维之间的动摩擦系数的同时又降低其间的静摩擦系数。大部分柔软剂属于表面活性剂,其柔软效果与分子链中疏水基结构有极大的关系。有研究显示:十六烷基、十八烷基和十八烯基表面活性剂的柔软效果远较具有支链烷基、烯基的表面活性剂好。

阴离子柔软剂应用较早,但由于纤维在水中带有负电荷,所以不易被纤维吸附,因此柔软效果较弱。由于对纤维的吸附性弱,则易于清洗除去,因此有的品种适用于纺织油剂中的柔软组分,主要有磺基琥珀酸酯和蓖麻油硫酸化物等。

非离子型柔软剂的手感和阴离子近似,不会使染料变色,能与阴离子型或阳离子型柔软剂合用,但对纤维的吸附性不好,耐久性低,并且对于合成纤维几乎没有作用,主要应用于纤维素纤维的后整理和在合成纤维油剂中做柔软和平滑组分。其中以季戊四醇脂肪酸酯和失水山梨糖醇脂肪酸单酯这两类最重要,柔软效果在松软和发涩之间,能大大降低纤维素纤维和合成纤维的摩擦系数。

阳离子表面活性剂和各种纤维结合的能力强,能耐高温和经受洗涤,耐久性强,用于整理织物可获得丰满的手感和滑爽感,使合成纤维具有一定的抗静电效果和良好的杀菌和消毒能力,并能赋予纤维很好的柔软效果,是目前最为重要、使用最广泛的柔软剂。阳离子表面活性剂目前绝大多数仍为含氮化合物,常用类型有叔胺盐类和季铵盐类。其中叔胺盐类只在酸性介质中呈阳离子性,而季铵盐类在任何介质内均呈阳离子性,是应用最广的一类。双十八烷基二甲基季铵盐是柔软性能突出的织物柔软剂,用量仅 0.1%～0.2% 就能获得理想的效果,还有润湿和抗静电作用,但生物降解困难;双氢化牛油基二甲基氯化铵作为柔软剂,虽有优良的柔软效果,但存在抗静电性差、生物降解性差,易在污水处理中被污泥吸收而污染农田的缺点。

新一代绿色产品大多是含有酯基或酰氨基或羟基等亲水性基团的表面活性剂,极易被微生物分解为 C_{18}、C_{16} 脂肪酸和较小的阳离子代谢物,对环境损害小。近年来聚胺类阳离子表面活性剂也应用到织物柔软剂中来,尤其是低摩尔质量的线性聚胺和可循环聚胺使织物处理后更柔软,可以减少对织物的损伤。

高性能聚硅氧烷类柔软剂能降低纤维的摩擦系数,提高回弹性,降低键的刚性、弯曲的滞后作用及剪切阻力,可赋予纺织品华贵的柔软性。另外,它还可降低纤维在剪切时的能量损失。其主要的代表性产品有氨基聚硅氧烷的粗乳液和微乳液。苏喜春等人以八甲基环四硅氧烷、含哌嗪基团的氨基有机硅单体为原料,采用微乳液聚合法合成氨基改性有机硅微乳液,适合于浅色织物的柔软整理。周俊等人用三甲胺、环氧氯丙烷、壳聚糖为原料,合成了 N-壳聚糖季铵盐,并将其与氨基硅油、3 种非离子型表面活性剂、1 种有机硅两性表面活性剂进行复配,制成了一种新型柔软剂。经检测,该产品的稳定性好,经其整理的纯棉白布不仅具有良好的柔软性和吸湿性,而且具有一定的抗菌活性。

6.3.5　表面活性剂用作抗静电剂

为消除或防止纺织过程中各工序产生的静电和在织物整理工序时或过程中的静电,必须使用抗静电剂。其作用主要在于使纤维的表面具有吸湿性和离子性,从而降低纤维的绝缘性,提高导电度,并能中和电荷,达到消除或防止静电产生的目的。

表面活性剂中,阴离子型抗静电剂的品种是最多的。油脂、脂肪酸和高碳脂肪醇等的硫酸化物,既有抗静电性能,也有柔软、润滑和乳化性能。其中以烷基磺酸,尤其是铵盐、乙醇胺盐等抗静电效力较高。不过,在阴离子型抗静电剂中,以烷基酚聚氧乙烯醚硫酸酯类效果较佳。

一般阳离子型表面活性剂不仅是效力较高的抗静电剂,而且具有优良的滑爽柔软性和纤维附着性。其缺点是能使染料变色,耐晒牢度降低,不能和阴离子型表面活性剂合用,腐蚀金属,毒性强,对皮肤有刺激性等,故使用受到限制,很少用于油剂,而主要用于织物的整理。用作抗静电剂的阳离子型表面活性剂主要是季铵化合物和脂肪酸酰胺两大类。甜菜碱型两性表面活性剂除具有良好的抗静电作用外,还有润滑、乳化和分散作用。

非离子表面活性剂吸湿性强,能用于纤维的低湿状况。它们一般对于染料染色性能不发生影响,可在较宽范围内调整黏度,其毒性小,对皮肤刺激性小,所以被广泛使用,是合成油剂的重要组分。非离子型抗静电剂主要类型是脂肪醇聚氧乙烯醚和脂肪酸聚乙二醇酯等。

6.3.6　表面活性剂用作卫生整理剂

卫生整理剂有多种,具有防霉抗菌作用的表面活性剂有有机硅类化合物、季铵盐、磷酸酯叔胺盐等。

有机硅表面活性剂具有耐高温、耐气候老化、无毒、无腐蚀及较高生理惰性等特点,在赋予纺织品柔软、滑爽手感的同时,还具有抗菌防霉、抗静电等特殊功能。含铵基的表面活性剂还有较强的杀菌能力,对人体呈生理惰性,不刺激皮肤,整理后的织物手感较好。有机硅类化合物中最有代表性的是二甲基十八烷基(3-三甲基甲硅烷丙基)氯化铵。这类抗菌剂的抗菌机理主要是自身缩合,在纤维表面成膜,不仅灭菌效力高,且耐洗涤性好。

季铵盐类化合物主要是指阳离子型季铵盐,如十六烷基三甲基氯化铵、十二烷基-3,4-二氯苄基二甲基季铵盐、十二烷基二乙基甘胺盐等。由于它们对纤维有一定的亲和力,分子中正电荷对细菌有较强的吸附作用,能够抑制或杀灭细菌的活性,而使蛋白质变性。

磷酸酯叔胺盐是一种新型卫生整理剂。它对织物上的霉菌、细菌、放射线菌等产生特有的抑制作用,耐洗性好,对人体无毒,易生物降解。

此外,含硼表面活性剂高温下极稳定,可以水解,具有优良的表面活性,毒性较低,也显示出较强的抗静电及抗菌性。

6.3.7　表面活性剂用作防水与拒水剂

含氟表面活性剂与普通表面活性剂相比，无毒或毒性非常小，它们具有高表面活性、高耐热稳定性、高化学稳定性和憎水憎油等优良而独特的性能。在纺织工业中，含氟织物整理剂主要用作织物防水防油整理剂，防污、滑爽及耐洗整理剂和纤维加工剂等，经其整理后的纺织品具有多种优异的性能，因而备受国内外市场的关注和欢迎。

一种全氟烷基丙烯酸酯共聚物 Asahi Guard 氟系防水防油剂，其结构与丙烯酸酯类似，属非离子型。它的主要产品型号有 AG‐310、AG‐317、AG‐471、AG‐710、AG‐770、AG‐460x、AG‐480、AG‐925、LS‐415 等。AG‐310、AG‐471 适用于棉和涤/织物的整理，其余型号适用于合成纤维。使用 Asahi Guard 时，对不同的纤维，用量亦不同。对亲水性的棉，用量为 3%～5%；对疏水性的尼龙，用量为 1.5%；对疏水性强的聚酯，用量为 1%。

拒水整理剂 SGF 主要是用高级脂肪醇或高级脂肪酸将氨基树脂初缩体中的部分羟甲基进行醚化或酯化后的产物与石蜡、乳化剂、溶剂组成，能在织物表面上形成一层拒水薄膜。它主要用于涤/棉卡其、涤/棉线绢、涤/棉府绸等的整理。用它整理后的织物烧毛光洁，丝光足，染色均匀，色泽鲜艳，纹粒饱满，纹路清晰，手感柔软、滑爽，既拒水又透气。

6.4　石油工业中的应用

在石油工业中，表面活性剂作为油田化学品广泛用于钻井、固井、采油、油气集输、三次采油和油田水处理等中，对于保证钻井安全，提高原油采收率、油品质量、生产效率和经济效益，以及设备防护、降低集输成本和防止环境污染等方面起着重要的作用。当今，表面活性剂已成为油田开发中必不可少的油田化学品。

6.4.1　表面活性剂在钻井中的应用

1. 钻井液

钻井液又称钻井泥浆，是以黏土泥浆为主要组分，添加多种化学制剂配制而成。钻井液用化学制剂有杀菌剂、缓蚀剂、除钙剂、消泡剂、乳化剂、降滤失剂、絮凝剂、起泡剂、堵漏剂、润滑剂、解卡剂、pH 控制剂、页岩抑制剂、降黏剂、温度稳定剂、增黏剂、加重剂等。钻井液的性能对钻井效率、防止事故起关键作用，而泥浆的好坏又与表面活性剂的使用有密切关系。表面活性剂在钻井液中主要用作稀释分散剂、乳化剂、降滤失剂、润滑剂、消泡剂、起泡剂、杀菌剂、防腐剂、缓蚀剂等。钻井液中添加表面活性剂，可以提高泥浆的润滑性、润湿性、乳化稳定性、分散性、渗透性，并能保护钻井设备和加快钻速，以及防止卡钻和塌井等。

① 稀释分散剂或降黏剂

当钻井液中的黏土和钻屑达到一定浓度时，就会形成空间网状结构，水中的盐类，尤其是高价阳离子会加剧这种结构，使钻井液流变性变差。稀释分散剂能拆散这种结构，释放出自由水，从而使泥浆黏度降低。常用的有木质素磺酸盐以及它同铁、铬离子形成的络合物，腐植酸的钠盐、钾盐及其磺甲基化合物或硝化物，还有新开发的二羟基萘磺酸钠、丙烯酸和丙烯酰胺共聚物、有机磷酸盐、1‐亚硝基‐2‐羟基‐3,6‐萘二磺酸、带有多个羟基的多元苯甲酸、多羟基取代的多元环烷酸、聚氧乙烯聚磷酸铵、烷基酚聚氧乙烯醚、脂肪醇聚氧乙烯醚等。

② 降滤失剂

为了减少钻井液向地层中滤失水量，保证井身安全，需要采取保护胶体的措施。所以使用的化学剂称为降滤失剂或降失水剂，它不仅用于钻井液，而且用于水泥浆和酸化液。目前，常用的降滤失剂有羧甲基纤维素钠、改性淀粉、水解聚丙烯腈盐、磺甲基酚醛树脂、磺化木质素与磺甲基酚醛的共聚物、磺化褐煤磺甲基酚醛树脂共聚物、乙烯基单体多元共聚物（PAC）、共聚型聚丙烯酸钙、丙烯酸盐的多元共聚物等。此外，由石蜡与表面活性剂如Span、Tween、平平加、聚乙二醇脂肪酸酯、聚氧乙烯脂肪酰胺、聚氧乙烯季铵化合物或它们的混合物配制的分散性石蜡，也可作为降滤失剂用于钻井液、完井液、修井液以及各种用于增产的流体中。

③ 润滑剂

钻井液中添加润滑剂的主要作用是降低钻杆扭矩，减少对钻头、钻具和其他工具的磨损，防止黏附性卡钻和提高钻速。表面活性剂类润滑剂是在摩擦界面上形成一层吸附膜，从而改变界面之间的能量。常用的表面活性剂类润滑剂有：二异辛基磺基琥珀酸钠（渗透剂OT）、烷基芳基磺酸铵、煤油烃基磺酸二异丙胺盐、十二烷基苯磺酸二异丙胺盐、十二烷基苯磺酸三乙胺盐或丁胺盐、聚氧乙烯失水山梨醇脂肪酸酯（Span）、烷基酚聚氧乙烯醚（如 OP - 10、NP - 10）、月桂酸聚氧乙烯（15）酯、2，4，7，9 -四甲基 - 5 -癸炔- 4，7 -二醇聚氧乙烯醚、三乙醇胺环氧乙烷加成物、松香酸钠、磺化沥青、磺化妥尔油、烷基萘磺酸钠（拉开粉 BX）、磺化棉籽油或它们的混合物等。此外，还有复合润滑剂，如硫化猪油与卤化石蜡、矿物油的混合物；石油磺酸、松香酸钠、氯化石蜡、烷基多硫化物、三异丙醇胺；石蜡基原油与油酸聚氧乙烯酯、十八烷基酚聚氧乙烯醚的混合物等。

④ 乳化剂

为了提高钻井液的润滑性、耐温性和防塌性，有时需要使用乳化钻井液，包括水包油型乳化钻井液（混油钻井液）和油包水型乳化钻井液（油基钻井液），乳化钻井液对于钻斜井、超深井和在不稳定的地层钻井极为重要。水包油型乳化钻井液是在水基钻井液（钻井泥浆）中混入一定量的原油或柴油，用水包油型乳化剂进行乳化而制得。常用的水包油型乳化剂有：聚氧乙烯（16）失水山梨醇单妥尔油酸酯、聚氧乙烯（10）失水山梨醇单月桂酸酯、聚氧乙烯（20）失水山梨醇二油酸酯、聚氧乙烯（18）失水山梨醇单硬脂酸酯、聚氧乙烯（3，8）甘油单月桂酸酯、聚氧乙烯（16）季戊四醇单妥尔油酸酯、聚氧乙烯（10）蔗糖单油酸酯、烷基酚聚氧乙烯醚（如 OP - 4、OP - 7、OP - 10、OP - 15）、脂肪醇聚氧乙烯醚（如平平加、乳百灵）、聚氧乙烯脂肪胺、聚乙二醇脂肪酸酯、油酸钠、松香酸钠、$C_{14} \sim C_{18}$烷基硫酸钠、十二烷基苯磺酸钠、二烷基磺基琥珀酸盐或它们的复配物。将多种表面活性剂加以复配使用，其乳化效果更佳。油包水型乳化钻井液是用原油或柴油和矿化度很高的水按比例混合，配以乳化剂、乳化稳定剂、悬浮剂（如有机黏土）和降失水剂等制成。常用的乳化剂、乳化稳定剂有石油磺酸钠、妥尔油脂肪酸钙皂或镁皂、松香酸钙、环烷酸钙、油溶性壬基酚聚氧乙烯醚和水溶性椰子胺的复配物、油酸和椰子酰二乙醇胺的混合物、烷基苯磺酸盐、Span80、聚醚等。

⑤ 发泡剂和消泡剂

在配制充气钻井液或泡沫泥浆时需加入发泡剂。充气钻井液用于钻低压油层可提高产量,对钻水敏性地层可以防止地层的膨胀,对易漏地层可以防止钻井液漏失,并可阻止中水流层。常用的发泡剂有烷基苯磺酸钠、$C_{10} \sim C_{20}$烷基磺酸盐、脂肪醇聚氧乙烯醚硫酸钠、N-酰基-N-甲基牛磺酸盐、α-烯烃磺酸盐、伯醇和烯烃磺酸盐的混合物、月桂酰二乙醇胺、辛基酚聚氧乙烯醚(OP)、脂肪醇聚氧乙烯醚(平平加)等。

消泡剂用于消除钻井液中的泡沫,以保证液柱具有一定的压力,防止井喷和井塌事故。常用的消泡剂有甘油聚氧丙烯聚氧乙烯醚、丙二醇聚氧丙烯聚氧乙烯醚、四亚乙基五胺聚氧丙烯聚氧乙烯醚、有机硅表面活性剂、硬脂酸铝、硬脂酸铅、石油磺酸钙、烷醇酰胺等。

⑥ 杀菌剂和缓蚀剂

杀菌剂用以防止泥浆体系中有机物发酵和抑制细菌对钻头的腐蚀,多用阳离子表面活性剂、多元酚类和多聚甲醛。我国石油工业常用的杀菌剂有杀菌剂227、十二烷基二甲基苄基氯化铵、WC-85杀菌剂(杀菌剂1227与戊二醛的复配物)、T-801杀菌灭藻剂(聚季铵盐)、杀菌剂NY-875(酚胺化合物与甲醛的复配物)、HQ-115杀菌剂等。

缓蚀剂用于减缓钻井液对钻具的腐蚀损坏。常用的缓蚀剂主要是有机胺类和有机磷酸酯类,如月桂胺、硬脂胺、椰子二胺、二乙醇胺、三乙醇胺、二聚油酸三乙醇胺盐、油酰二乙醇胺、亚烷基琥珀酸酰胺、含氧和硫的焦磷酸酯。

⑦ 页岩、泥岩抑制剂

钻井液中添加页岩、泥岩抑制剂,可抑制页岩和泥岩的水化与膨胀,从而提高井壁的稳定性。常用的页岩、泥岩抑制剂有:聚丙烯酰胺(相对分子质量3×10^6,水解度30%)、聚丙烯酸钾、腐植酸钾、水解丙烯腈的钾盐或铵盐、双烷基二甲基氯化铵、烷基三甲基氯化铵、磺化沥青等。

⑧ 堵漏剂

用于封堵漏失地层的化学剂称为堵漏剂,常用的有沥青分散液和石蜡分散液。制备这类堵漏剂常用壬基酚聚氧乙烯(30)醚(NP-30)和阳离子淀粉等作为分散剂。

2. 解卡液

解卡液是发生黏附性卡钻后使用的浸泡解除液,其作用是使被卡的钻具或套管脱离卡点,恢复正常运转。解卡液分为水基解卡液和油基解卡液两类。水基解卡液是用水、润湿渗透剂(如渗透剂OT)、润滑剂、絮凝剂、加重剂等配制而成。润滑剂除前面提及的品种外,还可以使用水解聚丙烯酰胺类高分子化合物。絮凝剂的作用是使泥饼收缩,以使解卡液更容易进入缝隙。一般的无机絮凝剂和有机絮凝剂(如大相对分子质量的聚丙烯酰胺)均可使用。加重剂一般采用盐类,相对密度为1.20以下常用食盐或氯化钾,需要更高相对密度时则采用氯化钙、溴化锌。为防止井壁坍塌,还可加入一些井壁稳定剂,如聚丙烯酸钾等。油基解卡液一般用柴油、润滑剂、乳化剂、悬浮剂、絮凝剂和加重剂配制。

3. 固井液

在固井作业中,将钢管插入钻孔后,首先要把隔离液注入井内,以替置出来井内的泥浆;然后注入固井液(水泥浆),以使套管与井壁胶固。隔离液一般是水基流体,与泥浆接触或混合时应不会固化或稠化,其密度在泥浆和水泥浆密度之间。配制隔离液可用盐类来调节密度,同时也必须添加表面活性剂,以提高隔离液的稳定性。

配制固井液水泥浆需要使用许多种水泥外加剂,如促凝剂、缓凝剂、分散剂、降滤失剂、消泡剂、减阻剂、减轻剂、加重剂、防漏剂，增强剂、防气窜剂等，其中一大部分属于表面活性剂。用于调节水泥浆流动性和引发紊流的流动调节剂有木质素磺酸盐及其衍生物、烷基芳基磺酸盐、β-萘磺酸甲醛缩合物、聚马来酸酐和聚氨基磺酸化合物等。常用的缓凝剂有 $C_6 \sim C_9$ 烷基苯磺酸盐、$C_8 \sim C_{13}$ 烷基萘磺酸盐（铵盐、钠盐或钙盐）、木质素磺酸盐与柠檬酸盐或酒石酸盐的混合物、单宁酸钠、磺化栲胶、单宁和腐植酸等。降滤失剂有含 2-丙烯酰胺基二甲基丙烷磺酸的共聚物、甲基丙烯酰胺基丙基三甲基氯化铵、聚乙烯吡咯烷酮与丙烯酰胺三嵌段共聚物、萘磺酸与甲醛的缩合物等。磺化丙酮-甲醛缩聚物作为油井水泥分散剂，对油井水泥浆有良好的分散降阻作用。

　　泡沫水泥浆（密度为 $0.42 \sim 1.68 \text{ kg} \cdot \text{dm}^{-3}$）可用于堵漏或特殊地层固井。配制这类固井水泥浆时，用烷基苯磺酸钠、$C_{12} \sim C_{14}$ 脂肪醇聚氧乙烯醚硫酸盐、α-烯基磺酸盐、烷基酚聚氧乙烯醚硫酸盐、辛基酚聚氧乙烯（7）醚（OP-7）、壬基酚聚氧乙烯（4.5 ~ 10.5）醚、烷基酰胺基磺化甜菜碱、烷基二甲基甜菜碱等作为起泡剂，可使气泡分散均匀、细小、泡沫稳定，从而能使水泥浆凝固后的强度提高，渗透率降低。

　　4. 泡沫排液

　　在利用气体介质或者雾化钻井时，如果出现了地层涌水，可以向井内加入起泡剂，继续进行钻井，井内的水就会形成泡沫排出地面。所使用的起泡剂应满足以下要求：在氯化钙和硫酸盐水溶液中具有良好的溶解性和起泡能力；在 50 mL 含 50% 起泡剂的水中，成泡体积不得少于 250 mL；能降低空气的腐蚀活性；能抑制黏土的膨胀；对油气产层有好的影响；无毒或毒性低。OP 型非离子表面活性剂大体上能满足上述要求，因此是理想的起泡剂。此外，也可用磺酸盐型阴离子表面活性剂或阳离子表面活性剂作为起泡剂。由几种起泡性能优良的表面活性剂与稳泡剂（主要是水溶性聚合物）配制的复合型起泡剂，其效果更佳。例如烷基苯磺酸盐、脂肪醇聚氧乙烯醚硫酸盐、烷基硫酸钠等可与稳泡剂羧甲基纤维素钠、环烷酸皂等配合使用。

6.4.2　表面活性剂在采油中的应用

　　1. 驱油剂

　　目前，在世界各国的油田开发过程中，通过一次采油和二次采油仅能采出 25% ~ 50% 的地下原油，还有许多原油留在地下采不出来。在三次采油中，用各种驱油剂可提高原油采收率，一般可使原油采收率提高到 80% ~ 85%。驱油剂是指为了提高原油采收率而从油田的注入井注入油层将油驱至油井的物质。三次采油中常用的驱油方法有表面活性剂驱、聚合物驱、碱驱、复合驱（表面活性剂/聚合物驱、碱/表面活性剂驱、碱/聚合物驱、碱/表面活性剂/聚合物驱）、泡沫驱、蒸汽驱等。三次采油用化学品有碱剂、稠化剂、表面活性剂、助表面活性剂、高温起泡剂、增溶剂、牺牲剂、混溶剂、流度控制剂、薄膜扩展剂等。

　　① 表面活性剂驱

　　直接采用表面活性剂体系作为驱动液的驱油方法叫表面活性剂驱。在驱油中，表面活性剂可配成浓度小于 2% 的低浓度体系如活性水、胶束溶液使用，也可配成浓度大于 2% 的高浓度体系如 W/O 型或 O/W 乳状液使用。根据所采用的表面活性剂体系，表面活性剂驱可分为活性水驱、胶束溶液驱、微乳状液驱等。

a) 活性水驱

活性水驱是以表面活性剂浓度小于 cmc 的表面活性剂体系作为驱动介质的驱油方法。配制活性水驱一般使用 HLB 值为 8～13 的亲水性表面活性剂,优先采用非离子表面活性剂以及磺酸盐型和硫酸盐型阴离子表面活性剂。非离子表面活性剂在岩石上的吸附量少,而且对地层水中的高价阳离子和 Ca^{2+}、Mg^{2+} 等不敏感,所以其驱油效果很好。非离子表面活性剂有良好的乳化作用,阴离子表面活性剂有优良的润湿和分散作用,因此常把它们复配使用,以取得更好的驱油效果。常用的表面活性剂有烷基苯磺酸盐、石油磺酸盐、烷基磺酸盐、α-烯烃磺酸盐、烷基酚聚氧乙烯醚硫酸盐、脂肪醇聚氧乙烯醚硫酸盐、烷基酚聚氯乙烯醚、脂肪醇聚氧乙烯醚、各种羧酸盐等。

b) 胶束溶液驱

胶束溶液驱是用表面活性剂浓度大于 cmc 的表面活性剂溶液体系作为驱动介质的驱油方法。在一定条件下,表面活性剂体系的胶束溶液与原油之间可产生 10^{-3} mN·m^{-1} 数量级的超低界面张力,因而可用胶束溶液作驱油介质来提高原油的采收率。并非所有的胶束溶液体系都能与原油产生超低界面张力,因此配制胶束溶液驱一般要遵循如下规律:表面活性剂水溶液中必须加入一定浓度的盐才能产生超低界面张力,通常采用 NaCl,它价格便宜,效果也好;表面活性剂水溶液中要含有一定浓度的醇,它通过减小水的极性或增加油的极性来改变表面活性剂的亲水亲油平衡值(HLB 值),从而达到超低界面张力;表面活性剂的复配物比单一表面活性剂更易产生超低界面张力,因为表面活性剂复配后能产生协同效应;对一定的表面活性剂体系,只有一种合适的油与之产生最低界面张力。

另外,产生超低界面张力的浓度范围是很窄的。即使在地面配成了具有超低界面张力性质的溶液,注入地层后,由于地层水的侵入和表面活性剂的滞留等因素的影响,很容易超出低界面张力区,所以胶束溶液驱需要很大的段塞。为了解决这个问题,一种办法是用多盐体系代替单盐体系,或用复配表面活性剂代替单一表面活性剂,这样可以加宽超低界面张力的范围。另一种办法就是用预冲洗液冲洗地层,消除二价金属离子,以减少表面活性剂的损失。

配制采油用油包水型胶束溶液所需的表面活性剂常为甘油单月桂酸酯硫酸钠、二己基丁二酸钠、十六烷基萘磺酸盐、三乙醇胺肉豆蔻酯、N-甲基牛磺酸胺、季戊四醇单乙酸酯、聚乙二醇单月桂酸酯或肉豆蔻酸酯等;配制水包油型胶束溶液可使用脂肪酸聚氧乙烯(3-5)酯、烷基酚和脂肪醇聚氧乙烯(3-5)醚或聚氧乙烯(3-5)脂肪胺等。

c) 微乳状液驱

微乳状液驱是以表面活性剂浓度大于 2% 的微乳状液体系作为驱动介质的驱油方法。微乳状液驱包括水含量大于 10% 的油包水型和水包油型微乳状液驱以及水含量小于 10% 的油包水型乳状液驱(也称溶油驱或反胶束溶液驱)。微乳状液驱是一种最有效的三次采油方法,可使原油采收率提高到 80%～90%,但成本较高。微乳状液驱是由水或盐水、油、主表面活性剂、辅助表面活性剂等在适当比例下自发形成的透明或半透明、低粒度和各向同性的稳定体系。油可以采用石油馏分,也可以采用轻质原油。所用的主表面活性剂主要有石油磺酸盐、α-烯基磺酸盐、烷基苯磺酸盐、烷基磺酸盐、聚氯乙烯(20)失水山梨醇单月桂酸酯、失水山梨醇单月桂酸酯、甘油单油酸酯、脂肪醇聚氧乙烯醚硫酸盐、聚醚、合成脂肪酸钠、松香酸钠、烷基酚聚氧乙烯醚或它们的混合物。辅助表面活性剂一般用 C_3～C_5 醇,它的作用是使微乳状液稳定并扩大其稳定范围。盐水常为氯化钠水溶液。

②　泡沫驱

利用泡沫作为驱油体系来提高原油采收率的方法称为泡沫驱。泡沫驱在三次采油中有良好的驱油效果，尤其是对非均质油层的驱油效果更为明显。泡沫驱是由气体、水、起泡剂、稳泡剂、电解质等组成。配制泡沫驱所用的气体可以是空气、蒸汽、二氧化碳、天然气或氮气等。起泡剂可采用阴离子型和非离子型表面活性剂及复配型表面活性剂。常用的阴离子表面活性剂有烷基磺酸钠、C_{12}～C_{16}烷基苯磺酸钠、甲苯磺酸盐、二甲苯磺酸盐、烷基萘磺酸钠、松香酸钠、低分子石油磺酸盐、α-烯基磺酸盐、烷基硫酸盐、脂肪醇聚氧乙烯醚硫酸盐、烷基酚聚氧乙烯醚硫酸盐等；常用的非离子表面活性剂有脂肪醇聚氧乙烯醚（如 AE-7、AE-9、AE-15）、辛基酚聚氧乙烯醚（如 OP-7、OP-9、OP-10、OP-12、OP-18）、氢化松香醇聚氧乙烯（15）醚、棕榈酸聚氧乙烯（5）酯等。在含钙、镁离子高的地层中，常采用阴离子型和非离子型表面活性剂的复配物作起泡剂。稳泡剂常选用羧甲基纤维素、部分水解聚丙烯酰胺、聚乙烯醇、三乙醇胺、月桂醇、生物聚合物 XC、十二烷基二甲基氧化胺等。组成泡沫驱的各个组分的比例大概是：起泡剂在水溶液中的浓度为 0.01%～10%，起泡剂水溶液与气体的体积比为 1∶0.5～30。

在地层中形成泡沫段塞的方法有两种：一种是地面发泡，即将气体通过浸在起泡剂溶液中的发泡器进行发泡，然后将泡沫注入地层中；另一种是地下发泡，即将水、气和起泡剂注入地下，利用多孔隙的分散和机械作用，在油藏中生成泡沫。为了提高泡沫的驱油效果，通常在泡沫段塞和驱替水之间加一缓冲带，一般是高黏度的水溶液。泡沫在多孔介质中的稳定性与渗透率有关，渗透率越大，泡沫的寿命越短。地层原油对泡沫有消泡作用，使泡沫过早破裂。因此，在配制泡沫驱时，要选用合适的起泡剂和稳泡剂，使泡沫能够在地层中再生，保持足够的稳定时间，以利于充分发挥泡沫驱作用。

③　复合驱

复合驱是指两种或两种以上化学驱主剂组合起来的驱动。它们可按不同的方式组成各种复合驱，例如碱/聚合物驱（也叫稠化碱驱）、表面活性剂/聚合物驱（也称稠化表面活性剂驱）、碱/表面活性剂驱（亦叫强化表面活性剂驱）、碱/表面活性剂/聚合物驱（亦称三元复合驱）。复合驱通常比单一的驱动有更高的采收效果，其中三元复合驱的驱油效果最好。三元复合驱之所以有优良的驱油效果，主要是由于复合驱中的聚合物、表面活性剂和碱有协同效应：表面活性剂与碱配合，有高界面活性，能使油水界面张力明显降低；聚合物对驱油介质的稠化，可减少表面活性剂和碱的损耗；碱可与 Ca^{2+}、Mg^{2+} 反应或与黏土进行离子交换，从而保护了聚合物和表面活性剂。此外，碱还可以通过增加砂岩表面的负电性而减少聚合物和表面活性剂在砂岩表面的吸附损失等。

由于双子表面活性剂具有特殊的结构，在很低的浓度下就有很高的表面活性，在加入量很少的情况下就能使油水界面张力降至超低（1×10^{-3} mN·m^{-1}），且有很好的增溶及复配能力，在化学驱采油中有巨大的应用前景。例如冯玉军等研究了既能大幅度降低油水界面张力又能增黏的双子表面活性剂体系，使双子表面活性剂能同时发挥三元复合驱体系中表面活性剂和聚合物的功能，并克服高分子表面活性剂的界面张力和高增黏能力不能两全的缺陷，避免使用强碱，由此可将三元复合驱简化为二元驱甚至一元驱。

④ 微生物采油

微生物采油是与生物表面活性剂有关的一种强化采油方法。它是利用微生物本身及其代谢产物和微生物制剂（如生物聚合物、生物表面活性剂）来提高原油采收率。世界各国应用微生物提高原油采收率的试验证明，利用微生物采油可以较大幅度地提高原油的采收率。

微生物采油所使用的菌群主要有：厌气降解碳水化合物或烃类产酸产气的微生物、表面活性剂产生菌、生物聚合物产生菌、降低原油黏度的微生物等。微生物采油能够提高原油采收率的原因大体有以下四个方面：a. 微生物于一定的条件下培养后，在代谢过程中可分泌出具有表面活性的代谢产物，如单糖酮类、多糖酯类、脂蛋白类或类脂衍生物等。例如，将红色球菌在正构烷烃中培养，控制不同的条件就可产生海藻糖单霉菌酸酯、海藻糖双霉菌酸酯、海藻糖四霉菌酸酯等生物表面活性剂，这些生物表面活性剂和一般表面活性剂一样，有较好的驱油作用；b. 生物活动所产生的酸性物质能溶于油层岩石，从而改善油层的渗透性；c. 细菌能分解原油中的高相对分子质量组分，使原油的天然气含量增加，从而提高原油的流动性；d. 在油层多孔介质中，生长发育的菌体及细菌代谢产生的生物聚合物可以填塞注水油层的高渗透通道，控制流度，提高波及系数。

2. 防蜡剂与清蜡剂

原油中含有一定数量的蜡，蜡在地层中以溶解状态存在。然而在开采过程中，含蜡原油沿着油管上升，随着温度和压力的下降以及原油中轻质组分的不断逸出，原油中的蜡开始结晶析出并不断沉积，从而导致油井产量不断下降，甚至可能造成停产。因此，油井的防蜡和清蜡是保证油井正常生产极为重要的措施。

① 防蜡剂

防蜡剂是指能抑制原油中蜡晶析出、长大、聚集或在固体表面上沉积的化学制剂。防蜡剂通过减少晶体间的黏结力而达到防止蜡沉积的作用。

表面活性剂是通过定向吸附在蜡晶表面或结蜡表面上，从而改变表面性质而起防蜡作用。表面活性剂型防蜡剂有两类，即油溶性表面活性剂和水溶性表面活性剂。油溶性表面活性剂是通过吸附在蜡晶表面使之变成极性表面，不利于蜡分子进一步沉积而达到防蜡目的。防蜡用油溶性表面活性剂有石油磺酸盐（钙、钠、钾、铵盐）、聚氧乙烯 C_{16}～C_{22} 烷基胺、C_{12}～C_{18} 烷基磺酸钙、C_{10}～C_{14} 烷基芳基磺酸钙等。合成脂肪酸乙二胺盐溶于煤油中配制成的防蜡剂具有较明显的防止蜡沉积作用；油醇、油胺、烷基酚醛树脂聚氧丙烯聚氧乙烯醚，再加入苯甲酸萘酯，也可配制成油溶性防蜡剂，同时还具有清蜡作用。实际上，油溶性表面活性剂型清蜡剂连续加入时，可以使油井中即时沉积的蜡晶即时清除，从而也可达到防蜡目的。水溶性表面活性剂是通过吸附在固体表面（如油管表面、抽油杆表面和设备表面），使固体变成极性表面并有一层水膜，从而不利于蜡在其上沉积，达到防蜡目的。防蜡用水溶性表面活性剂主要有：季铵盐型阳离子表面活性剂，如十二烷基三甲基氯化铵、十二烷基三甲基溴化铵、十八烷基三甲基氯化铵、十八烷基三甲基溴化铵、烷基二甲基苄基氯化铵；磺酸盐型或硫酸盐型阴离子表面活性剂，如烷基磺酸钠、烷基苯磺酸钠、脂肪醇聚氧乙烯醚硫酸盐、烷基酚聚氧乙烯醚硫酸盐；咪唑啉型两性表面活性剂，如 2-烷基-N-氨乙基咪唑啉盐酸盐、α-烷基-N-聚氨乙基咪唑啉盐酸盐；聚氧乙烯型非离子表面活性剂，如烷基酚聚氧乙烯醚、脂肪醇聚氧乙烯醚、聚氧乙烯失水山梨醇脂肪酸酯；聚醚型非离子表面活性剂，如丙二醇聚氧丙烯聚氧乙烯醚、多亚乙基多胺聚氧丙烯聚氧乙烯醚。

② 清蜡剂

油基清蜡剂是由蜡溶量很大的有机溶剂添加互溶剂、表面活性剂配制而成。通常使用的溶剂是苯、甲苯、汽油、煤油、柴油等。由于油田蜡含有极性物质，所以需加入一些有极性结构的互溶剂，以提高清蜡剂对这些物质的溶解作用。常用的互溶剂有异丙醇、丁醚、乙二醇丁醚等。清蜡剂中加入表面活性剂，可以提高清蜡效果。例如，在富含芳香烃的重汽油中加入阳离子表面活性剂（如十六烷基氯化吡啶）、非离子表面活性剂〔如烷基酚聚氯乙烯（4）醚〕或阴离子表面活性剂（如十二烷基硫酸钠），它们就可在油基清蜡剂溶解了油田蜡中的油质以后，对未溶的固体蜡起分散作用，使它们成块地分散在油基清蜡剂中而更快地被溶解。

水基清蜡剂是以水作分散介质，添加表面活性剂、互溶剂和碱性物质配制而成。表面活性剂的作用是润湿，使结蜡表面反转为亲水表面，有利于蜡从表面脱落。常用的表面活性剂有水溶性磺酸盐型、季铵盐型、醇醚型、酚醚型、聚醚型、醇醚硫酸盐型、酚醚硫酸盐型表面活性剂。互溶剂的作用是增加油或蜡与水的互溶解度，可用甲醇、乙醇、异丙醇、二甘醇单丁醚等作为互溶剂。碱的作用是与蜡沉积物中的胶质和沥青质等极性物质进行反应生成易于在水中分散的物质，可用的碱包括氢氧化钠、氨水、氢氧化钾、偏硅酸钠、原硅酸钠、磷酸钠、焦磷酸钠、六偏磷酸钠等。

3. 降黏剂

油田的原油黏度很高时，开采和集输都很困难，有的井因油稠甚至不能生产而造成死井。若采用表面活性剂使稠油降黏，不仅能维持正常开采，还可提高产量。稠油管道输送采用加入表面活性剂降黏法，可以取消加热设备，还能在输送中防止结蜡，减少机械磨损，提高泵送效率，降低耗电量。

稠油乳化降黏开采是用一定量的碱化合物和表面活性剂以及矿化水（或清水）从套管加入到井底稠油中或挤入油层近井地带，借助井底的温度，稠油从地层渗流到井筒。由于井底温度和压力的变化致使溶解在稠油中的轻质组分逸出，同时油井中的水、表面活性剂和原油等组成的混合物向井口流动，产生适当的搅拌，从而使稠油以油滴状态分散在水中。在油水界面，由于表面活性剂（乳化剂）的作用，大大降低了油水界面张力，使水相中的表面活性剂分子富集在油水界面并被吸附在油滴周围，使稠油液滴处在由表面活性剂构成的薄膜的包围之中，形成了以稠油为分散相、水为连续相的 O/W 型乳状液体系，从而阻止了油滴的聚结。由于连续相水的黏度很低，在流动过程中稠油间的相互内摩擦也变为水与水之间的内摩擦，稠油与管壁间的摩擦变为水与管壁间的摩擦，这样就大大降低了井筒内流体流动的阻力，流体的黏度大幅度下降，动力消耗减少，从而提高了稠油井的产量。稠油乳化开采常用的乳化剂有：非离子表面活性剂，如烷基酚聚氧乙烯醚、脂肪醇聚氧乙烯醚、聚氧乙烯失水山梨醇脂肪酸酯、多亚乙基多胺聚氧丙烯聚氧乙烯醚、丙二醇聚氧丙烯聚氧乙烯醚等；非离子表面活性剂与适当的聚合物如黄原胶、聚丙烯酰胺、纤维素衍生物或多糖聚合物等的复配物；非离子表面活性剂与生物表面活性剂如鼠李糖酯类的复配物；非离子表面活性剂与阴离子表面活性剂如烷基磺酸盐、烷基苯磺酸盐、烷基硫酸盐或脂肪醇聚氧乙烯醚硫酸盐等的复配物；非离子表面活性剂与季铵盐型阳离子表面活性剂如十二烷基三甲基氯化铵、十二烷基二甲基苄基氯化铵等的复配物等。

6.4.3　表面活性剂在油气集输中的应用

油气集输是将油井生产的原油和伴生气收集起来,经过初步处理后输送出去的过程。其中用到的化学药品有破乳剂、乳化剂、抑泡剂、防蜡剂、清蜡剂、降黏剂、降凝剂、减阻剂、流动改进剂、清净剂、缓蚀剂等。它们大都是不同类型的表面活性剂、油溶性高分子聚合物或它们与特种溶剂的复合物。

1. 原油破乳剂

一次采油和二次采油采出的原油多是油包水型原油乳状液,三次采油(尤其是碱驱、表面活性剂驱)采出的原油多是水包油型原油乳状液。由于原油含水会增加泵、输油管线和储油罐的负荷,引起金属表面腐蚀和结垢,而且黏度也会显著增高,导致集输能耗增大,因此原油外输前都要进行破乳脱水。破乳的方法有电法、热法和化学方法,这几种方法常常联合起来使用。下面介绍化学法破乳中使用的破乳剂。

油包水型乳化原油破乳剂发展很早,从 20 世纪 20 年代开始使用至今已发展了三代破乳剂。第一代破乳剂主要是低分子阴离子表面活性剂,其中包括羧酸盐型、硫酸酯盐型和磺酸盐型三大类,其优点是价格便宜,其缺点是用量大(约 1 000 mg・L^{-1})、效果差、易受电解质影响。第二代破乳剂主要是低分子非离子表面活性剂,如烷基酚聚氧乙烯醚、脂肪醇聚氧乙烯醚等。这代破乳剂虽能耐酸、耐碱、耐盐,但破乳剂用量还很大(300～500 mg・L^{-1}),破乳效果也不够理想。第三代破乳剂主要是高分子、非离子表面活性剂,如脂肪醇聚氧丙烯聚氧乙烯醚、烷基酚聚氧丙烯聚氧乙烯醚、丙二醇聚氧丙烯聚氧乙烯醚及其松香酸酯和二元羧酸扩链产物、脂肪醇聚氧丙烯聚氧乙烯聚氧丙烯嵌段型聚醚、烷基酚聚氧丙烯聚氧乙烯聚氧丙烯嵌段型聚醚、丙二醇聚氧丙烯聚氧乙烯聚氧丙烯醚的二异氰酸酯扩链产物、丙三醇聚氧丙烯聚氧乙烯醚、丙三醇聚氧丙烯聚氧乙烯聚氧丙烯嵌段型聚醚、丙烯酸丁酯和甲基丙烯酸甲酯与聚氧丙烯聚氧乙烯丙烯酸酯的共聚物、聚氧乙烯烷基苯酚甲醛树脂硫酸酯盐、聚氧乙烯烷基苯酚甲醛树脂松香酸酯、聚氧乙烯烷基苯酚甲醛树脂的二异氰酸酯扩链产物、聚氧乙烯聚氧丙烯烷基苯酚甲醛树脂、聚氧丙烯聚氧乙烯聚氧丙烯烷基苯酚甲醛树脂、聚氧丙烯聚氧乙烯聚氧丙烯烷基苯酚甲醛树脂羧酸酯、聚氧乙烯聚氧丙烯乙二胺、聚氧乙烯聚氧丙烯多亚乙基多胺、聚氧乙烯聚氧丙烯聚氧乙烯二亚乙基三胺的二元羧酸扩链产物、聚氧乙烯聚氧丙烯酚胺树脂、聚氧乙烯聚氧丙烯甲基硅油、多段烷氧基化的甲基硅油、聚氧乙烯聚氧丙烯烷基磷酸酯、聚氧丙烯硼酸酯等。此外,第三代破乳剂还包括丙二醇聚氧丙烯聚氧乙烯醚与二(聚氧乙烯基)双烷基氯化铵的二元羧酸扩链产物、含烷氧基化季铵基的硅氧烷等。这代破乳剂的优点是用量少(5～50 mg・L^{-1}),效果好,缺点是专一性强。

水包油型乳化原油破乳剂主要有四类:电解质(如盐酸、氯化钠、氯化镁、氯化钙、硝酸铝等)、低分子醇(如甲醇、乙醇、丙醇、己醇、庚醇等)、聚合物和表面活性剂。用作水包油型乳化原油破乳剂的表面活性剂包括阳离子表面活性剂,如十二烷基二甲基苄基氯化铵、十四烷基三甲基氯化铵、双十烷基二甲基氯化铵等。季铵盐型阳离子表面活性剂是通过与原油中的阴离子乳化剂反应,中和掉了原来稳定于油水界面上的乳化剂,从而改变其亲水亲油平衡值或者改变水湿性黏土颗粒的润湿性,达到破乳的目的。有分支结构的阴离子表面活性剂在油水界面上取代原来的乳化剂后,形成不牢固吸附膜,从而引起破乳。油溶性表面活性剂是通过抵消作用使水包油型乳化原油破乳。

2. 降凝降黏剂

蜡含量高的原油的凝固点高,管道输送困难。有些原油的胶质和沥青质等含量很高,黏度很大,流动性差,这也会给管道输送带来很多困难。乳化降黏法是向原油中加乳化剂水溶液,使稠油分散在水中形成水包油型乳状液或拟乳状液。降凝法是向原油中加降凝剂,降低原油的凝固点的黏度。在乳化降黏法和降凝法中广泛使用表面活性剂作为乳化降黏剂和降凝剂。这两种方法简单、经济,可降低加热温度,降低能耗,是实现常温输送的重要手段。

乳化降黏的主要问题是形成稳定的水包油型乳状液,在整个输送过程中不会破乳分层,最后到集油站或炼油厂后又能容易破乳脱水。所以选择合适的表面活性剂是非常关键的。试验证明,HLB 值为 7～18 的阴离子和非离子表面活性剂适合用作乳化降黏剂,如油酸钠、十二烷基硫酸钠、十六烷基硫酸钾、十四烷基硫酸钠、癸基硫酸钠、十三烷醇聚氧乙烯醚硫酸钠、壬基酚聚氧乙烯醚硫酸钠或磺酸盐、脂肪醇聚氧乙烯聚氧丙烯聚氧乙烯醚磺酸盐、烷基苯磺酸盐、脂肪醇聚氧乙烯醚、脂肪酸聚氧乙烯酯等。在乳化降黏法中,表面活性剂的用量一般为 $100～2\,000$ mg·L^{-1},掺水量为 26%～50%,稠油乳化后黏度可降到 100 mPa·s。

在含蜡原油中加入降凝剂,通过改变蜡晶的形态和结构可降低其凝固点,改善原油的低温流动性。常用的降凝剂有乙烯-乙酸乙烯酯共聚物、乙烯-羧酸乙烯酯共聚物、乙烯-丙烯酸酯共聚物、乙烯-乙酸乙烯酯-马来酸酐共聚物、聚丙烯酸酯、聚甲基丙烯酸烷基酯、低相对分子质量的烯烃-马来酸酐共聚物与醇的酯化产物、乙烯-顺丁烯二酸 C_{18} 烷基酯共聚物、烷基琥珀酸酰胺、乙烯-乙酸乙烯酯-高碳酸乙烯酯共聚物、C_{18} 烷基乙烯基醚均聚物等。

3. 减阻剂

在稠油输送中加入润湿剂水溶液,能在管道内壁形成一层亲水表面,从而使管壁对稠油的流动阻力降低,有利于稠油的输送。这种含润湿剂的水溶液称为润湿减阻剂。适合用作润湿减阻剂的表面活性剂有脂肪酸聚氧乙烯(40-100)酯、聚氧乙烯(4-100)烷醇酰胺、聚氧乙烯失水山梨醇脂肪酸酯等。使用时将表面活性剂配制成 0.05%～1% 的水溶液,其用量为原油量的 2%。

6.5　金属加工工业中的应用

在金属加工工业中,表面活性剂广泛用于金属清洗、酸洗、磷化处理和金属车、铣、刨、钻、磨、抛光、拔、轧、铸造,以及电镀和防腐蚀等工艺中。在金属加工各工序中使用表面活性剂,不但能改进和简化工艺过程,减轻工人劳动强度,而且还能提高产品质量,增加产品附加值,节约原材料和降低产品成本。

6.5.1　表面活性剂在金属清洗中的应用

在机械工业生产中,无论是零件加工装配,还是在热处理、电镀,以及产品封存包装和启封时,都要对金属表面进行清洗。附着在金属表面的污垢有尘埃、泥土、积炭、铁锈、水垢、氧化层、切屑、老漆层、油腻、润滑油、切削液、含氧酸等固体污垢。这些污垢有水溶性的、油溶性的,若不清洗净,不但影响金属加工各工序顺利进行,而且还会引起和加速金属腐蚀,降低产品质量,缩短使用寿命。

　　清洗金属表面油污的清洗剂有水基清洗剂、溶剂基清洗剂和碱性清洗剂。溶剂基清洗剂分石油溶剂清洗剂和氯化烃溶剂清洗剂,它们有很强的去污能力,很容易洗净金属表面的污垢。但是,它们有易燃、易挥发,对人体的中枢神经有较强的刺激性,长期接触会引起神经衰弱、皮肤干裂等疾病,以及易使金属生锈等缺点。此外,用这类溶剂清洗金属还浪费大量能源,造成环境污染。碱性清洗剂的主要成分是氢氧化钠、碳酸钠、硅酸钠或磷酸钠等。它们的清洗力较低,通常用于清洗黑色金属表面轻度油污和无机盐等污垢。近年来国内外大力开发以表面活性剂为主要组分的水基清洗剂。这类清洗剂清洗性能好,去污力强,不仅能清除金属表面的油污,同时也能洗净手汗、无机盐类等污垢,此外它还不易燃,无毒,使用安全,具有良好的缓蚀防腐能力,有利于节约能源、减少环境污染,适用于机械化自动清洗。

　　1. 水基金属清洗剂

　　水基金属清洗剂的主要组分是表面活性剂和无机助剂。为避免金属在清洗过程中和清洗后的短期储存中发生锈蚀,需要加入缓蚀防锈剂;为增加水基金属清洗剂在水中的溶解性和促进金属表面污垢在水中的分解效果,在配方中还要加入一定量的助溶剂。

　　常用的表面活性剂有:月桂酰二乙醇胺(如 6501)、脂肪醇聚氧乙烯醚(如平平加)、烷基酚聚氧乙烯醚(如 TX-10)、月桂酰烷醇胺磷酸酯、N,N-油酰甲基牛磺酸钠、甲氧基脂肪酰胺基苯磺酸钠(洗净剂 LS)、十二烷基硫酸钠、油酸钠、油酸三乙醇胺、十二烷基苯磺酸钠和铵等。

　　无机助剂有:磷酸钠,它具有溶解油脂、软化水质和清洗能力,其水溶液有滑腻的手感,对附着于金属表面的污垢有一定的润湿、乳化、分散和去除作用;磷酸氢二钠,它有良好的去污清洗能力;六偏磷酸钠,它是优良的硬水软化剂,对污垢有良好的抗再沉积作用;硅酸钠,它有去除植物油和矿物油的作用,能将金属表面上的油污吸附住,并悬浮于洗液中;碳酸钠,它具有洗涤去污作用;三聚磷酸钠,它具有良好的软化硬水和去污作用;偏硼酸钠,它具有去污作用。

　　缓蚀防锈剂有:羧酸盐类,如油酸三乙醇胺、油酸二乙醇胺,它们与相应的脂肪酸相比极性较强,所以有良好的缓蚀防锈能力;磺酸盐类,主要是石油磺酸的钠盐、钙盐、镁盐、铝盐和胺盐等,相对分子质量在 400~500 范围内的缓蚀防锈效果好;有机胺类,一般多采用它的衍生物,如有机酸的胺盐、酰胺等,这些衍生物有较好的缓蚀防锈作用,油酰胺能防止金属表面因硫化氢等引起的化学腐蚀,可保持金属表面光泽,能防止盐溶液对金属的侵蚀,还能对由于温度、湿度条件变化造成的菌蚀现象有较好的抑制效果;杂环化合物,许多杂环化合物都具有缓蚀防锈作用,特别是含氮、硫的杂环化合物缓蚀防锈效果较佳,如苯并三氮唑对有色金属的防锈效果显著。

　　助溶剂如尿素,它具有良好的溶解性和助溶性能,在空气中能吸收水分而潮解,此性能对于水基金属清洗缓蚀剂在水中的溶解和去除金属表面的污垢有一定作用。

　　此外,在水基金属清洗剂中还要加入泡沫控制剂、抗污垢再沉积剂等成分。该类产品应满足以下要求:易溶于水,有适中的泡沫,便于清洗,能快速清除金属表面的污垢;在清洗过程中,污垢不再沉积;对金属无腐蚀和损伤,清洗后的金属表面清洁光亮;对金属有缓蚀防锈作用;对人体无害,对环境无污染;原料易得,价格便宜。

2. 酸洗除锈剂

清洗金属表面的氧化层或锈垢，通常多采用化学酸洗法。酸洗常用的酸有硫酸、盐酸、硝酸或氢氟酸。浸泡用酸液浓度一般为 $10\%\sim20\%$；在酸洗过程中，除了铁的氧化物与酸发生反应外，钢铁表面也能与酸发生反应而产生氢气。氢气的产生易导致钢板发生氢蚀致脆的质量问题。为了缓解氢脆的发生，一般在酸洗液中加入适量的硝酸、铬酸等氧化剂和表面活性剂。表面活性剂的加入，一方面起到防止氢脆的作用，同时也降低酸洗液与锈鳞界面的张力，促进酸液与氧化物的反应，提高酸洗效率。此外，表面活性剂还有一定的缓蚀作用，并能抑制酸雾的挥发，从而防止环境污染和厂房被腐蚀。

用作酸洗缓蚀剂的添加物，如十二烷基苯磺酸盐与苯硫脲或硫脲按 4：1 比例混合的混合物，按 $0.25\%\sim0.5\%$ 的比例加入盐酸浸浴中；烷基萘型烷基芳基碳酸盐，以 0.1% 的比例加入酸浸浴中；聚氧乙烯脱氢酸香胺以 $0.05\%\sim0.2\%$ 的用量加入盐酸洗液中；乙氧基化脂肪胺，如聚氧乙烯(7)十八胺；十二烷基二甲基苄基氯化铵；十二烷基二甲基叔胺与三氯异丙醇的反应产物；多氯烷基咪唑啉油酸盐、蓖麻油三乙酰四乙烯五胺；硫脲衍生物与 β-萘酚聚氯乙烯(5-20)醚或二甲苯酚聚氯乙烯(5-20)醚的复配物等。

3. 磷化液

钢铁在某些酸式磷酸盐（如磷酸锌、磷酸锰、磷酸铁、磷酸锌钙、磷酸锌铬等为主要组分）溶液中处理，通过化学侵蚀或电化学反应，使其发生表面沉积，形成一层不溶于水的结晶型磷酸盐转化膜或磷化膜的过程称为金属磷化或发蓝，也叫磷酸化处理或磷酸盐化学成膜处理。所形成的磷化膜具有防锈、减磨、绝缘等性能，还可作为油漆、涂搪、涂釉、电镀底层。金属磷化处理工艺广泛用于机械加工、汽车制造、电器、搪瓷、电镀等工业中。

在金属发蓝技术中，钢板酸洗后的中和工序中添加一定量的乳化剂，可加速反应并保证中和完全。进行磷化时，磷化处理液中添加表面活性剂，可以提高金属发蓝的质量。磷酸锌系磷化处理液是将氧化锌溶于磷酸中再加水稀释而成。处理液中的锌和铁（铁是经过反应后溶于处理液中的）比例以及酸量适宜时，经其处理后金属表面可生成坚固的磷酸盐膜层，但所需的温度高、时间长。为克服此方法的缺陷，在纯磷酸锌液中需添加硝酸盐、亚硝酸盐、氯酸盐、溴酸盐、有机硝基化合物等，以及有机羧酸和表面活性剂。硝酸盐可降低成膜温度和加快成膜速率；其他各种盐类和有机硝基化合物能显著地促进成膜反应；表面活性剂主要是起促进、清洁、缓蚀和表面调节等作用。常用的表面活性剂主要是非离子型表面活性剂或非离子表面活性剂与石油磺酸盐的复配物。有机羧酸能使生成的膜层具有微细结晶结构。常用的有机羧酸有柠檬酸、酒石酸等，也可使用甘油磷酸盐或缩合磷酸盐（如三聚磷酸钠、焦磷酸钠等）。

6.5.2　表面活性剂在金属加工中的应用

1. 金属切削液

金属材料切削加工时，在被切削的金属材料和刀具之间注入的液体称为金属切削液，其主要功能是冷却、润滑、清洗。此外，金属切削液还要有优良的防锈性、防腐性、耐硬水性、化学稳定性，无异味、无毒等。

金属切削液的主要组分是矿物油、表面活性剂、极压添加剂、防锈剂、防蚀剂等。矿物油可直接作冷却液用,但只限用于切削性能优良的加工料的切削、研磨和超精加工,也可添加防锈剂、极压添加剂等成分,以提高其他性能。在水溶性切削液中,表面活性剂用作乳化剂、润滑剂、润湿剂和洗净剂等。在乳化型、一部分可溶型切削液中,矿物油为底油,表面活性剂主要起乳化剂的作用,常用的是阴离子型和非离子型表面活性剂;在化学溶解型切削液中,表面活性剂主要用于降低表面张力,增加润滑性能,以防止烧伤等。切削液所用的表面活性剂必须对碱和盐有良好的稳定性。常用的阴离子表面活性剂有石油磺酸钠、油酸钠皂、松香酸钠皂、高碳酸钠皂、磺化蓖麻油、油酸三乙醇胺等;非离子表面活性剂有脂肪醇聚氧乙烯醚、烷基酚聚氧乙烯醚、失水山梨醇脂肪酸酯、聚氧乙烯失水山梨醇脂肪酸酯等。

2. 金属非切削加工用润滑剂

金属非切削加工成型法有锻压、拔丝、扎制、搪磨等。在这些加工工艺过程中都使用润滑剂,以提高产品质量,降低能耗,增加生产率。表面活性剂也用于配制各种润滑剂,起乳化作用或润滑作用。

金属拔丝时,若使用含皂基、硼砂、聚乙二醇和油酸酯制成的润滑剂,一则可减轻拔丝机械强度,二则水分挥发后金属丝表面能形成薄膜,可提高产品的质量。

为提高钢板轧制速率和不损伤钢板,在钢板轧制工艺中使用的轧制油是以棕榈油和牛脂为基础油,或以矿物油为基础油。为改善其油性和赋予乳化性,需添加表面活性剂。常将轧制油制成水乳液使用。例如一钢板冷轧油配方为:矿物油 42%、牛油 40%、链烯基琥珀酸酐 7%、壬基酚聚氧乙烯醚 8%、油酰二乙醇胺 3%。

3. 金属抛光剂

采用抛光剂加工金属表面,不但使产品表面光泽度增高,而且还有保护表面的作用。表面活性剂在其中有着重要的应用,例如一金属抛光液配方为:脂肪醇聚氧乙烯醚(HLB=10) 20%、葡萄糖酸钠 8%、氮川三乙酸二钠 10%、月桂酰二乙醇胺 30%、亚硝酸钠 25%、牛油脂肪酸钠 5%、十四醇 2%。

4. 淬火剂

金属材料或金属制品淬火所用的淬质称为淬火剂或淬火液。淬火剂分为水基淬火剂和油基淬火剂。采用由矿物油添加表面活性剂制得的乳化淬火油处理金属材料或工件,可使金属淬火均匀,并能用水冲洗掉金属及工件表面上残留的淬火油。使用由聚醚型非离子表面活性剂配制的水基淬火剂,不仅可以提高淬火工件的质量,而且可省去淬火后的冲洗工序。

5. 助焊剂和焊丝加工助剂

助焊剂在焊接中起着促进并保护焊接过程及阻止氧化的作用。对助焊剂的一般要求是:具有类似表面活性剂的活性,能除掉金属表面的氧化物和黏污物,提供洁净表面;具有低于焊剂的熔点与最低活化温度,助焊剂的活化温度范围与焊接温度相适应;表面张力、黏度、密度小于焊剂,在活化过程中能降低焊剂的表面张力,增加润湿性;同时具有良好的热稳定性,它不仅能为"净"基体金属表面提供保护膜,而且保证有效组分不易挥发和分解;助焊剂能与焊剂中的残余物一起易于消除,无需清除的残留物应绝缘、无腐蚀性、不吸湿;不腐蚀基体金属,不产生有害气体和怪味。

在助焊剂中添加表面活性剂作为润湿剂,可以提高作用效果和焊接质量。在无机酸类助焊剂中添加表面活性剂还能起防腐蚀作用。常用表面活性剂有二己基磺基琥珀酸钠、脂肪醇聚氧乙烯醚、烷基酚聚氧乙烯醚、异丙基萘磺酸钠、二辛基磺基琥珀酸钠等。

6. 铸造加工助剂

在铸造中,使用表面活性剂作润湿剂和脱模剂制铸模,不但能简化工艺,而且还能提高铸模合格率和铸件质量。在快速硬化高强度模型的制造中,通常使用的表面活性剂有:脂肪醇聚氧乙烯醚,如润湿剂 JFC;液体聚乙二醇脂肪酸酯,如聚乙二醇(600)二油酸酯、聚乙二醇(400)蓖麻油酸酯;烷基酚聚氧乙烯醚;烷基磺酸钠等。

7. 渗透探伤液

渗透探伤是采用含有荧光染料或红色染料的渗透剂(渗透液)检测金属加工部件表面缺陷(裂纹或裂缝)的方法。一般情况下,先将渗透剂涂于有缺陷的工件表面上,使其渗入工件表面缺陷中,然后除去表面上多余的渗透剂,再喷上显示剂,使缺陷内残留的渗透剂渗出,显示缺陷的痕迹。渗透探伤分为荧光探伤(荧光法)和着色探伤(着色法)两种。在配制渗透探伤液时,常加入非离子表面活性剂作为乳化剂,如烷基酚聚氧乙烯醚、脂肪醇聚氧乙烯醚、聚氧乙烯失水山梨醇脂肪酸酯、非离子表面活性剂的复配物等,或使用表面活性剂复配物处理涂有渗透探伤液的金属表面,以便用水可冲洗掉过量的探伤液。例如一种荧光探伤液的配方为十二烷基酚聚氧乙烯(12)醚 20%、壬基酚聚氧乙烯(1.5)醚 7%、甘油 10%、荧光染料0.1%。

6.5.3　表面活性剂在电镀中的应用

电镀过程是用电解的方法在金属制品表面覆盖一层其他金属以防止制品的腐蚀,增强表面硬度,以及达到装饰目的。在工艺上采用的许多电镀技术中,最重要的是镀铬、镀锌、镀镍、镀铅和镀铜等。能用于电镀的金属不下十余种,此外还有由它们组成的二元、三元和多元合金达一百余种。每种金属或合金往往还涉及数种电镀工艺。获得电镀层的实质是:需要被保护的金属制件经过良好的清洗和去油,浸入含有需要镀上金属的盐溶液中,并作为阴极与直流电路相连接,通电时在制件表面上沉积一层保护金属。致密的微晶沉淀具有极好的防护作用和优良的机械性能,或增加制品外表美观等。

为顺利地实现金属电镀,达到上述目的,在电镀液中需要加入添加剂。由于电镀工艺不同,所用的添加剂也各异。电镀添加剂大部分为有机化合物,按其在电镀溶液中起的作用大致可分为络合剂、表面活性剂、光亮剂和辅助光亮剂。

电镀液中所使用的表面活性剂,按其特性可用作光亮剂、分散剂、润湿剂(点蚀防止剂或针孔剂)、烟雾抑制剂(碱雾抑制剂、酸雾抑制剂、铬雾抑制剂)等。在电镀液中添加表面活性剂可得到致密的微晶,使镀层光亮、平整、均匀、无针孔、无麻点,与基体金属结合力强,有良好的延展性,不但显著地提高了镀件的质量,而且还能降低电耗,节约成本。

在电镀中表面活性剂的这些作用是基于它对电镀反应的影响,即改变金属电极沉积反应的过电势,使电极沉积结晶微细化、定向化,改进电镀的内应力、硬度、延展率等机械性质。此外,由于表面活性剂本身的特殊性能,对电镀能产生多种良好的间接效果:由于溶液的表面(或界面)张力下降,能防止镀层出现凹痕,使镀层平整、光亮;在电镀中,表面张力为$50 \text{ mN} \cdot \text{m}^{-1}$时,界面上氢气泡上升逸出,油性杂质乳化除去,可消除或减少镀层产生针孔和麻点;由于表面活性剂的分散作用,对镀层能起增加光亮的效应;由于表面活性剂分子在溶液表面定向排列而形成表面膜及双电层液膜,或由于表面活性剂的起泡和消泡作用,能防止烟雾挥发和防止烟雾生成;由于阳离子表面活性剂能吸附于固体微粒上,经多层吸附使其带正电荷,并形成一层保护膜,从而避免了微粒结合成块,有利于与金属离子在阴极上共沉积,发生分散电镀。

由于金属种类不同,工业上使用的电镀液也有各种不同的组成,电极沉积条件也各不相同。所以,选用的表面活性剂必须与工艺相适应,使电镀液应具有良好的稳定性和最佳的使用效果。例如一光亮镍镀液配方为硫酸镍 $250\sim300$ g·L^{-1}、氯化镍 $30\sim50$ g·L^{-1}、硼酸 $35\sim40$ g·L^{-1}、糖精 $0.8\sim1.0$ g·L^{-1}、丁炔二醇 $0.4\sim0.5$ g·L^{-1}、十二烷基硫酸钠 $0.05\sim0.15$ g·L^{-1}。

6.5.4　表面活性剂在化学镀中的应用

使金属镀液与金属制件接触,借助于镀液中的金属离子在制件金属表面发生氧化还原反应,使镀液中的金属离子还原为金属,在制件表面形成微晶镀层,称为化学镀。为使化学镀顺利进行和获得良好的金属镀层,需在镀液中加入表面活性剂。

化学镀铜可在金属基体上也可在树脂上进行,均可获得良好的铜镀层。化学镀铜使用的表面活性剂有烷基酚聚氧乙烯醚、脂肪醇聚氧乙烯醚、聚氧乙烯脂肪胺、全氟烷基磺酸钾等。在含 Cu^{2+}、Cu^{2+} 络合剂、Cu^{2+} 还原剂、碱金属氢氧化物、聚氧乙烯脂肪胺、$2,2'$-联吡啶或 O-菲咯啉或其衍生物的电镀液中,加 Si、Ge、Sn 或 Pb 的无机化合物,即得化学镀铜液。此化学镀铜液中的聚氧乙烯脂肪胺也可用聚乙二醇或脂肪醇聚氧乙烯醚及烷基磷酸酯来代替。

6.5.5　表面活性剂在金属防腐蚀中的应用

金属表面与周围介质发生化学、电化学作用而遭受破坏称为金属腐蚀。除少数贵重金属如金、铂等外,各种金属都有与周围介质发生作用而转变成离子的倾向,所以腐蚀现象是普遍存在的,是自发进行的。为了保护金属免遭腐蚀,最有效的办法是设法消除产生腐蚀的各种条件,若采用绝缘的覆盖层将金属与腐蚀介质隔离开来,可完全达到防止腐蚀的目的。此外,也常采用改变腐蚀介质性质的方法来防止金属腐蚀。处理腐蚀介质主要采用缓蚀剂。

在腐蚀介质中加入少量某种物质,它能使金属的腐蚀速率大大降低,这种物质就称为缓蚀剂或腐蚀抑制剂。由于金属在电解质中的腐蚀是电化学的阳极过程和阴极过程同时进行的结果,缓蚀作用的实质是使阳极过程或阴极过程减缓下来。按照缓蚀剂对于电极过程所发生的主要影响,可将其分为阳极缓蚀剂、阴极缓蚀剂和混合型缓蚀剂。按其化学成分可分为无机缓蚀剂和有机缓蚀剂。缓蚀剂广泛应用于各种金属设备,如工业冷却系统、精馏系统、酸碱系统、管道、储器、锅炉等。

有机缓蚀剂是为减缓金属在酸性介质中腐蚀速率而加入的有机物质。过去使用的有机缓蚀剂为低相对分子质量的胺类,近年来在弱酸性和中性溶液中防腐蚀常采用亲油基大的表面活性剂,主要包括:胺及其衍生物,如单胺、二胺、烷基醇酰胺、松香胺、十八酰胺环氧乙烷加成物、季铵盐、胺皂等;含氮环状化合物,如咪唑啉衍生物;两性化合物,如酰基肌氨酸;硫脲衍生物,如 1,3-二乙基硫脲、1,3-二苯基硫脲等。

6.5.6　表面活性剂在液压液和刹车液中的应用

液压系统和汽车制动系统传递运动和动力的介质称为液压液(或液压油)和刹车液(或刹车油)。为了很好地传送运动和动力,液压液和刹车液应具备如下一些性能:黏度适宜($\eta = 11.5 \times 10^{-6} \sim 63 \times 10^{-6} \, \mathrm{m^2 \cdot s^{-1}}$),且随温度的变化小;润滑性能良好;质地纯净,杂质含量少;对热、氧化、水解和剪切都有良好的稳定性,使用寿命长;抗泡、抗乳化和防锈等性能良好,腐蚀性小;有良好的相容性;体积膨胀系数低,比热容和导热系数高,流动点和凝固点低,闪点和燃点高。

液压液和刹车液分为油基液压液和刹车液(液压油和刹车油)及水基液压液和刹车液(合成液压液和液压油)。为满足上述性能要求,液压液和刹车液中常加入抗氧化剂、抗磨损剂、抗泡剂、防锈剂、黏度改进剂等添加剂。表面活性剂是液压液和刹车液中的重要组分,按其作用主要是用作乳化剂、润滑剂、防锈剂或缓蚀剂、防腐剂、消泡剂、抑泡剂、增稠剂等。

当今液压液和刹车液配方中引入了硼酸酯和硅的化合物,可制得高效能的液压液和刹车液。

以硼酸、乙二醇、聚乙二醇或乙二醇单乙基醚为原料制备的乙二醇硼酸酯、乙二醇单乙醚硼酸酯、混合乙二醇(单、二、三乙二醇)乙醚硼酸酯、乙二醇单烷基醚硼酸酯、烷基乙二醇硼酸酯、聚乙二醇硼酸酯、聚乙二醇醚硼酸酯等,均可用于配制硼酸酯型液压液及刹车液。我国生产的高水基液压液 HC-1,由丙三醇聚氧乙烯醚硼酸酯、聚醚、磷酸酯等表面活性剂及其他添加剂复配而制得。这种产品具有优良的使用性能,不吸湿,且价格便宜,易于推广应用。

以硅酮为基础的液压液及刹车液具有高温稳定性并对大气作用稳定,已得到广泛应用。其缺点是与水的互溶性差,润滑性能欠佳。为改善与水的互溶性,在刹车液中可加入乙酸硅酮。当刹车液中分别含有水 0.5% 和 1% 时,相应的平衡沸点分别为 222℃ 和 172℃。在聚硅氧烷中除了引入乙酸基外,还可引入卤素、烷氧基和芳氧基。为了排除混合物中 1% 的水,在聚二甲基硅氧烷刹车液组成中引入带有末端保护的三甲基硅氧烷。

第七章　表面活性剂在医药和生物技术领域中的应用

生物技术(biotechnology)是涉及应用生物科学和工程学的一个领域。它是通过工程技术手段,利用生物有机体或生物过程,生成有经济价值的产品的技术学科。生物工程是一个发展中的领域,包括基因工程、细胞工程、酶工程和发酵工程等。它涉及许多学科和部门。生物技术被认为是主导21世纪的技术,在医药卫生、人类健康长寿、新型疫苗、新的疾病诊断技术、重大疑难疾病的治疗等方面,发挥越来越重要的作用,将为世界新医学开辟新途径。

7.1　表面活性剂在医药中的应用

在医药中表面活性剂常被用作药物载体、药物的分散乳化剂、增溶剂、润湿剂、稳定剂、释放剂、吸收促进剂等。还有一些表面活性剂可以直接用作治疗药物和杀菌消毒剂。目前,表面活性剂已在药物提取、药物合成、药物分析及新剂型的配制等过程中得到广泛应用。

7.1.1　表面活性剂用于药物提取

中草药化学成分的常规提取方法主要采用热提取法(煎煮法、回流提取法)和浸泡提取法(渗流法、冷浸法)等提取法。近年发展的浊点萃取法(cloud point extraction,CPE),因萃取的条件温和,可以处理很多对热不稳定的有机大分子物质和挥发性有机物,预期在中草药有效成分提取中得到广泛应用。CPE是以中性表面活性剂胶束水溶液的溶解性和浊点现象为基础,改变实验参数引发相分离,将疏水性物质与亲水性物质分离。CPE法除了利用增溶作用外,还利用了表面活性剂另一个重要性质——浊点现象。溶液静置一段时间(或离心)后会形成两个透明的液相:一为表面活性剂相(约占总体积的5%);另一为水相(浓度等于cmc)。外界条件(如温度)向相反方向变化,两相便消失,再次成为均一溶液。溶解在溶液中的疏水性物质如膜蛋白,与表面活性剂的疏水基团结合,被萃取进表面活性剂相,亲水性物质留在水相,这种利用浊点现象使样品中疏水性物质与亲水性物质分离的萃取方法就是浊点萃取。采用表面活性剂浊点萃取,实现对有机大分子物质的富集,是非常有效的方法。例如,用表面活性剂 TritonX-114 萃取知母中的芒果苷,在提取过程中避免使用有机溶剂,用水将知母煎后,取母液用浊点萃取法进行萃取,再将煎后的余渣萃取。通过改变温度、pH、NaCl、加热时间、萃取剂的浓度等,得到较好的提取效果。与甲醇作为萃取剂的有机溶剂萃取相比,萃取效率更高。

随着环境问题的日益严重,超临界 CO_2 微乳液技术的发展越来越快。将药物增溶于超临界 CO_2 微乳液中进行提取是目前发展的一个方向。为了提高超临界 CO_2 流体的溶解度,扩大其在中药有效成分萃取方面的应用。研究者将微乳液引入超临界 CO_2 萃取工艺中,结果表明超临界 CO_2 微乳液在天然产物的萃取方面有较好的应用前景。如用超临界 CO_2 从苦参中萃取苦参总碱时加入 Tween 或 Span 以及助表面活性剂正丁醇,苦参总碱的收率提高了 70%。

通常药物在微乳液中大部分分配在油水之间的界面膜上,因此可利用非离子型微乳来提取和分离蛋白质,提取效率主要与蛋白质的种类、相对分子质量、等电点、溶液的 pH 及加入离子型表面活性剂的种类与数量有关。结果表明:加入阴离子型表面活性剂十二烷基苯磺酸钠、二(2-乙基己基)琥珀酸酯磺酸钠达一定浓度以上时,牛血清白蛋白的提取效率可提高 100%。提高蛋白质提取率的两个主要因素是阴离子型表面活性剂浓度要达到能占据油水界面相当的比例,同时其疏水基不能太小。

7.1.2　表面活性剂用于药物合成

在化学药物合成中经常遇到非均相反应,这类反应速度慢、效果差,过去一般多使用能和水发生互溶的极性质子溶剂,如甲醇、乙醇、异丙醇等来加以改善,后又使用二甲基亚砜、二甲基甲酰胺、乙腈、二氧六环、六甲基磷酰胺等极性非质子溶剂。极性质子溶剂能使阳离子发生强烈的溶剂化作用,使其能很好地溶于有机相中,但是阴离子在极性溶剂中受到较强的溶剂化会使反应活性下降,在极性非质子溶剂中阳离子受到较强的溶剂化,而阴离子的溶剂化会变弱,从而使反应加强。虽然使用极性非质子溶剂使活性有所改善,但两者都存在价格高、反应后分离操作复杂、溶剂回收困难等缺点,且在工业生产中还需要考虑到排水和排污等措施。

自 1965 年 Makosa M,Starks C M,Brandstroon 等人发表一系列报告后,发展了相转移催化技术,并发现不少表面活性剂做相转移催化剂(phase transfer catalyst,PTC)可使反应在非均相体系中快速进行。PTC 能改变离子的溶剂化程度,增大离子的反应活性,加快反应速度,简化处理手续,提高反应效率。有机药物分子结构十分复杂,往往要经过几步甚至十几步的反应才能合成。通常至少有一步,甚至几步可用相转移催化法进行。

1. PTC 的种类

可用作相转移催化剂的表面活性剂有季铵盐、磷盐和 N-烷基磷酰胺、亚甲基桥磷,或氧硫化合物、多醚及含硫聚合物等。

① 季铵盐类

季铵盐类表面活性剂是最早应用于药物合成的。其中常用的是四丁基溴化铵(TBAX)、三甲基苄基氯化铵(TMBAC)、三辛基甲基氯化铵(TOMAC)、十六烷基三甲基溴化铵(CTAB)、三乙基苄基氯化铵(TEBAC)、四丁基硫酸氢铵(TBAHSO₄)和三烷基甲基氯化铵(TRMAC)等。另外季铵盐型阳离子交换树脂也能用于相转移催化。这类 PTC 多用于液-液相转移催化反应。

② 多醚类

多醚类 PTC 包括冠醚类(多用于固-液相转移)和开链多醚类,PTC 借助分子中许多氧原子上未共用的电子对与阳离子形成络合物而溶于有机相。主要有非离子表面活性剂及冠醚等。

③ 含硫化合物

含硫化合物比较有效的 PTC 包括亚砜、砜聚合物，锍盐聚合物，硫代吡啶聚合物，亚砜、砜冠状化合物等，已经广泛应用到 SN2 反应、酮的还原反应、烷基化反应和环氧化反应等。

2. PTC 在药物合成中的应用

表面活性剂 PTC 在药物合成中主要应用于如下几类反应。

① 饱和碳原子上的亲核取代反应（NSCsp³）。NSCsp³ 型的 C-烷基化反应，NSCsp³ 型的 N-烷基化反应、NSCsp³ 型的 O-烷基化反应、NS-烷基化反应。

② β-消除反应。在相转移条件下，使用"硬碱"（如 KOH，t-BuOK）和催化剂季铵盐、季鏻盐或冠醚可进行 β-消除反应。如具有生物活性的多聚物的聚合物载体的中间合成步骤，由于使用 PTC（如 TBAB 或 18-冠醚-8），大大促进了由对-（α-溴乙基）氯苄和 KOH 来制备对氯甲基苯乙烯的反应。

③ 不饱和碳原子上的亲核加成反应。如前列腺素前体合成的中间步骤、局部麻醉剂 α-优卡因合成的中间步骤。

④ 不饱和碳原子上的亲核取代反应。如利用醇酰化的方法合成酯、胺的酰化合成酰胺（如邻乙氧基甲酰胺的合成、消炎痛合成的中间步骤）。

⑤ 烃芳分子上的亲核取代。如二苯醚衍生物的合成、甲状腺素合成的中间步骤、抗麻风病氨苯砜合成的第一步反应。在芳香环取代反应中应注意 PTC 法有一定的局限性，苯环上的离去基团至少需被一个吸电子基团所活化。

⑥ 芳香杂环分子上的亲核取代。如抗高血压药合成的中间步骤、具抗肿瘤活性的嘌呤衍生物的合成。

⑦ 氧化反应。如局部麻醉药合成的第一步反应、高活性雌激素合成的中间步骤、伯卤代烃的选择氧化、苯甲醇的氧化、萘满酮氧化制备。

⑧ 还原反应。如肾上腺素合成的最后一步反应、具升压作用的间羟胺合成的最后一步反应、Wolff-Kishner 反应。

⑨ 卡宾的制备。如甲基多巴的合成、抗精神病药的中间体吖庚因衍生物的制备。

⑩ 醚类化合物的合成。

⑪ 使用有机金属催化剂的反应。有机卤化物的羰基化、芳香卤化物取代、硝基化合物的还原、不饱和烃的酰基化反应、氰化反应、脱卤素反应、邻位金属反应、氢化反应。

⑫ 酸性条件下两相催化。

⑬ 羧酸酰胺和肽类的合成。

7.1.3 表面活性剂用于药物分析

药物分析包括体液中的药物及药物残留量的分析。发展的主要趋势是如何能够简便而快速地从复杂组成的样品（含体液）中灵敏、可靠地监测一些痕量成分，以了解进入体内的药物在体内的吸收、分布、排泄、代谢及转化信息，以及药物分子与受体分子之间的关系，减少药物的毒副作用，改造药物的分子结构，为研制疗效更好、毒性更低的药物提供可靠信息。常用的药物分析方法有薄层色谱法、气相色谱法、高效液相色谱法、超临界流体色谱法、毛细管电泳技术及紫外分光光度法等。目前药物荧光光谱分析法异军突起，越来越引起分析工作者的极大关注。

荧光分析法具有高灵敏度、高选择性、信息量丰富、检测限低等特点。某些药物自身能发射强的或者较强的荧光,可用荧光分析法直接进行检测,如用荧光光谱法研究抗癌药物放射菌素 D 与胸腺肽 DNA 相互作用的构效关系。然而某些药物自身不能发射荧光或者荧光较弱,这时就必须加入适当、适量的表面活性剂进行增溶、增敏,可选用的表面活性剂如十二烷基硫酸钠(SDS)、十六烷基三甲基溴化铵(CTAB)、溴化十六烷基吡啶(CPB)、聚乙烯醇(PVA)等。此类应用中,表面活性剂形成亲水基朝外、憎水基向内的胶束,包裹住难溶于水的物质,从而使其溶解度显著增加;同时被胶束增溶的荧光物质的极性、黏度、含氧量、刚性、介电常数、立体化学结构和产物电荷分布等微环境与其在本体溶液中已大不相同。因此许多客体及客体配合物的荧光强度明显。胶束的存在,大大降低了荧光分子的非辐射过程速率,而辐射速率常数改变不大。因此,量子效率增加,激发光寿命增长,起到了增溶、增敏的作用。

微乳在药学领域除了作为给药系统研究以外,在其他方面也崭露头角,尤其是在中药和天然药物的提取和分离鉴定方面,如在薄层层析定性分析中作为展开剂和提取用的溶剂等。马柏林等对杜仲黄酮的微乳薄层色谱分离鉴定进行了研究,以十二烷基硫酸钠-正丁醇-正庚烷水微乳液作为展开剂,通过聚酰胺薄层色谱,研究了微乳液类型对杜仲黄酮分辨率的影响。选择含水量70%的微乳作为展开剂,检测灵敏度显著提高,分离效果理想。韩明等研究了一种新的青梅中黄酮类组分微乳薄层色谱分离鉴定方法,以10%的甲酸调酸、含水量为70%的十二烷基硫酸钠-正丁醇-正庚烷-水微乳液为展开剂,以芦丁为对照样品,利用聚酰胺薄层色谱法使青梅黄酮化合物完全分离。分离结果表明,乙酸乙酯组分分离得到5个斑点,氯仿组分分离得到4个斑点,石油醚组分和环己烷组分各分离得到1个斑点。与用正丁醇-乙酸-水为展开剂的常规层析方法相比,微乳薄层色谱的检测灵敏度更高,分离效果更好。刘珍等研究建立银杏叶提取液及注射剂的微乳薄层色谱分析法,认为银杏叶的微乳薄层色谱分离度好,能提供较多的化学信息,能反映银杏叶原料与制剂间的关系,方法稳定,可作为银杏叶注射剂质量控制中指纹图谱建立的参考方法。

7.1.4　表面活性剂用于药物剂型加工

为了达到最佳的治疗效果,根据用药途径不同,药物可加工成不同的剂型供临床使用。药物制成不同的剂型后,患者使用方便,易于接受,不仅药物用量准确,同时增加了药物的稳定性,有时还可减少毒副作用,也便于药物的贮存、运输和携带。药物剂型有几十种之多,表面活性剂在许多剂型中起着重要的作用。

1. 表面活性剂在片剂中的应用

片剂是药物的传统剂型之一。近年来,片剂的研究、开发和生产发展很快。伴随着片剂辅料的发展和改进,新型表面活性剂的应用又大大推动了剂型的改进和创新。对片剂变色、崩解度、硬度和含量等问题的改进提高了片剂的疗效。片剂要求所用的药物能顺利流动,有一定的黏着性,但又不粘贴冲头和冲模,遇体液能迅速崩解,被吸收而产生疗效。实际上药物极少兼具这些性能,因此必须加入辅料或适当进行处理,使之达到以上要求。辅料必须有较高的化学稳定性,不与主药反应,不影响主药释放、吸收,对人体无害,来源广泛,成本低廉。

常用的辅料包括润湿剂、胶黏剂、崩解剂、润滑剂、稀释和吸收剂等。表面活性剂作为片剂辅料,具有独特性能,发挥重要作用。

① 润湿剂

表面活性剂能有效地降低表(界)面张力,具有提高固-液体系的润湿性能,以满足实际需要。表面活性剂分子吸附于固体表面,形成定向排列的吸附层,降低界面自由能,从而有效地改变固体表面润湿性质。在水和低能固体表面组成的体系中,加入表面活性剂可改善体系润湿性质,使水能很好地润湿固体。在辅料中添加亲水性的表面活性剂,可使难溶性的药物粒子表面易被水分润湿,加速药物溶出。

② 崩解剂

对于疏水性药物或疏水性强的润滑剂压制的片剂,可因润湿剂的加入,使体液中水分易于黏附并通过片剂毛细管孔渗透到片芯,致崩解剂溶胀而产生崩解作用。崩解后的粒子又可因润湿剂的存在而不致絮凝,保持较大比表面,或对药物起增溶作用,从而增加溶出度,增加生物利用度。许多表面活性剂可用作片剂的辅助崩解剂。在片剂处方中加入少量表面活性剂,可加速水分渗透,促进崩解。如用 Tween20、Tween80、十二烷基硫酸钠三种表面活性剂的 0.5% 溶液处理马铃薯淀粉作氨苯磺胺、阿司匹林片剂的崩解剂,并与未处理的淀粉崩解剂组作比较,结果表明表面活性剂处理组的崩解时间比未处理组显著缩短。使用方法有三种:a. 溶解于黏合剂中;b. 与作崩解剂的淀粉混合后加入;c. 制成醇溶液喷在干颗粒上。以第三种方法崩解速度最快。不过表面活性剂选择不当或用量不适或加入方法不当,反而影响崩解速度。另外单独使用表面活性剂效果往往不佳,一般加入 0.2% 表面活性剂和 10% 淀粉,混合使用效果较好。片剂中加入适量表面活性剂可增大药物的溶出速度,这主要是起湿润和助溶作用。表面活性剂亦可改变机体吸附膜的性质,使药物更容易为机体所吸收。表面活性剂的存在,使水更易于透过孔隙,使片剂加快崩解。王立余等发现使用 Tween80 可改进布洛芬片的溶出速度,用其制粒,颗粒完好,片面光洁,溶出度由 52.86% 提高到 94.26%。聚乙烯吡咯烷酮(PVP)也具有良好的促进片剂崩解性能,如将解热、镇痛、消炎药双氯灭痛(DFS)β-环糊精制成包合物,并制成分散片,其中以 PVP 为片剂崩解剂的辅料,经实验发现其崩解性能良好。以 PVP 做崩解剂辅料制成法莫替丁片,不同浓度 PVP 醇溶液影响药物的崩解速度的实验表明,PVP 可使疏水药物颗粒表面增加亲水性,加速崩解。盐酸二甲双胍片剂中加入微晶纤维素、PVP 胶浆,以及高效崩解剂交联 PVP、低取代羟丙基纤维素(L-HPC)、交联羧甲基纤维素钠(交联 CMC-Na)后,可在 1 min 内崩解,2 min 内药物溶出达 95% 以上。难溶性药物氧氟沙星加入上述辅料后,各项质量指标均大为提高,崩解时限在 3 min 以内,10 min 内可溶出 80%~95%。

③ 润滑剂

硬脂酸镁作润滑剂,对片剂的硬度、崩解度及药物的溶出并不理想。近年来开发的亲水性润滑剂月桂醇硫酸镁具有良好的润滑作用,增强片剂硬度和促进片剂崩解、药物的溶出。但用量不宜过量,否则过分降低介质的表面张力,反而不利于崩解。此外,一些非离子表面活性剂如月桂醇聚氧乙烯醚、PEG4000 和 PEG6000 也有润滑作用,它们毒性小,能溶于水,故可作盐洗水、硼酸等可溶性片剂的润滑剂。

④ 辅助包衣材料

包衣时,在包衣材料中加入适量表面活性剂,可增强包衣层的塑性、耐热性、耐光性,美化片剂外观等。常用的有非离子表面活性剂如 Span 类、阴离子表面活性剂如二辛基琥珀酸酯磺酸钠。聚乙烯吡咯烷酮(PVP)、PEG 和邻苯二甲酸醋酸纤维素(CAP)为常用的肠溶衣物料。新近合成的高分子化合物聚乙烯醇醋酸-苯二甲酸酯(PVAP)是一种新的肠溶性包衣物料,它具有制备简单、成本低、化学稳定、成膜性能好、抗胃酸能力强、肠溶性可靠、包衣简单等特点。

2. 表面活性剂在乳剂中的应用

在乳剂药物制备中,选择合适的乳化剂是十分重要的。好的乳化剂能降低油-水界面张力,形成牢固的乳化膜,把油(水)滴稳定地分散在水(油)相中形成乳剂。如口服乳剂、静脉注射乳剂、部分搽剂等。

① 静脉注射乳剂

静脉注射乳剂对乳化剂的要求很高,不仅要求纯度高、毒性低、无溶血作用及副作用,而且化学稳定性好、贮存期间不应分解、能耐受高温消毒不起浊。对注射剂还应无热源反应及过敏反应,不使血压降低,粒度分布均匀,因此符合要求的表面活性剂并不多,合成的表面活性剂主要是非离子型表面活性剂 Tween 类及聚氧乙烯和聚氧丙烯嵌段共聚物,此外磷脂类天然表面活性剂也有应用。

② 多重乳剂

多重乳剂又称复乳剂,是由初乳进一步乳化后形成的复合型乳剂,其剂型包括 W/O/W 和 O/W/O 等乳剂型。多重乳剂具有两层或多层乳膜结构,由于 W/O/W 复乳的外部水相能迅速释放,而中层油膜对内部水相的释放起到限速和控释作用。近年来复合型乳剂在医药上的用途日益广泛,如激素、酶等都可制成口服复乳,避免在胃肠道中失活,保护抗氧化,增加稳定性,具有靶向性。常用表面活性剂与高级脂肪醇复合用于乳剂中,以调节 HLB 值和乳剂的稠度,能形成较持久的界面膜。此外常把大分子明胶加入复乳中作稳定剂,如鱼肝油口服复乳等,同时也可在外水相中加入大分子物质作增稠剂,使水相黏度增加,并进一步降低复乳液滴膜的流动性,使复合型乳剂稳定性增加。

③ 口服及外用乳剂

口服及外用乳剂要注意制剂与黏膜的相容性,故应无毒、无刺激。常选用非离子表面活性剂。中药制剂的口服乳剂是将油脂或挥发油的药材经提油后,加适当表面活性剂作乳化剂制成的液体制剂,可克服中药汤剂、合剂等含油少的缺点。如中药乳剂松塔乳。阳离子表面活性剂具有杀菌作用,常与抗菌药合并用于外用制剂,可增强抗菌效果。

3. 表面活性剂在液体制剂中的应用

药物液体制剂有芳香水剂、溶液剂、注射剂、合剂、洗剂、搽剂等,其中表面活性剂的作用如下。

① 增溶剂

在药物制剂的生产过程中,往往需要将药物制成溶液。但有一部分药物,其溶解度低于治疗所需的浓度。如注射肌肉或静脉所用的氯霉素需配制成 12.5% 的浓溶液,而在室温下氯霉素在水中的溶解度仅为 0.25%。所以要将药物制成适于治疗所需的浓度,有时需要加大药物溶解度。增大药物溶解度的方法有很多种,利用表面活性剂的增溶作用是一种重要方法,即在表面活性剂的作用下,药物的溶解度增加。加入的表面活性剂称为增溶剂。增溶剂之所以能在水溶液中起到增溶的作用,是因为表面活性剂在水中形成了胶束的结果,增溶后形成的溶液是均匀透明的,是一种热力学稳定体系。需要注意,增溶和助溶这两种作用虽然都是为了增加药物的溶解度,但它们有着本质的区别。增溶作用所形成的溶液是胶体溶液,通过形成胶束而起增溶作用,而助溶作用所形成的溶液为真溶液。如不溶于水的蛇木碱,加入 Tween80 可以配制成临床需要的水溶液,解决了不溶的问题。鱼腥草注射液加Tween80 后,不仅癸酰乙醛浓度提高,而且注射液保持透明稳定。又如胆盐/卵磷脂混合胶束系统,不仅显著提高难溶性药物溶解度,还能提高药效,是一种生物相容性注射剂溶媒。有文献报道,封闭式给药且保证用药过程的湿润状态时,该系统能促进难溶性药物环孢素 A的透皮吸收。Tween80 作增溶剂也应用在芳香水剂、糖浆剂中。

增溶作用在药物制剂中有很多应用,可用于内服制剂、注射剂,还可用于外用制剂。内服制剂和注射剂所用的增溶剂大多属于非离子型表面活性剂。如维生素 A、维生素 D 用Tween80 来增溶。外用制剂所用的增溶剂多以阴离子型表面活性剂为主,如松节油和煤酚用肥皂等来增溶。阳离子型表面活性剂因毒性较大,很少应用。选择增溶剂时要慎重。首先考虑有没有毒性,会不会引起红细胞破坏而产生溶血作用。还要考虑增溶剂的性质是否稳定,要注意不能与主药发生化学反应。选择增溶剂还应考虑有些增溶剂加到口服液制剂中会有不良气味,要注意控制用量。如 Tween80 有苦味,用其增溶维生素油时,用量一般不超过药物量的 2%。有些增溶剂会降低杀菌剂的效力,这是因为杀菌剂增溶在胶束内,使游离的杀菌剂减少的缘故。如 Tween 类的非离子表面活性剂会使酚类和尼泊金酯类的杀菌力降低。

在药物制剂的增溶过程中,各种成分的加入顺序不同,有时会对增溶效果产生较大影响。若将增溶剂与被增溶剂混合均匀后再加水稀释,称为加水法;若先向增溶剂中加水稀释,再加被增溶的药剂,称为加剂法。如用 Tween80 增溶维生素 A 棕榈酸酯时,如果各种成分的加入顺序采用加剂法,则几乎不溶。而采用加水法则很容易溶解。一般来说,对溶解速度非常缓慢的药剂增溶时,用加剂法效果较好。

此外,增溶剂对药物稳定性和生理活性的影响体现在增溶剂可防止或减少药物氧化。这是因为药物被增溶在胶束之内,与氧隔绝,从而有效地防止了药物被氧化。如维生素 A 很不稳定,容易因氧化而失效,用非离子表面活性剂增溶后,其溶液要比维生素 A 的溶液稳定许多。对大多数药物来讲,加入增溶剂后可增大对药物的吸收,增强生理活性。但并不是所有药物被增溶后生理活性都增强,如水杨酸被增溶后,吸收反而下降。

应当注意的是,不能为了增溶而随意增加表面活性剂的用量。使用诸如 Tween 这类的表面活性剂,虽然能在胃肠中形成高黏度团块,使胃空减缓,从而提高难溶药物的吸收。但研究表明,表面活性剂的用量增加时,可强化界面膜,提高油滴膨胀能力,从而降低药物的释放。这是由于表面活性剂的增加,胶束与药物的结合力增强,药物难从胶束内扩散出来,且胶束不易与胃肠黏膜融合,导致药物吸收反而变慢。如使用质量分数为 1.25% 的 Tween80时,水杨酰胺的吸收速率为 1.3 mg·min^{-1},而 Tween80 的质量分数提高到 10% 时,其吸收速率降为 0.5 mg·min^{-1}。

② 稳定剂

药物的稳定性与其分子结构有关,如含酯基的药物易水解,酚羟基类药物易氧化,含醌式结构的药物易变色等,实践证明,加入表面活性剂能够抑制药物的水解、氧化等变质行为,提高药物的稳定性。

表面活性剂对药物水解有一定的抑制作用。药物分子中含有卤原子、酯类、酰胺类、多糖类等基团时易于水解,通常由 H^+ 或 OH^- 促进水解。在药物载体中,表面活性剂的加入可以减少药物分子与水分子的接触,对药物起到保护作用,从而可以抑制其水解。例如非离子表面活性剂 PEG - 600、二十烷基聚氧乙烯醚溶液对苯佐卡因的水解有不同程度的抑制,CTAB 溶液可以抑制苯甲酸乙酯、乙酸乙酯的水解,PEG、Tween80 或者氨基醇类表面活性剂可以抑制苯巴比妥的水解。花青素是广泛分布于植物中的水溶性色素,具有清除氧自由基及抑制脂质过氧化的能力,因此成为药物和营养剂中常用的天然色素。但这类物质在pH=2.0以上水性介质中稳定性差,通过比较可选用 0.1 mol·L^{-1} SDS 胶束体系作稳定剂,在 pH=$2.8\sim3$ 的 SDS 中,24 h 后花青素颜色强度几乎不变,3 个月色素浓度降低不到 8%。

表面活性剂能减缓药物的氧化速度。药物的氧化性主要发生在醛类、醇类、酚类、肼类等含有易氧化基团的药物中。Carless 及 Nixton 分别研究了苯甲醛月桂酸钾溶液中以及抗坏血酸在 Tween20 中的氧化反应。研究发现,在一定范围内,随着表面活性剂浓度的增加,苯甲醛及抗坏血酸的氧化速度逐渐减缓,药物的稳定性逐渐增加。药物链霉素氧化后成为无效的链霉素酸,PEG 类表面活性剂对链霉素有稳定作用,室温下存放一年半仅失效 15%。青霉素类药物 β - 内酰胺类抗生素在胃液中很不稳定,若将其加入到非离子表面活性剂 Brij235 胶束溶液中,其稳定性增加 $4\sim13$ 倍,在 CTAB 溶液中增加 $6\sim10$ 倍。

表面活性剂能提高药物制剂稳定性。药物合剂常为酊剂、流浸膏剂、水剂等,放置过程中产品易发生沉淀,使得药物的稳定性降低。非离子表面活性剂 PEG400,Tween20 等常用作混悬剂对药液起到较好的稳定作用,防止沉淀的生成。Sadhale 和 Shah 发现,使用脂质立方液晶体系作为胰岛素的载体,可以避免搅拌引起的团聚,被包结的胰岛素还可以保持原有的生物活性。

4. 表面活性剂在混悬剂中的应用

混悬剂是指难溶性固体药物以微粒形式分散在液体介质中所形成的非均相分散体系。它具有载药量大、防止药物氧化水解、掩盖药物不良气味、易吞咽等优点,是一种制备简单而应用广泛的药物剂型。混悬剂中药物微粒一般在 $0.5\sim10$ μm 之间,小者可为 0.1 μm,大者可达 50 μm 或更大。混悬剂属于热力学不稳定的粗分散体系,所用分散介质大多数为水,也可用植物油。混悬剂中,表面活性剂主要作用如下。

① 分散剂

表面活性剂在微粒表面的吸附,在两相界面形成溶剂化和相同电荷,使混悬剂微粒稳定。同时它还能降低分散相和溶剂间的界面张力,以利于疏水性药物润湿和分散。并且能防止药物晶型的转变。故表面活性剂的引入改变了微粒的结晶状态、微粒的润湿性、ζ 电位、制品的流变性,抑制了微粒的沉降。如以羟丙基甲基纤维素为分散剂制备布洛芬混悬剂,经 Hakke 黏度测定仪测定为假塑性流体,其药物含量稳定。在注射型悬浮剂中,Tween80 是常用的分散剂,用量在 $0.1\%\sim0.2\%$。此外有研究表明,蜡蜂和卵磷脂两种分散剂可以合用作为刺五加混悬剂中的稳定剂。

② 润湿剂

许多疏水性药物如硫黄、甾醇类不易被水润湿,加之微粒表面吸附空气给制备混悬剂带来困难。使用适量表面活性剂作润湿剂,使表面活性剂分子附着在微粒表面,增加其亲水性,产生较好的分散效果。一般常用的润湿剂是 HLB 值在 7～11 之间的表面活性剂。如 Tween、脂肪醇聚氧乙烯醚、蓖麻油聚氧乙烯醚等。

③ 吸收促进剂

表面活性剂可以影响药物分子在生物膜中的渗透行为,这表现在两个方面:一是表面活性剂可以通过改变药物的增溶量,控制其渗透率,甚至改变其活性;二是表面活性剂可以改变生物膜的流动性,或改变生物膜对脂类药物分子的溶解、排斥能力,从而改变药物在生物膜中的渗透行为。Khossravi 研究了不同类型的表面活性剂对噻吗洛尔渗透率的影响。当 pH=7.4 时,噻吗洛尔带正电荷,与十二烷基硫酸钠(SDS)分子作用强烈,因此 SDS 对噻吗洛尔的渗透阻碍最大。某些药物具有较大的疏水基团,与非离子表面活性剂之间疏水力作用较强,因此非离子型表面活性剂的碳氢链越长,与药物分子的作用力越强,对其渗透率的阻碍作用越大。在口服悬浮剂中,表面活性剂除起稳定分散作用外,还可促进药物在肠道的吸收。表面活性剂种类不同对药物吸收影响不同,如萘磺酸钠所制混悬剂灰黄霉素,血药浓度随时间而增大,而 Aerosol OT 的情况则相反。

5. 表面活性剂在半固体剂型中的应用

软膏剂是细微粉末状药物与基质配合而成的半固体外用涂覆制剂。主要用于外科,可以对皮肤起保护作用,也可对局部皮肤黏膜起治疗作用,还能经黏膜吸收后全身起作用。

软膏基质主要有油脂性基质和乳剂基质两类。乳剂基质又可分为油包水型(W/O)和水包油型(O/W)。用天然羊毛脂、胆固醇、磷脂和合成表面活性剂制成的软膏很早即开始应用。表面活性剂在软膏剂中主要做乳化剂,起乳化作用。它还能做吸收促进剂,增加软膏基质的吸水性,从而加速皮肤对药物的吸收。表面活性剂也能做渗透剂,使药物分散细致,乳化皮脂腺分泌物,降低表面张力,使药物和皮肤组织接触更加紧密,从而有利于药物穿透。如将质量分数为 1% 的三苯氧胺(TAM)加入凡士林、聚乙二醇(PEG)和聚羧乙烯(carbopol)三种基质中,分别测定其渗透系数,结果表明,TAM 在水溶性软膏基质 PEG 和聚羧乙烯的渗透和释放都优于凡士林软膏基质。常用油性基质与非离子表面活性剂相配合,增加油性基质的吸水性、展布性,如适量 Tween 与白凡士林混合制成油脂性基质。表面活性剂作为乳化剂可形成 W/O 或 O/W 型乳剂基质,与水溶性药物均易混合,与皮肤分泌物亦易混合,对皮肤有渗透性,可增加主药的穿透吸收力。常用的有单硬脂酸甘油酯、SDS、Tween、Span。近年来发展起来的用两性表面活性剂与脂肪醇硫酸酯复配作软膏基质,同时具有杀菌、脱臭的特性。如"Tego"是氨基酸型两性表面活性剂,杀菌力很强,毒性比阳离子表面活性剂小。

6. 表面活性剂在栓剂中的应用

栓剂指药物与适宜基质制成的具有一定形状的供人体腔道内给药的固体制剂。栓剂在常温下为固体,塞入腔道后,在体温下能迅速软化熔融或溶解于分泌液,逐渐释放药物而产生局部或全身作用。近年来表面活性剂在栓剂中的应用越来越多。栓剂基质可分为脂肪性油脂基质和亲水性基质两种,前者主要是天然油脂,后者则多采用非离子表面活性剂,如Tween类、Span类、聚甘油脂肪酸酯类、聚氧乙烯单硬脂酸酯类及聚乙二醇等。其中聚氧乙烯(40)单硬脂酸酯为O/W型乳剂基质良好的乳化剂。栓剂基质对释药速度及药物吸收的影响很大。加入表面活性剂的乳剂基质和水溶性基质的吸收和释药一般均快于脂溶性基质。表面活性剂在栓剂中不仅是良好的乳化剂,还能促进药物在黏膜内的吸收。表面活性剂做吸收促进剂可以增加药物的生物利用度,增加药物的生物膜透过性,对于难以吸收的脂溶性药物,可加入 Tween60、Tween65、Tween80、聚氧乙烯单硬脂酸酯类等提高其吸收速度。

非离子亲水性表面活性剂常用作亲油性药物的水性基质,能促进药物吸收并起到缓释与延效的作用,常用的有 EO/PO 共聚物、泊洛沙姆(poloxamer)、聚氧乙烯(40)单硬脂酸酯类。亲水性表面活性剂也常和油脂性基质相配合形成 O/W 型乳化基质作为药物载体,有利于药物释放和吸收,常用的有卵磷脂、SDS、Tween、Span。

7. 表面活性剂在膜剂中的应用

膜剂系指药物与适宜的成膜材料经加工制成的膜状制剂。膜剂可适用于口服、舌下、眼结膜囊、腔道、体内植入、皮肤和黏膜创伤、烧伤或炎症表面等各种途径和方法给药,以发挥局部或全身作用。在膜剂中表面活性剂主要作为膜材(如 PVA)的辅助材料,常用的非离子表面活性剂有羧甲基纤维素(CMC)、聚乙二醇类(PEG)等。除此之外,在膜材料中加入非离子表面活性剂如 PEG、PVP 等可以明显增加药物的穿透性。

在膜材中添加适量的表面活性剂,能改善膜材的柔韧性、吸湿性,增加稳定性,调节释药速度。表面活性剂不但广泛用作膜剂辅料,而且有的就是膜剂主药。例如有一种阴道避孕膜,是以溴化十六烷基吡啶盐、壬基酚聚氧乙烯(10)醚等为主药,用易溶性的聚乙烯醇为膜材制成的。现在商品膜剂中常用月桂氮卓酮(Azone)作为透皮吸收剂。随着透皮给药系统的不断发展,一些膜剂尤其是鼻腔、皮肤用药膜亦可起到全身作用,故在临床应用上有取代部分片剂、软膏剂等的趋势。

8. 表面活性剂在靶向制剂中的应用

靶向制剂是通过载体使药物选择性地浓集于病变部位的给药系统,病变部位常被形象的称为靶部位,它可以是靶组织、靶器官,也可以是靶细胞或细胞内的某靶点。靶向制剂不仅要求药物到达病变部位,而且要求具有一定浓度的药物在这些靶部位滞留一定的时间,以便发挥药效,成功的靶向制剂应具备定位、浓集、控释及无毒可生物降解等四个要素。由于靶向制剂可以提高药效、降低毒性,可以提高药品的安全性、有效性、可靠性和病人用药的顺应性,所以日益受到国内外医药界的广泛重视。

表面活性剂所形成的缔合结构在药物载体中有着重要的应用。如囊泡聚集体,囊泡所具有的双层膜结构使其成为潜在的理想的体内药物载体,既可以携带水溶性药物(如氨基酸、多肽、蛋白类药物),将药物包封在微水相内,也可以携带脂溶性药物,将药物增溶在双层膜中。与胶束、微乳液相比,囊泡体系作为药物载体具有更大的增溶量、双层膜具有更强的牢固性和稳定性、比表面大,可通过组成、pH、盐来调节粒径的大小和药物分子的渗透率。近十多年来囊泡作为药物载体已有注射剂、口服混悬液或乳剂、滴眼液、滴鼻液及外用剂型等许多报道,大多仍处于动物实验阶段,也有一些临床观察报告。从药物来看最多的是抗癌药如甲氨蝶呤、长春新碱、阿霉素等,抗利什曼病的葡萄糖酸锑钠也有较多报告。此外还有雌二醇、胰岛素、安替比林、利福平、双氯芬酸、血红蛋白、牛血清白蛋白等试验报告。

脂质体是以两亲分子定向双分子层为基础的封闭双层结构,是目前研究最多的靶向药物载体,大多用于抗肿瘤药,将药物包封于类脂双分子层形成的药膜中间可制成超微型药物制剂。作为药物载体具有载药靶向运行、延长疗效、避免耐药性、减少给药剂量、降低不良反应、改变给药途径等优点。常规的脂质体主要由磷脂或磷脂和胆酸组成,改造过的脂质体通过选择不同磷脂或投入其他成分而改变成热敏、pH 敏和阳离子脂质体等,对脂质体表面进行修饰得到免疫和长循环脂质体等,还可以运用磁性制剂和前体制剂的原理制备磁性脂质体和前体脂质体。如用超声法或高压乳化法等制成黄芩脂质体分散液,再用流动床将它用多种糖芯材料(山梨酸、葡萄糖等)作切线喷雾制成黄芩脂质体粉末,有助于提高脂质体的稳定性。另外还有青蒿素、银杏叶、喜树碱和长春新碱等脂质体的报道。扈本荃等制备了荧光素钠阳离子脂质体,测定了该脂质体的包封率和体外释药规律,并通过流式细胞术(FASC)检测了该脂质体向金黄色葡萄球菌内转运的效率,结果发现,制备的阳离子脂质体能够有效地向革兰阳性细菌内转运,可作为向细菌内递药的良好载体。

经过多年的发展,脂质体作为药物载体取得了一系列进展,但脂质体性能仍存在如下缺点:a. 热力学不稳定性使得它不能长期保存;b. 药物包裹率不高且易发生渗漏而失去靶向性;c. 所用原料磷脂难以纯化,且易氧化变质而降低膜流动性导致被包裹药物的渗漏;d. 由于脂质体的体积不均匀,粒径较大,通常在几十至几百纳米,使得它不易通过毛细血管壁穿透进组织中,从而几乎都被单核吞噬细胞系统(MPS)所吸收,这也是为什么脂质体作为药物载体技术迄今仅在单核吞噬细胞系统疾病治疗中得到成功应用的原因;e. 脂质体在体内很容易被机体的免疫系统识别和吞噬,还没有到达靶区,就可能被机体清除掉。为了解决上述问题,科学家们在开发一些新型脂质体以提高脂质体药物的靶向性的同时,还提出了另一种实现药物靶向的新系统,能够基本上解决上述应用脂质体所出现的难题,这就是自组织的超分子复合物。他们指出这种超分子复合物应符合以下几点主要要求:a. 能够由药物分子、用于识别目标细胞的组分和其他必要组分自发地构成;b. 能有效地穿透组织,因而其大小不能超过病毒的尺寸;c. 在到达目标前应该是稳定的和生物惰性的(无毒、不被免疫系统识别、不降解、不影响组织的正常细胞),只有当它们与目标发生作用后才释放药物;d. 与目标作用并释放药物后,复合物的各种成分应易于从机体中排出。

胶束体系正符合这种超分子复合物的自组织的特征。在胶束水溶液体系中,分子结构中既有亲油部分也有亲水部分的两亲分子能够自发缔合成胶束,这些胶束由两亲分子的亲油部分缠绕构成内核,亲水部分则环绕在外构成外壳。这样的胶束结构不仅可以很好地分散在水介质中,而且其内核为油溶性的药物提供了疏水微环境。科学家们在两亲分子缔合胶束的基础上,提出了实现靶向药物的超分子复合物的两种主要途径。第一种途径是将药物分子以共价键结合到能缔合成胶束的两亲分子上,然后使这些两亲分子形成胶束。例如以这种方式结合的抗肿瘤药物阿霉素提高了在体内的稳定性,减少了毒性,并保持稳定的化学治疗效果。第二种途径是将药物增溶进胶束中。该途径针对油溶性药物,通过合适方法将其增溶进胶束内核,同时在胶束外壳嵌上靶向物质,以实现药物的定向传送。不论上述哪一种构成超分子复合物的途径,寻找能够自发形成胶束又适合生物体用药要求的合适两亲分子是关键的第一步。

聚氧乙烯-聚氧丙烯-聚氧乙烯（PEO—PPO—PEO）三嵌段共聚物是一类性质独特的重要两亲分子，其商品名为 Pluronics。在 Pluronics 系列中，具有合适 PEO：PPO 组成比和合适相对分子质量的嵌段共聚物在水溶液中能自发生成胶束，其内核由疏水的 PPO 嵌段构成，亲水的 PEO 嵌段构成外壳。从分子缔合角度看，Pluronic 嵌段共聚物的单体相对分子质量大，这使得它们生成胶束的临界浓度较小，而且通常能得到内核体积相当大的胶束，这对利用其内核进行增溶很有利。从作为药物载体角度看，Pluronic 嵌段共聚物无毒、无刺激、无免疫原性，可溶于体液。胶束外壳的亲水 PEO 嵌段被证实能阻止血小板的聚集。实际上即使是对于其他适合于药物的合成载体来说，PEO 嵌段也被认为是包裹外壳的首选材料。由此可见，Pluronic 嵌段共聚物胶束是一种符合上述超分子复合物要求的潜在的良好载体。赵剑曦报道了以 Pluronic 嵌段共聚物胶束作为靶向药物载体的研究。其研究表明，胶束表面嵌上合适的抗体可以将增溶了模型药物的 Pluronic 胶束定向输送至动物脑部，从而提高药效，降低副作用。Pluronic 嵌段共聚物胶束可能成为将多种药物导向特定部位的有效载体。

9. 表面活性剂在微乳制剂中的应用

微乳给药系统是由药物、油相、水相、表面活性剂以及助表面活性剂以适当比例混合形成的一种透明、各向同性的热力学稳定体系，由表面活性剂和助表面活性剂共同起稳定作用。口服后可经淋巴管吸收，克服了首过效应及大分子通过胃肠道上皮细胞膜时的障碍；对水溶性、脂溶性及难溶性药物均有较好的溶解力，物理稳定性较高；因表面张力较低，故易透过胃肠壁的水化层，药物可直接和胃肠上皮细胞接触，促进药物吸收，提高生物利用度。

水包油（O/W）型微乳液由于具有较强的增溶脂溶性药物分子的能力，又有较高的稀释稳定性，因此受到特别的青睐，尤其在口服给药及静脉注射方面。抗癌药物喜树碱在水溶液中很难溶解，若改用微乳液则可大大提高它的溶解度，其在微乳液中的溶解量是水溶液中的 23 倍，是胶束溶液中的 5 倍，在室温条件下保持稳定。环磷酰胺为潜伏化型的氮芥类药物，抗瘤谱广，主要用于恶性淋巴瘤等，可作为免疫抑制药，不良反应为肠道毒性、脱发、白细胞减少。用微乳作为药物载体将环磷酰胺制成口服微乳制剂，降低了药物的不良反应，促进药物吸收，提高药物的生物利用度。

微乳液具有较高的扩散性皮肤渗透性，因而在透皮吸收制剂的研究方面也受到极大关注。长春西汀是一种脑循环代谢改善剂，口服因首过效应生物利用度低。选用生物相容性较好的油酸、聚氧乙烯醚(40)氢化蓖麻油（cremophor RH40）和助表面活性剂二乙二醇单乙基醚（transcutol P），将长春西汀制成微乳液制剂，进行体外透皮渗透研究，结果表明，长春西汀微乳液制剂中药物的溶解度极大提高，透皮稳态渗透流量显著增大，安全稳定，可作为透皮给药的新型载体。布洛芬作为一种常见的非甾体类解热、镇痛、抗炎药，在临床应用中，口服给药后约有 5%～15% 的病人出现胃肠道不良反应，如上腹疼痛、恶心、溃疡等。陈华兵等选用油酸、表面活性剂 Tween80、助表面活性剂 1,2 -丙二醇、水制成布洛芬透皮给药微乳制剂，考察其对小鼠的透皮能力。结果表明布洛芬微乳有很强的透皮能力，可提高药物的局部浓度，并可避免胃肠道不良反应，有望成为布洛芬的新型透皮给药制剂。

微乳液在眼黏膜给药方面也有着重要的应用。滴眼液在使用时由于其刺激性及人体自身的条件反射,大部分药液随眨眼和眼泪而流失,因此滴眼液的生物利用率非常低,只有1%～10%,而若将其制成微乳液可以很好地解决这一问题。非离子型表面活性剂所形成的微乳液,其液滴表面常因为吸附连续相中的离子而带电。人的眼角膜是带负电的,带正电的微乳液液滴由于电性吸附作用,可以在眼角膜上吸附较长时间,这就减少了药物随眨眼和泪液引流而造成的损失,而药物在角膜上吸附时间的延长又有利于药物的缓慢释放。再者微乳液是透明的热力学稳定体系,外观上和普通滴眼液相似。基于以上原因,已经有较多学者研究了微乳液型药物载体在眼部给药方面的应用。目前更多的研究集中在将微乳液型药物载体制成能够在眼部缓释药物和定向释放药物的载体体系。

　　虽然微乳液作为药用载体的应用具有很多优点,但仍存在一些问题。如微乳液中表面活性剂和助表面活性剂的浓度较高,其中一些表面活性剂和助表面活性剂对胃肠黏膜有刺激性,对全身有慢性毒性作用。微乳液体系中药物的释放机理还有待进一步研究。微乳液作为药物载体的靶向性比较差,如何选择合适的处方,如何解决微乳液的稀释问题,仍需进一步探讨。相信随着研究的深入,微乳液作为药用载体将有广泛的发展前景,并将得到广泛的应用。

　　10. 表面活性剂在气雾剂中的应用

　　气雾剂是指药物和抛射剂一同封装在耐压容器中,使用时借助抛射剂压力将药物喷出的制剂。由于具有速效和定位作用等特点,发展十分迅速。气雾剂主要有溶液系统、混悬系统(粉末气雾剂)和泡沫系统三种类型,表面活性剂是后两种类型中不可缺少的成分。

　　① 混悬气雾剂

　　混悬系统是药物微粉分散在抛射剂中形成的较稳定的混悬液。在溶剂中不溶解或溶解后不稳定的药物适合制备成此剂型。表面活性剂在此系统中起助悬剂、润湿剂及分散剂的作用。例如在咽速康气雾剂中加入合适的表面活性剂,生产出一种传统中成药精品"六神丸"的现代新剂型。该成果将处方中所含不溶于抛射剂和潜溶剂中的药物制备成均匀分散的混悬型分散体系,采用先进的气流粉碎技术,使微粉粒度小于 10 μm,不仅增强了分散体系的稳定性,还大大增强了微粉药物在病灶部位的吸收度。

　　② 泡沫气雾剂

　　泡沫气雾剂喷出物为泡沫,这类气雾剂在容器中成乳状液。当乳状液经阀门喷出后,分散相中抛射剂立刻膨胀汽化,使乳剂成泡沫状。表面活性剂在泡沫气雾剂中做乳化剂,对系统质量好坏起重要作用。振摇时油和抛射剂完全乳化成稠厚乳液,至少在 1～2 min 内不分离,并保证抛射剂和药液同时喷出。泡沫气雾剂中常用两种类型的乳化剂。一类是硬脂酸/月桂酸三乙醇胺盐,该类乳化剂可使成品泡沫量多,维持时间长,适用于耐碱性的中草药。另一类是 Tween-Span-月桂醇硫酸钠,该类乳化剂泡沫渗透性强,持续时间短,适用于耐酸性中草药。如在肺吸入胰岛素气雾剂的研制中,选用大豆磷脂、鼠李糖、咪唑啉、甘氨胆酸钠等表面活性剂为促进剂,制成胰岛素溶液,再以 Tween80、Span80 做基质制成胰岛素气雾剂,经超声雾化后,可制成有效的肺吸入胰岛素气雾剂。

7.2　表面活性剂在生物工程中的应用

　　当今,生物技术是高新技术的重要支柱,已成为研究和发展的热点。但是要将一个生物技术产业化,必须解决一系列工程问题。即在发展"上游"过程(基因工程、细胞工程、蛋白质工程等)的基础上,还要发展"下游"过程,特别是生物产物的分离提取和纯化过程,因为它的费用往往占一种生物产品总成本的 60%~90%。由于生物产物的特殊性,一些通常的化工分离技术不能直接应用,必须发展一些新的生物产物的分离技术。表面活性剂作为一种"工业味精",其在生物工程中起着重要的作用。

7.2.1 反胶束萃取技术

表面活性剂溶于非极性溶剂中,当其浓度大于临界胶束浓度时,其分子在非极性溶剂中自发形成的亲水基向内、疏水基向外的具有极性内核的多分子聚集体,称为反胶束。反胶束体系是透明、热力学稳定体系,同时也是一种动态平衡体系。两亲分子形成胶束过程中自由能主要来源于两亲分子间偶极子-偶极子相互作用。另外,平动能和转动能丢失及氢键和金属配位键形成等都有可能参与该胶束化过程。反胶束中形成的亲水内核,称为"水池",此"水池"具有增溶蛋白质和氨基酸等极性物质能力。胶束的屏蔽作用,使这些生物物质不与有机溶剂直接接触,而水池的微环境又保护了生物物质的活性,从而达到了溶解和分离生物物质的目的。

反胶束萃取是近年来发展起来的分离和纯化生物物质的新方法。反胶束萃取具有选择性高,萃取过程简单,正萃、反萃同时进行,能有效防止大分子失活、变性等优良特性,表明其巨大的应用潜力。

1. 反胶束萃取蛋白质的原理

反胶束萃取蛋白质过程如图 7-1 所示。反胶束萃取蛋白质的原理可简述如下:蛋白质进入反胶束溶液是一种协同过程。即在宏观两相(有机和水相)界面间的表面活性剂层同邻近的蛋白质分子发生静电吸引而变形,接着两界面形成含有蛋白质的反胶束,然后扩散到有机相中,从而实现了蛋白质的萃取,如图 7-1a。通过改变条件使蛋白质从反胶束转移到水相中,从而分离出蛋白质,实现后萃取过程,如图 7-1b。

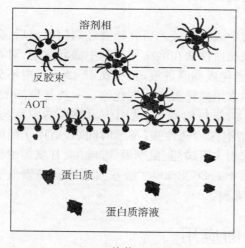

(a) 前萃过程

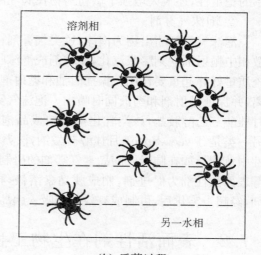
(b) 后萃过程

图 7-1　反胶束萃取蛋白质过程示意图

2. 反胶束萃取转移驱动力

由于反胶束内存在微水池,故可溶解氨基酸、肽和蛋白质等生物分子,为生物分子提供易于生存的亲水环境。一般认为,反胶束萃取驱动力是表面活性剂极性端与生物分子间静电作用力。但也有学者提出一些其他机理,如疏水相互作用机理、离子对溶解机理、离子交换机理等。但具体是哪一种作用机制,尚需进一步大量研究。

① 静电相互作用

普遍认为,萃取物质表面电荷与表面活性剂极性头间静电引力是萃取物质在反胶束中增溶的主要动力,水相 pH 决定蛋白质表面电荷状态,从而对萃取产生影响。当反胶束内表面电荷即表面活性剂极性基团所带电荷与蛋白质电荷相反时,两者产生静电引力,使蛋白质有可能进入反胶束。

② 疏水相互作用

有实验证明,阴离子表面活性剂 AOT 形成反胶束溶液萃取蛋白质时,蛋白质萃取率达到最大值时的 pH 大于蛋白质等电点 pI。另外,常作为被萃取物质的大豆蛋白存在多种疏水性氨基酸成分。

③ 离子作用

用 AOT/异辛烷体系萃取胰凝乳蛋白酶时发现,当 AOT 浓度小于 $1.0\ mmol \cdot L^{-1}$ 时,胰凝乳蛋白酶仍可被萃取进入反胶束相。这是因 AOT 可能与胰凝乳蛋白酶在两相界面形成离子对复合物,该复合物疏水性是胰凝乳蛋白酶被萃取进入反胶束相的驱动力。有学者认为,在有些萃取过程中离子交换机理起主导作用。用阳离子型表面活性剂 DODMAC(二辛基二甲基氯化铵)体系萃取胰凝乳蛋白酶和溶菌酶时发现,水相阴离子(F^-、Br^-)对蛋白质萃取率影响较大。其萃取机理可能是:带负电荷蛋白质分子及水相阴离子(F^-、Br^-)和 DODMAC 反离子 Cl^- 发生离子交换作用,促使蛋白质进入反胶束相。

④ 氢键作用

氢键作用是与电负性原子(N、O 和 S)共价相连的氢原子和另一电负性原子(N、O 和 S)间相互作用,氢键作用强弱与形成氢键的电负性原子的电负性有关。蛋白质与水分子之间、表面活性剂与蛋白质间两两之间都存在着氢键作用,对萃取过程存在一定影响。

⑤ 二硫键作用

二硫键是次级键中一个由两个硫原子形成的共价键,其键能很大,是很强的化学键。某些表面活性剂与蛋白质间会形成很强的二硫键,作为反胶束体系萃取的驱动力,对萃取过程有一定影响。

3. 反胶束萃取体系

根据形成反胶束体系表面活性剂的极性头基团性质不同,可将反胶束体系分为四种类型:非离子型,如脂肪醇聚氧乙烯醚(Brij30);阴离子型,如丁二酸二异辛酯磺酸钠(AOT);阳离子型,如十六烷基三甲基溴化铵(CTAB);两性离子型,如卵磷脂(PC)。反胶束可由一种表面活性剂形成单一反胶束体系,也可由两种或多种表面活性剂形成混合反胶束体系。某些两亲性物质,如三辛基甲基氯化铵(TOMAC)、卵磷脂,需加入一定量助表面活性剂(一般为 $C_4 \sim C_{12}$ 脂肪醇)才能形成稳定体系,称为亲和反胶束体系。最简单的是由一种表面活性剂构成,然而能形成这种反胶束的表面活性剂却很少,除 AOT 等少数表面活性剂可直接形成稳定反胶束外,其余表面活性剂大都需要通过加入助溶剂才能形成反胶束。目前在反胶束萃取蛋白质研究中,常用表面活性剂及相应有机溶剂如表 7 - 1 所示。

表 7 - 1　反胶束萃取蛋白质体系常用表面活性剂及相应有机溶剂

表面活性剂	有机溶剂
AOT	异辛烷、环己烷、四氯化碳、苯
CTAB	正丁烷、正辛烷
TOMAC	环己烷
SDS	异丙醇、环己烷
Tritonx100	环己烷、正辛醇
Tween85	异丙醇、正己烷
Brij56	辛烷

4. 影响反胶束萃取的因素

影响反胶束萃取过程的主要因素有表面活性剂及助表面活性剂的种类、浓度、有机溶剂种类、水相 pH、水相离子强度和温度等。一般说来,阳离子表面活性剂如季铵盐形成的反胶束体积较小且需要助表面活性剂,而含聚氧乙烯链的非离子表面活性剂可形成体积较大的反胶束。

① 水相 pH 的影响

表面活性剂的极性头朝向反胶束内部,使反胶束的内壁有一定的电荷。而蛋白质是一种两性电解质,水相 pH 决定了蛋白质分子表面可电离基团离子化程度,当蛋白质所带的电荷与反胶束电荷性质相反时,由于静电引力,可使蛋白质增溶于反胶束中。例如当用阴离子表面活性剂二(2 - 乙基己基)琥珀酸酯磺酸钠(AOT)构成反胶束时,其内壁带负电荷,若水相的 pH 小于蛋白质的等电点 pI,则蛋白质带正电荷,在静电引力的作用下,使蛋白质进入反胶束而实现了萃取;相反,当 pH＞pI 时,由于静电斥力,使溶入反胶束的蛋白质反向萃取出来,实现了蛋白质的反萃。若使用的是阳离子表面活性剂,则情况与此相反,因此水相的 pH 是影响反胶束萃取蛋白质的主要因素之一。

② 水相离子强度的影响

水相离子强度的增加产生两方面的影响:一是离子强度影响到反胶束内壁静电屏蔽的程度,降低了蛋白质分子与反胶束内壁的静电作用力;二是减小了表面活性剂极性头之间的相互斥力,使反胶束变小。这两方面的效应都会使蛋白质的溶解性下降,甚至使已溶解的蛋白质从反胶束中反萃出来。

③ 助表面活性剂的影响

蛋白质的相对分子质量往往很大,超过几万至几十万,而一般离子表面活性剂形成的反胶束的大小不足以包容大的蛋白质,导致萃取无法实现。此时加入一些非离子表面活性剂及其他助表面活性剂,使它们插入反胶束的结构中,就可以增大反胶束的尺寸,溶解较大相对分子质量的蛋白质。

④ 溶剂体系的影响

溶剂的性质,尤其是极性,对反胶束的形成和大小都有直接影响,常用的溶剂有烷烃类(正己烷、环己烷、正辛烷、异辛烷、正十二烷等)、四氯化碳、氯仿等。有时也用助溶剂,如醇类(正丁醇等)来调节溶剂体系的极性,改变反胶束大小,增加蛋白质的溶解度。

5. 反胶束萃取技术的应用

① 萃取蛋白质

目前应用反胶束技术最多的还是蛋白质分离、提取、纯化等,根据蛋白质及反胶束体系特性,可在分离混合物中应用,如蛋白质由于等电点或其他因素不同会引起溶解度差别,从而可利用反胶束溶液选择性予以分离,也可以用于提纯,如 TOMAC/异辛烷和非离子型表面活性剂反胶束体系,使 α-淀粉酶浓度提高 17 倍,收率达 85%。用 CTAB/正己醇/正辛烷反胶束体系纯化胰蛋白酶,商业用酶纯化倍数最高为 1 197 倍,粗酶为 7 115 倍,且粗酶纯化后比活在 200 U·mg^{-1} 以上。

② 提取胞内酶及胞外酶

据文献报道,用 AOT/异辛烷体系从发酵液中回收碱性蛋白酶,酶提取率可达 50%。此外,有学者报道用 CTAB/己醇-辛烷体系提取和纯化棕色固氮菌胞内脱氢酶,完整细胞在表面活性剂作用下溶解,析出酶进入反胶束水池中,再通过选取适当反萃取方法,回收高浓度活性酶。

③ 萃取氨基酸

具有不同结构的氨基酸处于反胶束体系的不同部位,疏水性氨基酸主要存在于反胶束界面,亲水性氨基酸主要溶解在反胶束极性水池。利用氨基酸与反胶束作用差异,可选择性分离某些氨基酸。过去蛋白酶催化合成肽及其衍生物主要集中在有机溶剂中,现已开始从有机溶剂向反胶束过渡。如二肽 AcPheleu NH_2 底物 AcPheOEt 呈水不溶性,LeuNH$_2$ 呈水溶性,二者都可溶于 TTAB/戊烷/辛醇体系。Seralbeiro 等人在这一反胶束体系中,以 α-糜蛋白酶为催化剂,成功合成 AcPheleu NH_2。Feliciano 等通过降低搅拌速度和加入晶核方法,使合成 AcPheleu NH_2 在反胶束中结晶,促使平衡向合成肽方向移动。Dovyap 等报道 L-异亮氨酸萃取率与界面层表面活性剂浓度及氨基酸在季铵盐反胶束体系内水相界面分配系数有关,实验研究结果显示,反胶束对氨基酸具有相当强的萃取能力。

④ 酶在反胶束体系中的应用

近 30 年来,对胶束酶学研究越来越深入,前期主要侧重于基础研究,现已开始从基础研究向应用研究过渡。在脂肪酶催化反应方面,利用脂肪酶区域选择性和立体选择性可合成精细化学品。如在 AOT 反胶束中,Candida rugosa 脂肪酶在食品中催化合成具有多种用途的多羟基羧酸酯。反胶束体系在高分子材料合成方面也有应用,非水相中酶催化合成葡甘聚糖及芳香胺聚合物具有独特非线性光学性质,有望成为一类新的光学材料。在 AOT 反胶束体系中,利用辣根过氧化物酶催化 4-乙基酚聚合,形成聚合物,达到临界尺寸时沉淀,聚合分散指数低,反胶束在聚合物过滤回收后可循环使用。此外,反胶束体系在天然抗氧化剂水解方面也有应用,如维生素 E 是一种脂溶性维生素,参与体内多种抗氧化过程。由于维生素 E 酚羟基易被环境氧化而丧失抗氧化活性,故在临床上常使用其醋酸酯。维生素 E 醋酸酯发挥抗氧化作用须先水解成生育酚,其水解程度与速度成为影响维生素 E 药效的重要因素。Xu Qiongming 等研究了胆固醇脂肪酶在卵磷脂/胆固醇/环己烷反胶束体系中催化水解维生素 E 醋酸酯的最佳条件。

⑤ 同时分离大豆蛋白及油脂

我国大豆加工普遍以制油为中心，在尽量满足制油要求条件下，才考虑对蛋白资源利用。大豆制油现主要采用溶剂浸出法，此法可制取大豆中绝大部分油脂，制取油脂后含溶剂大豆粕脱溶方法主要有高温脱溶、闪蒸脱溶和真空低温脱溶等工艺。高温脱溶成本较低，但脱溶大豆粕蛋白质严重变性，一般仅作为饲料，极大浪费蛋白资源；闪蒸脱溶或真空低温脱溶的大豆粕蛋白质变性小，成本较高，可进一步用以制取浓缩蛋白或分离蛋白，但大豆粕中蛋白仍有少部分变性。工业化生产大豆过程中浓缩和分离蛋白方法现存有很多缺点，例如对环境造成污染、使蛋白质发生不可逆变性等。反胶束萃取技术制取大豆蛋白具有很多突出优点：工艺简单，条件温和，不会引起蛋白变性，且产品纯度高、成本低，溶剂和表面活性剂可反复使用，易解决环境污染问题，反胶束萃取过程易放大等。利用反胶束技术可同时分离大豆蛋白和油脂，简化加工工艺，提高原料利用率，降低生产成本，增加经济效益。因此，该技术具有良好的应用前景，优于过去的制油及制取大豆浓缩蛋白技术，现正被越来越多的国家所研究和开发。

7.2.2　发酵促进剂

发酵工程，是指采用现代工程技术手段，利用微生物的某些特定功能，为人类生产有用的产品，或直接把微生物应用于工业生产过程的一种新技术。发酵工程的内容包括菌种的选育、培养基的配制、灭菌、扩大培养和接种、发酵过程和产品的分离提纯等方面。目前我国发酵工业生产的产品有发酵调味品、酒精、饮料酒、赖氨酸等。发酵工业靠自身的发展取得经济效益外，更重要的是作为一种生物技术，能对相关行业的发展有重要的促进作用，对节约粮食、增加花色品种、提高产品质量以及改善环境等均有重要作用。表面活性剂在发酵工业中也有重要的应用，如应用于发酵泡沫控制、发酵生产过程中的消毒洗涤剂以及生物下游产品的分离。表面活性剂加入发酵体系可以提高生产效率。

1. 表面活性剂对氨基酸生产的影响

利用甜菜糖蜜为原料发酵谷氨酸，在添加生物素达到细菌最高需要量以上时，在细菌生长的对数期初期添加硬脂酸酯聚氧乙烯醚、Tween60、Tween40 等非离子表面活性剂，可提高对糖的转化率，增加谷氨酸产率。如以糖蜜为原料的黄色短杆菌 617 菌株发酵合成谷氨酸时，使用含糖 8%～10% 的废糖蜜培养基，在发酵 0～3 小时内添加 0.1%～0.2% 的上述表面活性剂，谷氨酸产率达到 40% 以上。500 L 发酵罐扩大试验结果，产酸量达到 40% 左右。Duperray 等通过加入两种季铵盐表面活性剂（DA、DTA），研究谷氨酸分泌到细胞外的诱发机制。结果表明季铵盐类表面活性剂可以有效提高谷氨酸的分泌量，干重为 1 g 的细菌产酸量可以达到 0.58 mol。

2. 表面活性剂对酶生产的影响

在固态发酵法中，表面活性剂 Tween80 和鼠李糖脂对堆肥中常见的放线菌栗褐链霉菌（*Streptomyces badius*）产酶产生了明显影响。添加 0.05% 的 Tween80 能使微生物淀粉酶、蛋白酶和半纤维素酶最高酶活分别提高 46.5%、65.9% 和 70.5%；添加 0.15% 的 Tween80

能使微生物淀粉酶、纤维素酶和半纤维素酶最高酶活分别提高 10.6%、51.3% 和 75%。添加 0.006% 的鼠李糖脂能使菌体产蛋白酶和半纤维素酶酶活分别提高 14.6% 和 37.6%；鼠李糖脂浓度为 0.018% 时对微生物产酶有显著抑制作用。

采用液态发酵的方法，以稻草为唯一碳源，利用绿色木霉生产纤维素酶时，添加鼠李糖脂能够促进绿色木霉产酶，分别使滤纸酶活、羧甲基纤维素酶活、微晶纤维素酶活最大提高了 1.08 倍、1.6 倍和 1.03 倍。与 Tween80 相比，鼠李糖脂促进产酶的效果明显优于 Tween80。

当用嗜热脂肪芽孢杆菌（*Bacillus stearothermophilus*）WF146 产胞外高温蛋白酶时，表面活性剂 Tween80 在 0.05%～0.1% 范围内对 WF146 产酶有一定的促进作用。在培养基中添加 0.1% 的 Tween80 可使发酵液酶活提高 12.7%。Tween20 和壬基酚聚氧乙烯（10）醚（TritonX-100）则抑制嗜热脂肪芽孢杆菌 WF146 产酶。

Tween20 可有效促进菌体 *Bacillus subtilis* NX-21 胞外合成 γ-谷氨酰转肽酶，优化后该菌株产酶酶活达到 3.9 U·L^{-1}，较原培养条件提离了 21.6%。加入表面活性剂 Tween80 和油酸钠对提高植酸酶产率有良好效果，而加入 TritonX-100 的体系中所得植酸酶的产率下降。

对耐热梭状芽孢杆菌（*Clostridium thermosulfurogenes* SV2）生产耐热性 β-淀粉酶和支链淀粉酶的研究结果表明，加入 1.0 mmol·L^{-1} Triton X-100 时 β-淀粉酶的产量是空白的 140%，支链淀粉酶产量是空白的 114%，并且可以加强胞内酶的外溢，增强酶的活性，但是所加入的表面活性剂都对菌种的生长有一定程度的抑制作用。

利用固定化金孢子菌（*Phanerochaete chrysosporium*）生产锰过氧化物酶的实验过程中，在固体培养基中加入 0.05%（体积比）Tween80 和 174 μmol·L^{-1} 锰离子，实验结果表明锰过氧化物酶酶活达到了 421 U·L^{-1}，约是不加 Tween80 对照组的两倍。

3. 表面活性剂对其他生物制品生产的影响

兽疫链球菌体（*Streptococcus zooepidemicus*）H24 菌体生长和透明质酸（HA）发酵过程中，阳离子型表面活性剂十六烷基三甲基溴化铵（CTAB）的添加对透明质酸的发酵影响如下：摇瓶发酵时，发酵中后期（12 h）添加离子型表面活性剂有利于透明质酸产量的提高，在摇瓶中添加 20 mg·L^{-1} 阳离子表面活性剂 CTAB 使 HA 比对照组提高 20%；发酵罐上 8～12 h 流加 CTAB 可使兽疫链球菌细胞荚膜脱落，促使透明质酸的产量由 5.1 g·L^{-1} 提高到 5.7 g·L^{-1}，增加 11.8%。

对黄单胞菌 BT-112 催化合成 α-熊果苷反应中添加表面活性剂，发现加入 Tween80 对 α-熊果苷的生物合成最有利。利用野油菜黄单胞菌（*Xanthomonas campestris*）发酵生产黄色素过程中，在发酵开始 24 h 后加入 Triton X-100 的效果优于加入等量 Tween40 和 Tween80 的，其中加入 TritonX-100 的产率较空白实验所得黄色素产率提高了 1.45 倍。进一步检测发现，在加入 TritonX-100 的发酵体系中的溶氧量明显高于空白体系，这可能是该表面活性剂能够提高黄色素发酵产率的重要原因。

Alkasrawi 等研究了 Tween20 对软木同步糖化和发酵生产乙醇过程的影响，研究结果表明，Tween20 的加入使乙醇的发酵产量提高 8%，同时酶的添加量可以减少为原来的 50%，并且在糖化发酵过程结束后活性有所提离，使得酶可以回收利用，与此同时发酵生产乙醇的周期也有所缩短,极大地降低了生产成本,提高了生产效率。

7.3　表面活性剂在仿生膜中的应用

生物膜是生物体中一个最基本的结构,主要由蛋白质、膜脂、糖、核酸和水等物质组成。生物膜经过长期的进化,形成了近乎完美的结构,具有许多独特的功能。生物膜的基本构架是一个闭合的磷脂双层膜,主要成分是磷脂。磷脂的极性部分向外,非极性部分向内。大部分蛋白质和酶都结合在磷脂双层膜的表面,其中一部分由膜外侧向内或者是伸向膜中间;另一部分则贯穿于内、外两侧,可以自由扩散,使细胞膜的功能得以实现。生物体许多基本分子功能都是通过物质的跨膜运输来实现的。在现阶段,要实现人工完全复制生物膜的目标尚不现实。然而,通过对天然生物膜进行研究,可充分了解其结构特征和生命功能。设计和制备与其结构和功能相似的仿生膜,已成为当今研究的一个热点。人们已经逐渐认识到仿生膜这种新型膜材料的价值,于是各种具有特殊性能的仿生膜新型材料应运而生。随着研究的深入,仿生膜的合成机理将会被科学工作者们从越来越多的方面进行揭示,仿生膜的合成技术也会更加成熟,仿生膜的前景不可限量。

7.3.1　LB 膜技术

1917 年美国的著名表面化学家 Langmuir 提出了单分子层理论,并用实验证明了单层分子与亚相的相互作用及液面上单分子层的定向排列。单分子层的概念成为现代胶体化学与界面科学的基石。其后 Langmuir 和他的学生 Blodgett 女士成功地实现了由空气/水界面的单分子层转移到固体基片上连续多分子层的组装。人们为了纪念这两位科学家,将这种按照原来的状态转移到基片上的单分子层或多分子层称为 Langmuir-Blodgett 膜(简称 LB 膜)。

1. LB 膜制备过程

① 液面上单分子膜的铺展　首先将成膜材料溶解在挥发性的不溶于水的有机溶剂中,如苯、氯仿、四氢呋喃等,然后用微量注射器铺展在水面上,得到铺展在水/空气表面的单分子层。

② 单分子膜的压缩　待有机溶剂完全挥发后,开启可移动滑障片,将单分子层压缩到固定是表面压。

③ 单分子膜的转移　用提膜器带动固体基片交替地上下移动,浸经单分子膜,由于单分子膜和基片之间的分子间相互作用而逐层地转移到固体基片上,得到分子有序排列的多层膜。

2. 成膜方式

将水/空气表面的单分子层膜转移到固体衬底表面上,可以有多种不同的方式。根据被转移单分子层在基片上排列方式的不同,可将 LB 膜分为 X 型膜、Y 型膜、Z 型膜。单分子膜的转移方式与所得单分子膜的类型如图 7-2 所示。

① X 型膜　经疏水化处理的固体基片自上而下浸经单分子膜,成膜分子以疏水基附着在基片上而亲水基朝外的方式转移到固体表面上。当将基片自下而上提出水面时,水面上

无膜。如此浸入拉出重复多次,即可在固体基片上形成成膜分子排列方式为基片-尾-头-尾-头-…的多分子层膜,此种结构的转移膜称为 X 型膜。

②　Y 型膜　经亲水化处理的固体基片,自下而上浸经单分子膜,成膜分子以亲水基附着在基片上而疏水基团朝外的方式转移到固体表面上。接着固体基片浸经单分子膜,第二层又转移到固体基片上,如此反复多次,就会得到成膜分子排列方式为基片-头-尾-尾-头-…的多分子层膜,此种结构的转移膜称为 Y 型膜。

③　Z 型膜　经亲水化处理的固体基片,自下而上浸经单分子膜,成膜分子以亲水基附着在基片上而疏水基团朝外的方式转移到固体表面上。当将基片自上而下浸经水面时,水面上无膜,如此反复多次,就会得到成膜分子排列方式为基片-头-尾-头-尾-…的多分子层膜,此种结构的转移膜称为 Z 型膜。

④　交替膜　根据应用中的特别需要,需将两种不同材料的单分子膜彼此交替组装成多层膜。即先将固体基片自上而下浸经第一种成膜材料单分子膜,然后再从铺展有第二种成膜材料的单分子膜的亚相中提出来,如此反复浸入提出多次,即可在固体基片表面上组装成 ABABAB…型结构的多层膜。在这种结构的膜中,相邻两层的成膜分子呈头-头、尾-尾相连。而且经常是两种成膜分子的基团的化学结构是完全不同的,如长链的烷基酸与长链的烷基胺形成交替多层膜,两种物质的疏水链是完全相同的,而亲水基是完全不同的,分别是—COOH和—NH$_2$。这种交替结构可以避免每层中分子偶极矩相互抵消,在宏观上形成极化的多层 LB 膜,具有特殊的功能。

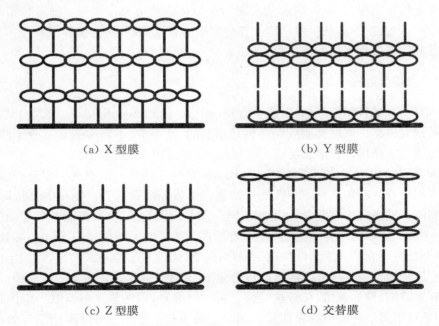

(a) X 型膜　　　　　　　　　　　　(b) Y 型膜

(c) Z 型膜　　　　　　　　　　　　(d) 交替膜

图 7 - 2　单分子膜的转移方式与所得单分子膜的类型示意图

3. LB 膜应用技术

LB 膜技术可以将铺展在气/液界面的单分子层转移到固体基片上,得到二维有序的单层或多层膜,是有序分子膜研究领域中应用最为成熟的分子组装技术。利用人工控制分子排列方式组建各种特性的分子聚集体具有广泛的应用前景。例如 LB 膜技术可用于制备有序蛋白质超分子,制备纳米微粒;研究仿生膜中各组分间的相互作用、分子面积和分子结构;测定高分子相对分子质量和水透过单分子膜的蒸发速度;在药物制剂中作为药物辅料已有应用,但利用 LB 膜制备纳米制剂、靶向制剂尚有待研究;LB 膜还可作为生物标记物,检测癌症。此外,单分子层膜和多分子层膜与天然存在的生物膜有许多相似之处,例如由磷脂、膜蛋白、胆固醇、糖脂等组成的细胞膜就是一种天然形成的有序分子组合体,其双层结构称为双层性 LB 膜。基于此,人们期待着 LB 膜技术在生物材料制备领域有更广泛的应用。

7.3.2　自组装膜

形成自组装膜的方式一般有以下两种:一种是先在溶液的表面铺展特定的两亲性分子膜,然后将一定量的活性生物分子注入底相溶液中,当活性生物分子扩散后就会被吸附到两亲性分子膜表面,形成自组装膜;另一种方式是先将一定量的活性生物分子注入底相溶液中,然后在溶液表面铺展特定的两亲性表面活性剂,当两亲性表面活性剂形成单分子膜后,就会吸附底相中的活性生物分子自动组装成膜。分子自组装成膜是分子间作用力协同作用的结果。近几年,分子自组装技术逐渐被应用到材料科学中,在材料的改性、表征、制备以及新材料的探索中大显身手,并导致了自组装材料这一新概念的出现。

目前,在仿生膜制备方面,常用的自组装技术主要有层-层自组装技术、以自组装单层膜为模板构建无机仿生膜技术、以嵌段共聚物为模板构建仿生膜技术等。随着自组装成膜技术的日益成熟,以及对影响仿生膜结构的各种因素的有效控制,用自组装成膜技术已经可以制备有序性和稳定性相当好的仿生膜。

7.3.3　双层类脂膜

从 20 世纪 60 年代初期开始,双层类脂膜(bilayer lipid membranes,BLMs)就开始被用做生物膜的研究模型。双层类脂膜是一种自组装的、动态的、不对称的双层分子膜,具有与细胞膜类似的基本结构。目前已经成为应用最为广泛的生物膜模型之一。

Muller 等最早报道了他们所做的制备 BLMs 实验。即在一恒温水浴中进行,箱中的水相被一个中部带有直径约 1 mm 小孔的聚四氟乙烯板隔成两部分。制备 BLMs 时,首先要制备膜铺展液。铺展液中一般含有两类物质:一类是成膜物质,例如卵磷脂和胆固醇类化合物,它们是生物细胞膜的主要成分,这些物质是光学惰性的天然两亲分子,由它们组成膜的骨架;另一类是被研究的光学活性物质,一般情况下,为使双层类脂膜稳定,它们也应是双亲性分子。所用铺展剂应是既可以溶解类脂化合物,又可溶解所研究的光活性物质,而且不与水互溶的有机溶剂,例如氯仿、长链烷烃化合物。铺展时,用微量注射器取一定体积的铺展液,在箱中处在电解质溶液中的聚四氟乙烯板上的小孔处涂刷。双层类脂膜开始形成时相当厚,看上去是灰色的,由于表面张力的作用,该膜中的分子很快向四周扩散,这种扩散作用使类脂膜越来越薄,最后在小孔区域形成双分子层,其厚度一般小于 100Å。伴随膜的形成过程,当光照射在薄膜上时,膜会呈现不同的颜色。开始时,膜呈灰色,经呈灿烂的五彩干涉色中间阶段,最后变成黑色。因为形成的双层类脂膜是黑色的,因此双层类脂膜也称为黑膜。双层类脂膜及其形成过程如图 7-3 所示。

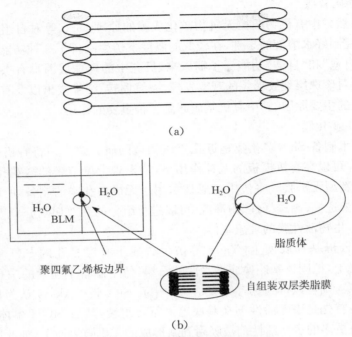

（a）

（b）

图 7-3　双分子类脂膜及其形成过程

因为在 BLMs 上存在的类脂可以作为蛋白质等疏水活性物质的溶剂，如果往类脂双层膜中嵌入具有特殊生物功能的活性物质，比如离子通道、色素、离子受体/给体、抗原/抗体、蛋白酶等，就可以使此 BLMs 具备某些特定的功能。因为 BLMs 所提供的环境，不仅能够帮助被镶嵌的物质保持原有的生物活性，而且还可以让它们在双层膜内自由伸展，从而实现跨膜的各种功能。所以可以用此仿生膜作为模型对生物膜的结构和各种生命功能进行研究。

随着研究的不断深入，各种成膜手段和成膜材料不断丰富，仿生制备的类脂双层膜的性能也得到了极大的改进。一些由固体表面支撑的自组装类脂双层膜，不仅与传统的 BLMs 有着相同的物理和化学特性，而且制备方法更加简单，稳定性也更高。随着研究的不断深入，更多适合用于修饰 BLMs 的化合物或者生物活性剂也将会被发现，类脂双层膜的各种性能也会得到进一步的完善。用类脂双层膜作为仿生膜模拟细胞膜的生命现象及生物功能将成为可能。

7.3.4　仿生无机膜

自从 20 世纪 90 年代以来，无机物的仿生合成得到了迅速发展。所谓无机物的仿生合成，就是模仿生物矿化过程，在有机物的调制作用下合成无机物。该合成过程需要先形成有机自组装体，使无机物前体在有机自组装体和溶液的相界面处发生化学反应，在有机自组装体模板的调控作用下，形成无机/有机复合体，通过控制矿物的成核和生长，就可以获得具有特定组织结构的仿生无机材料。

1. 仿生功能陶瓷膜

通过模仿自然界中有机物调控无机物矿化成膜的原理，Gao 等对自组装单层膜的表面进行修饰，并且控制好水溶液的条件，在较低的温度下仿生制备了一种功能陶瓷膜。这种仿生陶瓷膜具有"自愈"和"自洁"功能。长期以来，贝壳中的珍珠层因具有杰出的力学性能而备受关注。通过对珍珠层裂纹形貌的观察发现，裂纹偏转、纤维拔出以及有机基质的桥接是珍珠层具有韧性的主要原因，其中有机基质起到了很重要的作用。

2. 仿生 SiO_2 矿化膜

利用仿生技术制备 SiO_2 多孔膜是近几年该领域的研究热点。将有机模板技术用于无机多孔膜的制备，可以在有机模板的调控作用下，从宏观上调节膜的微观孔结构，制备出具有多种孔结构的新型无机膜。将仿生合成技术用于无机多孔膜的制备，所制备出的无机多孔膜不仅具有高渗透性、高选择性、耐高温、可以进行组分的高效切割分离等优点，而且可以作为催化分离膜、生物活性膜的理想基体。

在亲水性的云母基片底面上，Yang 等仿生合成了有序多孔的 SiO_2 膜。Aksay 等在 Yang 工作的基础上，把固体基底换成憎水性的石墨，仿生制备了连续的中孔 SiO_2 膜。如果再将基底换成石英，则可以得到具有等级结构的中孔 SiO_2 膜。Aksay 认为仿生制膜是一种层层复制的过程：首先是表面活性剂在基底上进行自组装，然后 SiOH 单体发生聚合，随着聚合的进行，又有更多的表面活性剂被吸附到新形成的无机膜表面上，如此层层复制最后成膜。后来他在不用固体基底的情况下，在气/液界面处仿生合成了非担载多孔 SiO_2 膜，非担载薄膜的仿生制备也是一个层层复制的过程，为前体水解产物提供聚合位置的是水和空气界面上的表面活性剂头基。王一平等则以十六烷基三甲基溴化铵（CTAB）为模板剂，仿生制备出孔结构呈梯度分布的 SiO_2 膜。

随着仿生合成技术的发展，仿生无机膜的制备技术也日益完善。但是，目前仿生制备的无机膜缺乏完整性，这方面还有待改善。如何选择合适的添加剂、优化实验条件提高成膜速度并且提高仿生合成膜的完整性，这些方面有待科研工作者做更深入的研究。

7.3.5　仿生疏水膜

自然界中某些生物的表面，比如荷叶、水稻叶、芋头叶、芸苔、蝉翼以及水黾腿等，经过亿万年的进化，呈现出完美的超疏水特性。因此，探索这些天然超疏水生物表面的奥秘，进而仿生制备具有相似结构和功能的膜材料，具有极其重要的意义。

在自然界中，荷叶表面是具有疏水性质和自清洁功能的典型例子之一。水滴与荷叶表面的接触角大于 $150°$，而滑动角小于 $5°$，这种现象引起了人们的兴趣。对荷叶的这种"自洁"现象，人们进行了研究。Barthlott 和 Neinhuis 最先指出，荷叶的超疏水性是其表面乳头状突起的微细结构和上表皮的蜡质层共同作用的结果：荷叶表面有许多乳头状凸起，凸起部分的高度为 $5\sim10\ \mu m$，凸起间隙为 $10\sim15\ \mu m$，乳头状的表面又被许多直径约为 $1\ nm$ 的蜡质晶体所覆盖。Feng 等经过进一步的研究发现，荷叶效应的根本原因在于它的微米结构与纳米结构相结合的阶层结构，而不在于它的化学成分。具有这种结构的表面具有较大的接触角和较小的滚动角。而接触角越大、滚动角越小，其疏水性、疏油性和抗污能力也就越强。

类似荷叶表面的微米-纳米的双重结构,在芋头叶和稻草叶上同样可以观察到,这些叶子表面均是由微米-纳米双层结构构成,覆盖着蜡状有机物质。这样的结构有助于对空气进行捕获和保持低的表面能,有效地阻止了叶下层被润湿,最终获得超疏水性。这些发现为人们仿生制备超疏水表面提供了灵感。因而,研究者用各种方法探索这些天然的超疏水表面结构,希望仿生制备出具有类似结构和功能的膜材料,化学仿生制备超疏水性表面是近年来比较活跃的领域之一。这种具有疏水性、疏油性的仿生膜材料在工业生产和人们的日常生活中有着极其广阔的应用前景。

近年来,成膜技术的迅猛发展为超疏水性仿生膜的合成提供了强大的动力。目前应用较为广泛的疏水性仿生膜制备方法有直接成膜法、化学气相沉积(CVD)法、溶胶-凝胶法、自组装法、电化学合成法、聚合物固化法等。

当纳米粒子的表面由于化学键或者弱相互作用,例如静电引力作用而与双亲分子或者表面活性剂分子结合后,亲水的无机纳米粒子便具有疏水性或者双亲性,这种修饰后的纳米粒子可以组装成膜。江雷及其合作者通过化学气相沉积(CVD)的方法仿生制备了阵列碳纳米管(ACNTs)膜,用氟硅烷进行进一步修饰之后,它们之间的接触角都大于160°。经过分析认为,这些现象是由纳米结构和氟硅烷的修饰作用共同引起的。针状纳米结构是获得仿生超疏水性表面的理想结构。Shang 通过溶胶-凝胶法和自组装法仿生制备出透光率很好的超疏水性纳米 TiO_2 表面。Wang 等研究了光诱导 TiO_2 的双亲表面。他们通过使用锐钛矿溶胶在玻璃基底上制备出 TiO_2 多晶薄膜,并在 773 K 的温度下进行退火处理,薄膜表面与水的静态接触角为 $72°\pm1°$。有趣的是,使用紫外光对膜表面进行辐射之后,水滴可以沿薄膜表面展开,接触角仅为 $0°\pm1°$,表现出超亲水性。他们同时测量了膜表面与油性物质(如甘油和十六烷)的接触角,发现在紫外光辐射前后,薄膜都表现出超疏油性。

荷叶等植物表面的超疏水特性为研究仿生超疏水性膜材料提供了理论依据和实践证明。表面活性剂的参与提供了更多构建微米-纳米双层结构的膜材料,再通过低表面能的化学物质对其表面进行化学修饰,就能得到具有超疏水性质的仿生膜。通过选用不同的成膜材料和实验方法,可以仿生制备出具有不同表面结构的超疏水仿生膜。

第八章　表面活性剂在现代农业领域中的应用

现代农业(modern agriculture)是相对于传统农业而言,是广泛应用现代科学技术、现代工业提供的生产资料和科学管理方法进行的社会化农业。在按农业生产力性质和水平划分的农业发展史上,属于农业的最新阶段。随着现代工业的发展,为农业现代化提供了技术支持,如低毒高效农药、各种复合肥料和专用肥料以及现代化耕作机械,同时也使部分土地和水域遭受了比较严重的污染。如何利用表面活性剂促进农业生产,降低环境污染,修复被污染的土壤和水系,已成为当今表面活性剂在现代农业技术领域研究的热点。

8.1　表面活性剂在农药中的应用

农药已成为现代农业不可缺少的生产资料,为农业丰收做出了巨大贡献,起到了保驾护航的作用。我国已经成为农药生产大国,但国内制剂、剂型的研究和产品质量与发达国家相比仍有很大差距,主要表现为分散性能差、悬浮率低、热贮分解率高等方面,一些剂型因湿润性、渗透性和叶面沉积性差等原因造成药效不稳定,相当一部分品种在耐雨水冲刷和黏着性等方面明显差于国外同类型产品,不仅浪费了大量农药,还使大量农药流失到非靶标环境中,造成人畜中毒、环境污染、农产品农药残留量增加。如何提高农药的有效利用率,降低农药在非靶标环境中的投放量,已成为农药学科亟待解决的问题。其中表面活性剂起着十分重要的作用。

8.1.1　表面活性剂在农药中的作用

表面活性剂作为农药助剂按其作用功能可分为乳化剂、分散剂、润湿剂、展着剂、渗透剂、化学稳定剂、防漂移剂等。以表面活性剂为基础的农药助剂目前世界消费量约 30 万 t,其中乳化剂、分散剂和润湿剂占一半以上。

1. 乳化剂

乳化剂是最主要的一类农药助剂,有单体型和复配型产品,用于各种农药乳剂和乳油的配制。近年来农药乳化剂多为复配型产品,主要是非离子和阴离子表面活性剂的复配物,这类复配型表面活性剂具有优良的乳化作用,且用其制得的乳液也较稳定。一般认为,这是由于原药分子增溶于阴离子表面活性剂的胶束中而引起自发乳化,非离子表面活性剂吸附在有机溶剂粒子周围,使形成的乳状液稳定。当今农药乳化剂正朝着高效、多功能、多用途、复配及适应高浓度乳油制备等方向发展。

2. 润湿剂和渗透剂

润湿剂和渗透剂主要用于农药液剂(如水剂、溶液剂和油剂)、胶悬剂和可湿粉助剂,又是农药展着剂、喷雾助剂的重要组分。用作润湿剂和渗透剂的主要是阴离子表面活性剂,如烷基硫酸盐、烷基苯磺酸盐、烷基萘磺酸盐、二烷基丁二酸磺酸盐、烷基酰胺牛磺酸盐、脂肪醇聚氧乙烯醚磺酸盐等,以及非离子表面活性剂,如烷基酚聚氧乙烯醚、脂肪醇聚氧乙烯醚、聚氧乙烯-聚氧丙烯嵌段型聚醚等。

3. 分散剂

用作分散剂的一般是阴离子表面活性剂,常用的有烷基磺酸盐、萘磺酸盐及其甲醛缩合物、聚合萘磺酸盐、烷基萘磺酸盐、烷基酚聚氧乙烯醚磺酸盐、脂肪醇聚氧乙烯醚磺酸盐、木质素及其衍生物的磺酸盐、烷基酚聚氧乙烯醚的磷酸酯盐或烷基胺盐等。为使可湿粉剂及胶体悬剂等向高浓度发展,开发出一些新型分散剂,如双酚聚醚化合物、聚氧乙烯烷基酚甲醛缩合物、烷基酚甲醛缩合物的环氧化物磺酸盐、聚氧乙烯烷基酚甲醛缩合物丁二酸磺酸半酯、萘磺酸-酚磺酸-甲醛缩合物、烷基酚聚氧乙烯醚丁二酸单酯磺酸盐等,以及复配分散剂,如烷基磷酸酯三乙醇胺盐和萘磺酸甲醛缩合物的复配物,用作克菌丹可湿粉助剂,润湿分散性好、不起泡、悬浮率高,高乙氧基化的农乳 100 号、600 号及聚氧乙烯-聚氧丙烯嵌段型聚醚与常用的阴离子分散剂的复配物具有润湿性和悬浮性好、起泡性低的优异性能。

4. 展着剂

农药展着剂的基本性能是湿展性和固着性,但近年来又对农药展着剂提出新的要求,如要具有抗蒸腾性、低泡性、延效性和增效性、低药害性、易生物降解性等性能,因此出现了一大批展着剂新品种。常用非离子展着剂有烷基芳基聚氧乙烯醚、二壬基酚聚氧乙烯醚、月桂醇聚氧乙烯醚、聚氧乙烯己糖醇脂肪酸酯、椰子油醇聚氧乙烯醚树脂酸酯、聚丙烯酸钠、木质素磺酸钙、二烷基丁二酸磺酸盐、烷基酚聚氧乙烯醚磺酸盐等。我国生产和应用的农药 TP 系列展着剂是非离子与阴离子表面活性的复配物,用作农药喷雾助剂,对杀虫剂、杀菌剂、除草剂和作物生长调节剂都有一定的增效作用,可提高药效 5%～15%。

5. 抗氧化稳定剂

在农药加工后的贮存过程中,表面活性剂还能抑制药物的氧化速度。药物的氧化性也是常见的性质之一,主要发生在醛类、醇类、酚类、肼类等含有易氧化基团的药物中,如链霉素氧化后成为无效的链霉素酸,PEG 类表面活性剂对链霉素有稳定作用,室温下存放 1.5 年仅失效 15%。

8.1.2　表面活性剂在农药剂型加工中的应用

在农药剂型加工过程中,农药分散体系的稳定性是农药加工过程中非常重要的指标,表面活性剂作为一种农药助剂,吸附于农药微粒表面形成不同的分散体系,不但可提高制剂的稳定性和农药的使用效果,还可减小农药的用量,减轻农药对环境的影响,并为农业生产带来巨大效益。农药剂型主要包括液-液、固-固、固-液和气-气四种分散体系,分散相的农药微粒之间存在排斥力和吸引力,当斥力大于引力,农药分散体系就稳定,当引力大于斥力,农药分散体系就聚沉,表面活性剂在农药微粒表面吸附能形成稳定的分散体系,可以用如下理论解释:一是双电层理论,农药微粒吸附离子型表面活性剂形成的双电层之间存在着静电相互作用,使相同农药微粒之间产生斥力;二是空间稳定理论,农药微粒表面上吸附的大分子表面活性剂形成一定厚度的分子膜保护层,从空间上阻碍了微粒相互接近,进而阻碍它们的聚结。

1. 可湿性粉剂

可湿性粉剂是由农药原药、填料、表面活性剂(润湿剂、分散剂)、辅助剂经过粉碎加工制成的粉状机械混合物。一般细度为99.5%能通过200目筛。加水后能分散在水中,当稀释成田间使用浓度时,能形成一种稳定的、可供喷雾的悬浮液。可湿性粉剂具有很多重要的性质,如流动性、可湿性、分散性、悬浮性、低发泡以及物理和化学的贮存稳定性。可湿性粉剂农药的润湿好坏决定于是否选择了合适的润湿剂及浓度。

在可湿性粉剂加工过程中,由于药剂是在水中不溶的、粒子磨得很细的固体,表面活性剂可吸附于加工过程中形成的粒子表面,防止粒子再聚集,也有助于粒子粉碎加工,同时又使粒子被水所润湿。然而,因为含微细粒子的分散体是不稳定的,所以药剂的粒子具有强烈絮凝的倾向。絮凝是由相互接近的粒子间的范德华力所致。为了抵消范德华力需要一种斥力,斥力就是通过在配方中加入表面活性剂来提供,有静电斥力和空间斥力两种类型的斥力起作用,这取决于表面活性剂的离子特性。表面活性剂可用于增进可湿性粉剂粒子在水中的分散、悬浮,也防止可湿性粉剂悬浮液在被应用之前发生絮凝。

2. 乳油

乳油是在原药中加入有机溶剂和乳化剂,均匀混合制成的透明状液体,其中不含有水分,性状稳定,耐贮存,在喷洒时用水稀释,原药能均匀分散在水中,乳油的防治效果好,是用得较多的剂型。

乳油需要有较高的乳化稳定性,配成稀释液后,至少在2小时内不破乳,此外还要求有良好的分散性。表面活性剂在乳油中的主要作用是在乳油应用之前将在有机溶剂中存在的原药乳化进入水中,乳油以水稀释,产生水包油型乳状液,防止乳状液分层沉积或絮凝,从而保持所形成的乳状液呈稳定状态。导致乳状液破坏的因素为液滴间的液膜变薄直至发生液滴破坏和液滴间的结合,小液滴聚结成大液滴分离出来。另外奥氏熟化是另一个造成乳状液不稳定的原因。奥氏熟化是基于两液体完全不混溶这一事实。因此液滴间分子通过连续相可以从小液滴转移到大液滴。这一推动力是小的液滴和大的液滴溶解度上的差异,被吸附的表面活性剂的存在有助于降低这一推动力。所以在乳油加工过程中,表面活性剂是农药乳油的主要助剂。农药乳油中的乳化剂至少应有乳化、润湿和增溶三种作用,乳化作用主要是使原药和溶剂以极微细的液滴均匀地分散在水中,形成相对稳定的乳状液;增溶作用主要是改善和提高原药在溶剂中的溶解度,增加乳油水合度,使配成的乳油更加稳定,制成的药液均匀一致;润湿作用主要是使药液喷洒到靶标上能完全润湿、展着,不易流失。

表面活性剂体系的亲水亲油性能直接影响农药乳油的分散、乳化、湿润、渗透等性能。经过实践,一般采用HLB值小的阴离子表面活性剂,如烷基苯磺酸钙,或HLB值大的非离子表面活性剂,如壬基酚聚氧乙烯醚的复配物。聚合物型非离子表面活性剂,分子质量大,分子链较长,有的主分子链上还带有分支,成梳状结构,具有易形成空间网状骨架的可能性,故该类表面活性剂常用于农药乳油体系中。

乳油中乳化剂用量与原药有关,一般在3%~5%之间。如对硫磷、马拉松、杀螟松等乳化剂和溶剂的使用量较少,恶草灵、草枯醚等,乳化剂与溶剂的使用量较大。原药含量高的乳油制剂所用的乳化剂主要有非离子类的磷酸酯、烷基酚聚氧乙烯醚、二酚聚氧乙烯醚、失水山梨醇脂肪酸酯、失水山梨醇蓖麻油以及油溶性烷基苯磺酸盐等。原药含量低的乳油制剂所用的乳化剂主要有土耳其红油铵盐、烷基苯磺酸铵、烷基酚聚氧乙烯醚、失水山梨醇脂肪酸酯、失水山梨醇蓖麻油、油溶性烷基苯磺酸盐。此外,苯乙烯酚聚氧乙烯醚、聚氧乙烯-聚氧丙烯嵌段型聚醚也常用于乳油配方中。

3. 悬浮剂

悬浮剂通常是由原药、载体、助剂(分散剂、增稠剂、抗沉淀剂、消泡剂、防冻剂)和水等组成的悬浮体。将农药原药和载体及分散剂混合,利用湿法进行超微粉碎形成黏稠流体,其由不溶或微溶于水的固体原药借助某些助剂,通过超微粉碎比较均匀地分散于水中,形成一种颗粒细小的高悬浮、能流动的稳定的液-固态体系。有效成分的含量一般为 5%～50%,平均粒径一般为 3 μm 左右,是农药加工的一种新剂型,因使用时不需形成新的分散体系,故深受欢迎。

在悬浮剂加工过程中,表面活性剂作为基本组分起着重要的作用,它吸附在原药预混物粒子的表面,将有效成分的粒子表面润湿,排出粒子间的空气。当相邻粒子上气泡聚集时,残留在研磨后粒子表面上的空气引起絮凝作用,降低分散体的稳定性。值得注意的是,在制造和应用悬浮剂过程中,应避免泡沫形成。因为泡沫可降低有效成分的均匀性和在田间的使用效果。乙氧基烷基芳基苯酚类因具有非常低的起泡性,常被用于该剂型中。此外,该剂型中有效成分的粒子很细,由于范德华力的作用,分散的粒子具有内在不可逆的絮凝倾向,而表面活性剂能够在粒子周围形成扩散双电层,产生电动电势,从而阻碍粒子之间的聚结合并。表面活性剂也可通过吸附在粒子界面上形成一个致密的保护层,通过"位阻"作用迫使粒子分开,防止沉淀的生成,从而增加悬浮剂的稳定性。制备中添加的表面活性剂也起助研磨剂作用。在研磨过程中,表面活性剂有助于再润湿和分散形成新的粒子,避免产生糊状物,阻塞研磨室孔。考虑到在研磨过程中体系温度会升高,通常所用的表面活性剂其浊点应大于 60℃。若浊点较低,在浊点时可能发生表面活性剂从粒子上解吸。

4. 微乳剂

农药微乳剂是由原药、有机溶剂、水、表面活性剂、助表面活性剂构成的透明或半透明稳定的胶体分散体系。农药微乳剂型一般由加入很少量有机溶剂使原药溶解,以水为介质,添加非离子表面活性剂或非离子和阴离子表面活性剂的混合物、低碳醇(为助表面活性剂)以及其他助剂(防冻剂、消泡剂、稳定剂等)配制而成。表面活性剂在水溶液中形成胶束,这种胶束像一个"微贮存器",将不溶或微溶于水的有机农药增溶分散"贮存"在胶束中。因此微乳液也被称为"溶胀的胶束"或"增溶的胶束"。由于含有有效成分的胶束粒子的尺寸远小于可见光的波长,在外观上呈现为透明或半透明均相体系。

我们知道,与普通乳液不同,微乳剂是一个热力学稳定体系。表面活性剂的选用也不像乳油那样有成熟的理论。目前关于微乳剂中表面活性剂的选择还没有一套完善的理论。许多配方研究都以混合膜理论和增溶作用理论为基础,并结合表面活性剂的 HLB 值和临界胶束浓度(cmc)加以综合考虑,选择时应注意:① 对非离子表面活性剂而言,因其亲水基团对温度非常敏感,当体系温度靠近三相区浊点线略低时,形成 O/W 型微乳,升高温度,亲水性下降,体系变浑;当温度略高于三相区的浊点线时,形成 W/O 型微乳。因此单独使用非离子表面活性剂制成的微乳,温度范围窄,缺乏商品价值,应考虑与阴离子表面活性剂复配使用。

② 对离子型表面活性剂而言，无浊点现象，其亲水亲油性对温度不敏感，可用加助表面活性剂的方法来调节，一般使用中长链的极性有机物。例如醇，$C_3 \sim C_5$ 醇易形成 O/W 型微乳，$C_6 \sim C_{10}$ 醇易形成 W/O 型微乳。此外水相中加入盐可调节离子型表面活性剂的亲水性，有利于微乳的形成。用强亲水和强亲油或弱亲水和弱亲油作用于表面活性剂和助表面活性剂，均可组成亲水亲油接近平衡的混合膜，而后者形成的微乳的范围比前者大得多。③ 非离子与离子型表面活性剂复合使用可以扩大微乳的使用范围。目前在农药微乳液的配制中常采用这种复配形式，有时以醇和盐等作为调节剂，扩大微乳的使用范围。④ 乳化剂的用量与农药的品种、浊度及配成制剂的浓度有关。一般来说，为获得稳定的微乳剂，需加入较多的乳化剂，其用量通常为油相的 $2 \sim 5$ 倍。

表面活性剂在其他农药剂型加工中也有广泛应用，其基本作用原理已在上述介绍中作了交代。

8.1.3　表面活性剂对农药有效利用率的影响

农药喷雾后，雾滴沉积在植物叶片的表面上，会发生雾滴扩散和水分蒸发的动力学过程，造成有效成分的质量浓度逐渐升高，或沉积在叶片表面，或被叶片吸收，所有这些除与农药有效成分的化学性质有关外，还与植物叶片的结构、表面活性剂的结构与性质有关。

1. 植物叶片结构的特征与农药沉积分布的关系

高等植物的叶片一般由表皮、叶肉、叶脉三部分组成，叶面即指叶片表皮的外侧，覆有蜡质层和角质层。作物叶片最外层的蜡质层由脂肪酸、酯类、酮、醇、类萜、醛等有机物组成，具有防止水分损失、物理伤害、病菌侵入，抗寒以及减少太阳辐射造成的伤害等多种作用。表皮的蜡层主要以两种形式存在，一种是晶状，一种是不规则状，前者主要存在于禾本科植物，后者主要存在于阔叶作物，晶状的蜡层对农药在叶面的铺展是不利的，位于蜡质层以内的角质层，其组成成分较为复杂，不同植物叶片的角质层化学成分、结构、形态等有很大差异。角质层的外层几乎完全由疏水的角质组成，内层由含有一定数量角质的纤维素和果胶混合物组成。植物角质层是药液叶面沉积与吸收的重要屏障，农药在角质层的滞留、渗透及组织吸收效率直接影响化合物的活性和选择性。同时叶片表面的毛刺、附着物更是形态繁多，许多植物的叶片表面还有多种能分泌特殊液体的腺体，这些叶面附着物对农药喷洒物的沉积和黏附行为有很重要的影响。

当药液的雾滴沉降到植物叶片表面上时，不论是粗大的雾滴还是微小的雾滴，可能出现的情况有三种：一是微小的雾滴可能落入叶片毛刺或其他毛刺物之间，这种情况最有利于雾滴与药液牢固地被叶片表面持留；二是雾滴被夹持在毛刺物之间，这种情况也有利于雾滴或药液比较稳定地被叶片表面持留，但也可能受到振动而脱落；三是雾滴比较粗大时，如果雾滴没有被弹落，也只能被架空在毛刺物之上，处于极不稳定的状态。在后两种情况下，若药液有较强的湿润铺展能力，就有可能借助于药液的湿润铺展作用而扩散到毛刺之间而得以比较稳定地被叶面持留，但是粗大的雾滴却仍将由于容易发生流失现象而从叶面表面脱落，只有细雾滴在任何情况下都能够被叶面有效地持留。

2. 表面活性剂对植物叶面结构的影响

表面活性剂具有乳化、分散、润湿和渗透等作用，在农药的施用中广泛地被用作添加剂。

表面活性剂可以改善药液在植物叶面的物理及化学特性，增加叶片对有效成分的吸收，使药液得到更有效的利用。表面活性剂在植物叶面上吸附后，会与气孔和蜡质层发生一定的相互作用。表面活性剂也能引起气孔的运动。如用 Tween80 的水溶液处理玉米叶片后，发现叶片的蜡质有溶解现象，并且使叶子的蒸腾作用扩大了 1～3 倍，在油菜、蚕豆等植物叶面喷洒辛基酚聚氧乙烯(10)醚(OP-10)或壬基酚聚氧乙烯(10)醚(NP-10)的溶液后，由于表面活性剂与膜和蛋白质相互作用引起了叶片枯斑和组织损伤，甚至增加了乙烯的释放量，引起对植物的药害。

有学者研究烷基聚氧乙烯醚和蔗糖脂肪酸脂对大豆叶片气孔、蜡质层、乙烯释放量等的影响，结果表明，表面活性剂在不同程度上调节大豆叶片气孔开闭、蜡质层的溶解和乙烯的释放量。例如，随着表面活性剂浓度的增加，气孔逐渐打开，表面活性剂质量浓度继续增加，气孔的孔径达到最大后逐渐关闭，蜡质层的溶解度随表面活性剂质量浓度的增加而逐渐增加，低质量浓度时，乙烯的释放量几乎不受影响，但表面活性剂的质量浓度进一步增加时，乙烯的释放量增加。

3. 表面活性剂对药液在植物表面行为的影响

表面活性剂能够降低药液的表面张力，提高药液在叶片表面的润湿作用和药剂的渗透率，从而提高农药剂量的有效转移，直接或间接地提高农药的有效利用率。

① 提高药液在叶片表面的润湿作用

不同作物的叶面蜡质其化学组成、晶体类型、分布密度有很大差异，而且随叶龄、作物营养状况、环境条件等发生变化，使得各类作物叶片表面能明显不同，造成不同植物的亲水-疏水性存在差异，从而影响药液在叶面的滞留。根据水在叶面上湿润铺展情况，可将植物分为亲水型植物和疏水型植物，因此应根据不同植物类型选择合适的表面活性剂，使药液最大程度地在叶面润湿、持留。

在第二章中已介绍了液体在固体表面的润湿作用分为沾湿、浸湿和铺展三种类型。沾湿过程就是当液体与固体接触后，将液-气和固-气界面变为固-液界面的过程。浸湿过程是指固体浸入液体内，液体附着于固体表面并渗入其中。铺展指气-固界面被液-固界面取代的同时，液体在固体表面扩展的过程。农药喷洒到植株上以后，不仅要求能黏着在植株上，如能自动铺展，增加单位体积药量能覆盖的面积，就能获得更好的防治效果。与农药喷洒有关的主要是沾湿和铺展。一般将接触角 90°作为是否湿润的标准。从接触角的大小可以判别液体在植物叶片表面的润湿程度，接触角越小润湿性就越好。当液体在叶片表面的接触角 $\theta > 90°$ 时，润湿性就差，液体容易从叶片表面滚落；当液体在叶片表面的接触角 $\theta < 90°$ 时，液体能牢固地附着在固体表面，甚至能完全铺展在叶片表面。

选择合适的表面活性剂，能够减少药液在叶片表面的接触角，降低药液表面张力，改善药液在叶片表面的润湿作用。当药液与叶片的接触角为 0°时，液体可以在叶面完全润湿，此时药液的表面张力称为该植物叶片的临界表面张力。临界表面张力的概念首先由 Fox 和 Zisman 提出，其值的计算方法是：根据溶液在固体表面上的接触角随溶液的表面张力下降而减小，$\cos\theta$ 与溶液表面张力存在线性关系，以接触角 $\cos\theta$ 对溶液的表面张力值作图可以得到一条直线，将直线外延至 $\cos\theta = 1$ 处，相应的溶液表面张力即为该固体的临界表面张力，植物叶片的临界表面张力也是利用这种方法测定的。不同作物叶片的临界表面张力有明显的差异,如果表面活性剂对药物的表面张力未降到作物的临界表面张力值,药液就不会在叶面完全润湿,从而影响其效果。沉积在植物叶片表面上的雾滴只有当液体的表面张力小于固体表面的临界表面张力时,才能在固体表面很好地湿润铺展,增加植物或防治对象表面药液的持有量,提高农药的有效利用率。

②　提高叶面对农药的吸收

表面活性剂是农药的非生物活性组分。但由于农药是洒施在作物上使用的,农药的表面活性剂对靶标生物将产生影响。表面活性剂对农药的增效性是表面活性剂作用于靶标生物产生有效影响的表现,它改善了农药在植物叶面和防治对象表面的分布和附着,增加生物体对药剂的吸收和药剂在生物体内的输导,从而提高了农药的生物活性。

低质量浓度表面活性剂对化合物尤其是亲脂性化合物吸收的增加作用弱,这可能与表面活性剂的渗透能力弱有关,增加表面活性剂质量浓度能增加表面活性剂的渗透,刺激化合物的生物学活性,促进吸收。此外,乙氧基化非离子表面活性剂中的环氧乙烷(EO)的含量影响除草剂的吸收。一些研究显示乙氧基化表面活性剂提高了活体植株和离体组织对除草剂的吸收,大部分工作涉及表面活性剂脂肪族部分的变化和环氧乙烷链的长度。从这些研究中推断出亲脂性农药的吸收比较偏向于加入低 EO(5-6EO)的非离子表面活性剂,它有好的铺展性和低的表面张力,而水溶性农药的吸收最好是含高 EO(10-20EO)的表面活性剂,其具有较低的铺展性。低 EO 表面活性剂通过改变表皮的物理成分以提高亲脂性除草剂的吸收,高 EO 的表面活性剂性能增加对水溶性化合物的吸收,它与低 EO 表面活性剂相比增加了表皮的水渗透性,表面活性剂的 EO 量对极性中等的化合物几乎不产生影响。另外高 EO 表面活性剂也能够增加表皮蜡质的流动性、水的渗透性以及保湿功能。带长 EO 链(10-20)的表面活性剂促进草甘膦的吸收,至少部分归功于施药后它们在叶片表面上的停留能力,高 EO 表面活性剂通过除草剂呈液体状或凝胶状来防止其晶状化。

表面活性剂能够提高农药分子的通透性。表面活性剂不但能够破坏植物或者昆虫上表皮蜡层,也能够破坏内表层的蛋白质作用:一方面使上表皮蜡层乳化使脂溶性的农药分子更容易通透;另一方面,表面活性剂的亲水部分和亲脂部分与植物或者昆虫表皮蜡层的亲水部分及亲脂部分形成一桥梁,增加药剂的通透性。表面活性剂可以影响药物分子在生物膜中的渗透行为,表现在两个方面:一方面,表面活性剂可以通过改变药物的增溶量,控制其渗透率,甚至改变其活性;另一方面,表面活性剂可以改变生物膜的流动性或改变生物膜对脂类药物分子的溶解、排斥能力,从而改变药物在生物膜中的渗透行为。

药剂如何穿过界面进入生物体,尚无明确的理论阐述,可以设想液体表面上的表面活性剂单分子层与生物体表面蜡质层分子借助范德华力"铰链"而形成一种特殊的非永久的"膜",以水为介质的药液,其表面活性剂的亲脂部分指向液体表面外侧,与生物体表面蜡质分子很容易亲和,相互铰链成为一种"假性膜"。在假性膜存在期间,药液内部的药剂有效成分必须通过假性膜进入生物体表面蜡质层中,转而进入生物体内。Langmuir 用硬脂酸钡单分子的水溶液,在玻璃上拉膜浸沾而获得了附着在玻璃膜上的单层膜(Langmuir 膜),多次反向浸沾即可形成多层交替排列的复合 LB 膜(Langmuir-Blodgett 膜),这有助于证明叶表面上假性膜确实存在。药液中的农药有效成分也必须通过上述假性膜才能进入生物体。Hartley 等对农药进入生物体的方式曾提出三种情况:一是药液不能与生物体亲和,服从溶质分配原理,按照一定的分配系数进行分配,使有效成分逐渐从药液转移到蜡质层中;二是药液的溶质能够溶入表皮蜡质,此时有效成分随溶剂直接进入蜡质层中扩散分布并继续向生物体内渗透;三是极性溶剂如庚醇等虽能与表皮蜡质层亲和但不能溶解或溶入蜡质层,使表皮下面的角质层或几丁质层发生溶胀而有利于有效成分的通透。含有表面活性剂的水质药液就属于此种情况。除第二种情况外,其他两种情况只有用假性膜确实存在才能做出进一步解释。

近年来发现一类有机硅表面活性剂聚环醚改性聚二甲基硅氧烷(silwet L-77)具有很强的湿润铺展能力和对于疏水性表面的极强附着力,含此类表面活性剂的水溶液滴落到强疏水的表面上时,药滴不会发生弹跳现象,而是立即牢固地黏附在表面上,并迅速展开,使药液形成极薄的液膜,这种液膜能沿气孔边沿"溢入"植物叶片或者昆虫的气孔,同时把药剂的有效成分带入。

8.2　表面活性剂在化肥中的应用

在肥料中添加表面活性剂,可起到乳化稳定、抗结块、增溶及提高肥效的作用。随着化肥工业的发展、施肥水平的提高和环保意识的增强,对化肥生产和产品也提出了更高的要求,表面活性剂作为肥料添加剂主要用于化学肥料和叶面喷施肥料的生产。

8.2.1　表面活性剂在叶面肥料中的作用

经济合理地施肥是作物增产、提高质量的重要措施之一。随着施肥技术的进步,叶面施肥已经成为强化作物营养和防治某些缺素病状的一种施肥措施,表面活性剂的引入使得适合于滴灌、喷灌的全水溶性和悬浮性肥料实现商品化,已得到广泛推广和应用。目前我国市场上销售的叶面肥料主要有增产菌、植宝素、喷肥宝、叶面宝、快丰收等几十个品种,具有很强的增产能力,给农业带来了很大的经济效益。

表面活性剂在叶面肥料中的应用主要体现在四个方面:

1. 作为叶面肥料本身的乳化剂来稳定液体。叶面肥料多为高浓度水剂,含有多种微量元素和有机成分,需要用良好的乳化剂使液体保持稳定而不分相。

2. 作为叶面肥料的增溶剂来提高和改善肥料在水中的溶解性能。

3. 作为叶面肥料的附着剂,使有效成分在叶面上牢固吸附,以便于吸收和充分发挥肥效。

4. 作为叶面润湿、展着剂,要求其具有很好的润湿性、抗蒸腾性、低泡性、延效性、增效性等。有研究报道脂肪酸聚氧乙烯酯及烷基酚聚氧乙烯醚表面活性剂的叶面润湿性较强。

8.2.2　化肥防结块用表面活性剂

表面活性剂作为化学肥料的防结块剂具有重要意义。结块问题是化肥工业长期以来亟待解决的问题,特别是碳酸氢铵、硫酸铵、硝酸铵、磷酸铵、尿素和复合肥料等都易发生结块现象。化肥结块严重影响了肥效,并给贮存、运输和使用带来不少困难。例如结块的碳酸氢铵在运输中很容易破包,在 $26\sim28$℃的气温下存放 10 天,氮素损失可达 75.4%。由于其累积分解,施入土壤后肥力也不能完全被利用。

化学肥料在贮存、运输过程中，一方面，由于物理原因，如环境温度、湿度、压力和贮存时间等外部因素或颗粒粒度、粒度分布、吸湿性、溶解性和晶型等自身因素，导致肥料颗粒表面发生溶解，水分经蒸发后重结晶，然后颗粒间发生桥接作用而结块。另一方面，由于化学原因，如晶体表面化学反应或晶粒间的液膜中发生复分解反应，有杂质存在的晶粒表面在接触中产生化学反应，与空气中的氧或二氧化碳发生化学反应而形成坚硬的块状物。例如尿素、硝铵、硫铵、氯化钾和复合肥料易受物理因素的影响而结块，过磷酸钙和重过磷酸钙易受化学因素的影响而结块。

为了防止化肥结块，除了在化肥生产、包装和贮存过程中采取防范措施外，在化肥中添加防结块剂是最有效的方法。用作防结块的表面活性剂有：阴离子型，如烷基磺酸盐及其中间体烷基磺酰氯、烷基苯磺酸盐、α-烯烃磺酸盐和脂肪酸铵等；阳离子型，如脂肪胺盐酸盐、季铵盐等；非离子型，如脂肪醇聚氧乙烯醚、烷基酚聚氧乙烯醚、脂肪酸聚氧乙烯酯和烷基胺聚氧乙烯醚等。另外将水溶性或非水溶性高分子化合物增溶于表面活性剂浓溶液中，形成高分子-表面活性剂复合物，用作化肥防结块剂，其效果比单用表面活性剂显著。例如，用十二烷基苯磺酸钠增溶的聚乙酸乙烯酯乳液直接或稀释后处理尿素、硫胺、氯胺等，收到显著的防结块效果。

用作防结块的表面活性剂总体要求如下：

① 混入产品后，应具有持久的防结块能力。

② 具有良好的化学稳定性。

③ 没有明显地降低产品的质量。

④ 产品的使用无不良影响。

⑤ 处理、使用方便。

⑥ 可被生物降解。

⑦ 不显著增加产品成本，即添加剂价格不高或用量不大。

表 8-1 列出了一些表面活性剂用于肥料防结块剂的实例。

表 8-1　肥料防结块用表面活性剂及处理方式

表面活性剂	处理方式	适用的肥料品种
（1）烷基硫酸盐、烷基苯磺酸盐、烷基萘磺酸盐等阴离子型	颗粒表面处理	硫铵、硝铵
（2）上述阴离子型与膨润土、高岭土复配，脂肪酸及其衍生物、烷基铵盐	颗粒表面处理	尿素、复合（混）肥料
（3）烷基苯磺酸铵、仲烷基硫酸铵、十五烷基磺酰氯等阴离子型和二氰二胺两性型	颗粒表面处理或参与结晶过程	碳酸氢铵
（4）$C_{17} \sim C_{21}$ 烷基胺	颗粒表面处理	氯化铵
（5）高分子-表面活性剂复合物、脂肪胺矿物油剂。其中高分子为聚乙酸乙烯酯、聚乙烯醇缩丁醛、聚丙烯酸酯、聚乙烯醇及其部分乙缩醛合物、聚乙烯烷基醚、聚乙烯丙烯酰胺。表面活性剂为烷基硫酸盐、烷基苯（萘）磺酸盐、烷基（芳基）聚氧乙烯醚	颗粒表面处理或参与结晶过程	磷铵、过磷酸钙、尿素、重过磷酸钙、硝酸磷肥、硫胺、氯化铵
（6）胺盐阳离子型或与惰性剂的复配	颗粒表面处理	硝铵、复合（混）肥料

8.2.3　表面活性剂防结块的机理

1. 阴离子表面活性剂对硫铵、硝铵等化肥有明显的防结块作用,其作用机理主要是表面活性剂吸附在结晶体的晶面上,对结晶习性产生影响,改变了结晶的形状和成长速率,从而制得较大粒度的结晶,防止颗粒间接触,在晶粒间产生机械隔离效果。同时阴离子表面活性剂与膨润土、高岭土等并用,防结块效果更佳。

2. 阳离子表面活性剂对肥料有良好的防结块效果,烷基链越长效果越好。其作用机理是阳离子表面活性剂在肥料晶体颗粒表面吸附,形成疏水膜,使颗粒与大气的水分交换受到阻碍,从而抑制了晶体表面的溶解和重结晶过程,起到防水作用。如烷基胺盐阳离子表面活性剂用于硝铵,脂肪胺、季铵盐阳离子表面活性剂用于尿素、硫胺、复合肥料均显示良好的防结块作用。

3. 一般泛用的非离子表面活性剂对肥料没有防结块的效果,但 HLB 值低的失水山梨醇脂肪酸酯、甘油脂肪酸酯等,若能在肥料颗粒表面形成均匀涂层,利用其防水作用也有一定的防结块效果。

4. 高分子-表面活性剂复合物防结块作用的机理是:处理的肥料干燥后生成许多小针状结晶,从而导致肥料颗粒结晶习性改性,产生出疏松的晶体,所以肥料即使多次反复溶解,干燥后也不会结块。

8.2.4　表面活性剂在化肥中的其他作用

1. 缓释剂

表面活性剂用作肥料缓释剂其目的是提高肥料的利用率,采用一些表面活性剂以物理或化学的方法加入到扑粉剂、添加剂中形成包裹或微胶囊层,所制得的产品在施入土壤中能有效地控制肥料的养分释放速度(如对尿素等氮肥品种)或减少有效磷在土壤中的固定,以减少养分的流失和低效释放。这种表面活性剂要求持续时间长、对环境的污染和残留毒性均较低。目前文献报道比较有效的尿酶抑制剂有 O-苯基磷酰二胺(PPD),N-丁基硫代磷酸三胺(NBPT)、氢醌和硫脲等,其作用是延缓尿酶对尿素的水解,使较多的尿素能扩散移动到土表以下的土层中,以减少氨挥发损失。比较有效的硝化抑制剂有 2-氯-6-三氯甲基吡啶(CP)、胨基硫脲(ASU)、1,2,4-三唑盐酸盐(ATC)和双氰胺(DCD)等,其作用是抑制硝化速率,减缓铵态氮向硝态氮的转化,从而减少氮素的反硝化损失和硝酸盐的淋溶损失,此外还减少消化过程中 N_2O 的逸出和 NO_2-N 的积累以及改善作物的品质,如国内开发的"长效碳铵"就是选择了 DCD 作为硝化抑制剂。

2. 颗粒崩解剂

粉状肥料由于存贮、施用不便而逐渐淡出市场,取而代之的是肥料颗粒剂的广泛使用。如钙镁磷肥、过磷酸钙、氯化钾等颗粒肥料深受欢迎。在颗粒肥料的使用过程中,要求其在施入土壤后应具有较好的崩解性(即速散性),以便使肥料与土壤植物根系有较大的接触面积,利于养分的吸收。颗粒肥料崩解剂是在肥料造粒时加入,使得肥料颗粒能在水中或土壤中崩解溶于或分散于水和土壤中。用作崩解剂的表面活性剂有 $C_8 \sim C_{18}$ 烷基磺酸盐、α-烯基磺酸盐、脂肪酸-N-甲基牛磺酸盐等。

3. 减水剂

减水剂是在不影响料浆(或矿浆)流动性能等条件下而使用水量减少的一种添加剂。表面活性剂作为减水剂在磷复肥生产中使用的一个主要领域是湿法过磷酸钙生产。湿法磨矿具有噪音低、环境污染程度轻等优点。加水量低,则矿浆黏度过高,不利于矿浆的流动,尤其对于亲水性磷矿;加水量高,不仅导致产品物性变差、易结块,而且易使产品水分含量超标成为不合格产品。选择合适的减水剂就能对磷矿颗粒起分散作用,降低矿浆的黏度,增强矿浆的流动性。常见的减水剂有木质素系、磺化煤焦油系、腐植酸盐系阴离子表面活性剂以及烷基酚(脂肪醇)聚氧乙烯醚非离子表面活性剂。

4. 消泡剂

在化学肥料生产搅拌、流动、过滤等操作中,常因空气的混入而产生大量的气泡,而气泡在溶液中又不易消散,给进一步加工操作造成困难。为了消除这些弊端,必须添加消泡剂以防止气泡的生成或使已经生成的气泡能迅速破灭或逸出。消泡剂是一种能降低空气和溶液的界面自由能从而使气泡难以生成或形成后又消失的物质。消泡剂的种类主要有低级醇系、有机极性化合物系、矿物油系和含硅表面活性剂等。低级醇系只有暂时性破泡性能,因此仅用于泡沫增加时的临时消泡。含硅表面活性剂具有良好的破泡能力和抑泡能力,但价格较高。矿物油系消泡剂价格最为低廉,但性能不如含硅表面活性剂。有机极性化合物系消泡剂的消泡能力和价格均处于含硅表面活性剂和矿物油系之间。

8.3　表面活性剂在农业生产中的应用

表面活性剂在农业生产中作为增糖剂、水分蒸发抑制剂、杀菌剂、保鲜剂等发挥了重要作用,收到了良好的经济效益。

8.3.1　表面活性剂的增糖作用

提高甘蔗和甜菜的产糖量有多种途径,其中一种较有效的方法是采用施用表面活性剂加速甘蔗和甜菜的成熟过程(即催熟),以增加它们的含糖量,故该类表面活性剂起到了增糖剂的功效。增糖用表面活性剂应具有高表面活性,能缩短甘蔗和甜菜成熟期,增加它们的产糖量;自身又很稳定,在预期的成熟期内不失效,使用方便灵活;在土壤中残留度低,能自动分解或被土壤中的细菌吸收,不造成污染。

蔗糖用表面活性剂按化学结构可分为有机酸、胺、酯、盐及其衍生物;按离子类型可分为阳离子、阴离子、非离子和两性型;按施用对象可分为甘蔗增糖剂和甜菜增糖剂。

增糖剂的使用方法,通常都是以溶液或悬浮液的形式在收获前几周喷洒于糖用植物上,一般以水为溶剂,也可用无毒矿物油制成水包油或油包水型乳液复合成一定量载体,配成悬浮液使用。表面活性剂的用量以能够达到催熟作用为准,最佳用量随所用表面活性剂、环境条件、使用时间、甘蔗年龄和品种而异。配好的表面活性剂载带在惰性固体粉末(如黏土)上使用。

甘蔗及甜菜等糖用植物经施用增糖剂后,其含糖量可以提高 1.5% 以上,产糖量可提高 20% 以上,此外还可提高糖的纯度。

一些增糖剂品种及最佳施用时间和用量列于表 8-2 中。

表 8-2　部分增糖剂品种及使用方法

表面活性剂	最佳使用时间	最佳应用量 （10^{-4} kg · m^{-2}）	糖用植物
2,3,6-三氯苯甲酸及其盐	成熟前 2～4 周	0.56～4.48	甘蔗
烷基三甲基卤化铵	成熟前 3～8 周	5.6～11.2	甘蔗
聚氧乙烯失水山梨醇脂肪酸酯	成熟前 3～8 周	4.43～67.2	甘蔗
N-苯基磺酰-N-膦羧甲基甘氨酸	成熟前 3～7 周	0.11～0.56	甘蔗
N-膦酸甲基甘氨酸胺	成熟前 3～7 周	0.56～5.6	甘蔗
N-全氟酰基-N-膦羧甲基甘氨酸	成熟前 3～7 周	0.11～5.6	甘蔗
马来酰肼三乙醇胺	收获前 3～4 周	1.95～2.25	甜菜
三氯乙酸-β-氰乙酯		8	甜菜
氨基氧化酸		0.25～2.5	甜菜
丁二酸二乙醇胺		3.75	甜菜

8.3.2　表面活性剂的水分蒸发抑制作用

当今世界各大洲陆地面积为 13 070 万 km^2，其中近 35％为干旱或半干旱地区，干旱已成为一个全球性问题。世界耕地总面积 14 多亿 hm^2，其中 43％为干旱或半干旱的耕地。我国的缺水问题十分突出，随着全球气候变暖，干旱加剧，干旱面积不断扩大，干旱缺水和土壤退化已成为制约我国农业持续发展的重要因素。据调查，西北半干旱地区在农田的利用中，土壤表面蒸发浪费水分最多，约占作物总耗水量的一半，占年降水量的 55％～65％。在植物利用降水的部分中，无效蒸腾又占植物利用水分的 95％以上。因干旱造成的粮食减产相当于其他气象灾害造成损失的总和。为解决这一领域的问题，开展了很多科研工作。其中利用化学单分子膜，改变水-空气界面的状态来抑制水分的蒸发，已被证明是一种行之有效的方法。

1. 水分蒸发抑制剂

水分蒸发抑制剂的研究是利用人们对表面活性剂分子结构深入研究的成果，并以单分子表面膜理论为基础，将表面活性剂加入需要防止水分蒸发的体系中，在体系表面形成一层不溶单分子膜，尽可能地占据水体系有限的蒸发空间，使水面有效蒸发面积减少，阻止水分子逸入大气中，从而达到防止水分蒸发的效果。自 20 世纪 50 年代起，美国、澳大利亚、苏联、伊拉克、以色列、印度等国就尝试用表面活性剂作为水分蒸发抑制剂来阻抑水库、湖泊、水塘的水分蒸发，并取得了良好的效果。用作水分蒸发抑制剂的表面活性剂主要是低乙氧基化度的直链脂肪醇聚氧乙烯醚，如 C$_{20}$～C$_{22}$ 脂肪醇聚氧乙烯（1-3）醚、C$_{16}$～C$_{18}$ 脂肪醇聚氧乙烯（1-3）醚以及 C$_{16}$ 脂肪醇和 C$_{18}$ 脂肪醇或它们的混合物。从产品形态看，粉状产品抑制水分蒸发的效果最好，浓缩的分散液和乳状液次之。

现以一用于水库、湖泊、水塘的水分蒸发抑制剂产品为例，展示其应用效果。配方组成为：C_{20}～C_{22}混合醇 7.5％、C_{20}～C_{22}混合醇聚氧乙烯(1.8)醚 2.7％、聚乙烯醇 0.5％、月桂醇硫酸钠 0.25％、水为余量。将配方中各组分混合，制成 10％的乳状液，再用水稀释为 0.1％的乳液，按 20 m^2/g 的用量喷洒于水库、湖泊、水塘等自然水面上，水分蒸发抑制率可达70％，有效期为 3～5 天。利用混合不溶性表面活性剂或长链脂肪醇形成不溶性混合膜，作为水分蒸发抑制剂时，发现偶碳醇与奇碳醇配合使用对抑制蒸发效果有明显提高，如 C_{15} 和 C_{22} 以质量比为 0.25：0.75 混合时抑制率可达 74％。

脂肪醇聚氧乙烯醚分子在水面上形成单分子膜后，会被水的波浪破坏，从而使膜层阻止水分蒸发的效率下降。一般来讲，形成的单分子膜越厚，水浪就越难对其破坏，所以表面活性剂浓度越高，对阻抑水分蒸发越有利。制备水分蒸发抑制剂时，应注意铺展溶液的浓度，一般要求铺展溶液的浓度应足够低，以免成膜分子在铺展时形成缔合结构，影响成膜；但浓度太低，又不利于成膜操作。

在稻田的水面上喷洒水分蒸发抑制剂如 C_{16}～C_{18}脂肪醇聚氧乙烯(1-3)醚、C_{22}脂肪醇聚氧乙烯(1)醚阻抑水分蒸发、提高稻田水温，从而增加稻谷产量。

除了水面抑制蒸发以外，将烷基苯磺酸钠、季铵盐、脂肪醇聚氧乙烯醚等表面活性剂水溶液喷洒于农作物的叶片上，形成一层"单向阀"保护膜。其内侧的疏水基起到排斥和阻止水分从叶片向外蒸发的作用，而外侧的亲水基则有利于空气水分在其表面富集。从而能阻抑植物的水分蒸发，提高作物的抗旱能力，增加作物产量。

2. 液体地膜

液体地膜是一种乳状悬浮液，经喷施后在土壤表层形成一层胶状薄膜，使土壤颗粒联结起来，起到地膜的作用。液体地膜的使用可使土壤表面形成多分子的网状膜，该膜能够封闭土壤表面孔隙，抑制土壤水分挥发，但不影响水分的渗入，同时分散的土壤颗粒可以胶结在一起，形成土壤团粒结构。因此液体地膜覆盖可以提高土壤的温度和含水量。液体地膜的材料不但要能保持土壤水分、抑制蒸发和蒸腾，还要有较强的黏附能力，将土粒连接成理想的团聚体。液体地膜材料主要分为石油及副产品类、化学高分子降解材料及天然高分子降解材料等。

石油及其副产品类液体地膜是使用最早、研究最广的一类。将微小的沥青液滴稳定地分散在水中，借助表面活性剂的乳化作用，形成水包油(O/W)型的稳定乳液。在此基础上，以色列农业部研制成功"ECOTEX"生物降解土壤覆盖聚合体膜，并于 1999 年正式生产应用。该地膜具有提早播种，促进早熟，提高作物产量(花生产量提高 10％、胡萝卜产量提高15％～20％)，调控土壤温度(可升可降)，防止土壤蒸发(节省灌水 15％～20％)，防止土壤侵蚀与沙尘暴等多种功能。

化学高分子材料相对分子质量很大，加水易形成胶体，一般而言，分子链越长，黏结力越大，与土壤的附着作用就更强。可利用其分子链形成巨大网络，使分散的无结构的沙土形成有一定刚性或弹性不易破碎的稳定体，从而达到增温保墒的目的。常见的具有表面活性的高分子材料有聚乙烯醇(PVA)、聚丙烯酰胺(PAM)、氨基聚合物类等。但使用高分子材料往往价格偏高，形成的地膜固体覆盖物较少，保温效果一般，推广应用受到限制。

天然高分子材料包括木质素及其衍生物、多糖类及其衍生物两大类。此类物质来源丰富、溶解性好、吸水性强、无污染，具有易与化学高分子材料交联增强成膜的机械强度，膜失效后可增加土壤的有机质含量，改善土壤团粒结构，固定表土。与前两种材料相比，此类降解液体地膜材料最大的特点在于来源广泛，可大大降低液体地膜产品的成本。改性淀粉主要采用羧甲基淀粉钠。它具有很高的吸水性，在含量很低的情况下即可形成凝胶状成膜液，制得的膜透光率好。研究使用羧甲基纤维素（CMC）制成液体地膜的试验结果表明，添加0.1%的CMC可以使沙土的抗压强度从0.58 MPa提高到1.57 MPa。

在液体地膜中应用最多的表面活性剂是沥青乳化剂，大多为阳离子表面活性剂。除此以外，一些高分子表面活性剂也广泛应用于液体地膜。

8.3.3　表面活性剂在保鲜方面的应用

涂膜保鲜是果蔬花卉采摘后实行的一种防腐保鲜技术。将涂膜保鲜剂喷涂或浸渍在果蔬表面，形成的被膜能起微气调作用，减少氧气进入果蔬内部，显著地抑制果蔬呼吸作用、蒸腾作用、水分蒸发、物质代谢和果色转化等生理生化过程，推迟生理衰老，延长储藏保鲜期，并可防止腐败菌的侵入。涂膜保鲜简单易行，成本低，在常温库内储存能明显地减少果蔬的干耗和腐烂损失，因此近年来国内外广泛推广和应用涂膜保鲜技术，收到了很好的效果。

表面活性剂可单独作为涂膜保鲜剂，也可用作乳化剂与被膜剂、防腐剂、杀菌剂、防霉剂等复配使用。蔗糖脂肪酸酯、甘油脂肪酸酯、失水山梨醇脂肪酸酯、卵磷脂、聚氧乙烯失水山梨醇脂肪酸酯等可作为乳化剂用于配制涂膜保鲜剂，乙酰甘油脂肪酸酯可单独用作涂膜保鲜剂。用作被膜剂的物质有蜡、虫胶、阿拉伯树胶、实用明胶、聚乙烯醇、三甲基纤维素、乙基纤维素、羟丙基纤维素、乙烯-乙酸乙烯酯共聚物、乙酰甘油脂肪酸酯、海藻酸钠、壳聚糖等。配方一：羧甲基纤维素2%、大豆磷脂1%、苯甲酸钠0.15%、柠檬酸0.01%、Tween80 2%、水为余量，制成的保鲜剂涂覆于香蕉表面，可延缓香蕉褐变和变软。配方二：聚乙烯醇4%、蔗糖脂肪酸酯0.5%、甘油单脂肪酸酯1.5%、水为余量。该保鲜剂用于苹果涂膜保鲜。配方三：乙烯-乙酸乙烯酯共聚物50%、二甲苯15%、己烷15%、壬基酚聚氧乙烯醚0.5%、烷基烯丙基聚氧乙烯醚硫酸盐0.5%、水为余量。将该保鲜剂涂在包装用蜡纸上，然后包装水果，可使保鲜纸黏附在水果表面。配方四：吗啉脂肪酸盐3%、石蜡12%、水为余量。用该保鲜剂溶液5 L处理7 500个中等大小的柑橘，能显著降低果实的腐败率和水分蒸发率。

用蔗糖脂肪酸酯、甘油脂肪酸酯、失水山梨醇脂肪酸酯与微晶蜡配制的胶体水溶液适用于柑橘涂膜保鲜；以蔗糖脂肪酸酯、甘油脂肪酸酯、失水山梨醇脂肪酸酯等作为乳化剂或分散剂，与维生素E类化合物或其衍生物以及防腐剂配制成的乳状液，适用于苹果、梨、柿子、柑橘等果品。我国开发生产的SM系列涂膜保鲜剂是用蔗糖脂肪酸酯、甘油脂肪酸酯作为乳化剂，以淀粉为主要原料加防腐剂配制而成的乳液，适用于各类水果的防腐保鲜。此外国内还出现了复方卵磷脂涂膜保鲜剂，该产品是一种以大豆磷脂为主要原料，添加2,4-D钠盐和钙盐及高分子聚合物配制成的生物保鲜剂，用于处理柑橘果实，储存90天腐烂率低于6%，失重率小于10%，果实新鲜度和风味品质良好。

除了果蔬保鲜应用外，鲜花的保鲜对表面活性剂也有很大的市场需求，各种产品层出不穷，如日本东京花王石碱化学公司开发的一种气溶胶或气雾剂形式的鲜花保鲜剂Well-Me，是由C_{22}脂肪醇聚氧乙烯醚配制的，喷在鲜花上可形成一层"单向阀"保护膜，从而阻抑水分蒸发,使鲜花在较长时间内保持鲜艳娇嫩状态。

8.3.4　表面活性剂在种衣剂中的应用

种衣剂是能包于种子表面,能形成具有一定强度和通透性的保护层膜的制剂。当它将药剂包于种子上能立即固化成为种衣,且种衣在土壤中遇水吸胀而几乎不被溶解,保证种子正常发芽生长,而药、肥缓慢释放。常规拌种,药剂易脱落淋失,靶标施药性能低,对人、畜也不安全;浸种或闷种只是播种前对种子进行药剂处理,且在浸种或闷种后需要立即播种,不能贮藏,也不安全。种衣剂的应用很好地解决了这些问题。

种衣剂区别于其他种子处理剂的一个最大特征是它的成膜性。种衣剂的加工形态有悬浮剂型、乳剂或粉状等。种衣剂一般由活性组分(杀虫剂、杀菌剂、微肥、激素等)、成膜组分(高聚物)和助剂(乳化剂、分散剂、渗透剂、稳定剂)组成。

目前我国已登记的种衣剂中,杀虫剂主要有吡虫啉、克百威、甲基异柳磷、甲拌磷、丁硫克百威等,但其中大部分高毒或剧毒农药已被禁用或限用;杀菌剂主要有咪鲜胺、多菌灵、甲基立枯磷、福美双、甲霜灵、三唑酮、戊唑醇、烯唑醇、三唑醇、腈菌唑、甲基硫菌灵、百菌清、禾穗安等。一般用于种衣剂的植物生长调节剂主要有赤霉素、芸薹素内酯等。微肥主要有锌、铁、铜、锰等的硫酸盐和钼酸铵、硼酸等。

成膜剂是种子包衣剂具有成膜性和种衣牢固度的关键助剂,其作用是使种衣剂被包在种子的表面时能立即固化成膜,形成牢固的种衣。成膜性的直观指标用成膜时间来衡量。通常在室温和正常湿度条件下,成膜时间一般为 20 min 左右。符合成膜条件的天然物质有壳聚糖、磺化木质素制剂、树脂、腐植酸盐、淀粉改性物等,它们除具有黏着性外,还具有生物活性;符合成膜条件的合成高分子有羧甲基纤维素钠、聚乙烯醇、聚乙酸乙烯酯、聚乙烯吡咯烷酮、脲醛树脂、聚丙烯酸及聚甲基丙烯酸盐等。

表面活性剂作为胶体分散系统的关键助剂,它有助于种子包衣剂中其他助剂成分和活性成分稳定地分散到整个胶体系统中,发挥着分散剂、稳定剂、乳化剂的作用,以维持胶体的稳定,防止絮结沉淀和发生分解或制剂物理性能改变。同时表面活性剂还起到渗透剂作用,当包衣种子遇到合适的条件吸水萌发时,促进有效成分内吸渗透到种子的内部而起到杀菌和调节作物生长的作用。表面活性剂主要有壬基酚聚氧乙烯醚、脂肪醇聚氧乙烯醚等。例如豆科作物的种子表面涂布含聚乙二醇及表面活性剂的水溶液后,形成一层种衣,可抑制水分蒸发和吸收,并对种子起保护作用,使其不易被损害,能抵抗各种恶劣气候的影响,减少生命活性物质的损失,从而能明显地促进种子发芽和生长。

第九章　表面活性剂在新材料领域中的应用

表面活性剂的两亲性分子结构使其具有独特的性能,如降低表面张力、减小表面能、乳化、分散、增溶等。在水溶液中,当表面活性剂浓度超过临界胶束浓度(cmc)时就会在溶液中形成胶束,随着浓度增加依次形成球形胶束、棒状胶束和液晶相。表面活性剂浓度不同,亲水基的几何形状,特别是亲水基和疏水基在溶液中各自横截面的相对大小不同,从而呈现多种形态。在非极性溶剂中,若有痕量水存在,结果形成反相胶束;若增加水的量,结果形成较大的聚集体,并逐步形成微水相(常有助表面活性剂存在),得到反相微乳液。表面活性剂的这些有序聚集体其质点大小或聚集分子层厚度已接近纳米级数量级,可以提供形成有"量子尺寸效应"的超细微粒的适合场所与条件,而且分子聚集体本身也可能有类似"量子尺寸效应",可使表面活性剂在材料制备中扮演模板剂的角色,其在新材料合成中的应用越来越广泛。

9.1　表面活性剂在纳米材料研究中的应用

纳米材料(nanometer materials)因具有较大的表面能,较难稳定存在,极易发生粒子间的团聚而形成二次粒子,使粒径变大,从而失去纳米粒子所具备的独特性能。在制备过程中,纳米粒子的表面形貌和大小均受其所处环境的影响。表面活性剂具有独特的双亲结构,有良好的吸附性,易形成胶束等聚集体,能调控和稳定制备的纳米粒子。表面活性剂的这些特性为纳米粒子的合成提供了另外一些合成路径。一方面,利用表面活性剂的特性(如形成胶束、反胶束、微乳液等)为纳米粒子的合成提供了模板法、微乳法、水热法、溶胶-凝胶等方法,能较好地控制纳米粒子的尺寸;另一方面,能较好地降低所合成纳米粒子自发团聚现象,增加纳米粒子的稳定性。

9.1.1　表面活性剂与纳米技术的关系

表面活性剂对纳米技术的发展,特别是对纳米材料的制备、应用和生产起着举足轻重的作用。表面活性剂为纳米材料的合成和结构设计提供了多样性和自主性的方法,纳米技术与表面活性剂之间的关系如图9-1所示。

基于表面活性剂与纳米技术的关系,可得到表面活性剂在纳米材料制备中起到如下几方面的作用。

① 纳米微粒大小与形貌的调控作用。表面活性剂分子在溶液中可形成胶束,而胶束的大小和数目是可以通过选择合适的表面活性剂浓度和种类来实现的。常用的表面活性剂形成的胶束像一个个"微型反应器",尺寸都在纳米范围内。利用这些微反应器进行化学反应,

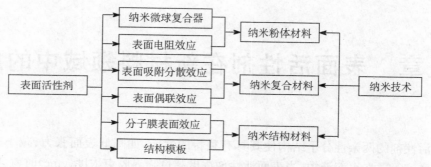

图 9-1　表面活性剂与纳米技术的关系

用于纳米材料的制备,使成核生长过程局限在一个微小的范围内,粒子的大小、形貌都受到表面活性剂组成和结构的影响,为实现纳米粒子的人为调控提供了有效手段。

② 纳米材料表面的改性作用。由于纳米材料的表面具有较高的表面能,因此纳米微粒具有为降低表面能而倾向于团聚的特点。表面活性剂亲水基团具有对固体的吸附性和化学反应活性的特性,可以进一步改善纳米微粒的表面性能。如亲水基团与表面基团结合生成新结构,赋予纳米微粒表面新的结构;降低纳米微粒表面能,使纳米微粒处于稳定状态;表面活性剂的长尾端在微粒表面形成空间位阻,防止纳米微粒的团聚。

③ 纳米材料结构控制作用。表面活性剂分子的两亲性结构特点决定表面活性剂分子在溶液表面形成分子定向排列,利用表面活性剂这一特性可以选择特定结构的表面活性剂,设计特殊的制备方法,可合成出独特的纳米结构材料和定位生成指定基团或结构的纳米材料。

9.1.2　水热法合成纳米材料

水热合成法(hydrothermal synthesis)是在密闭反应器(高压釜)中,以水作为溶媒,通过对反应体系加热至临界温度(或接近临界温度),在高压(>9.81 MPa)的环境下进行无机合成与材料制备的一种有效方法。在水热条件下,水作为溶剂和矿化剂,液态或气态水是传递压力的媒介。在高压下绝大多数反应物均能部分溶解于水,促进反应在液相或气相中进行,加快反应速率,增加反应的传质速率和结晶速率。水热法通过高压釜中适当水热条件下的化学反应实现从原子、分子级的微粒构建和晶体生长。而水处理过程中温度、压力、处理时间、溶剂成分、pH、前驱体的种类、矿化物的种类对纳米材料的大小和形貌都有很大的影响,同时还会影响反应速度、晶型等。因此人们通过对这些条件进行控制,制备出物相均匀、纯度高、晶型好、单分散、形状和大小可控的纳米材料,近年来水热法已被广泛地用于纳米材料的合成。水热法也有其局限性,由于是以水作为溶剂,因此该法往往只适用于氧化物或少量对水不敏感的硫化物的制备,而对于那些遇水易发生水解、分解、不稳定的化合物,该方法就不适用,且还存在着产物团聚现象。

表面活性剂主要用于辅助水热法合成纳米材料。例如,利用阳离子表面活性剂十六烷基三甲基溴化铵(CTAB)辅助水热法,通过控制前驱物的浓度、CTAB 的浓度等实验条件,制备 TiO_2 纳米溶胶,该产品主要以锐钛矿晶型存在,并沿 C 轴定向生长为针状,直径为 10～

15 nm。实验对比了有无 CTAB 的两种水热合成产品的形貌,如图 9-2 所示。

　　图 9-2a 为不加 CTAB 的产品,所合成的纳米针大部分团聚在一起,只有少量分散的纳米针。图 9-2b 所示的产品为具有统一形貌的、稳定的单分散相的 TiO_2 纳米针。通过研究标准锐钛矿和样品(a) 、(b) 的(004) 晶面与其他晶面的相对衍射强度,可以得出这样的结论:CTAB 的加入有助于针状 TiO_2 沿 C 轴方向的择优生长。

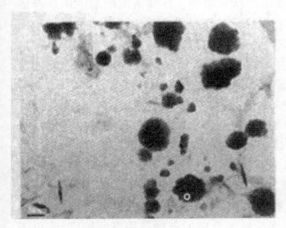 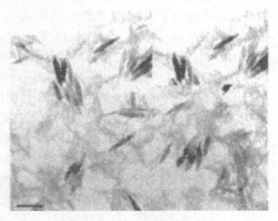

　　　　(a) 不加 CTAB 的产品　　　　　　　　　　(b) 加入 CTAB 的产品

图 9-2　两种纳米 TiO_2 产品的 TEM 照片

　　有报道利用十二烷基苯磺酸钠(SDBS)和对苯二酸在乙醇和水组成的混合液中形成的胶团为微环境,利用 $SnCl_2$ 和 $KClO_3$ 为原料,用水热法制备了 SnO_2 空心球。还有报道在浓度为 20 mmol · L^{-1} 的 CTAB 的辅助下,采用水热法在 160℃条件下反应 12 h,不用高温煅烧即可获得 SnO_2 纳米棒,可见表面活性剂在水热法中对纳米粒子的形貌具有显著的调控作用。

9.1.3　模板法制备纳米材料

　　模板合成即是通过合成适宜尺寸和结构的模板作为主体,在其中生成作为客体的纳米结构,通过选定的组装模板与纳米结构之间的识别作用,可获得预期的尺寸和形状的纳米材料,组装过程中模板具有指导作用。纳米结构形成后通常采取一定的后处理工艺将模板去除(如化学侵蚀、烧结等)。模板法合成是一种简单、高效的制备纳米结构的方法。根据所用模板的结构特点和限阈能力的不同,一般可以分为硬模板和软模板两类。硬模板主要指由碳纳米管模板以及氧化铝和中空的氧化硅等多孔固体材料模板。软模板合成法是近几年来发展成为合成新型纳米结构材料的较为简单的方法,在控制颗粒的大小、形貌和粒度分布方面,软模板法以其独特的优势而成为制备纳米材料的重要途径。软模板一般指没有固定的组织结构而在一定空间范围内具有限阈能力的分子体系。常见的软模板主要包括双亲分子形成的各种有序聚集体,如胶束、液晶、微乳状液、囊泡、自组装膜以及高分子的自组织结构和生物大分子等。

1. 胶束模板

在水溶液中表面活性剂的双亲性结构使其聚集成胶束,随表面活性剂浓度的不同,胶束有不同的形态。以表面活性剂分子与纳米材料间的静电吸引力、氢键、范德华力等为驱动力,利用这些特殊的胶束结构,对游离的纳米材料的前驱物有效引导,合成出以胶束为模板的纳米材料。例如,在用十六烷基三甲基溴化铵(CTAB)形成的胶束为模板制备聚苯胺纳米纤维时发现,不同浓度的 CTAB 对所合成的纤维形状有影响。在高浓度的溶液中所合成的纤维长度超过了 20 μm,直径为 100 nm 左右。低浓度表面活性剂溶液中合成的纤维短而细,直径在 60 nm 左右。这是因为不同浓度时,表面活性剂的自组装结构不同。高浓度时,胶束为层状;低浓度时,胶束为圆柱状。这种空间维度上的差异是导致纤维不同形貌的原因。另一项研究以 span80 为模板剂制备片状银粉,实验中发现,制备的片状银粉中掺杂着一些银纳米颗粒,由于银的成核与长大过程同时进行,以及表面活性剂表面吸附的共同作用,成核的银被表面活性剂所包围,抑制了银的聚合,生成银纳米颗粒。有报道以羧甲基纤维素钠(CMC)、十二烷基硫酸钠(SDS)与聚乙烯吡咯烷酮(PVP)为软模板,低热固相反应制备纳米 Se。通过对比由不同浓度的十二烷基硫酸钠为模板合成的纳米 Se 的 TEM 照片发现,不加表面活性剂的产物纳米 Se 发生团聚,而加入不同量的 SDS 所得的纳米 Se 的形貌不尽相同。这是由于表面活性剂分子在反应物的表面发生吸附,阻碍了反应物分子的相互碰撞,反应速率降低。研究还发现,不同的表面活性剂合成的产物形貌有所差别,是由于不同的表面活性剂具有不同的结构、荷电性质并且形成的模板也不同所致。

在有机溶剂中表面活性剂则可聚集形成反胶束,反胶束极性内核可以增溶极性的水分子,由于反胶束极性内核的限制,在此微环境内进行化学反应,可制得粒径均匀的纳米粒子或纳米团簇。反胶束中纳米微粒的形成过程一般包括化学反应阶段、成核阶段、晶核生成阶段三部分。当含有两种不同反应物 A、B 的反胶束溶液混合后,胶束之间的碰撞、融合、分离、重组等过程使反应物在"水池"内交换、传递及混合,在一个胶束中同时含有两种反应物而发生化学反应生成产物,含有产物分子的胶束经无数次碰撞后,在"水池"中形成产物的过饱和溶液,达到一定过饱和程度就会产生晶核粒子。由于生成的晶核粒子大小不均匀,小粒子的溶解度大,大粒子的溶解度小,因而发生 Ostwald 熟化,使晶核逐渐长大并贮存于反胶束"水池"中,形成纳米微粒。反胶束法制备纳米粒子的反应常通过三种方式进行。一是将一种反应物增溶于反胶束中,另一种气体反应物通入反胶束溶液中充分混合,使二者发生反应,即得纳米微粒。二是将增溶有两种不同反应物的反胶束溶液混合(两个反胶束溶液的水油比相同),通过反胶束之间的碰撞,在"水池"内发生化学反应,并成核、生长,最后形成纳米微粒。三是反应物由油相进入"水池"内,水解产生纳米微粒。在这种方法中,反应物大都是金属的醇盐,当醇盐透过胶束界面进入"水池"中时,醇盐发生水解而生成金属氧化物或复合氧化物纳米微粒。例如,有机锆醇盐为锆源,以 SDS 为模板,制备出具有蠕虫状介孔结构的四方相氧化锆纳米晶。SDS 是一种较短链长的阴离子表面活性剂,在有机溶剂中形成反相胶束,这种反相胶束能够增溶极性分子,由于这种极性内核的限制,在此模板中制备出了氧化锆纳米晶。

反胶束模板制备纳米材料的影响因素很多,比如溶剂的类型、"水池"的大小、反应物浓度、表面活性剂结构及温度等都对纳米材料的形貌有影响。利用琥珀酸二辛酯磺酸钠

（AOT）/异辛烷/水反胶束可制备粒径小于 10 nm 的 Bi 纳米晶团簇，小于其他方法所得的 Bi 纳米粒子。以 AOT/异辛烷反胶束体系和 TX - 400/正辛醇/环己烷反胶束体系可合成纳米 Ni(OH)$_2$。以 AOT-[Ba(AOT)$_2$] 形成的反胶束为模板制备出直径 9.5 nm、长约 1 500 nm 的 BaWO$_4$ 纳米棒。AOT/异辛烷、AOT/庚烷反胶束还被用来制备 Ag$_2$S、ZnSe 等半导体纳米团簇。

2. 液晶模板

液晶是物质的一种热力学稳定状态，是一类特殊结构的物质。液晶分为热致液晶和溶致液晶两类。热致液晶呈现液晶相是由温度引起的，并且只能在一定温度范围内存在，一般是单一组分；溶致液晶通常是由一定浓度的表面活性剂溶于水或有机溶剂形成的特定相结构，表面活性剂的种类、浓度以及温度对相结构均有重要影响。随着表面活性剂浓度的增加，当溶液浓度达到临界胶束浓度以上时，表面活性剂分子通过自组织作用相互缔合形成球形、棒状等胶束，胶束中分子的极性头朝向极性介质，非极性链相互缔合定向排列，胶束的形成使体系能量降低。随着浓度继续增大，胶束将进一步缔合形成液晶。随着表面活性剂浓度的变化，可形成各种溶致液晶相，如层状相、六角相、反六角相、立方相、反立方相等。表面活性剂常见的三种溶致液晶结构如图 3 - 16 所示。

液晶模板法主要集中于制备具有纳米微孔的分子筛类材料，表面活性剂在其中通常是充当模板剂。它是通过先形成表面活性剂自组装聚集体，同时无机先驱物在自组装聚集体与溶液相的界面处发生化学反应，并利用自组装体的模板作用形成无机/有机复合物，然后将有机模板去除即可得到有组织的具有一定形状的无机材料。

液晶模板法在纳米材料制备中具有下面几个显著的优点：液晶界面为刚性界面，层与层之间为纳米级空间，在此空间内生成粒子的粒径可控；液晶相较大的黏度使得粒子不易团聚、沉降，有利于合成单分散性的粒子；液晶相随表面活性剂浓度的调节可获得不同的形状；液晶模板在合成过程中相当稳定，在一定温度下灼烧即可除去模板剂等。这些因素也使得液晶模板法在纳米材料制备中有广泛的应用。

溶致液晶模板所用的表面活性剂包括如下几种。

① 单一表面活性剂，此类表面活性剂主要是非离子表面活性剂，如聚氧乙烯类、聚乙二醇辛基苯基醚、正十二烷基乙烯基醚等。

② 混合表面活性剂，包括阳离子-阳离子表面活性剂、阳离子-阴离子表面活性剂、阳离子-非离子表面活性剂。如利用十六烷基三甲基溴化铵与脂肪胺(C$_{12}$H$_{25}$NH$_2$)混合表面活性剂作模板，可合成具有六方结构的材料。

③ 复合非离子型表面活性剂，如利用蔗糖单硬脂酸酯、失水山梨醇单硬脂酸酯、甘油硬脂酸酯形成的具有液晶结构的复合物作为分子模板，可制备带状、长棒状、椭球状、矩形、平行束状和网状纳米 ZnO 晶须。

3. 微乳模板

微乳液是由水、油、表面活性剂和助表面活性剂组成的澄清透明、各向同性的热力学稳定体系，可分为 O/W 型、W/O 型、油水双连续相 3 种。在微乳体系中，用来制备纳米粒子的一般都是 W/O 型体系，即反相微乳体系，W/O 微乳液中的水核被表面活性剂和助表面活性剂所组成的单分子界面层所包围，分散在油相中，其大小约为几到几十个纳米。这些微小的

"水池"彼此分离,起到"微反应器"作用,它拥有很大的界面,有利于化学反应。由于这种微反应器可以增溶不同的反应剂,从而使反应发生在水核内,使得产物的粒径可调控。

利用反相微乳液制备纳米材料一般有以下几种方法。

① 配制两个分别增溶有反应物 A、B 的反相微乳液,一种含有金属粒子前驱体(多为金属盐),另外一种含有用来还原金属粒子前驱体的沉淀剂(例如水合肼酸和硼氢化钠水溶液)。此时由于液滴间的碰撞、融合、分离、重组等过程,发生了水核内物质的相互交换或物质传递,引起核内的化学反应(包括沉淀反应、氧化-还原反应、水解反应等),目的产物在水核内成核、生长。当水核内的粒子长到最后尺寸,表面活性剂就会附在粒子的表面,使粒子稳定并防止其进一步长大。由于水核形状和大小是固定的,晶核增长局限在微乳液纳米微水池中,形成粒子的大小和形状由水核的大小和形状所决定。

② 将一种反应物 A 增溶在反相微乳液的水核内,另一种反应物 B 以水溶液形式滴加到前者中,B 在反相微乳液中扩散,穿过微乳液的界面膜进入水核内与另一反应物作用产生晶核并生长,产物粒子的最终粒径由水核尺寸决定。纳米微粒形成后,体系分为两相,微乳液相含有生成的粒子,将其经过离心分离、产物洗涤、真空干燥、高温煅烧等一系列的后处理工作,可得到预期的纳米微粒。

③ 一种反应物在增溶的水核内,另一种为气体(如 O_2、NH_3、CO_2),将气体通入微乳液中,充分混合使两者发生反应而制备纳米粒子。

④ 一种反应物为固体,另一种反应物增溶于微乳液中,将两者混合,发生反应,也可制备出超细均匀分散的粒子。

应用微乳液法制备的纳米粒子主要有以下几类:金属如 Au、Ag、Pt、Pd、Rh 等,硫化物 CdS、PbS 等,Ni、Co、Fe 等与 B 的化合物,氯化物 AgCl、$AuCl_3$ 等。利用该方法制备的纳米粒子粒径分布窄,且可方便调控粒径大小。

纳米粒子制备中常用反相微乳液的主要成分如下。

有机溶剂:C_6～C_8 直链烃或环烷烃。

表面活性剂:二(2-乙基己基)磺基琥珀酸钠(AOT)、十二烷基硫酸钠(SDS)、十二醇聚氧乙烯醚硫酸钠(AES)、十二烷基苯磺酸钠(SDBS)等阴离子表面活性剂;十六烷基三甲基溴化铵(CTAB)、溴化十六烷基吡啶(CPB)等阳离子表面活性剂;聚乙烯醇、脂肪酰二乙醇胺、聚氧乙烯醚(Triton-X)类非离子表面活性剂。

助表面活性剂:正丁醇、正戊醇、正己醇、正庚醇、正辛醇、正癸醇、正十一醇等脂肪醇。

影响微乳液法制备纳米材料的因素主要如下。

① 水核大小　纳米材料的粒径受微乳液水核半径的控制,而水核大小与体系中水与表面活性剂的物质的量的比值($R=[H_2O]/[$表面活性剂$]$)相关。在一定范围内,水核的大小随 R 的增大而增大,尺寸可在数纳米到数十纳米之间,所以通过改变 R 值可得到不同尺寸的纳米颗粒。

② 表面活性剂结构及浓度　表面活性剂不仅影响胶束的半径和胶束界面强度,而且很大程度上决定晶核之间的结合点,从而影响纳米粒子的晶型。例如在室温下采用反相微乳液制备纳米铁,使用非离子表面活性剂时,产物为面心立方结构的 γ-Fe;使用阳离子表面活性剂季铵盐时得到的产物是体心立方结构的 α-Fe。这是因为表面活性剂的结构决定了反应

生成的原子形成晶核的结合方式。此外,表面活性剂的浓度不同,在反相微乳中形成的纳米微粒的粒径的大小及粒子的稳定性也不同。当表面活性剂浓度低时,反相微乳滴尺寸增大,增溶量增大,生成的纳米微粒变大。另一方面,当表面活性剂浓度增大时,过多的表面活性剂分子覆盖在粒子表面,阻止晶核的进一步生长,最终可能会导致纳米微粒的粒径略有减小。可见表面活性剂浓度对反相微乳中形成纳米微粒的影响是几种因素综合作用的结果。

③ 反应物浓度　改变反应物的浓度,可以改变反应物在微乳液体系中增溶量的多少。适当调节反应物浓度,可使制取粒子的大小受到控制。浓度对产物的粒径大小及粒度分布的影响存在着一个临界转变点。反相微乳液的 R 一定,当反应物的浓度小于某一临界值时,胶束中产物的原子数不足以成核,而是通过胶束之间的相互作用促使成核和颗粒长大,此时纳米粒子粒径随着浓度的增加而增大。当浓度大于胶束内核发生成核的临界值时,每个胶束内反应物离子的个数较多,产物的成核速度远大于晶核生长速度,理论上随着反应物浓度的增加产物的粒径更小。

④ 盐效应　一般来说,微乳液水核中的反应物主要为无机盐类,因此可加入一些电解质作为反应的催化剂,比如在水解反应中加入适量的碱。这些物质中的反离子会对形成液滴的表面活性剂产生影响,反离子进入液滴膜层,使表面活性剂间的斥力减弱,侧向吸引力加强,液膜更稳固,从而使生成的粒子更规则、更均一。这种影响对离子型表面活性剂较为明显,而对非离子型表面活性剂影响不大。其另一个影响则是在水结合方面同表面活性剂竞争。盐的加入一般都会减小水与表面活性剂之间的相溶性,导致微乳液相图上单相区的缩小,增溶水量减少,液滴中水核半径也相应减小。

⑤ 微乳液界面膜强度　如果微乳液界面膜强度较低,水核碰撞时界面膜易被打开,导致不同水核的固体核或纳米粒子之间发生凝并,使纳米粒子的粒径难以控制。如果界面膜强度过高,胶束之间难以发生物质交换,反应则无法顺利进行。只有当界面强度适中时,胶束相互碰撞才能让表面活性剂的疏水链迅速互相渗入,使反应得以进行,又能够在纳米粒子生成后起到保护作用,避免粒子的进一步长大。因此选择的微乳液体系的界面膜强度要恰当。

⑥ 温度的影响　选择合适的温度对微乳法制备纳米粒子来说是很重要的。在 AOT - 水-异辛烷反相微乳体系中制备 ZnS 纳米微粒时,温度升高会造成微乳结构的不稳定。这是因为随温度升高,微乳界面的 AOT 分子及结合水分子运动加剧,界面膜难以稳定排列,造成微乳结构不稳定。但对于另外一些反应,较低的温度往往不利于反应的进行。

综上可知,微乳液法制备纳米粒子具有以下特点:制备的粒子粒径分布较窄,通过控制溶剂和表面活性剂用量及适当的反应条件,可以较易获得粒径均匀的纳米微粒。由于粒子表面包覆着表面活性剂分子层,得到的纳米粒子稳定性好,不易聚结。通过选择不同的表面活性剂分子对粒子表面进行修饰,可获得所需要的具有特殊物理化学性质的纳米材料。纳米粒子表面的表面活性剂层类似于一个"活性膜",该层可以被相应的有机基团取代,可制得特定需求的功能材料。制备过程在常压下进行,反应条件温和,装置简单,操作方便。

4. 囊泡模板

由于囊泡的尺寸为 30~1 000 nm,可以为一些化学反应提供适宜的微环境,作为"纳米反应器"制备纳米粒子。研究表明,构成囊泡的表面活性剂双分子层对进出囊泡室内的反应物有一定的选择性,囊泡的大小也可以控制,使得囊泡成为制备粒径大小可控、组成可调的纳米材料的一种新方法。但要注意囊泡用于制备纳米粒子,所用表面活性剂应有"配位"性质,以防金属离子在囊泡中扩散或"泄漏"。用 AOT 形成的多层结构囊泡作微反应器制备铟-锡复合氧化物纳米粒子,粒径为 $10\sim30$ nm。用油酸钠/辛醇/水形成的囊泡为模板,定向生长制得 Ag 纳米线。

除囊泡的内水核可作为微反应器制备纳米粒子外,囊泡还可以起模板作用来制备无机半导体、空心球或无机/有机复合材料,这时应控制化学反应发生在表面活性剂的双层内或在囊泡的表面发生反应,使生成物沉积在囊壳外表面而形成空心球壳。如用双十二烷基二甲基溴化铵和双十八烷基二甲基溴化铵阳离子表面活性剂囊泡为模板可制备 SiO_2 半导体空心球壳,粒径约 150 nm。

9.1.4 表面活性剂在纳米材料表面修饰中的应用

纳米粒子的表面修饰技术是一门新兴学科,20 世纪 90 年代中期,国际材料会议提出了纳米粒子的表面修饰工程新概念,即用物理或化学方法改变纳米粒子表面的结构和状态,赋予粒子新的机能,并使其物性(如粒度、流动性、电气特性等)得到改善,实现人们对纳米粒子表面的控制。由于纳米粒子粒径小,表面能极大,非常容易团聚在一起,为了将纳米粒子加以实际应用,需要对纳米微粒的表面进行一些修饰,降低粒子的表面能态,消除粒子的表面电荷及改变表面张力。纳米粒子经表面改性后,其吸附、润湿、分散等一系列表面性质都将发生变化,有利于颗粒保存、运输及使用。

由于表面活性剂的双亲结构及其性质,使其在纳米微粒的改性过程中具有重要的意义。其主要作用为通过控制其浓度可使载体表面形成不同的电荷,可使载体表面形成极性或非极性基团的紧密吸附及定向排列。不仅使修饰后的纳米微粒更稳定,而且还提高其应用性能。

1. 抑制纳米微粒的团聚

粉末的团聚一般分为粉末的软团聚和硬团聚两种。粉末的软团聚主要是由于颗粒之间的范德华力和库仑力所致;粉末的硬团聚体内除了颗粒之间的范德华力和库仑力之外,还存在化学键作用。采用表面活性剂对纳米粉体表面进行修饰来消除硬团聚是目前最经济、应用较广泛的方法。

表面活性剂作为分散剂主要是利用表面活性剂在固-液界面上的吸附作用,能在颗粒表面形成一层分子膜阻碍颗粒之间相互接触,同时增大了颗粒之间的距离,颗粒接触不再紧密,避免了架桥羟基和真正化学键的形成。表面活性剂还可以降低表面张力,从而减少毛细管的吸附力。加入高分子表面活性剂还可起到一定的空间位阻作用。如在 ZnO 超细粒子中加入阴离子高分子表面活性剂,在其表面形成包覆层。该高分子包覆膜可阻碍颗粒间的相互接触,同时增大了颗粒间的距离,避免粉体的硬团聚。纳米 TiO_2 因其性能卓越、用途广泛而颇受人们的青睐。研究表明,表面活性剂在纳米 TiO_2 微粒上的吸附是不均匀吸附,只在表面上有"活化点"的地方发生吸附。针对 TiO_2 的不同使用功能,可采用不同的表面活性剂进行改性。例如,采用阴离子表面活性剂十二烷基苯磺酸钠进行表面处理时有两种方法,即直接处理原始 TiO_2,以提高其在涂料中的分散性,以及先用无机盐包覆 TiO_2,然后再用表面活性剂处理。TiO_2零电点 pH 相对较低(约 5.8),而 Al_2O_3 的零电点 pH 较高,故可在钛白浆液中加入铝盐或偏铝酸钠,再以碱或酸中和,使析出的水合 Al_2O_3 覆盖在钛白颗粒上,使其带正电,然后再令其吸附阴离子表面活性剂而获得有机化改性。因为阳离子表面活性剂在水中离解出表面活性阳离子,在用阳离子表面活性剂改性中,由于静电引力的作用,阳离子表面活性剂在微粒表面形成了亲水基朝内、非极性基团朝外的排列。所以常用有机胺类改进纳米 TiO_2 在各种油性和水性体系中润湿分散性能,其中仲胺、叔胺与三乙醇胺的应用尤为广泛。用脂肪族羧酸中和有机胺或醇胺,制得溶于水的低级脂肪酸盐或不溶于水的高级脂肪酸盐。这种阳离子型表面活性剂能显著改进 TiO_2 在油性介质中的分散性。非离子型表面活性剂在水中不电离,其表面活性由中性分子体现,非离子表面活性剂形成的胶束量大,增溶作用强。常用的非离子表面活性剂主要是聚氧乙烯醚型和多元醇型,此外,多元醇还可以与三甲基丙基丙醚和三甲基丙基苄基等醚类复配使用。另一例子是纳米碳酸钙表面的改性,我们知道碳酸钙粉末是橡胶、塑料、造纸中用量最大的浅色填料之一,若直接用于有机介质中,会出现两大缺陷:一是分子间力、静电作用、氢键等引起碳酸钙粉体的团聚;二是纳米碳酸钙为亲水性无机化合物,其表面有亲水性较强的羟基,呈强碱性,使其与有机高聚物的亲和性变差,易形成聚集体,造成在高聚物中分散不均匀,导致两材料间界面缺陷,直接应用效果不好。用表面活性剂对其进行改性可改善上述不足。研究发现表面活性剂对分散性的改善效果优劣顺序为阴离子、非离子、阳离子、高分子。表面活性剂复配物的改善效果优于单一类型表面活性剂。目前,用于对纳米碳酸钙表面改性的表面活性剂主要有下述几类:① 含有羟基、氨基的脂肪酸或芳烷基的脂肪酸盐,如硬脂酸盐。② 含有磺酸基团或羧酸基团的高分子化合物,可以控制纳米微粒的大小,改变纳米微粒的表面状态,相对分子质量为 3 000~4 000 的聚丙烯酸钠对纳米碳酸钙的分散稳定作用效果较好。③ 磷酸酯盐,其对纳米碳酸钙进行表面改性主要是磷酸酯与纳米碳酸钙表面的钙离子反应生成磷酸盐沉积或包覆于纳米碳酸钙粒子的表面,从而使纳米碳酸钙的表面呈疏水性。

2. 使纳米粒子均匀分散

将无机纳米粒子分散在水溶液中时,让表面活性剂的非极性的亲油基吸附到微粒表面,而极性的亲水基团与水相溶,以达到无机纳米粒子在水中均匀分散的目的。反之,在非极性的油性溶液中分散纳米粒子,表面活性剂的极性官能团吸附到纳米微粒表面,而非极性的官能团与油性介质相溶合,也能呈现出较好的分散性。

纳米 ZnO 在非水介质中分散时,加入表面活性剂十二烷基苯磺酸钠和月桂酸钠作为表面改性剂,表面改性剂吸附在纳米 ZnO 上,使其稳定均匀分散。以表面活性剂十二烷基苯磺酸钠来修饰纳米 Cr_2O_3、Mn_2O_3,修饰后的纳米粒子能稳定地分散在乙醇中。此外,用十二烷基苯磺酸钠对金红石型纳米 TiO_2 进行表面修饰,所得产品在甲苯中几乎透明。用月桂酸钠、乙烯基三乙氧基硅烷等表面改性剂对纳米 TiO_2 改性,使纳米 TiO_2 亲油度提高,把二氧化钛粉体加入水中时,由于颗粒外表面附着的空气与水的置换作用,使细小颗粒的润湿速度较慢。为了加大润湿程度,可以加入少量的表面活性剂以降低其表面张力,提高润湿性。通常使用的表面活性剂有二乙醇胺、单乙醇胺、聚乙烯醇、羟甲基纤维素、烷基萘磺酸、硅酸盐等。

3. 改善纳米颗粒的性能

采用油性表面活性剂可增强纳米粒子在非极性溶剂中的分散稳定性。例如以脂肪酸类表面活性剂对纳米 ZnO 进行改性,利用这种改性的纳米 ZnO 甲苯微乳液作为涂层剂,抗紫外线性能明显提高,紫外线遮蔽率达到 97% 以上。由于抗紫外纳米 ZnO 粉体为无机成分,有效作用时间长,对紫外线屏蔽的波段长,有很高的化学稳定性、热稳定性、无毒、无刺激,使用很安全。

9.2　表面活性剂在多孔材料制备中的应用

多孔材料(porous material)主要是其前体在模板剂的作用下,借助有机超分子/无机物的界面作用,形成具有一定结构和形貌的材料。多孔材料按孔径大小可分为微孔材料(孔径小于 2 nm)、介孔材料(孔径在 2～50 nm)和大孔材料(孔径大于 50 nm)三类。实际应用中还有多级孔材料,即材料中具有两级或两级以上复合孔材料,如微孔-介孔、介孔-大孔、微孔-大孔、介孔-介孔-大孔、微孔-介孔-大孔等,同时也包括同级的孔结构,如含有两套或多套不同尺寸的介孔-介孔材料。多孔材料由于具有较大的比表面积、吸附容量和许多特殊的性能,在化学工业、信息通信工程、生物技术、环境能源等诸多领域具有重要的应用价值,是具有广泛应用前景的一类新材料。

由于表面活性剂具有丰富而复杂的聚集体结构,为多孔材料合成提供了形态各异的模板剂,通过改变表面活性剂的种类、浓度及环境条件来改变聚集体的结构,可调节合成材料的孔结构。

9.2.1　多孔材料的合成模板

模板在多孔材料的制备中起着关键性的作用,根据模板的类型,可将其分为表面活性剂模板、嵌段共聚物模板、乳液模板和单分散聚合物颗粒模板。

1. 表面活性剂模板

该模板是利用表面活性剂在适当的条件下自发形成超分子阵列-液晶结构来制备多孔材料。在合成过程中,表面活性剂的浓度、分子大小及其形成聚集体的大小都会影响材料的孔结构。

2. 嵌段共聚物模板

利用两亲性的嵌段共聚物在适当的条件下具有自组装的特性来制备介孔材料。由于这种两亲嵌段共聚物能够通过调整组成、分子质量或结构来改变性质,因而有利于控制孔的大小和分布,而且可以提高介孔材料的水热稳定性。因此这种方法合成的多孔材料具有孔径大小均一、结构高度有序等优点。

3. 乳液模板

乳液模板技术可以分为阴模技术和阳模技术。乳液阴模技术是指在分子聚集体内的微小空间进行材料制备。因反应能够以所需的适当浓度均匀分散于乳液液滴内,所以可以避免局部浓度过高而引起的团聚,从而可以制备出单分散性很好的微粒材料。乳液阳模技术是利用其具有规整均一外形的乳液颗粒为模板,再在微粒上堆砌、组装以制备所需材料,进一步定型后将模板脱去得到规整的孔材料。乳液模板法具有形式多样、适应性强、实施方便且多孔材料孔径大小可控、孔分布周期有序等优点,又由于其特定的尺度范围,适用于制备介孔和大孔的无机和有机多孔材料,在功能化材料的研究和制备中正日益显示出其优越性。其优点为板易于脱除,同时得到的材料收缩性小,不易破碎。而且用乳液模板原料成本低,便于生产和商品化。

4. 单分散聚合物颗粒或无机微粒模板

以单分散的聚合物颗粒或无机微粒为模板制备大孔径的三维高度有序排列多孔材料,其孔径的大小可通过单分散聚合物颗粒的平均粒径来调节。利用该法制备氧化物的三维有序孔结构时,氧化物的前驱体不需预处理,仅用溶胶-凝胶法就可进行。

9.2.2　表面活性剂用于介孔材料的合成

介孔材料按孔道是否有序可分为无序介孔材料和有序介孔材料。介孔材料的合成一般需要无机物种(形成介孔材料骨架元素的物质源)、表面活性剂(形成介孔材料的结构导向剂)、溶剂(通常为水或非水体系)。有时为了掺杂和组装还需加入其他物质源等。介孔材料的形成主要是以不同表面活性剂相为模板的界面组装过程,该过程受无机物种的缩聚动力学过程和不同缩聚单元的热力学分布以及有机相的堆积几何因素等的影响,产物所具有的最终结构是该合成条件下体系的 Gibbs 自由能减小的结果。

1. 表面活性剂在有序介孔材料合成中的应用

有序介孔材料是最常见的介孔材料。其具有孔径分布窄,且规则、有序、可调的纳米级孔道结构,使其可作为纳米微粒的"微反应器",为人们从微观角度研究纳米材料"客体"在介孔材料"主体"中组装可能具有的小尺寸效应、界面效应、量子效应等提供了重要的物质基础。

利用表面活性剂形成的超分子结构为模板,采用溶胶-凝胶工艺,通过有机物和无机物之间的界面定向导引作用可制备出有序介孔材料。介孔材料的结构、组成和性能,主要取决于合成体系中表面活性剂、无机物种、溶剂相的结构和性能,特别是表面活性剂的选择和用法。介孔材料的合成体系可以分为单一表面活性剂体系和混合体系。常用于介孔材料合成体系中的表面活性剂如下。

① 阴离子表面活性剂

阴离子表面活性剂作为介孔材料合成的模板应用不是很多。因为可以与阳离子组合,因此一般用于合成金属氧化物。主要有双-2-乙基己基硫代琥珀酸钠(AOT)、十二烷基硫酸钠(SDS)和长链 N-酰基-L-氨基酸盐等。

② 阳离子表面活性剂

用长链烷基季铵盐型阳离子表面活性剂时,所合成出 M41S 型及其类似结构的介孔材料,其孔径为 3～4 nm,孔壁较薄,极性头较大的单尾表面活性剂倾向于得到孔穴结构的介孔材料。当采用阳离子型 Gemini 表面活性剂时,可以调变这种表面活性剂胶束的临界排列参数,从而实现对不同结构介孔分子筛的合成设计。

采用双联表面活性剂,如$(C_{12}H_{25})_2N(CH_3)_2Br$,通常得到层状结构。Bola 型表面活性剂,如$[(CH_3)_3N^+(CH_2)_{12}OC_6H_4C_6H_4O(CH_2)_{12}N^+(CH_3)_3](Br^-)_2$也有应用。

③ 非离子表面活性剂

聚氧乙烯型表面活性剂用以合成厚孔壁的介孔材料。高相对分子质量的嵌段共聚表面活性剂(如 PEO-PPO-PEO、PI-b-PEO 或聚氧乙烯-聚苯乙烯等)也可以看成是具有两个官能基的模板剂。

④ 两性表面活性剂

两性表面活性剂不仅有阴离子头部基团部分与无机离子结合,还有与阳离子表面活性剂相似的较大的头部部分。此类表面活性剂的典型代表就是甜菜碱表面活性剂,两性表面活性剂的另一个优点是在较宽的 pH 和离子强度范围是可溶的并且是有效的。

⑤ 混合表面活性剂

混合体系有如下几种:阳离子-阳离子型表面活性剂的混合物,如 CTAB 和 Gemini 阳离子表面活性剂的混合物、CTAB 和长链烷基吡啶型阳离子表面活性剂的混合物;阳离子-阴离子型表面活性剂的混合物,如 CTAB 和烷基羧酸钠盐型阴离子表面活性剂的混合物;阳离子-非离子表面活性剂的混合物,低相对分子质量和表面功能化的聚合物胶乳的混合物等,如 CTAB 和表面通过共价键连接有聚氧乙烯链的聚合物胶乳的混合物。

2. 表面活性剂在介孔分子筛合成中的应用

介孔分子筛指以表面活性剂为模板剂,利用溶胶-凝胶、乳化或微乳等化学过程,通过有机物和无机物之间的界面作用组装生成的一类孔径在 1.3～30 nm 之间、孔分布窄且具有规则孔道结构的无机多孔材料。介孔分子筛是 1992 年由美国 Mobil 公司首先成功合成,其孔径在 1.5～10 nm 之间,孔道一维均匀,呈六方有序排列,具有很大的表面积和吸附容量。介孔分子筛拥有长程有序的孔道空间和纳米笼,具有完美的拓扑结构,其独特的结构特征架起了微孔材料(沸石)与大孔材料(无定形硅铝酸盐)之间的桥梁。介孔分子筛最主要的应用是作为吸附剂、催化剂使用。

介孔分子筛的制备常用表面活性剂作模板。人们利用表面活性剂分子的立体几何效应、自组装效应,通过表面活性剂分子极性端基与无机物种之间的相互作用,使无机物种在模板上堆砌、缩合,用来制备具有不同介观结构的分子筛。制备介孔分子筛常用的表面活性剂种类如下。

① 阳离子表面活性剂

采用长链烷基三甲基季铵盐阳离子表面活性剂为模板剂,在水热体系合成时,通过改变合成条件可得到不同结构的介孔材料。如利用氯化十六烷基三甲基铵/十六烷基三甲基氢氧化铵和乳胶粒子作为模板剂,可制备具有中孔和大孔分层孔结构的硅基分子筛。使用长链基季铵盐阳离子表面活性剂合成出的介孔材料比较单一,通常仅仅限于 M41S 型类似结构的介孔分子筛,孔径只有 2～5 nm,孔壁较薄。

② 阴离子表面活性剂

主要有长链烷基硫酸盐和烷基磷酸盐,多用于金属氧化物介孔分子筛的合成。对于非硅体系的介孔材料,由于非硅氧化物前驱体易溶于酸性溶液中,并且通常带正电,因此常需要阴离子型表面活性剂。如以十二烷基硫酸钠(SDS)作模板剂采用两步法合成磷酸铝、磷酸镓铝中孔材料。但由于阴离子表面活性剂在高盐浓度下头部基团面积小,大多介孔材料只能形成层状相。

③ 非离子表面活性剂

关于非离子表面活性剂作为模板剂合成介孔分子筛的文献报道很多,这类表面活性剂主要是以氢键与无机物前驱体发生作用,相对于阳离子表面活性剂作模板剂来说,反应条件比较温和,有机模板剂容易除去,且不易引起结构缺陷,可以形成较厚的孔壁。总之,此类表面活性剂合成出的产品具有大的孔径和很高的热稳定性,且可控制的条件很多,如可以改变有机嵌段共聚物的化学结构、官能团和链长,以达到调节产物孔的尺寸、机械性能和热性能的目的,从而合成理想的分子筛,从经济指标看,比用阳离子表面活性剂有较高的优势,此类表面活性剂主要有聚氧乙烯(PEO)类非离子表面活性剂如 $C_{11\sim15}H_{23\sim31}(CH_2CH_2O)_9H$、聚氧乙烯-聚氧丙烯-聚氧乙烯嵌段共聚物、带多官能团的非离子表面活性剂如 $(C_2H_4O)_m(C_2H_4CH_2O)_n(C_2H_4O)_mH$ 和 $(C_2H_4CH_2O)_m(C_2H_4O)_n(C_2H_4CH_2O)_mH$ 等。

④ 混合表面活性剂

如利用阳离子-阴离子混合表面活性剂($CTAB-C_{11}H_{23}COONa$)作为模板剂可以合成 $Al-MCM-48$,产物具有大的晶胞、很好的水热稳定性。使用非离子-阳离子混合表面活性剂($OP-10-CTAB$)可以合成 $MCM-48$,$OP-10$ 可以大大降低阳离子表面活性剂的用量,缩短合成时间,有利于生成骨架交联度高的介孔分子筛。

⑤ 特种表面活性剂

特种表面活性剂开始被用作模板剂来合成介孔材料,试图在介孔材料的结构类型上有所突破。用 15-冠-5 的衍生物(十六烷氧基甲基 15-冠-5)作为模板合成介孔材料,冠醚分子具有亲水亲油平衡性和环状结构以及螯合阳离子并将其带入有机相等特点,用它作模板剂将为介孔分子筛的合成带来新的前景。以十八烷基三头季铵盐阳离子表面活性剂为模板剂,在碱性条件下可合成高度有序的、具有 Fm3m 空间群结构的新型面心立方相介孔二氧化硅分子筛。有文献报道用四头刚性 Bola 型季铵盐阳离子表面活性剂在碱性条件下合成三种不同结构的介孔二氧化硅分子筛 $FDU-11$ (P_4/mmm)、$FDU-x$(P_4/mmm)和 $FDU-y$(P_4/mmm),在酸性条件下合成了另一种结构的介孔二氧化硅分子筛 $FDU-z$。各种新型的不同结构的介孔分子筛的合成,很可能同四头刚性 Bola 型季铵盐阳离子表面活性剂在溶液中的特殊聚集态和亲水头基的高电荷密度有关。

9.2.3　表面活性剂用于多级孔材料的合成

多级孔材料既综合各种孔材料的优点,又拥有巨大的比表面积,发达的多级孔隙结构,使其在扩散、传质等方面展示了优于其他单一孔结构材料的特性。多级孔材料研究目前主要集中在多级孔沸石、氧化硅、碳及金属氧化物材料上。利用阳离子聚季铵盐为介孔模板,可合成微孔-介孔 β 沸石和 ZSM-5 沸石。这些沸石具有多级介孔结构,介孔分布为 5~40 nm。以表面活性剂和聚苯乙烯微球为双模板,结合改进的溶胶-凝胶过程,则可以制备出有序双孔(介孔-大孔)二氧化硅,其中大孔的孔壁为介孔,两种孔均相互连通,大孔在干燥的聚苯乙烯胶体晶模板经高温烧结除去后得到,介孔通过除去表面活性剂得到。以非离子型表面活性剂 $C_{13}EO_9$ 为模板剂,在强酸性的乙醇-水体系中通过溶胶-凝胶过程合成氧化硅分子筛,产物为块状凝胶,具有双介孔结构,孔径主要集中在 2.6 nm 和 14 nm。通过对液体硅酸盐溶液喷雾,在较高的 pH 条件下,含双长链烷基二甲基季铵盐表面活性剂,可以得到具有二级孔结构的介孔-介孔-大孔氧化硅泡沫。这种材料含有大孔和分别为 3 nm 及 40 nm 的介孔,大孔结构是由空气泡产生。这种多级氧化硅泡沫具有非常低的体密度($0.01\ g \cdot cm^{-3}$)、巨大的介孔孔容($>2\ cm^3 \cdot g^{-1}$)和较高的比表面积($>1\ 000\ cm^2 \cdot g^{-1}$)。

9.3　表面活性剂在电子陶瓷制备中的应用

电子陶瓷(electronic ceramic)是指以电、磁、光、声、热、力、化学和生物等信息的检测、转换、耦合传输及存贮等功能为主要特征的陶瓷材料,其具有较大的禁带宽度,可以在很宽的范围内调节其介电性能和导电性能等。电子陶瓷材料是电子、通信、自动控制、信息计算机、航空、航天、核技术和生物技术等众多技术领域中的关键材料。

电子陶瓷是无机多晶体,微观结构上是介于单晶与玻璃之间的一类物质。电子陶瓷的主要化学结合力为离子键和共价键,化学组成有氧化物、碳化物、氮化物以及硼化物等。按应用功能分类,电子陶瓷主要有敏感电子陶瓷(包括热敏陶瓷、压敏陶瓷、压电陶瓷)、介电陶瓷、微波介质陶瓷及快离子导体陶瓷(如氧离子导体、钠离子导体、锂离子导体和氢离子导体)等。

9.3.1　电子陶瓷的制备过程

电子陶瓷的制备一般包括原粉合成、成型加工、烧结处理和表面金属化等工艺过程。近年来,发展的电子陶瓷薄膜材料的制备工艺主要有射频磁控溅射、溶胶-凝胶法、脉冲激光沉积、金属氧化物气相沉积等。

1. 原粉合成

要获得一种高而均匀压坯密度的粉坯,第一步是生产与合成一种"理想"陶瓷原粉,其性质如下:粒径小、粒度分布窄、不结块、等轴、单相和单组分。获得窄粒度分布陶瓷原粉可以用两种技术:用市场上可以得到的磨碎的宽分布粉末进行筛分;从溶液或气相中沉淀精细的陶瓷原粉微粒。陶瓷粉体的生产常用机械粉碎法和化学制备法,因后者制备的粉体质量更高,已成为当今研究的热门课题。

(1) 溶胶-凝胶法

溶胶-凝胶法是一条通过低温化学手段剪裁来控制材料显微结构的新途径,其制备过程如下。① 金属离子以醇盐或其他金属有机盐形式溶解在合适的醇溶剂中,或以金属无机盐形式溶解在水中形成溶胶。② 经过凝胶化,液态的溶胶转变成固态凝胶。③ 除去溶剂达到致密化。④ 制备多晶陶瓷还要在适当温度下结晶。由于该法各组分分级混合,干凝胶活性高,结晶温度可能比传统的混合氧化物法所需的温度低几百度。结晶温度的降低,不仅可以得到具有特别相结构的特性材料,而且使陶瓷部件与半导体器件以及其他基底材料的直接集成得以实现。

(2) 沉淀法

沉淀法工艺主要包括沉淀的形成和固-液分离,其中沉淀的形成过程是该工艺的关键。为了得到粒径小、形貌规则、活性高的粉体,除严格控制原料浓度、反应温度、反应速度、原料混合外,在沉淀形成过程中还须添加表面活性剂以抑制颗粒团聚。沉淀法可分为:① 直接沉淀法,即直接加入沉淀剂得到超细粉体。② 共沉淀法,将含有两种或两种以上的金属离子的水溶液同 OH^-、CO_3^{2-}、$C_2O_4^{2-}$ 混合,得到难溶性的氢氧化物、碳酸盐、草酸盐等沉淀,加热分解得氧化物粉体。③ 均相沉淀法,即利用溶液内部反应生成的沉淀剂制备超细粉末。

该法不会引入其他杂质,同时也避免了沉淀反应的局部不均匀性。④ 盐分解法,即直接把盐分解成所需的氧化物粉末。该法工艺简单、成本较低。通常选用一些纯度较高的盐类,以减少盐分解后的残留物。如将 $PbCO_3$ 粉末于 600℃煅烧可得到 PbO 超细粉末。

（3）水溶法

水溶法是通过高压釜中适合水热条件下的化学反应实现从原子、分子级的微粒构筑和晶体生长。此法制备的粉体具有极好的性能,粉体晶粒完整,粒径小且分布均匀,不易团聚,在烧结过程中活性高。

2. 成型加工

在成型之前要对粉体进行调整,如果粉体的细度不够或含有较大团聚体时,需要研磨,研磨的方法包括球磨、搅拌球磨和振动磨等。如果粉体中含有杂质,可采用水洗或酸洗的方法加以改善。粉体调整还包括为适合成型而进行的添加剂的添加、湿度调整、造粒、泥料和浆料调整、混炼等。粉体调整符合要求后就可进行成型加工。成型时将一个分散体系（粉体、塑性物料和浆料）转变成具有一定几何形状、体积和强度的坯体。

3. 烧结处理

因为坯体中含有一定量的有机添加剂和溶剂,所以在烧结前需要进行干燥和有机添加剂的烧失处理。干燥必须在较低的温度下以较慢的速度进行,以免造成坯体的开裂。有机物烧失处理一般选择在有机物的分解或氧化温度以上,但温度也不能太高,避免烧失过快引入缺陷。预处理完毕即可进行烧结处理,即在一定温度、压力下使坯体发生显微结构变化而使其体积收缩、密度上升的过程。常用的方法有常压烧结、热压法和热等静压法。

4. 表面金属化

烧结后的陶瓷常需要在表面黏附一层金属膜方能使用,目前陶瓷表面金属化的方法有以下几种。① 被银法,是指在陶瓷表面烧渗一层银,作为电容器、滤波器的电极或集成电路基片的导电网络。② 钼锰法,工艺流程与被银法相似,其金属化烧结多在氢气炉中进行。采用还原气氛,但需要含微量的氧化气体,如空气和水汽等。③ 电镀法,是在一定酸碱度、温度条件下,通过正负电极电流与电镀液的电化学反应,使镀液的金属离子逐渐转移到陶瓷表面的过程。④ 浸锡法,将预热好的产品放入锡锅浸锡,取出后在离心机中离去多余锡,再将产品放入振动台上轻微振动,避免相互黏蚀。

9.3.2　表面活性剂用于原粉的制备

在原粉制备中为了防止颗粒团聚,需加入表面活性剂。大部分氧化物甚至非氧化物粉末的表面通常都已羟基化,具有类似的化学性质。然而用于处理这些粉末的液体则是各种各样的,包括水、极性和非极性有机溶剂或者它们的混合物。因此,用于分散陶瓷原粉的表面活性剂类型也会因特定的固-液体系而多种多样。用于加工电子陶瓷的分散剂一般有以下要求:一是必须能与用于加工的其他组分（如黏合剂、增塑剂）相溶;二是必须燃烧完全,而且燃烧过程不残留积碳或其他污染物,因为这些积碳或其他污染物会影响陶瓷的电子性能,甚至干扰电子陶瓷的烧结过程。在沉淀法制备原粉过程中,表面活性剂的选择应根据颗粒表面和要去除杂质离子的情况而定,多选用与颗粒表面带异种电荷、与欲去除杂质离子带同种电荷的高分子表面活性剂,且不能带入其他杂质。当粒子吸附了离子型表面活性剂后,粒子间带同种电荷而相互排斥;高分子表面活性剂一端紧密地吸附于粒子表面,另一端伸向溶液中形成空间位阻来抑制团聚。

　　表面活性剂可以提高表面电荷、防止絮凝,从而加强分散,使筛分过程更有效。聚电解质就属于这类分散剂,特别是聚丙烯酸铵(盐)已经广泛应用于陶瓷工业中的水相分散铝氧化物。一些水溶性聚合物分散剂也可以有效地在水中分散氧化物粉末,这些分散剂在后续工序中又可用作黏合剂。例如,聚乙烯吡咯烷酮对氧化铝是一个很好的分散剂,而且已经在氧化铝的水溶液浇注体系中作为黏合剂。在水与极性有机溶剂中,如在异丙醇中,已经发现低相对分子质量的有机酸(如对羟基苯甲酸、对氨基苯甲酸)是氧化物粉末有效的分散剂。

　　在制备含多阳离子的窄分布氧化物粉末时,采用醇盐在乳液中水解的方法,即乳液中醇盐溶液能被一种分散乳液珠稳定,每一个液珠就能作为一个微型反应器,全部微粒的组成、形状、大小和粒度分布都能用乳状液控制。如用乳液制备球形 SiO_2 微粒的过程为:先制得一种稳定的水-正庚烷(W/O)的乳液,然后加入一种醇盐(四乙基原硅酸酯),将 HCl 气体鼓泡通过乳液催化醇盐的水解反应,结果得到 SiO_2 颗粒,醇为副产物。制备中乳液越稳定,粉末得率越高,而且需要一种表面活性剂,它能在醇存在时形成稳定的 W/O 乳液却不与醇盐反应。非离子表面活性剂如山梨醇三油酸酯和油酸二乙醇酰胺,可作为乳液稳定剂,在醇存在下,用油酸二乙醇酰胺可得到更稳定的乳液,并且粉末产率高。

　　在溶胶-凝胶法制备原粉的工艺中,如何阻止粉体的团聚成为一个关键问题。防止颗粒团聚的方法有添加亲液高分子、表面活性剂及其他种类的配合剂以抑制团聚。这些添加剂吸附在颗粒表面,通过静电力、渗透压及位阻作用,在颗粒间产生排斥力,从而抑制粒子团聚。

　　值得注意的是,只有选择合适的表面活性剂、添加适宜的量和采用恰当的加入方式,才能起到抑制粉体团聚的作用。表面活性剂的加入有多种形式,可以预先溶于反应液中或粒子生成后缓慢加入粒子悬浮液中,也可以较粒子生成稍后加入。表面活性剂添加量要适当,如果在颗粒表面吸附不足,便会与其他颗粒聚集导致沉降。颗粒表面吸附过量,则伸向溶液中的高分子长链相互缠绕,也使颗粒聚集沉降。因此颗粒表面吸附有一个最佳值,一般控制在饱和吸附。

9.3.3　表面活性剂用于成型加工过程

　　成型加工是将原粉微粒挤压,形成均匀高密的新微细结构。当将窄分布的微粒从完全稳定分散的状态进行填充时,用沉降、注浆成型、带式成型和电泳沉积等陶瓷加工技术就得到均匀高密的陶坯(生陶)。根据分散相粒子的沉降行为,可以评价在陶瓷成型加工过程中的分散体系。分散体系的相对稳定性影响了粒子的沉降和堆积行为。通常絮凝的(不稳定的)分散体系很快以大块的形式沉降,形成一种填充疏松的比容较大的沉积物,这种沉积物容易被重新分散。相比之下,不絮凝的(稳定的)分散相粒子以单颗粒形式缓慢沉降,最后形成紧密堆积的不易被再分散的沉积物。因此,粒子在液相中的分散程度越大,在形成陶坯过程中的堆积就越紧密、均匀。

　　带状成型过程通常用于形成扁平的陶坯,因而用于制造电子陶瓷,如基片和多层电容及集成电路包。在带状成型过程中,表面活性剂(即分散剂)与溶剂、黏合剂及增塑剂一起应用形成一种陶瓷浆，它被水平放在刮刀下面形成薄的陶瓷片。文献报道了一种典型的氧化铝基片带状成型体系。这个特殊体系所用的表面活性剂（分散剂）是曼哈顿鱼油，这种天然油主要含有 14～22 个碳原子的长碳饱和及不饱和脂肪酸的甘油酯。已经发现，在非极性有机溶剂中，曼哈顿鱼油对许多氧化物粉末是一种有效的分散剂。研究表明，鱼油之所以能成为一种有效的分散剂，是由于沿甘油三羧酸酯长链存在羧基，它是在（陶瓷）加工过程中由鱼油氧化形成的。羧基被强烈地吸附在羟基化的（陶瓷原粉）粒子表面，而易弯曲的长链则自由地溶解在溶剂中，从而很好地阻碍了粒子絮凝。在带状成型体系中，有效的表面活性剂（分散剂）必须在粒子表面与溶剂、黏合剂和增塑剂竞争，同时能与体系中其他组分相溶。根据分散剂，可以对带状成型体系作许多改进。由于鱼油是一种天然的物质，它有各种成分和纯度。这就需要合成一种鱼油类似物，它在结构上与氧化的鱼油相同，但其纯度更高，而且可以再生。事实上，已发现许多商业上适用的合成鱼油替代物，但可能没有一个与氧化鱼油的结构相同。若增加分子的链长到一定程度，这种分散剂还可以用作黏合剂。

在陶瓷加工过程中使用的典型表面活性剂（分散剂），是通过氢键或弱化学键与粒子表面相结合的。能够与粒子表面起化学作用（螯合或耦合）而形成强烈键合的分散剂，在陶瓷原粉加工过程中具有明显的优点。强烈的表面化学键的形成可以保证在后序加工过程中分散剂能停留在粒子表面，这种体系不会因为组成或加工条件的轻微变化而发生改变。螯（耦）合型分散剂在带状成型体系中优势明显，它们因多组分构成在竞争吸附中更有效。例如，在非极性溶剂（如己烷和甲苯）中，低相对分子质量的有机钛酸酯作为陶瓷原粉（$BaTiO_3$，$SrTiO_3$，Al_2O_3）分散剂。当一种有机钛酸酯，例如二异丙氧基二油酸钛在非极性有机溶剂中与氧化物粉末相结合时，有机钛酸酯与粒子表面的羟基反应，形成异丙醇和一个双重表面键合的二油酸钛分子。共价键合油酸酯配体分子的长链伸入到液相中，对絮凝产生一种立体阻碍。当单层或多层分散剂存在于陶瓷原粉表面时，有机钛酸酯分散剂的吸附会稳定氧化物粉末在非极性溶剂中的分散。研究发现，对于在己烷或甲苯中的 Al_2O_3 来说，有机钛酸酯是一种比曼哈顿鱼油更好的分散剂。

表面活性剂通常在电子陶瓷生产中用作分散剂，它们用于陶瓷原粉合成，商品陶瓷粉粒度筛分和电子陶瓷成型加工。此外，表面活性剂在电子陶瓷加工中还可作为螯（耦）合剂、掺杂剂和润湿剂。

第十章 表面活性剂在环境保护领域中的应用

工农业生产的发展所带来的环境污染日趋严重,人们越来越关心生活环境的质量问题。近年来,污染界面过程的动力学已成为环境科学研究的一个热点问题和前沿领域。污染物排出后,通过各种途径进入水体、大气和土壤,其中涉及许多界面问题,如土壤和植物界面、水体和沉积物界面、大气和土壤界面等。表面活性剂由于具有特殊的界面性质,在环境污染治理中的应用越来越广泛。

10.1 表面活性剂在水处理中的应用

随着社会的发展和人们生活水平的提高,人们对环境质量的要求愈来愈高,污水排放的标准越来越严,使得传统的废水处理技术很难满足相关要求。同时经济的发展也带来了水资源的日趋短缺,客观上要求废水能够循环再利用。在社会效益和经济效益最大化的要求下,各种新型的、改良的高效废水处理技术应运而生。表面活性剂是一种易于富集于界面并对界面性质产生明显影响的一类物质,表面活性剂在水处理中的应用越来越受到人们的广泛关注。

10.1.1 水处理药剂

水处理剂是精细化工产品中的一个重要门类,目前所用的水处理剂主要有絮凝剂、缓蚀剂、阻垢分散剂、杀菌灭藻剂、除垢剂、除油剂、除氧剂、浮选剂、软化剂等。在水处理剂中用得最多的是高分子表面活性剂,主要用作循环水的絮凝剂和阻垢分散剂。其中絮凝剂约占水处理剂总量的 3/4,聚丙烯酰胺(PAM)又占了絮凝剂的一半。絮凝作用是非常复杂的物理化学过程,现在已有多种理论、机理和模型,在这些理论和模型中,多数人认为絮凝作用机理是凝聚和絮凝两种作用过程。凝聚过程是固体质点在絮凝剂压缩双电层或吸附电中和的作用下脱稳并形成细小的凝聚体的过程,而絮凝过程是所形成的细小絮凝体在絮凝剂的吸附架桥作用下生成大体积的絮凝物的过程。

根据化学成分,絮凝剂可分为无机絮凝剂、有机絮凝剂和微生物絮凝剂三大类。有机高分子絮凝剂在水处理中具有投加量少,絮凝速度快,受共存盐类、介质及环境温度的影响小,生成污泥量少等优点,因而受到了人们的广泛关注。目前应用于水处理中的高分子絮凝剂大多数是水溶性的有机高分子聚合物和共聚物,分子中含有许多能与胶体和细微悬浮物表面上某些点位发生作用的活性基团,相对分子质量在数十万至数百万。常见的有聚二乙基二甲基氯化铵、聚氨、聚丙烯酸钠和丙烯酰胺,它们大多数是一些高分子表面活性剂。高分子表面活性剂通常也由亲水和亲油两部分组成。从分子结构来看,其有无规则、嵌段型和接枝型等几种分子结构形式。由于天然水体含有的黏土、硅酸盐、蛋白质和有机胶体等杂质带负电荷,因此阳离子型絮凝剂在水处理中得到了广泛的应用。目前国内广泛采用的高分子絮凝剂,主要是聚丙烯酰胺(PAM)系列的产品,其用量约占 80%。PAM 是一种线性的水溶性共聚物,无色或微黄色胶体,无臭,中性,不溶于乙醇、丙酮。改性后制得的阳离子聚丙烯酰胺为固体粉末,易溶于水,有很强的吸湿和絮凝作用,属线性高分子表面活性剂,带有正电荷,使悬浮的有机胶体和有机化合物可有效地絮凝,并能强化固液分离过程,广泛应用于污水处理厂污泥脱水以及造纸、洗煤、印染废水的处理。

10.1.2　胶束强化超滤

一般来说,用传统的超滤膜不能除去相对分子质量 300 以下的有机化合物。1979 年,Leung 等首先提出用胶束增溶超滤可以除去废水中被溶解的少量或微量有机物和金属离子。利用表面活性剂的超滤分离,通常称之为胶束增强超滤法(micellar enhanced ultra-filtration,MEUF)。该法具有工艺简单、易实现工业化的特点。它适用于单独或同时从废水中除去低相对分子质量、低浓度和难溶于水的有机污染物和多价重金属离子,具有很好的环境效益。

1. MEUF 法原理

MEUF 法是直接利用了表面活性剂分子的胶束化作用和胶束的增溶作用等性质,并通过超滤膜来实现分离的,其原理如图 10-1 所示。表面活性剂分子是由疏水基和亲水基组成,在浓度极稀的情况下,表面活性剂分子将聚集在溶液的表面,疏水基向上伸入空气,亲水基则留在水中。但当浓度进一步增加,表面活性剂分子在溶液表面的定向吸附达到饱和后,超过临界胶束浓度(cmc),再加入的表面活性分子将在溶液内部聚集在一起,形成疏水基向内、亲水基向外的缔合体——胶束。胶束的形成使疏水基最大限度地逃离水,亲水基保持与水的接触。胶束形成后可将原来不溶或难溶于水的物质带到胶束的内核或表面,从而使该物质溶解于水中,此即胶束的增溶作用。这种胶束通常由几十到几百个表面活性剂分子组成,其胶束量相当大,粒径在 5~10 nm。利用表面活性剂的胶束粒子来吸附废水中的离子或增溶有机物,带有或含有金属离子或有机物的胶束将无法通过超滤膜而使金属离子或有机物被截留,从而实现与废水的分离。

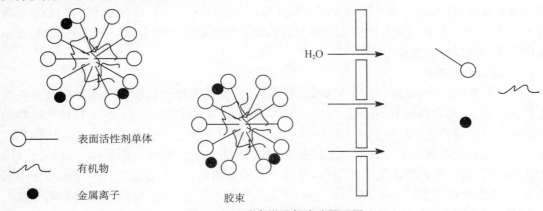

图 10-1　胶束增强超滤法原理图

2. 表面活性剂的选择

MEUF 法使用的表面活性剂应根据待去除物质的性质来确定。当要去除金属离子时，离子的电荷种类决定了是用阴离子表面活性剂还是阳离子表面活性剂，在此基础上再来选择最佳的表面活性剂。当要去除的是有机污染物时，从理论上来说，阴离子、阳离子和非离子表面活性剂都适用。但总体来说，表面活性剂的选择应考虑以下原则：① 应有较大的增溶力；② 能形成较大的胶束体积，从而可以选用大孔径的超滤膜，增加通量；③ cmc 尽可能小，减少表面活性剂的用量和透过液中表面活性剂的浓度；④ 有较低的 Krafft 点（对离子型表面活性剂）或较高的浊点（对非离子型表面活性剂），以适用于低温操作；⑤ 无毒，易生物降解；⑥ 低发泡性。

3. 除去金属离子

① 利用静电吸引力去除金属离子

如果采用阴离子表面活性剂如十二烷基硫酸钠、脱氧胆酸、牛磺酸钠时，胶束的表面带有负电荷，废水中正电荷的金属离子和水溶性离子性有机物（如染料）会通过静电吸引力在胶束表面富集，并且这些离子不易从胶束表面脱落。用此方法已经从废水中成功地去除了 Zn^{2+}、Co^{2+}、Ni^{2+}、Pb^{2+}、Cu^{2+}、Al^{3+}、Fe^{3+}、UO_2^{2+}、Cr^{3+} 等金属离子，去除率一般在 90% 以上。从胶束去除金属离子的机理可以看出，离子价态越高，静电吸附作用越大，其去除率越高。对同价态、不同金属离子来说，其去除率也有微弱的区别，这是因为不同的金属离子与水中的其他离子形成稳定配合物的趋势不一样，越容易配合，被胶束静电吸附的概率越小。如 Cd^{2+} 比 Ca^{2+} 更容易与水中的 Cl^- 形成配合物，结果它们的去除率各为 98.8% 和 99.5%。对一些带负电荷的无机离子和水溶性离子性有机物（如染料），采用阳离子表面活性剂，如十六烷基三甲基氯化铵形成的胶束表面带有正电荷，带负电荷的离子在胶束表面富集从而利用超滤被除去，如 CrO_4^{2-}、$AuCl_4^-$、$Fe(CN)_6^{3-}$ 等可从废水中有效地除去。

② 配体络合除去金属离子

在废水中电解质浓度比较高时，采用胶束表面电荷静电吸附除去目标金属离子时效率很低。可采用适当的配体使被除去的目标金属离子转化为配合物，此配合物被增溶到胶束中，从而有选择地除去目标金属离子。如用 2-乙基己基磷酸-2-乙基己基酯（EHPNA）做配体，壬基酚聚氧乙烯（10）醚（PONPE10）做表面活性剂来分离水溶液中的 Co^{2+}、Ni^{2+}，在 EHPNA 浓度为 0.005 mol·L^{-1}，PONPE10 为 0.02 mol·L^{-1} 时，Co^{2+} 和 Ni^{2+} 的分离系数可以达到 6.99。此法对配体的要求为能与目标离子形成稳定的配合物，并且形成的配合物易增溶于表面活性剂胶束中。

4. 除去有机物

水中的有机废物，如酚、芳香烃、烷烃、氯代烷烃、氯代芳烃化合物、胺、醇类以及染料被增溶到胶束，从而利用胶束不能通过超滤膜而实现对废水中有机物的去除。有机污染物的去除效果与自身的化学结构和性质、表面活性剂形成胶束情况以及有机物在表面活性剂胶束增溶位置和增溶量有关。表 10-1 列出了 MEUF 法对有机物的去除效果，可以看出，随着烷基链的增长，有机物的疏水性增加，更易于被胶束增溶，去除率高。苯酚在水溶液中会电离，以带负电荷的基团存在，能与带正电的亲水基发生静电吸引，所以苯酚在阳离子胶束中的增溶量比苯大，从而苯酚的去除率大于苯。

表 10-1 胶束增强超滤对废水中有机物的去除效果

有机污染物	透过液中有机物浓度 (mmol·L⁻¹)	去除率(%)	有机污染物	透过液中有机物浓度 (mmol·L⁻¹)	去除率(%)
正己醇	1.56	92.2	4-叔丁基酚	0.072 7	99.6
正庚醇	0.323	98.4	苯	2.33	88.4
正辛醇	0.141	99.3	甲苯	0.8	96.0
苯酚	1.42	92.9	正己烷	0.05	99.8
间苯酚	0.526	97.4	环己烷	0.204	99.0

10.1.3 液膜分离技术

液膜分离是 20 世纪 60 年代中期诞生的一种新型的膜分离技术,已在废水处理、湿法冶金、石油化工等部门有大量研究应用报道,有的已在实际生产中取得了相当成效。例如用液膜技术可以从废水中脱除有毒的阳离子铜、汞、铬、镉、镍、铅等,以及阴离子磷酸根、硝酸根、氰根、硫酸根、氯根等,可使废水净化并回收有用组分。利用表面活性剂构成的液膜分离具有穿透膜流量大、选择性好等显著特点。

1. 液膜分离原理

液膜从形态上可分为液滴型、隔膜型和乳化型。乳化液膜是液滴直径小到呈乳化状的液膜,这是研究和使用最多的一种液膜。乳化液膜体系由表面活性剂(乳化剂)、膜溶剂、载体和添加剂等所构成。其分离过程包括液膜的形成、被分离物通过液膜的传质及后续的破乳。

① 液膜的形成

利用表面活性剂的液膜分离,总的说来是将不互溶的两相通过表面活性剂的作用,使其形成乳液,再将该乳液分散到和乳液外相不相溶而和内相互溶的第三相中,这样便形成三相体系。第三相成为连续相。互溶的连续相和内相之间便有和两者均不相溶的液膜形成,表面活性剂的存在,使得液膜得以稳定。如图 10-2 所示。通常连续相为待处理相,其中溶解

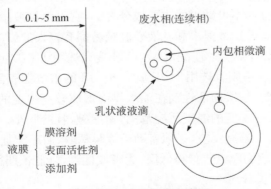

图 10-2 乳状液膜示意图

有需要分离出的物质,若待处理液是水相,则首先要在表面活性剂的作用下,制得油包水(W/O)型乳液,再将此乳液分散到待处理水相中,形成水油水(W/O/W)型三相体系,油相则起液膜作用。待处理液中需分离出的溶质通过在液膜中发生的传质过程不断地转移至内相中,并在内相中富集,从而实现分离的目的。

② 液膜中的传质

液膜分离原理按传质机理的不同,可分为乳状液膜和支撑液膜两种。

乳状液膜利用溶质或溶剂在膜内溶解及扩散速度之差进行分离,它可以用来分离物理、化学性质相似的碳氢化合物,从水溶液中分离无机盐以及从废水中去除有机物等。例如含酚废水可采用这种方法来处理,以煤油作膜溶剂,Span80 作乳化剂,氢氧化钠作添加剂,经高速搅拌或超声处理制成稳定的 W/O 型乳液,乳液的内相微滴的直径在 $1\sim3~\mu m$。将该乳液分散到含酚的废水(连续相)中时,形成了许多包含若干个内包相微滴的乳状液滴(见图10-2)。苯酚在油膜中有较大溶解度,选择性地透过膜,渗透到膜内相,并与其中的氢氧化钠反应,生成苯酚钠,而苯酚钠是离子型化合物,它不能在油膜中溶解,无法再返回到外水相。因此只要外水相有苯酚,就会不断地通过油膜进入内水相,除酚后的废水即可排放。膜相和内水相乳浊液经破乳后,膜相可循环使用,而内水相另作处理回收苯酚。

支撑液膜是将膜相牢固地吸附在多孔支撑体的微孔之中,在膜的两侧则是料液相和反萃相。待分离的溶质自料液相经多孔支撑体中的膜相向反萃相传递。这类操作方式比乳状液膜简单,由于支撑液膜中充当膜相的溶剂较少,故可以选择促进迁移载体含量高的溶剂或价格昂贵但性能优越的萃取剂。它无需使用表面活性剂,也没有制乳和破乳过程。但是,支撑液膜的膜相是依据表面张力和毛细管作用吸附于支撑体微孔之中的,为了减少扩散传质阻力,要求支撑体很薄,并且要有一定的机械强度和疏水性。

③ 破乳

液膜传质过程完成以后,通常经过静置即可实现连续相(被处理液)和乳液(O/W 或W/O型)的分离,再通过破乳实现内相和液膜的分离。破乳的方式可以通过物理方法如离心法、加热法及电场作用等进行,也可通过化学方法如添加破乳剂实现。但若考虑液膜重复作用,通常不以添加破乳剂的方式进行破乳。从使用的效果来看,其中以静电法较好。

2. 表面活性剂的选择

表面活性剂是液膜分离不可缺少的主要成分之一,它不仅对液膜稳定性起决定性作用,而且对被分离物透过液膜的扩散速率和乳液破乳难易都有较大的影响。一种较为理想的液膜用表面活性剂应具备以下特点:① 配制 W/O 乳液宜选用 HLB 值为 3.5~6 的油溶性表面活性剂,而配制 O/W 乳液则宜选用 HLB 值为 8~18 的水溶性表面活性剂。实际应用中往往采用表面活性剂复配,使表面活性剂在油水界面形成较高强度的界面膜。② 制成的液膜有尽可能高的稳定性,有一定的温度适应范围,耐酸碱,且溶胀小。③ 能与多种载体配合使用,不与膜相载体反应。若有反应,必须有助于液膜萃取,而不能催化分解载体(萃取剂)。④ 容易破乳,油相可反复使用。⑤ 价格低廉,无毒或低毒,且能长期稳定保存。

3. 废水中苯胺的液膜分离

我们曾研究用煤油-磷酸三丁酯(TBP)- Span 80 - HCl 溶液制成的液膜体系从废水溶

液中提取苯胺的过程。其分离机理如图 10-3 所示。

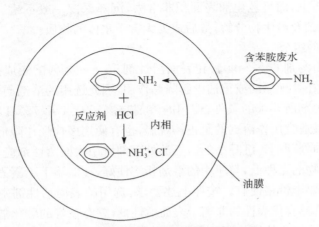

图 10-3　废水液膜分离除苯胺机理

　　将表面活性剂、煤油-磷酸三丁酯（TBP）及 HCl 溶液混合，在高速搅拌下制成油包水型乳液，然后将其加到含苯胺的水溶液中，低速搅拌。苯胺在水溶液中与原乳液接触，首先扩散进入有机膜，再与 HCl 溶液反应生成盐酸盐，但这种盐酸盐却不能通过有机膜反扩散，从而达到富集作用。实验结果表明，液膜法从废水溶液中分离苯胺的工艺过程简单、高效，既适用于高浓度又适于低浓度含苯胺废水的处理。膜的组成：Span 80 为 4%，脂肪酸酯为 4%，TBP-煤油（15%）为 46%，HCl 溶液（8%）为 46%。适宜的操作条件：外相初始 pH 在 7.0～9.0 之间，内相与外相之比 R_{ie} 为 1.0，乳液相与水相之比 R_{ew} 为 20，搅拌速度为 250 r·min^{-1}。苯胺在水中的残留量可控制在 3 mg·L^{-1} 以下。

10.1.4　在消除石油污染中的应用

　　随着石油工业迅速发展，海洋溢油事故常常发生。石油在海上漂浮扩散广，不仅污染水质，造成水生物和鸟类中毒，而且还容易引起火灾，必须及时地加以清除处理。石油处理剂处理是常采用的方法之一。

　　1. 石油处理剂的分类和条件

　　石油处理剂是将流出的石油进行化学处理的药剂，包括集油剂、沉降剂、凝固剂、乳化分散剂等。其中除乳化分散剂外，其余的目前还没有进入实用阶段。所以，通常是将乳化分散剂称为石油处理剂。它由溶剂和表面活性剂组成，能将石油乳化并形成微粒，使其分散于海水中。

　　石油处理剂的效果与所使用的表面活性剂密切相关，因此配制石油处理剂必须选择适当的表面活性剂。为使石油处理剂符合实用要求，所选用的表面活性剂应具有以下条件：对流出油的乳化分散力强，对水产资源无不良影响，生物降解性良好，使用方便和价格便宜。

　　2. 石油处理剂的作用机理

　　表面活性剂能使石油分散形成水包油型乳状液，形成微粒子而分散于海水中，消除污染，溶剂能降低石油的黏度，使其易于乳化。

海洋上漂浮的石油经石油处理剂处理后形成乳状液,由于这种乳状液是水包油型的,不易黏附在油轮和岩石上,而且乳化油表面积非常大,沉降深度一般不超过 3 m,所以油粒很快被水中溶解氧、细菌及微生物分解,最后成为无害于水体的物质。

3. 石油处理剂的组成

石油处理剂是由溶剂 60%～90% 和表面活性剂 10%～40% 配制成的。石油处理剂必须有一定量的溶剂,在处理原油或重油中起降黏作用,因此选用的溶剂与流出油应能很好地相溶。根据石油处理剂所要求的条件,使用的溶剂应该是闪点高(75℃以上)、黏度低、不溶于水的石油烃类。最适宜用作溶剂的是正构烷烃,也有使用卤代烃作降低重油黏度的溶剂,但用其配制成的石油处理剂为沉降型的。石油处理剂所用表面活性剂应具有对流出油的乳化能力高,对水生生物的毒性低,与所用的溶剂相溶性好,在低温下不凝固析出,生物降解性良好等性能,此外还要求价格便宜。按照上述要求,选用的表面活性剂主要是非离子型的。烷基酚聚氧乙烯醚是具有代表性的非离子表面活性剂,它有良好的乳化能力,但由于它对水生生物有强毒性,现已停止使用。脂肪酸聚氧乙烯酯,如油酸聚氧乙烯酯(聚氧乙烯的相对分子质量为 400～600)、聚氧乙烯失水山梨醇脂肪酸酯具有良好的乳化性能,而且对水生生物的毒性也小,现在广泛用作石油处理剂用表面活性剂。从与溶剂的相溶性方面考虑,使用的非离子表面活性剂的 HLB 值一般不大于 12,否则不易与石油类溶剂均匀混合。

10.2　表面活性剂在净化废气中的应用

在许多行业,如橡胶、皮革、油漆、塑料和制鞋业等的生产工艺中大多排放"三苯"(苯、甲苯、二甲苯)废气,给大气环境质量和人们的生活空间带来了一定的不良影响。该类废气毒性大,长期接触后通过人体吸入或皮肤吸收到体内,将引起肝的损伤、造血器官及神经系统的损害,晚期可发展为再生障碍性贫血,甚至发展成白血病。此外,大气粉尘污染是世界公害之一,人类许多活动都会产生粉尘污染,特别是采矿业,而粉尘的防治又相当困难和耗资。利用表面活性剂对废气加以适当处置,已被证明是净化大气的一种有效方法。

10.2.1　有机废气的净化处理

工业有机溶剂主要应用于制药、染料制造、有机合成和许多农药的中间体等,在使用过程中随废气排入大气。其对人体中枢神经系统有抑制和麻醉作用,对皮肤和黏膜有刺激性,且会在人体内蓄积。有些地区工业有机溶剂的排放量逐年增加,已经严重危害人们的生活环境和身心健康,因此亟待对其排放进行控制和治理。

目前,挥发性有机物净化通常采用液体吸收法,其具有工艺成熟、使用范围广和费用低等优点。依据不同的吸收机理,可分为乳化吸收法和增溶吸收法。

1. 乳化吸收法

根据"相似相溶原理",苯系物质属于非极性物质,易溶于非极性的矿物油如柴油等。国内在 20 世纪 70 年代末已采用以柴油为主的吸收液对含苯废气进行净化试验,20 世纪 80 年代初在工程上得到实际应用,该方法对处理大风量、常温、低浓度的有机废气比较有效,费用也低。但是柴油本身易燃,且价格日益上涨,为此选择合适的液体吸收剂成了人们日益关注的问题。吸收过程要求吸收剂无腐蚀、性能稳定、黏度小、不起泡、不易燃、对苯系的溶解度要大。人们比较了各种吸收剂,结果显示柴油吸收苯类蒸气的能力最大,因此采用柴油作为吸收剂净化苯系物废气仍是最廉价易得的,选择水/柴油混合吸收剂可以大大降低成本,降低吸收液的易燃性,而不降低其处理效果。加入表面活性剂能改善吸收剂的乳化性能,增加苯系物在吸收液中的溶解度,增加吸收剂的吸收容量。

欲净化的苯系物蒸气在水/柴油吸收剂中相当于"油"相。添加表面活性剂一方面使两相乳化效果更好,另一方面能增加苯系物的溶解度。实践证明选用多种表面活性剂要比单一表面活性剂具有更好的效果,为此选择几种具有较好乳化作用、分散作用、增溶作用的表面活性剂则是非常重要的。表面活性剂的添加量对混合吸收剂的性能影响很大,表面活性剂用量不足,乳化效果差,无限增大表面活性剂的浓度将是无意义的,应通过实验找到每种表面活性剂的最佳用量。

2. 增溶吸收法

增溶作用是表面活性剂溶液的特有性质,应用极为广泛。例如在石油开采过程中,利用增溶作用"驱油",将黏附在岩层沙石上的油洗下,提高石油采收率。这种作用同样可以应用于环境工程领域当中。近几年关于增溶机理与方法的研究和文献都较多,特别是阴、阳离子混合表面活性剂以及两者的混合体系对有机物的增溶作用,无论是在表面活性剂的性能研究中还是在其他工业应用中都有很重要的意义。

众所周知,有机物在水中的溶解度很小,因此提高液体吸收法净化低浓度有机物废气效率的关键就在于尽量突破亨利定律的限制,使低浓度下有机物水溶液的平衡浓度达到或接近其饱和溶解度。基于表面活性剂具有亲水和亲油基团,可以降低液相的表面张力,减小液膜阻力。在浓度达到临界胶束浓度后可在液相中形成胶束,提供大量的疏水空间,从而对难溶有机物具有增溶作用。

刘雪锦等以 Tween 80、十二烷基磺酸钠(SDS)、十六烷基三甲基溴化铵(CTAB)为增溶剂,采用填料塔为介质,研究了以添加表面活性剂的溶液为喷淋液对氯苯的净化效果,并考察了增溶剂浓度、氯苯入口浓度等因素对氯苯增溶效果的影响。研究结果表明,表面活性剂胶束对氯苯在溶液中的增溶能力有很大影响。当 Tween 80 的浓度为 $8.0\ mmol\cdot L^{-1}$、氯苯入口浓度为 $2\ 000\ mg\cdot m^{-3}$ 时,氯苯的去除率达到94%。研究还发现,胶束对氯苯在水中增溶的效果影响很大,cmc 愈小,形成胶团聚集数愈多,增溶作用也愈强。

选择不同类型的表面活性剂可分别起乳化剂、增溶剂、消泡剂等作用。不同的表面活性剂对吸收效率的影响不同,实践表明选择几种常见的阴离子表面活性剂和非离子表面活性剂进行组合要比单一类型表面活性剂的效果好。

10.2.2　湿法烟气脱硫

中国的能源构成以煤炭为主,其消费量占一次能源总消费量的70%左右,这种局面在21世纪相当长的时间内不会改变。火电厂以煤作为主要燃料进行发电,煤直接燃烧释放出大量 SO_2,造成大气环境污染,且随着装机容量的递增,SO_2 的排放量也在不断增加。加强环境保护工作是我国实施可持续发展战略的重要保证。所以,加大火电厂 SO_2 的控制力度就显得非常紧迫和必要。SO_2 的控制途径有三个:燃烧前脱硫、燃烧中脱硫、燃烧后脱硫即烟气脱硫(FGD),湿法烟气脱硫被认为是最成熟、控制 SO_2 最行之有效的途径。

1. 湿法烟气脱硫的特点

① 整个脱硫系统位于烟道的末端,在除尘系统之后;

② 脱硫过程在溶液中进行,吸附剂和脱硫生成物均为湿态;

③ 脱硫过程的反应温度低于露点,脱硫后的烟气一般需经再加热才能从烟囱排出。

2. 湿法脱硫原理

湿法烟气脱硫过程是气液反应,其脱硫反应速率快,脱硫效率高,钙利用率高,在钙硫比等于1时,可达到90%以上的脱硫效率,适合于大型燃煤电站锅炉的烟气脱硫。使用最广泛的湿法烟气脱硫技术主要是石灰石/石灰洗涤法,占整个湿法烟气脱硫技术的36.7%。它是采用石灰或石灰石的浆液在洗涤塔内吸收烟气中的 SO_2 并副产石膏的一种方法。其工艺原理是用石灰或石灰石浆液吸收烟气的 SO_2,分为吸收和氧化两个阶段,先吸收生成亚硫酸钙,然后将亚硫酸钙氧化成硫酸钙即石膏。

3. 表面活性剂的作用

若在湿法烟气脱硫剂中添加表面活性剂,不仅可以大幅度地提高脱硫效率和除尘效率,并且对脱硫剂的成分和酸碱度影响较少。提高水对微细粉尘的润湿效果,提高水的捕尘能力,达到提高除尘效率的目的。在石灰喷淋液中加入表面活性剂,可以降低溶液的表面张力,改善其润湿性,因而可有效提高除尘效率。湿法烟气脱硫工艺中,石灰浆液吸收 SO_2 的速率受液膜和气膜共同控制,两相界面存在一定的表面张力和表面自由能,根据物理化学理论,如果减小表面张力,可以降低体系自由能,有利于吉布斯(Gibbs)吸附,也就有利于 SO_2 在水溶液中吸收反应的进行,提高水对 SO_2 的吸收效率,使得更多的 SO_2 溶解在喷淋的浆液中,从而提高了脱硫效率。

4. 表面活性剂的应用效果

表面活性剂的选择原则为添加量小、无毒、无味、无腐蚀,对石膏的品位和废水的处理影响很小,故选择价格低廉、用途广泛的十二烷基苯磺酸钠阴离子表面活性剂。在石灰浆液中不加表面活性剂和加入浓度为 0.03% 的十二烷基苯磺酸钠表面活性剂分别实验,测得不同表面活性剂浓度条件下的除尘效率和粉尘浓度、喷淋量的关系。实验结果表明:湿式除尘本身就具有较高的除尘效率,同时粉尘(飞灰)的亲水性较好,因而除尘效率较高,都在85%以上;当喷淋量不变时,随着飞灰浓度的增大,就会有许多尘粒还未与液滴碰撞就随气流排走,使得液滴捕尘机会减小,故除尘效率随之降低;当飞灰浓度不变时,随着喷淋量的增加,除尘效率随之增加;当喷淋量不变时,添加表面活性剂,降低了液滴的表面张力,加强了液滴对飞灰粒子的捕获能力,从而使得除尘效率有了较大的提高。此外,当石灰浆液中加入表面活性剂后,脱硫效率也有了相当大的提高。表面活性剂的润湿能力越高,越有利于 SO_2 的吸收,脱硫效率也就越高,并且对石膏的品位和废水处理的影响很小。实验结果表明:湿法烟气脱硫工艺中,用石灰浆液吸收 SO_2 时,在石灰浆液中添加一定量的具有保湿、渗透、浸润等多种功能的表面活性剂,能明显改善浆液的化学特性,有利于 SO_2 的吸收,同时与浆液中的碱性物质 $Ca(OH)_2$ 反应,使得更多的 SO_2 溶解在喷淋的浆液中,从而提高了脱硫效率。

总之,在湿法烟气脱硫工艺中添加表面活性剂,能够显著提高脱硫效率和除尘效率,尤其是对分散度较大的微细粉尘的去除效果更加明显。表面活性剂的添加不仅对单独的除尘和脱硫操作有效,而且对脱硫除尘一体化装置也能达到提高脱硫和除尘效率的目的,并且对浆液成分和酸碱度影响不大。

10.2.3　煤矿作业的湿法除尘

利用表面活性剂进行湿法除尘是在水力除尘的基础上发展起来的一种除尘技术,是防治大气粉尘污染极为有效的方法。通常情况下水的表面张力较高,微细尘粒不易被水润湿,直接用水除尘效果不好。但是水力除尘设备简单、节能、维修管理费用低,因此各国都在努力寻求提高水力除尘效率的方法。20 世纪 60 年代出现了添加少量非离子表面活性剂改善氯化钙、氯化镁等吸湿性无机盐的除尘效果的方法,这一方法得到较快发展。在湿法除尘过程中,含尘气体与液体接触的程度对除尘效果有较大的影响。悬浮于气体中的 5 μm 以下(特别是 1 μm 以下)的尘粒和水滴表面均附着一层气膜,很难被水湿润而使处理效果降低。为了增加尘粒在液体中的分散程度和润湿性,改善除尘效果,在实际操作过程中采用的不是纯水而是含有各种阴离子表面活性剂和非离子表面活性剂的洗涤水,尘粒被润湿和分散的效果有了很大的提高。阴离子表面活性剂和非离子表面活性剂有很好的润湿性能,而且它们可以吸附在尘粒的狭缝中产生劈分压力,增加了狭缝的深度,减少粒子破碎所需的机械能。加入阴离子表面活性剂后可使尘粒获得相同负电荷,增加尘粒之间的静电斥力,从而使其易分散到液体中。

1. 煤层注水预湿除尘

利用表面活性剂水溶液改善煤粒的润湿性对煤粉尘的控制具有重要的现实意义。阴离子表面活性剂,如邻二甲苯烷基磺酸钠等在这方面已得到使用。对影响煤尘润湿速率的各种因素探讨结果证明,用 Walker 润湿速率试验测定的润湿速率主要受温度、煤尘的尺寸组成以及所用特殊表面活性剂的浓度和分子结构的影响。在 10~40℃ 的温度范围内,润湿速率随温度的升高而增加,大致呈线性关系。同样在特定温度下,润湿速率随煤尘平均粒度的增加而增加,也呈线性关系。

有煤矿瓦斯突出、冲击地压危害的矿井常采用高压向煤层预注水的方式润湿、软化煤层,并使被开采层瓦斯应力减少、前移,达到防尘、防突、防冲击地压的目的。由于煤是憎水性的,单纯用水压注,压注力高、速度慢,且有反渗出现象,效果很不理想。在注水液中适当添加表面活性剂,可大大改善煤层注水的预湿效果。表面活性剂加入煤层预注水中有三方面作用:提高了水对煤层的湿润能力,缩短了润湿时间;增大了水在煤层的毛细裂缝中渗透时的毛细管力,使渗透作用加强;对煤层瓦斯中原先不溶于水的某些烷烃类物质增溶,有效地降低了瓦斯压力。在一座煤矿煤层采用的压注试验表明,当添加表面活性剂后,煤层注水速度增加近 1 倍,注水压力降低近 20%,对 0~2 μm 的呼吸性粉尘平均降低了 20%~30%,并有效地防止了煤矿瓦斯突出。

2. 矿山采掘面湿式除尘

矿山采掘工作面在回采、钻凿等矿岩破碎过程中,常用洒水喷雾法消除粉尘。由于大多数岩矿粉尘特别是煤矿粉尘为憎水性粉尘,纯水往往难以润湿,在其中加入适当浓度(一般低于 0.1%)的表面活性剂,可提高其润湿性,可大大加速憎水性岩、煤粉尘的润湿沉降,达到有效防治粉尘的目的。这种湿式除尘技术在我国得到了广泛的应用。如在煤矿采煤工作面

用高压喷嘴将含有 C_6～C_8 脂肪醇聚氧乙烯(3-11)醚 0.01％～0.5％ 的水溶液喷洒,可除去工作间中空气粉尘的 95.5％。喷洒由 3％ 非离子表面活性剂、20％ 硅酸钠和 70％ 水组成的水溶液,可有效地防止矿石粉尘、煤粉尘和陶瓷料粉尘。采用氯化钙或氯化镁等吸湿性无机盐捕尘的方法,用水量极少或者根本不用水,因此不会带来大量污水再处理的问题,同时亦避免了矿石或煤块过湿而造成的困难,在此法中添加少量的烷基酚聚氧乙烯醚等非离子表面活性剂,可以改善氯化钙或氯化镁膏体的捕尘能力。

3. 矿物加工或转载点的泡沫除尘

将表面活性剂与水按一定比例混合,通过发泡器产生大量高倍数泡沫状的液滴,喷洒到矿石或料堆上,造成无空隙的泡沫体覆盖和遮断尘源,也可将泡沫喷洒到含尘空气中,大量的泡沫粒子群和空气中微细粉尘接触、黏附,使其迅速凝聚、沉降,以达到除尘的目的,这种方式称之为泡沫除尘。因此泡沫除尘具有拦截、黏附、润湿、聚沉等作用,几乎可捕集所有与泡沫相遇的粉尘,尤其对呼吸性粉尘有更强的凝聚能力,效果十分理想。在矿山煤仓、卸矿口、翻罐笼、皮带转运点等处,由于存在一定高差,矿物在下落过程中尘埃飞扬。由于其产尘量大,常采用表面活性剂的泡沫除尘技术进行处理。此外,凿岩、打眼过程中的除尘也可以采用泡沫除尘技术。为根治石英粉尘危害,可采用湿法磨粉技术。在湿法磨粉过程中,添加烷基酚聚氧乙烯醚如 OP-7、OP-10 等非离子表面活性剂做润湿剂,可使粉尘完全润湿,从而杜绝了粉尘飞扬,保证了空气净化。此外,用 2,4,6-叔三丁基酚聚氧乙烯(10)醚做润湿剂,控制适当的浓度(大于 cmc),可以防止氧化铅粉尘污染空气。在煤的破碎加工中使用如下泡沫剂配方,能取得较好的去除煤粉尘的效果:水 54～55 份,脂肪醇聚氧乙烯醚硫酸酯盐 20 份,椰子油烷醇酰胺 5 份,改性丁二烯/苯乙烯共聚物胶乳 20 份,苯甲酸钠 0.1 份,四硼酸钠的五水化合物 0.2 份,浓硫酸 15 份,该泡沫剂与水混合,并用压缩空气喷洒产生泡沫,用于煤的一、二级破碎机和二级细粉旁路,除尘效率达 60％～85％。

在煤仓等防尘方面,喷洒脂肪醇聚氧乙烯醚、C_6～C_8 醇聚氧乙烯醚硫酸酯盐、二丁基酚聚氧乙烯(6-7)醚、鲸蜡醇-油醇硫酸钠、油酸钠等表面活性剂水溶液,均能加速粉尘的沉降。用壬基酚聚氧乙烯醚乳化由 1～2 份石油裂解的 0～100℃ 馏分和 1～2 份 120～280℃ 馏分得到的石油树脂,所得乳状液可用于防治煤粉尘。喷洒含有鲸蜡醇聚氧乙烯(15)醚和丙烯酸丁酯-乙烯基异丁基醚聚合物水乳状液,除尘效果特别好。

4. 矿山运输路面防尘

矿山运输路面所引起的开放性尘埃的危害一直是矿山防尘工作的重点,特别是在露天矿山中,其产尘量可占全矿总产尘量的 60％～70％。近年来利用表面活性剂的其他功能采用一些较先进的方法处理运输路面取得了较大进展。利用阳离子表面活性剂的乳化作用,也可制得常温常压下稳定的水包油型焦油、渣油等乳状液,将其铺洒在矿山扬尘土路上,使分散的粉尘微粒湿润、凝并、黏结,从而达到防尘的目的。该法曾在一些矿厂采用,效果很好。如原地外渗无压硅化法固土防尘的工艺,就是以表面活性剂的润湿、助渗透功能为突破口,将一定浓度的硅酸钠+湿润剂、氯化钙+湿润剂分两次铺洒在扬尘土路上,使其快速渗透后迅速反应,生成凝胶物质固结扬尘路面,以达防尘目的。试验结果显示,在采用混合型表面活性剂后,可使溶液的渗透性能提高 67.3％,路面固结后其耐干湿性能提高 50.1％,耐蒸发性能提高 9.35％,黏结性能提高 57.5％,抗压强度提高 10.12％。

5. 爆破尘毒的防治

爆破尘毒是矿山粉尘污染的主要来源,也是影响全球大气污染的来源之一。特别是爆破产生的微细粉尘(尘粒直径在 5 μm 以下称为呼吸性粉尘)既不易沉降又不易被捕获,长时间弥散于空气中,与空气形成较稳定的气溶胶。若人体长时间呼吸该含尘空气,可使肺部组织纤维化并产生矽结节,最终导致矽肺病,危及生命。可见爆破产生的粉尘严重影响着矿山工人的身心健康,对其治理有着特别重要的意义。利用表面活性剂防治爆破尘毒是较为有效的方法之一。表面活性剂用于爆破尘毒的治理主要有两种途径:一是用表面活性剂的水溶液喷洒爆破后的空气烟尘,将其润湿、凝聚,进行强制沉降。实测结果表明,在距爆破点350~400 m 的范围内,空气湿度大大提高,粉尘向大气中扩散的过程完全停止。第二种途径是采用表面活性剂及其他助剂混合水溶液作为水炮泥堵塞炮孔,炸药爆炸的冲击力使水液在空气中雾化,雾化后的大量液滴润湿、凝聚、吸附、吸收溶解因爆破产生的烟尘,达到净化的目的。硐室爆破试验结果表明,采用这种类型的堵塞炮泥,爆破半小时后,其降尘率比砂土填塞提高了 31.59%,比清水填塞提高了 30.65%,CO、NO$_2$浓度的消除率比砂土填塞分别提高了 67.2%、59.7%。

10.3　表面活性剂在固态污染治理中的应用

随着工业化及交通运输业等的发展,人类不断地将各类废物直接和间接地投入土壤,导致土壤污染极为严重。按照污染物的性质进行分类,可将污染物分为三类:有毒物质、放射性元素和病原微生物。其中有毒物质包括有机污染物以及重金属元素。表面活性剂主要针对其中的有毒物质进行去除。

10.3.1　有机物污染土壤的修复

1. 修复方式

利用表面活性剂可进行有机污染土壤的异位和原位处理。土壤的异位修复是指,将挖掘的被污染土壤置入非渗透性容器,用表面活性剂冲洗去除污染物。新的表面活性剂不断加入,污染液从土壤中连续排出,然后被处理掉,被洗涤土壤放回原处。在治理被有机物污染的土壤及地下水时,表面活性剂主要发挥了两个作用:第一,由于表面活性剂减小了液-固之间的表面张力,因此可以将阻塞在土壤孔隙中的油类物质分散并通过溶液本身将其洗脱出来;第二,当表面活性剂浓度增加到临界胶束浓度以上时,表面活性剂在溶剂中会形成胶束,胶束的内部具有憎水性,而外部则具有亲水性,因此有机污染物的憎水性使得其很容易分配到胶核内核,从而使得有机污染物在表面活性剂溶液中的溶解度大大提高,因而能更好地将其从土壤中洗脱出来。

污染土壤就地修复一般为土壤冲洗,是采用污染地区表面喷洒和抽出井来进行的。通常先将萃取剂喷洒在土壤表面,萃取剂在土壤中渗滤并在渗流区把污染物转移到污染地下水处,然后通过抽出井将污染水抽出进行处理。

2. 表面活性剂的增溶洗脱作用

有机污染物的水溶性是其在环境中迁移转化的一个重要影响因素。有些有机污染物是微溶于水的,习惯上称其为非水相液体(简称 NAPLs)。根据相对于水相密度大小,可将 NAPLs 分为两类:一类是密度小于水相的,称为轻质非水相液体(LNAPLs);另一类是密度大于水相的 NAPLs,称为重质非水相液体(DNAPLs)。NAPLs 在迁移过程中通过滞留、溶解、挥发等过程污染土壤、水体和空气。NAPLs 在水中的溶解度很小,易于分配到土壤。由于表面活性剂增溶作用具有应用于有机污染土壤和地下水修复的良好前景,国内外对表面活性剂增溶难溶有机物进行了大量研究。增溶作用是指表面活性剂的存在能使 NAPLs 的溶解度显著增大的现象。表面活性剂的增溶作用是其影响有机污染物在环境中迁移转化的重要特性。表面活性剂对 NAPLs 的增溶是 NAPLs 在水相、表面活性剂的单体相和胶束相之间的一种分配平衡的过程。当表面活性剂的浓度较低时,其单体对 NAPLs 的增溶作用较小,只有当其浓度超过 cmc 以后,才能显著增溶 NAPLs。表面活性剂溶液能有效地将 NAPLs 从人工污染土壤或未陈化土壤中解吸出来,借助于表面活性剂减小了液/固之间的界面张力,因此可以将阻塞在土壤孔隙中的 NAPLs 分散,通过溶液本身将其洗脱出来,并且通过表面活性剂胶束增溶将其从土壤中解吸出来。

3. 表面活性剂的影响

在非离子表面活性剂(TX-100、TX-114、TX-405 和 Brij35)、阴离子表面活性剂(SDS)和阳离子表面活性剂十六烷基三甲基溴化铵(CTAB)对 DDT 和 1,2,3-三氯苯(TCB)的增溶作用研究发现,表面活性剂在 cmc 上下,都能对 DDT 和 TCB 有增溶作用,在 cmc 以上增溶作用明显。在单头和双子阴离子表面活性剂对萘的增溶作用研究中发现,双子阴离子表面活性剂比单头阴离子表面活性剂的增溶能力高,损失小。表面活性剂浓度大于 cmc 时,有机物在土壤上的分配系数减小,同时有机污染物在水中溶解度增大,从而促进其解吸。表面活性剂的存在增加了传质速率系数而提高了解吸速率。Itaru 等发现对土壤清洗后的表面活性剂溶液中存在的巨胶束(微乳状液滴)能增加非水相液体和水相接触的表面积,增加传质系数。James 等用聚氧乙烯型表面活性剂和甲醇的混合物作为单相微乳液(SPEM)对 NAPLs 做增溶实验,结果表明 90%~95% NAPLs 的普通成分被 SPEM 冲洗液带走。Sanchez-Camazano 等研究了阴离子表面活性剂 SDS 对 5 种有机质含量为 1.4%~10.3% 土壤中莠去津的洗脱作用,探讨了表面活性剂浓度和土壤有机质含量的关系:当表面活性剂浓度低于 cmc 时,SDS 仅能增强高有机质含量土壤中莠去津的洗脱去除作用;当 SDS 浓度高于 cmc 时,对所有土壤中的莠去津的脱附作用都有所增强,增强能力取决于土壤有机质含量的大小。卢媛等在处理重度石油污染土壤中,研究了阴离子表面活性剂 LAS-非离子混合表面活性剂 TX-100 对土壤中石油类污染物的去除效果。应用化学热洗原理,主要考查了表面活性剂配比、投加量、清洗温度及清洗助剂对去除效果的影响。选择最佳条件下,清洗后土壤含油量从 20% 下降到 4.6%,去除率达到 76.9%。废水回用实验表明,清洗处理的废水对土壤中石油烃类物质仍有一定的去除效果。废水回用比从 30% 到 100% 时,对土壤中石油烃的去除率都可达到 55% 以上。对废水进行二次回用时仍能去除 18.8% 的污染物。朱利中等研究了阴离子-非离子混合表面活性剂体系对菲等 PAHs 的增溶作用,发现混合表面活性剂对 PAHs 的增溶大于单一表面活性剂的增溶,且具有协同增溶作用;表面活性剂溶液浓度在 cmc 以上时,能显著增加 PAHs 的溶解度,不同表面活性剂对 PAHs 的增溶作用顺序为:TritonX100＞Brij35＞TritonX305,与表面活性剂的亲水亲油平衡值

(HLB)呈负相关,而与 PAHs 的 K_{ow} 呈正相关,即为芘＞菲＞蒽＞苊＞萘;$\log K_{mc}$ 与 $\log K_{ow}$ 具有很好的线性关系。阴-非离子混合表面活性剂对 PAHs 能产生显著的协同增溶作用,协同增溶作用大小顺序为 SDS-TritonX305＞SDS-Brij35＞SDS-TritonX100,与其中的非离子表面活性剂的 HLB 值呈正相关,还与相应 PAHs 的 K_{ow} 呈正相关。混合表面活性剂溶液的 cmc 值降低和胶束相-水相间的分配系数(K_{mc})的增大是产生协同增溶作用的主要原因。

4. 表面活性剂的增强吸附固定作用

研究表明,截留于吸附态表面活性剂中的有机污染物可直接被微生物利用降解,因此用表面活性剂增强截留有机污染物,同时加入微生物菌降解有机污染物,是非常有潜力的土壤和地下水有机污染修复技术之一。利用土壤和蓄水层物质中含有的黏土,在现场注入阳离子表面活性剂,使其形成有机黏土矿物,用来截留和固定有机污染物,防止地下水进一步污染,并配合生物降解等手段,永久地消除地下水污染。此外,增强固定-洗脱修复方法是将阳离子表面活性剂注入到地下水层中,形成可渗透的截留区域固定有机污染物,再利用非离子表面活性剂或阴离子表面活性剂增溶作用,洗脱吸附在阳离子表面活性剂上的有机污染物,并将表面活性剂增溶的有机污染物从地下抽到地面进行处理。Hayworth 等研究了用非离子表面活性剂洗脱在十六烷基三甲基溴化铵有机黏土上的 1,2,3-三氯苯(TCB),结果表明,当用质量浓度为 50 g·L^{-1},用量为 12 倍柱体积的非离子表面活性剂洗脱,能完全去除吸附态的 TCB,主要是由于有机黏土上少量的阳离子表面活性剂与非离子表面活性剂形成混合表面活性剂,使非离子表面活性剂的临界胶束浓度降低为原来的 1/17,提高了非离子表面活性剂的洗脱能力。

10.3.2　重金属污染土壤的修复

重金属污染土壤的修复仍然是一个难题,因为土壤中的微生物无法分解进入土壤中的重金属,造成了这些重金属在土壤中的不断积累,并被植被作物所吸收,进而通过食物链最终威胁到人类的健康。同时,土壤中重金属在雨淋作用下会发生渗透进而污染地下水。由于其具有隐蔽性和滞后性的特点,对重金属污染土壤的修复较困难。土壤污染一旦发生,仅仅依靠像大气、水体受到污染时立即切断污染源,然后通过稀释和自净作用使得污染状况改善的方法是行不通的,它需要靠化学淋洗等方法才能解决问题。因此化学淋洗法在重金属污染土壤修复中有着重要的地位与作用。近年来,有大量的研究将表面活性剂用来作为重金属污染土壤的化学淋洗剂。

1. 修复机制

在重金属污染土壤修复中,阴离子型表面活性剂先吸附到土壤颗粒表面,然后再与重金属络合,最终将重金属溶于土壤溶液中;阳离子型表面活性剂则通过离子交换作用使重金属阳离子从固相转移到液相中。而非离子表面活性剂对去除土壤重金属的作用机制是通过表面活性剂直接与金属发生络合作用,所以其去除重金属效率不高。这在一些研究中已经得到验证,如张永等选取 Tween80 和 TX-100 两种非离子型表面活性剂,在不同 pH 和浓度条件下对污染土壤中的重金属进行萃取试验,试验结果表明这两种非离子型表面活性剂对重金属的萃取效率都偏低,不适合用于重金属污染土壤修复。研究表明,当表面活性剂浓度超过 cmc 时,反电荷离子交换作用能增大沉淀重金属的溶解。在表面活性剂对受铬污染的土壤修复试验中发现,表面活性剂促进土壤中铬的去除主要发生在 cmc 以下的浓度范围内,而在 cmc 以上,表面活性剂促进作用则增强减缓,说明反离子作用不是主要的影响机制,并认为另一种可能的原因是离子交换,因为胶束不具有离子交换容量,离子交换容量的增大只存在于表面活性剂 cmc 以下的浓度,而在 cmc 以上,离子交换容量则为常数。从生物表面活性剂淋洗受铜和锌污染的沉积物的研究中得出:重金属主要与表面活性剂胶束产生配合,而非表面活性剂单体;表面活性剂可以将重金属有机质的配合体从土柱中淋洗去除;表面活性剂促进金属的去除可能是通过吸附在沉积物上的表面活性剂与重金属的配合作用,进而使重金属从沉积物进入水相,并与表面活性剂的胶束配合。用生物表面活性剂鼠李糖脂去除沉积物中的镉和铅,结果发现鼠李糖脂生物表面活性剂对沉积物中的重金属具有一定的去除作用,在弱碱性(pH=10)条件下对重金属的去除效率最好,当鼠李糖脂在沉积物上达到吸附饱和时,重金属的去除效率最大。鼠李糖脂对重金属的去除效率和重金属的形态有关,对可交换态的去除效率最大,在碱性条件下对有机结合态也有一定的去除效率。沉积物中重金属是通过和鼠李糖脂生物表面活性剂的胶束结合而被去除的,当胶束破坏后鼠李糖脂不再具有和重金属结合的能力。

2. 表面活性剂的影响

阳离子表面活性剂 CTAB、阴离子表面活性剂 LAS、非离子表面活性剂 TX-100 和 EDTA 的联合作用能提高污染土壤中 Cd 的萃取率。蒋煜峰等选用甘肃省白银地区重金属污染土壤为试样,以十二烷基硫酸钠(SDS)、聚氧乙烯月桂醚(Brij35)两种表面活性剂与螯合剂 EDTA 对土壤中 Cd、Pb 进行解吸。试验结果表明,十二烷基硫酸钠和聚氧乙烯月桂醚两种表面活性剂单独对土壤中重金属冲洗无明显作用,当这两种表面活性剂与 EDTA 复合冲洗时,随着 EDTA 浓度由低增高,十二烷基硫酸钠和聚氧乙烯月桂醚对 EDTA 解吸重金属时表现为拮抗作用到协同作用。

3. 生物表面活性剂的修复

生物表面活性剂是细菌、酵母和真菌等微生物代谢产物过程中产生的具有表面活性的化合物。由于生物表面活性剂无毒(或低毒),易降解,在重金属污染土壤的修复中有着极好的应用前景。就土壤污染来说,土壤微生物降解烷烃化合物是烷烃污染物从土壤中消失的基本原理。研究表明:加入微生物或表面活性剂,能够增强憎水性化合物的亲水性和生物可利用性,使进入环境的污染物不断地降解,该技术称为生物修复。糖脂类生物表面活性剂不仅可以提高烷烃的去除率,而且可加速烷烃的矿化程度。另外,生物表面活性剂同样也可用于修复受重金属等其他化学物质污染的土壤。

生物表面活性剂对多种重金属污染土壤具有优良的修复效果。Juwarkar 等研究发现,与蒸馏水洗脱效果相比,二鼠李糖脂对污染土壤中 Cr、Pb、Cu、Cd、Ni 的移除率分别比蒸馏水高 13 倍、9～10 倍、14 倍、25 倍、25 倍。Wang Suiling 等研究发现鼠李糖脂泡沫能有效移除砂质土中的镉和镍,但对于有机质含量高的黏土修复效果不佳。鼠李糖脂泡沫的修复效果要优于鼠李糖脂溶液本身。在 pH 为 10 的条件下,0.5% 鼠李糖脂的泡沫能移除砂质土中 73.2% 的镉和 68.1% 的镍,在相同条件下,0.5% 的鼠李糖脂溶液仅能移除 61.7% 的镉和 51.0% 的镍。用蒸馏水仅能移除 17.8% 的镉和 18.7% 的镍。Mulligan 等研究了微生物所产的莎梵婷、鼠李糖脂、槐糖脂对土壤中铜和锌的活化作用,结果表明,0.5% 的鼠李糖脂能活化 65%的铜和 16%的锌，4%的槐糖脂能活化 25%的铜和 60%的锌，莎梵婷只能活化 15%的铜和 6%的锌。

10.3.3　废弃油泥砂的处理

在石油开采、储运及炼制加工过程中，常产生一些含油量较高的油泥砂，这些油泥砂如果任意堆放，将成为油田及周边环境的重要污染源。石油进入土壤后难以去除，残留时间长，使土壤中碳源大量增加，导致土壤中碳氮比失调和酸碱度的变化，破坏土壤结构，影响土壤的疏松程度和通气状况，对土壤自身的微生物和土壤植物生态系统产生危害。在陆地生态环境中，烃类的大量存在往往对植物的生物学质量产生不利影响，更重要的是石油中的一些多环芳烃是致癌和致突变物质，这些致癌和致突变的有机污染物进入农田生态系统后，在动植物体内逐渐富集，进而威胁人类的生存和健康。如今含油污泥已被列入《国家危险废物目录》中的含油废物类，《国家清洁生产促进法》要求必须对含油污泥进行无害化处理。因此开展含油污泥的无害化处理研究是十分必要的。同时考虑到含油污泥砂中富含大量烃类，实施油泥砂资源化符合可持续发展的战略方针和循环型经济的要求。

含油污泥砂的组成成分极其复杂，一般由水包油、油包水以及悬浮固体杂质组成，是一种极其稳定的悬浮乳状液体系，含有大量老化原油、蜡质、沥青质、胶体、固体悬浮物、细菌、盐类、酸性气体、腐蚀产物等，还包括生产过程中投加的大量凝聚剂、缓蚀剂、阻垢剂、杀菌剂等水处理剂。由于组成复杂，分离困难，含油污泥的处理和再生利用是油田化学研究中的难题之一。含油污泥砂处理最终的目的是以减量化、资源化、无害化为原则。目前处理含油泥砂的技术主要有：资源回收、无害化处理和综合利用技术。利用表面活性剂进行处理的方法主要有水洗法和微乳洗涤法。

1. 水洗法

一般以热碱水溶液或表面活性剂及其他助剂的水溶液洗涤，再通过气浮或旋流工艺实施固液分离。

李美蓉等人采用热碱水洗涤-气浮三相分离处理技术，回收罐底含油 30.2%污泥中的原油。洗脱温度为 70℃，碱水中 Na_2CO_3 质量分数为 2%，液固质量比为 3∶1，搅拌 10 min，气浮分离 15 min，脱油率可达 94.3%。洗脱液可循环使用，脱除的原油经蒸馏处理可回收利用，如此脱油后的底泥中石油类残留质量分数小于 1%。我们研究了一种既经济又有效的从废弃油泥中提取原油的水洗剂。由阴离子表面活性剂（十二烷基硫酸钠）、非离子表面活性剂（脂肪醇聚氧乙烯醚、烷基酚聚氧乙烯醚）、助剂（羧甲基纤维素钠）、溶剂（丙二醇甲醚醋酸酯）、水等原料配制而成，可提高固体微粒表面与水的亲和力。在常温常压下，油泥砂经处理后，泥砂残油率小于 1%，原油得以回收，与有机溶剂脱油法相比，更具操作方便、安全、无毒、无污染的优点。Ramaswamy 等人将泡沫浮选用于从油泥中回收油，用表面活性剂（十二烷基硫酸钠）作捕集剂和鼓泡剂，在操作条件范围内，最大油回收率达到 55%。基于油回收的浮选动力学的研究，结果显示，过程遵循一级动力学方程。李增强采用固-液旋流工艺处理集输泵站含油泥砂。控制温度为 43℃、溢流流量为 12.6 m³·h⁻¹、泵压为 0.295 MPa、进料中油质量分数大于 17%时，油去除率可达到 98%，油质量分数控制在 0.45%以内，达到排放标准。我们还研究了采用超声波处理油泥砂的洗砂工艺，超声波的空化作用加上表面活性剂(十二烷基苯磺酸钠和壬基酚聚氧乙烯醚)的洗涤作用,显著地提高了油泥砂的脱油率。结果发现,超声波处理温度低时,油黏度高,黏附力强;温度过高时,超声波空化强度减弱,不利于油泥砂的脱油。油泥砂的粒径越小,比表面积越大,越不易脱油。与普通搅拌处理方法相比较,超声波法不仅可以提高油泥砂的脱油率,而且大大缩短处理时间。超声波油泥砂脱油工艺技术上可行,经济上合理有利,可以作为当今油泥砂处理工艺的一种选择。

水洗方法能量消耗低,费用不高,是目前研究较多、较普遍采用的含油污泥处理方法,但该法须考虑后续水处理的问题。

2. 微乳洗涤法

微乳液具有与油、水混溶,能极大降低油水间界面张力的特性,将微乳液直接与油泥砂混合,无需使用大型加热设备,室温下即可分离油泥砂中的油,但微乳液中表面活性剂用量大,洗后的液体须进行破乳处理。

Oliveira 等人用非离子表面活性剂和不同的助表面活性剂,链烃、环烃、芳香烃组成的混合烃 DTC(癸烷、甲苯、环己烷)作为油相制备了水包油微乳。这种有机混合物确保原油重组分(如沥青和树脂)的溶解。在微乳制备中,水溶性化合物的加入使拟三元相图中的微乳区域增大,添加助水溶物质导致表面活性剂和助表面活性剂用量降低。当污染沥青残渣的砂样品用这一微乳处理时,可观察到重油组分被结合到分散的油相,洗油效率达 92.7%,污染物几乎完全除去。徐东梅等人对微乳液洗提油砂油进行了研究,以煤油为油相,以含 3.76%十二烷基苯磺酸钠、正丁醇、氯化钠的水溶液为水相,在 25℃ 按油水体积比 1∶1 混合,当醇加量(1.94%～2.50%)和盐度(1.34%～2.50%NaCl)分别增大时,形成的微乳液相态由 Winsor I 型(上相)变为 Winsor III 型(中相)再变为 Winsor II 型(下相),当醇加量为 2.4% 时,在 1.54%～2.20% 宽盐度范围形成 Winsor III 型微乳液,在 25℃、固液比 5∶25 (g∶mL),盐度为 1.94% 时相体积分数最大(0.65),洗油效率最高(88.9%)。Dierkes 等人开发了一种低温原位微乳洗提含油污泥的方法,用菜油甲酯作为油相组分与阴离子和非离子表面活性剂及盐形成的复合微乳体系,在 10℃ 提取烃污染物。结果显示,微乳体系对烃污染的泥砂呈现出极好的原位修复性能。Ouyanga 等人用有限差分模型 UTCHEM 研究在表面活性剂洗涤油污染的泥土时微乳液的流动和形成。水包油乳液促进了油从污泥中的分离,通过土壤中的渗透压改变来监测表面洗涤过程中油的移动和捕获。模拟结果显示,表面活性剂洗涤含油污泥是一个乳液驱动过程。

参考文献

[1] 赵国玺, 朱珧瑶. 表面活性剂作用原理[M]. 北京: 中国轻工业出版社, 2003.

[2] Rosen M J, Kunjappu J T. Surfactants and Interfacial Phenomena[M]. 4th ed. Hoboken, N. J.: John Wiley & Sons Inc., 2012.

[3] 肖进新, 赵振国. 表面活性剂应用原理[M]. 北京: 化学工业出版社, 2003.

[4] 徐燕莉. 表面活性剂的功能[M]. 北京: 化学工业出版社, 2000.

[5] 夏纪鼎, 倪永全. 表面活性剂和洗涤剂化学与工艺学[M]. 北京: 中国轻工业出版社, 1997.

[6] 方云. 两性表面活性剂[M]. 北京: 中国轻工业出版社, 2001.

[7] 沈一丁. 高分子表面活性剂[M]. 北京: 化学工业出版社, 2002.

[8] 金谷. 表面活性剂化学[M]. 合肥: 中国科学技术大学出版社, 2008.

[9] Holmberg K, Jönsson B, Kronberg B, et al. Surfactants and Polymers in Aqueous Solution[M]. 2nd ed. Chichester, U K: John Wiley & Sons Inc., 2003.

[10] Goodwin J W. Colloids and Interfaces with Surfactants and Polymers[M]. 2nd ed. Chichester, U. K.: John Wiley & Sons Inc., 2009.

[11] Mittal K L, Shah D O. Adsorption and Aggregation of Surfactants in Solution[M]. New York: Marcel Dekker Inc., 2003.

[12] Witten T. Structured Fluids: Polymers, Colloids, Surfactants [M]. Oxford, U. K.: Oxford University Press, 2004.

[13] 王世荣, 李祥高, 刘东志, 等. 表面活性剂化学[M]. 2 版. 北京: 化学工业出版社, 2010.

[14] 董国君, 苏玉, 王桂香. 表面活性剂化学[M]. 北京: 北京理工大学出版社, 2009.

[15] 周祖康, 顾惕人, 马季铭. 胶体化学基础[M]. 2 版. 北京: 北京大学出版社, 1996.

[16] 方云, 夏咏梅. 生物表面活性剂[M]. 北京: 中国轻工业出版社, 1992.

[17] Rosch M. Nonionic Surfactants[M]. New York: Marcel Dekker Inc., 1966.

[18] Ingram B T, Luckhurst A H W. Surface Active Agents [M]. London: SCI, 1979.

[19] Tulpar A, Ducker W A. Surfactant adsorption at solid-aqueous interfaces containing fixed charges: experiments revealing the role of surface charge density and surface charge regulation[J]. J. Phys. Chem. B, 2004, 108(5): 1667 - 1676.

[20]   Clunie J S, Ingram B T. Adsorption from Solutions at the Solid/Liquid Interfaces[M]. London: Acad. Press, 1983.

[21]   Paria S, Manohar C, Khilar K C. Kinetics of adsorption of anionic, cationic, and nonionic surfactants[J]. Ind. Eng. Chem. Res. , 2005, 44(9):3091 – 3098.

[22]   Pavan P C, Crepaldi E L, Gomes G A, et al. Adsorption of sodium dodecyl sulfate on a hydrotalcite-like compound. Effect of temperature, pH and ionic strength[J]. Colloids Surf. A, 1999, 154(3): 399 – 410.

[23]   Fainerman V B, Miller R, Mohwald H. General relationships of the adsorption behavior of surfactants at the water/air interface[J]. J. Phys. Chem. B, 2002, 106(4): 809 – 819.

[24]   朱珬瑶, 顾惕人. 表面活性剂在固液界面上的吸附理论[J]. 化学通报, 1990 (9):1 – 8.

[25]   田久旺, 王世容, 吴树森. 表面活性剂水溶液体相与表面相之间的相平衡[J]. 华东理工大学学报, 1994, 20(1): 85 – 90.

[26]   Mc Clements D J. Critical review of techniques and methodologies for characterization of emulsion stability[J]. Crit. Rev. Food Sci. , 2007, 47(7): 611 – 649.

[27]   杨继生, 张正金, 方云. 海藻酸钠与十二烷基聚氧乙烯醚硫酸钠复配体系泡沫及流变性能的研究[J]. 天然产物研究与开发, 2011, 23(4): 625 – 628.

[28]   杨继生, 赵健宇, 肖燕君, 等. 芘荧光探针法研究海藻酸钠与 SDS 的作用[J]. 化学研究与应用, 2009, 21(11): 1525 – 1528.

[29]   Yang J S, Zhao J Y, Fang Y. Calorimetric studies of the interaction between sodium alginate and sodium dodecyl sulfate in dilute solutions at different pH values[J]. Carbohydr. Res. ,2008, 343(4): 719 – 725.

[30]   Huang J B, Zhao G X. Formation and coexistence of the micelles and vesicles in mixed solution of cationic and anionic surfactant[J]. Colloid Polym. Sci. , 1995, 273(2): 156 – 164.

[31]   Zhang S Y, Zhao Y. Facile preparation of organic nanoparticles by interfacial cross-linking of reverse micelles and template synthesis of subnanometer Au-Pt nanoparticles[J]. ACS Nano, 2011, 5 (4): 2637 – 2646.

[32]   江明, 艾森伯格, 刘国军, 等. 大分子自组装[M]. 北京:科学出版社, 2006.

[33]   Clint J B. Surfactants Aggregation[M]. Glasgow & London: Blackie, 1992.

[34]   Yang J S, Chen S B, Fang Y. Viscosity study of interactions between sodium alginate and CTAB in dilute solutions at different pH values[J]. Carbohydr. Polym. , 2009, 75 (2): 333 – 337.

[35]   王绍清, 黄建滨. 磷脂囊泡的研究与应用[J]. 大学化学, 2006, 21(3): 1 – 7.

[36]   Vries A H, Mark A E, Marrink S J. Molecular dynamics simulation of the spontaneous formation of a small DPPC vesicle in water in atomistic detail[J]. J. Am. Chem. Soc. , 2004, 126(14): 4488 – 4489.

[37] Nagarajan R. Molecular packing parameter and surfactant self-assembly: the neglected role of the surfactant tail[J]. Langmuir, 2002, 18(1): 31 - 38.

[38] Simmons B A, Taylor C E, Landis F A. Microstructure determination of AOT + phenol organogels utilizing small-angle X-ray scattering and atomic force microscopy [J]. J. Am. Chem. Soc. , 2001, 123(10): 2414 - 2421.

[39] Tsuchiya K, Nakanishi H, Sakai H, et al. Temperature dependent vesicle formation of aqueous solutions of mixed cationic and anionic surfactants[J]. Langmuir, 2004, 20(6): 2117 - 2122.

[40] 杨继生，陈生碧，方云. 表面活性剂对海藻酸钠稀水溶液剪切黏度的影响[J]. 物理化学学报，2009，25(4): 752 - 756.

[41] 戴乐蓉，卜林涛. 离子型与非离子型混合表面活性剂体系溶致液晶相图及结构的研究[J]. 北京大学学报(自然科学版)，1999，35(2): 137 - 143.

[42] 朱珧瑶，张镁，黄建滨. 脂肪酸盐-烷基吡啶盐混合体系的双水相[J]. 物理化学学报，1999,15(2): 110 - 115.

[43] 肖进新，暴艳霞，方磊. 正负离子表面活性剂与高聚物混合双水相体系的相行为及蛋白质的分配[J]. 高等学校化学学报，2001，22(1): 112 - 114.

[44] Robb I D. Specialist Surfactants [M]. London: Blackie Academic & Professional, 1997.

[45] 王军，王培义，李刚森，等. 特种表面活性剂[M]. 北京：中国纺织出版社,2007.

[46] 曾毓华.氟碳表面活性剂[M]. 北京：化学工业出版社,2001.

[47] Estelle M, Christine G C, Claude S. Highly fluoroalkylated amphiphilic triazoles: Regioselective synthesis and evaluation of physicochemical properties[J]. J. Fluorine Chem. , 2005, 126(5): 715 - 720.

[48] 肖进新,江洪. 碳氟表面活性剂[J]. 日用化学工业，2001(5): 24 - 27.

[49] 刘忠文. 含氟表面活性剂研究进展[J]. 化工新型材料，2004，32(8): 46 - 49.

[50] 张国栋，韩富，张高勇. 新型三硅氧烷表面活性剂的合成与界面性能[J]. 化学学报，2006，64(11): 1205 - 1208.

[51] 李祥洪. 三硅氧烷表面活性剂[J]. 有机硅材料，2004,18(1):32 - 34.

[52] Hill R M. Silicone surfactants — new developments[J]. Curr. Opin. Colloid Interface Sci. , 2002, 7(5/6): 255 - 261.

[53] Lin L H, Chen K M. Surface activity and water repellency properties of cleavable-modified silicone surfactants[J]. Colloids Surf. A, 2006, 275(1/2/3): 99 - 106.

[54] 吕会田，陈存社. 磷酸酯盐型表面活性剂概述[J]. 日用化学工业，2005，35(3):174 - 178.

[55] 魏少华,黄德音. 硼系表面活性剂研究应用现状及发展趋势[J]. 精细化工，2002，19(9): 503 - 505.

[56] 沈光球，郑直，万勇，等. 有机硼酸酯添加剂的水解稳定性及摩擦特性[J]. 清

华大学学报(自然科学版)，1999，39(10)：97－100.

[57]　赵剑曦. 新一代表面活性剂：Geminis[J]. 化学进展，1999，11(4)：348－357.

[58]　唐善法，刘忠运，胡小东. 双子表面活性剂研究与应用[M]. 北京：化学工业出版社，2011.

[59]　Yang J S, Jiang B, He W, et al. Hydrophobically modified alginate for emulsion of oil in water[J]. Carbohydr. Polym. ，2012，87(2)：1503－1506.

[60]　Yang J S, He W. Synthesis of lauryl grafted sodium alginate and optimization of the reaction conditions[J]. Int. J. Biol. Macromol. ，2012，50(2)：428－431.

[61]　唐丽华，等. 精细化学品复配原理与技术[M]. 北京：中国石化出版社，2008.

[62]　刘程，米裕民. 表面活性剂性质理论与应用[M]. 北京：北京工业大学出版社，2003.

[63]　王军，杨许召. 表面活性剂新应用[M]. 北京：化学工业出版社，2009.

[64]　杨继生，张明，李益群. 壳聚糖面膜的研制[J]. 香精香料化妆品，1995 (3)：32－33.

[65]　杨继生. 甲壳素衍生物在发用化妆品中的应用[J]. 化工时刊，1996，10 (3)：17－18.

[66]　杨继生. 羧甲基壳聚糖(CMCH)在化妆品中的应用研究[J]. 精细化工，1997，14(4)：62－64.

[67]　汪多仁. 有机食品表面活性剂[M]. 北京：科学技术文献出版社，2009.

[68]　张天胜. 表面活性剂应用技术[M]. 北京：化学工业出版社，2001.

[69]　杨继生，王赪胤，曹芳，等. 壳低聚糖对酱油防腐效果的研究[J]. 化学世界，1998，39(8)：416－418.

[70]　杨继生，张俊桂，徐逸云，等. 脂肪酸聚甘油酯的分析[J]. 食品科学，2002，23 (1)：108－111.

[71]　陈胜慧，金晓红，刘华丽. 阴离子表面活性剂复配体系的匀染性能研究[J]. 日用化学工业，2003，33(4)：215－218.

[72]　苏喜春，王树根. 氨基改性有机硅微乳的制备与性能[J]. 印染助剂，2003，20 (6)：36－38.

[73]　周俊，郭舜芝，吴湘江，等. 一种含壳聚糖的有机硅纺织柔软剂的研制[J]. 有机硅材料，2004，18(3)：13－15.

[74]　陆大年. 表面活性剂化学及纺织助剂[M]. 北京：中国纺织出版社，2009.

[75]　蒋庆哲，宋昭峥，赵密福，等. 表面活性剂科学与应用[M]. 北京：中国石化出版社，2006.

[76]　彭朴. 采油用表面活性剂[M]. 北京：化学工业出版社，2003.

[77]　邱文革，陈树森. 表面活性剂在金属加工中的应用[M]. 北京：化学工业出版社，2003.

[78]　吕锋锋，刘少杰，刘杰，等. 微乳液作为药物载体研究进展[J]. 化学通报，2004，67(7)：1－8.

[79] 王仲妮，李干佐，张高勇. 表面活性剂缔合结构作为药物载体的研究进展——微乳液、囊泡体系[J]. 自然科学进展，2004，14(11)：1209 - 1214.

[80] 庄占兴，路福绥，刘月，等. 表面活性剂在农药中的应用研究进展[J]. 农药，2008，47(7)：469 - 475.

[81] 高楠，张春华，张宗俭. 绿色表面活性剂在农药加工中的应用[J]. 中国工程科学，2009，11(4)：36 - 38.

[82] Yang J S, Ren H B, Xie Y J. Synthesis of amidic alginate derivatives and their application in microencapsulation of λ-cyhalothrin[J]. Biomacromolecules, 2011, 12 (8)：2982 - 2987.

[83] 任海兵，杨继生. 拟除虫菊酯微胶囊的制备[J]. 天然产物研究与开发，2010，22(5)：855 - 858.

[84] 杨继生，王赪胤，徐洪渊. 甲壳素衍生物保鲜膜的初步研究[J]. 化学工程师，1998 (2)：52 - 53.

[85] 李玲. 表面活性剂与纳米材料[M]. 北京：化学工业出版社，2004.

[86] Yang J S, Pan J. Hydrothermal synthesis of silver nanoparticles by sodium alginate and their applications in surface-enhanced Raman scattering and catalysis[J]. Acta Mater. , 2012, 60(12)：4753 - 4758.

[87] 杜开峰，吕彤. 用表面活性剂合成介孔分子筛的新进展[J]. 精细石油化工，2004(5)：61 - 65.

[88] 郝虎在. 电子陶瓷材料物理[M]. 北京：中国铁道出版社，2002.

[89] 杨继生，吕吉虎. 液膜法提取水溶液中的苯胺[J]. 环境化学，1998，17(1)：90 - 93.

[90] Yang J S. Separation of oil from oily sludge by surfactant flushing agent[A]. 12th International Conference on Surface and Colloid Science, Beijing：2006.

[91] 杨继生. 废弃油泥砂分离剂及其制备方法[P]. 中国专利：200510095646.3.

[92] 杨继生，徐辉. 超声波处理油泥砂脱油实验研究[J]. 石油学报（石油加工），2010，26(2)：300 - 304.

[93] 杨继生，徐辉. 油泥砂处理技术研究（Ⅰ）[J]. 上海化工，2008，33(5)：23 - 25.

[94] 杨继生，徐辉. 油泥砂处理技术研究（Ⅱ）[J]. 上海化工，2008，33(6)：23 - 25.

[95] 刘雪锦，王晓云，张智锋. 表面活性剂对液体吸收法净化氯苯废气的增效作用[J]. 中北大学学报（自然科学版），2011，32(6)：723 - 726.

[96] 袁平夫，廖柏寒，卢明. 表面活性剂在环境保护中的应用[J]. 环境保护科学，2005，31(127)：38 - 41.

[97] 朱利中，冯少良. 混合表面活性剂对多环芳烃的增溶作用及机理[J]. 环境科学学报，2002，22(6)：774 - 778.

[98] Zhou W J, Zhu L Z. Efficiency of surfactant enhanced desorption for contaminated soils depending on the component characteristics of soil surfactant-PAHs system[J]. Environ. Pollut. , 2007, 147(1)：66 - 73.

　　[99]　Yang K, Zhu L Z, Xing B S. Enhanced soilwashing of phenanthrene bymixed solutions of TX100 and SDBS[J]. Environ. Sci. & Technol., 2006, 40(13): 4274 - 4280.

　　[100]　张广良. 表面活性剂在海洋石油污染生物修复中的应用[J]. 中国洗涤用品工业, 2012(10): 82 - 85.